U0419659

工程制图

冯世瑶　刘　新　李亚萍　主编

清华大学出版社
北　京

内容简介

本书以教育部“普通高等院校工程图学课程教学基本要求”为指导，从高等独立院校的教学实际出发编写而成。内容包括：制图的基本知识；制图的基本原理；基本体及其表面截交线；组合体的三视图；轴测图；工程形体的常用表达方法；常用工程图样介绍；AutoCAD绘图等。与许永年等主编的《工程制图习题集》配套使用。

本书适合计算机、光电子信息、电气工程、工程管理、应用型理科及相关专业使用，也可供高等专科学校及高等职业技术学院、网络大学、函授大学、职工大学等相关专业使用。

图书在版编目(CIP)数据

工程制图/冯世瑶，刘新，李亚萍主编. —北京：清华大学出版社，2007.9(2020.9重印)
ISBN 978-7-302-15541-6

Ⅰ. 工… Ⅱ. ①冯…②刘…③李… Ⅲ. 工程制图 Ⅳ. TB23

中国版本图书馆CIP数据核字(2007)第096741号

责任编辑：梁　颖
责任校对：白　蕾
责任印制：沈　露

出版发行：清华大学出版社
网　　址：http://www.tup.com.cn，http://www.wqbook.com
地　　址：北京清华大学学研大厦A座　　**邮　　编**：100084
社 总 机：010-62770175　　**邮　　购**：010-62786544
投稿与读者服务：010-62776969，c-service@tup.tsinghua.edu.cn
质量反馈：010-62772015，zhiliang@tup.tsinghua.edu.cn
印 装 者：三河市铭诚印务有限公司
经　　销：全国新华书店
开　　本：185mm×260mm　　**印　　张**：17.25　　**字　　数**：402千字
版　　次：2007年9月第1版　　**印　　次**：2020年9月第11次印刷
印　　数：19001～20000
定　　价：49.00元

产品编号：022484-02

前　言

本教材以教育部“普通高等院校工程图学课程教学基本要求”为指导，从高等独立院校的教学实际出发编写而成；与许永年主编的《工程制图习题集》配套使用。适用于计算机、光电子信息、电气工程、工程管理、应用型理科及相关专业，课内学时数为40～60。

本教材编写原则是：打好必要基础、保证主干内容、注重实践环节、体现电类特点。具体说明如下。

1. 本教材侧重于体的投影分析及作图方法。对于点、线、面投影及线面关系的理论基础，只限于“必要”和“够用”。

2. 为方便学生自学和预、复习，每章前面有内容提要；结尾有复习思考题。选取的例题尽量典型；作图步骤伴有立体图对照；文字力求精练、流畅。

3. 为满足结合专业的需要，专业工程图样中除机械图外，还介绍了房屋建筑图、电气图、焊接件图的基本知识，以供选用。

4. 全书采用了已发布的最新国家标准。

5. 考虑到各专业对“计算机绘图”有不同的要求和安排，本教材将AutoCAD绘图独立成章。既可以在本课程内学习(要适当增加课内和上机的学时)，也可以放到后续课程中学习。

本教材由冯世瑶、刘新、李亚萍主编。参加本教材编写的有：许永年(第1、2章)、李亚萍(第3、4章)、刘新(第5、8章)、冯世瑶(第6章)、谭琼(第7章、附录)等。袁静芳为本书作了部分图形绘制和文字打印录入工作。武汉大学丁宇明教授对全书进行了认真仔细地审阅，提出了许多宝贵意见和建议，在此深表感谢。

本教材在编写过程中，参阅了一些已出版的同类教材，在此向这些教材的作者表示感谢。

书中有错误或不当之处，敬请批评指正。

编　者

2007年8月

前言

目　　录

绪 论

1. 本课程的研究对象

图形和文字一样，是人类用于表达和交流思想的重要工具。工程图样以工程和产品为对象，用于表达其结构形状、尺寸大小、质量规范以及装配安装要求等；是现代生产和科学实验过程中从设计到制造、装配、检验的主要依据；是工程技术部门一项重要的技术文件和技术交流的工具。工程图样还被广泛用于产品广告、使用说明等领域。为此，工程图样被喻为“工程界的语言”。

2. 本课程的性质和任务

工程制图是研究绘制和阅读工程图样的基本原理和方法，培养学生形象思维能力和制图基本技能的一门理论与实践并重的课程；是高等理工院校一门必修的技术基础课程，也是学生获得工程素质培养的一门课程。

本课程的主要任务是：

1）学习正投影法的原理及其应用；

2）掌握绘制和阅读与专业相关工程图样的基本能力；

3）培养空间形象思维的初步能力；

4）培养徒手和尺规绘图以及使用计算机绘图软件绘图的初步能力；

5）在学习过程中培养理解和自觉贯彻国家标准的意识。

3. 本课程的教学特点

1）本课程是一门既有系统理论又有较强实践性的课程，在学习过程中除在课内认真听课外，还必须通过完成一系列习题和画图、看图的作业，才能有效地掌握本课程知识。

2）本课程要求培养较强的空间想象能力。在学习过程中要注意经常进行空间几何关系分析，反复将平面图形与空间形体进行对应思考。学习初期可适当借助模型对照，增强感性认识，但切勿依赖模型。

3）要正确使用制图工具和仪器，在画图实践中不断提高自己的绘图技能和图面质量。图样上任何一个细小的差错都会给生产带来损失，因此要养成认真负责、严谨细致和一丝不苟的工作作风。

4）随着计算机绘图技术的发展和普及，AutoCAD 和各种绘图软件已被广泛使用。为此要求在掌握手工绘图的基础上，必须学会使用一种典型绘图软件画图，并为今后学习 CAD 技术打下基础。

5）本课程的专业图学习与工程实际和专业知识有紧密联系。为此，应尽可能通过观看教学录像片或现场参观等环节获取一些生产实际知识。

6）与本教材配套使用的除《工程制图习题集》外，还有多媒体课件可供选用。

第1章　制图的基本知识

内容提要

本章主要介绍《技术制图》和《机械制图》系列国家标准的一些基本规定、绘图仪器及工具的使用、几何作图方法及绘图程序。学习本章过程中要通过绘图实践来掌握这些规定和方法，培养初步的绘图技能，做到作图准确、图线分明、字体工整、图面整洁。

1.1　制图的基本规定

工程图样是工程与产品信息的载体，是工程界进行表达和技术交流的共同语言，是工程技术部门的重要技术文件。为了便于技术管理和交流，国家技术监督局发布了《技术制图》和《机械制图》系列国家标准，对图样画法、尺寸注法等都作了统一的规定，绘图时必须严格遵守。下面摘要介绍制图标准中的一些最基本的规定，如图纸幅面、比例、字体、图线、尺寸标注等。标准中的其他内容将在以后各章、节中陆续介绍。

1.1.1　图纸幅面和格式

1. 图纸幅面尺寸

图纸幅面尺寸是指绘制图样所采用的纸张的大小规格。为了便于图样管理和合理使用图纸，根据《GB/T 14689—1993[①] 技术制图　图纸幅面和格式》的规定，应优先采用表1-1中规定的基本幅面。如基本幅面不能满足绘图的需要，可采用加长幅面。加长幅面是由基本幅面的短边乘整数倍增加而形成的，如A3×3即为420mm×(297mm×3)＝420mm×891mm。

表1-1　基本幅面及图框尺寸　　(单位：mm)

尺寸代号	幅面代号				
	A0	A1	A2	A3	A4
$B\times L$	841×1189	594×841	420×594	297×420	210×297
c	10			5	
a	25				

说明：B、L、c、a 的定义如图1-1(a)所示。

2. 图框格式

图框是指图纸上限制绘图区域的线框，用粗实线画出(图幅线用细实线给出)，其格式分为留有装订边和不留装订边两种，如图1-1所示。同一种产品只能采用其中一种格式，图1-1中的有关尺寸，均按表1-1的规定画出。

3. 标题栏

标题栏放在图框的右下角，用来填写图名、图号、比例、材料、数量、设计审核者的签名

---

① GB/T 14689—1993的含义是：国家标准(GB)中的推荐性标准(T)，其编号为14689，1993年发布的。

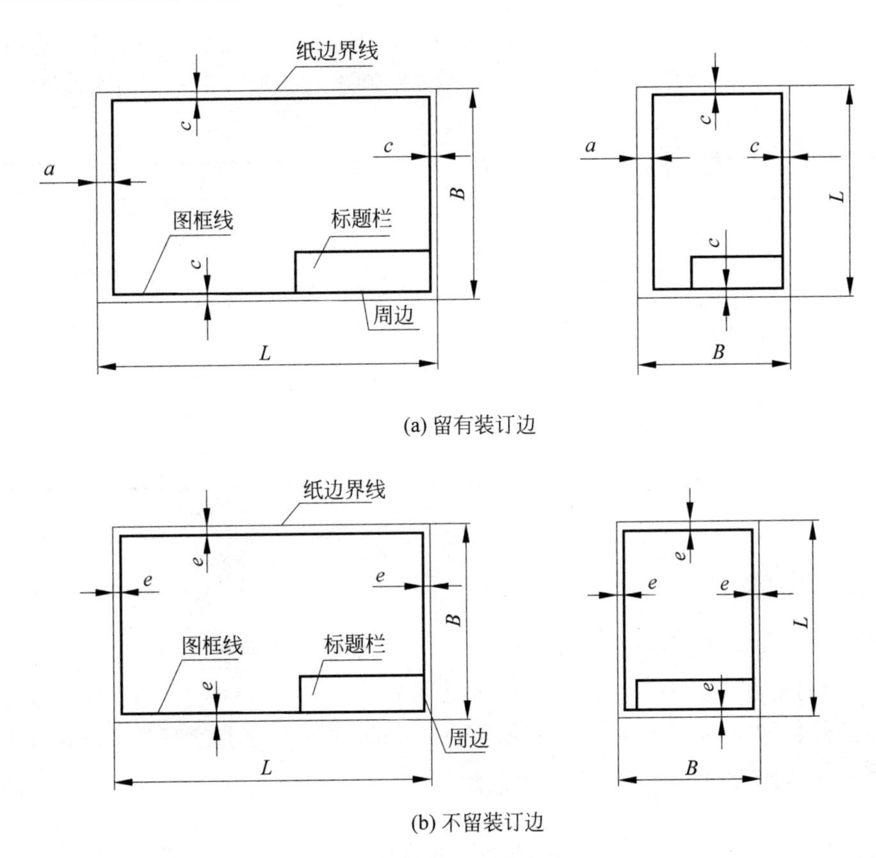

图 1-1　图框格式

以及相应的日期和单位等。标题栏的内容和格式应按《GB 10609.1—1989 技术制图　标题栏》的规定绘制和填写。学校的制图作业中的标题栏可使用如图 1-2 所示的简化格式。其中括号中的内容依具体情况填写，不能照括号内的字抄写。

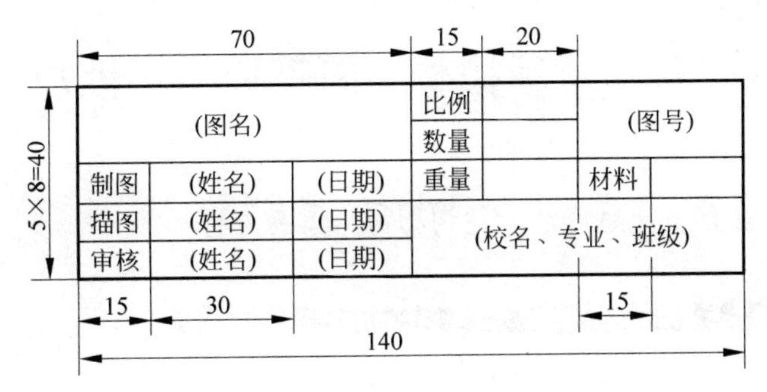

图 1-2　标题栏的简化格式

1.1.2　比例

图样中的图形与其实物的相应要素线性尺寸之比称为比例。比值等于 1 的比例（即 1∶1）称为原值比例；比值大于 1 的比例（如 2∶1）称为放大比例；比值小于 1 的比例（如

1∶2)称为缩小比例。绘图的比例,应根据图样的用途和复杂程度从表 1-2 中选用,并优先选用常用比例。详见《GB/T 14690—1993 技术制图　比例》。

表 1-2　比例系列

常用比例	原值比例	1∶1			
	放大比例	5∶1	2∶1		
		5×10^n∶1	2×10^n∶1		1×10^n∶1
	缩小比例	1∶2	1∶5		1∶10
		1∶2×10^n	1∶5×10^n		1∶1×10^n
可用比例	放大比例	4∶1	2.5∶1		
		4×10^n∶1	2.5×10^n∶1		
	缩小比例	1∶1.5	1∶2.5	1∶3	1∶4
		1∶1.5×10^n	1∶2.5×10^n	1∶3×10^n	1∶4×10^n

注:n 为正整数。

1.1.3　字体

工程图样中的字体包括汉字、字母和数字,它们的书写必须做到字体工整、笔画清楚、间隔均匀、排列整齐。《GB/T 14691—1993 技术制图　字体》对字体作了详细规定。

字体的号数即字体的高度(用 h 表示,单位 mm),如 7 号字其字高为 7mm;常用字号有 1.8、2.5、3.5、5、7、10、14、20 等。如果需要书写更大的字,其字体高度应按$\sqrt{2}$的比率递增。

1. 汉字

应写成长仿宋体,只使用直体。字的高度 h 不应小于 3.5mm,其字宽一般为 $h/\sqrt{2}$。

书写长仿宋体字的要领是:横平竖直、注意起落、结构均匀、填满方格。长仿宋体示例如图 1-3 所示。

10号字

字体工整　笔画清楚　间隔均匀　排列整齐

7号字

横平竖直　注意起落　结构均匀　填满方格

5号字

技术制图机械电子汽车航空船舶土木建筑矿山井坑港口纺织服装

图 1-3　长仿宋汉字书写示例

2. 字母和数字

字母和数字的字体分 A 型和 B 型。A 型字体的笔画宽度(d)为字高(h)的 1/14;B 型字体的笔画宽度(d)为字高(h)的 1/10。在同一图样上,只允许选用一种形式的字体。字母和数字可写成斜体或直体。斜体字的字头向右倾斜,与水平基线成 75°角。图样中一般采用斜体,书写示例如图 1-4 所示。

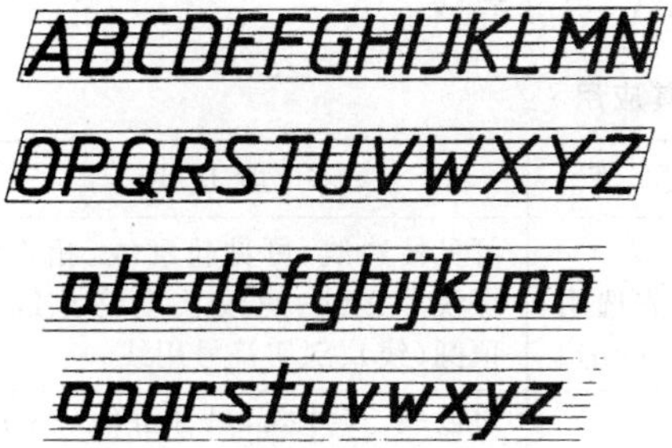

ABCDEFGHIJKLMN
OPQRSTUVWXYZ
abcdefghijklmn
opqrstuvwxyz

(a) 拉丁字母A型字体大小写斜体

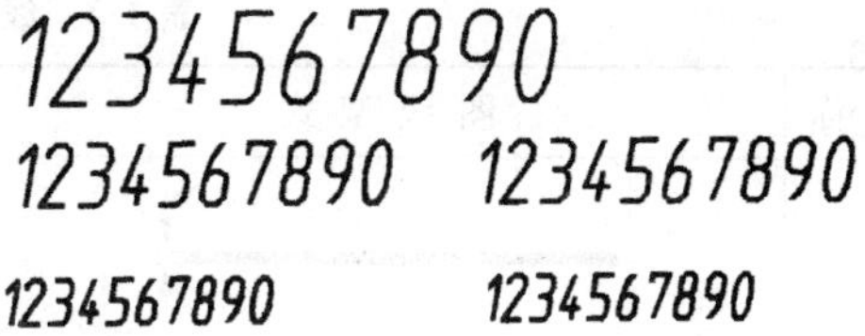

1234567890
1234567890　1234567890
1234567890　1234567890

(b) 阿拉伯数字A型字体斜体

I II III IV V VI
VII VIII IX X

(c) 罗马数字A型字体斜体

图 1-4　字母数字书写示例

1.1.4　图线

国家标准对图线的规定包括线型和线宽两个方面，以下就这两个方面的问题分别加以介绍。

1. 线型

《GB/T 17450—1998 技术制图　图线》中规定了15种基本线型及若干种基本线型的变形和图线的组合。绘制机械图样依照《GB/T 4457.4—2002 机械制图　图样画法　图线》的规定可使用9种基本图线，如表1-3所示。

2. 线宽

所有线型的线宽（d）应按图样的大小和复杂程度，在下列数字中选择：0.13mm、0.18mm、0.25mm、0.35mm、0.5mm、0.7mm、1mm、1.4mm、2mm。在机械图样中，采用粗细两种线宽，它们之间的比例为2∶1。

3. 图线的画法

1）同一图样中，同类图线的宽度应一致。

2）虚线、点画线及双点画线的线段长度和间隔应各自均匀相等。这些不连续线和双折线的长度和画法等，可参考表1-3。

3）两条平行线之间的最小间隙不得小于0.7mm。

4）绘制圆的中心线时，圆心应为线段的交点；点画线（或双点画线）的首末两端应是线段而不是点，且一般不要超出图形太长，以2～5mm为宜，如图1-5(a)所示。在较小的图形上，绘制点画线或双点画线有困难时，可用细实线代替，如图1-5(b)所示。

5）虚线、点画线、双点画线各自相交，或互相相交时，其交点不宜在线段的间隔处；但当虚线是粗实线的延长线时，相接的地方要断开，如图1-5(c)所示。

6）粗细不同的图线重合时，只须画出其中一种，优先顺序为：可见轮廓线和棱线、不可见轮廓线和棱线、轴线和对称中心线、假想轮廓线、尺寸界线。

表 1-3 线型及其应用

名 称	图线型式	线 宽	一般应用
粗实线	d	d（优先选用0.7mm）	可见棱边线、可见轮廓线、相贯线、螺纹牙顶线、螺纹长度终止线、齿顶圆（线）、剖切符号用线
细实线		约 $d/2$	过渡线、尺寸线、尺寸界线、指引线和基准线、剖面线、重合断面的轮廓线、短中心线、螺纹牙底线、表示平面的对角线、范围线及分界线、重复要素表示线、锥形结构的基面位置线、辅助线、不连续同一表面连线、成规律分布的相同要素连线
波浪线			断裂处边界线、视图与剖视图的分界线
双折线			断裂处边界线、视图与剖视图的分界线
细虚线	4～6　1		不可见棱边线、不可见轮廓线
粗虚线	4～6　1	d	允许表面处理的表示线
细点画线	15–30　3	约 $d/2$	轴线、对称中心线、分度圆（线）、孔系分布的中心线、剖切线
粗点画线	15–30　3	d	限定范围表示线
细双点画线	15–30　5	约 $d/2$	相邻辅助零件的轮廓线、可动零件的极限位置的轮廓线、重心线、成型前轮廓线、剖切面前的结构轮廓线、轨迹线

综合应用图例见下图

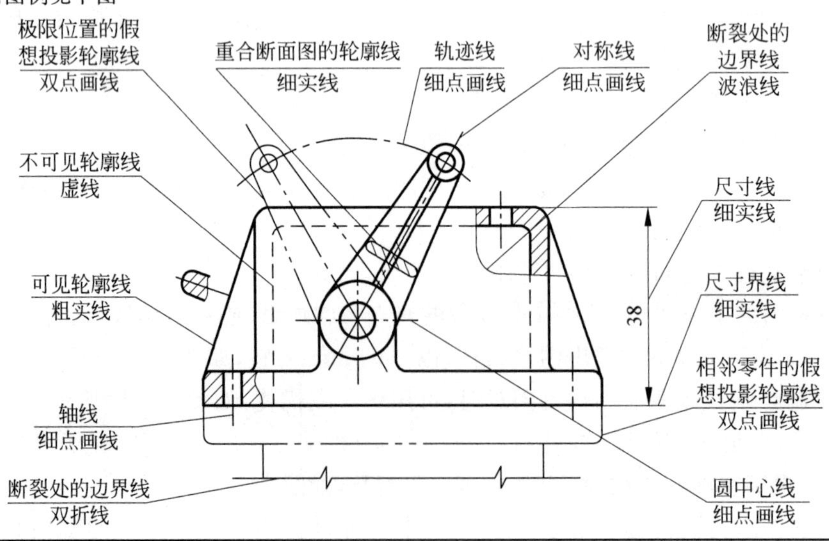

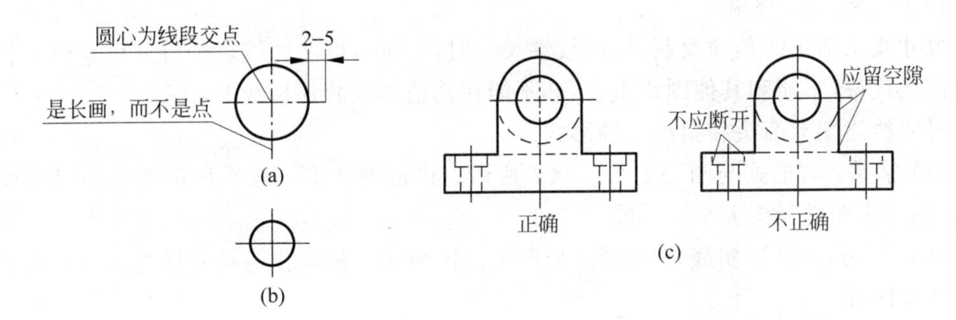

图 1-5　点画线、虚线的画法

1.1.5　尺寸注法

除了在图样中表示机件的形状外，还必须按国家标准完整、清晰、正确地标注尺寸，以确定机件各部分的大小和相对位置尺寸；不能有遗漏或错误，否则会给生产带来困难和损失。《GB/T 16675.2—1996 技术制图　简化表示法　第 2 部分：尺寸注法》和《GB/T 4458.4—2003 机械制图　尺寸注法》对此作了详细规定。

1. 基本规则

1）机件的真实大小应以图样上所注的尺寸数值为依据，与图形的大小及绘图的准确性无关。

2）图样中的尺寸以毫米为单位时，不需注出单位符号（或名称）；如采用其他单位，则必须注明其单位符号。

3）图样中所标注的尺寸，为该图样所示机件的最后尺寸，否则应加以说明。

4）机件的每一尺寸，一般只标注一次，并应注在反映该结构最清晰的图形上。

2. 尺寸的基本要素

一个完整的尺寸由尺寸界线、尺寸线及其终端和尺寸数字等组成，如图 1-6 所示。

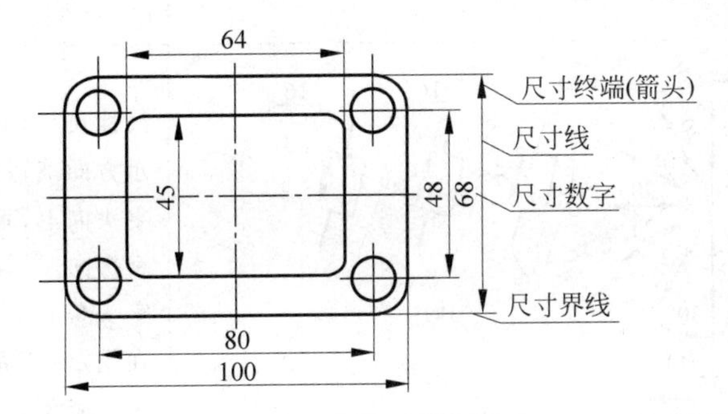

图 1-6　尺寸的组成

1）尺寸界线

尺寸界线用细实线绘制，并应由图形的轮廓线、轴线或对称中心线处引出或延伸，也可以用轮廓线、轴线或中心线作为尺寸界线。尺寸界线一般应与尺寸线垂直，必要时可允许倾斜。

2）尺寸线及其终端

尺寸线用细实线单独绘制，标注线性尺寸时，它应与被注的线段平行。尺寸线不能用其他图线代替，不能和其他图线重合，亦不能在其他图线的延长线上。

尺寸线终端有箭头和斜线 2 种形式。

（1）箭头：其形式与画法如图 1-7(a)所示。机械图样中一般采用箭头作为尺寸线的终端，同一张图样箭头大小应一致。

（2）45°短斜线（细实线）：其画法如图 1-7(b)所示。斜线作为尺寸线终端的形式主要用于建筑图样。

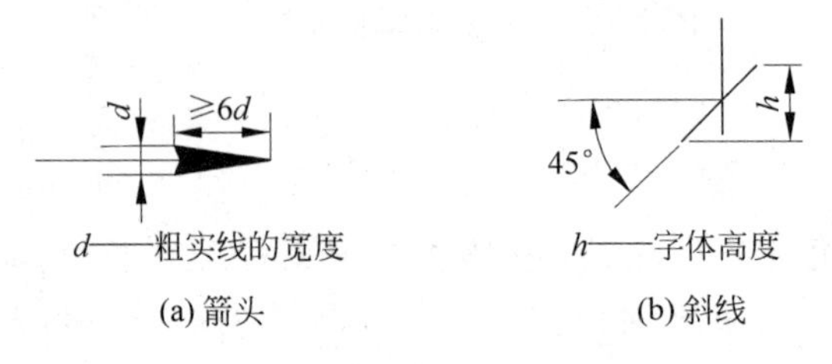

(a) 箭头　　(b) 斜线

图 1-7　尺寸线终端

3）尺寸数字及相关符号

尺寸数字的书写位置及方向与具体尺寸有关，同一图样中尺寸数字的大小和书写格式应一致。线性尺寸的数字一般应写在尺寸线的上方，也允许写在尺寸线的中断处。国标中还规定了一些注写尺寸数字时前后所用的一些特征符号，例如：在标注直径时，应在尺寸数字前加注符号 ϕ；标注半径时，应在尺寸数字前加注符号 R；在标注球面的直径或半径时，应在符号 ϕ 或 R 前再加注符号 S，即注写为 $S\phi$ 或 SR。具体规定可参阅表 1-4 的尺寸标注示例。

表 1-4　尺寸标注示例

标注内容	图　　例	说　　明
线性尺寸的数字注写	表 1-4 图 1	线性尺寸的数字应按图 1(a)所示方向填写，水平方向尺寸数字字头向上，垂直方向的尺寸数字字头向左，倾斜方向的尺寸数字字头偏向斜上方。应尽量避免在图示 30°的范围内标注尺寸，无法避免时，可按图 1(b)标注 对于非水平方向的尺寸，其数字可水平注写在尺寸的中断处，如图 1(c)，但一张图中应尽可能采用同一种方法

续表

标注内容	图　　例	说　　明
圆的直径和圆弧半径的尺寸标注	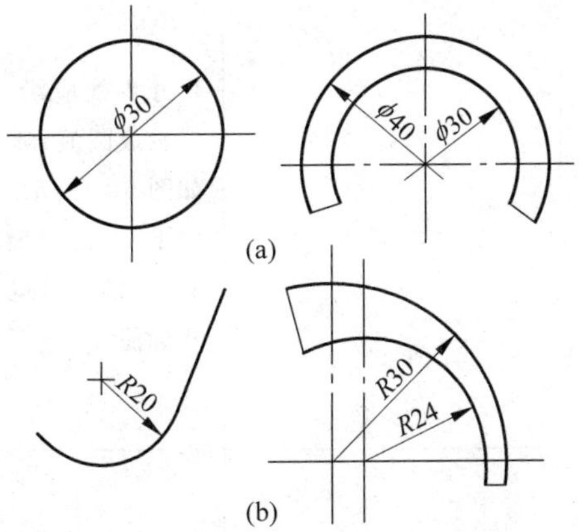 φ30　φ40　φ30 (a) R20　R30　R24 (b) 表 1-4 图 2	圆或大于半圆的圆弧标注直径，数字前加注符号 ϕ，如图 2(a)所示；小于或等于半圆的圆弧标注半径，数字前加注符号 R，如图 2(b)所示。标注圆弧及圆的尺寸时，一般用轮廓线作为尺寸线，尺寸线或其延长线要通过圆心
球面标注	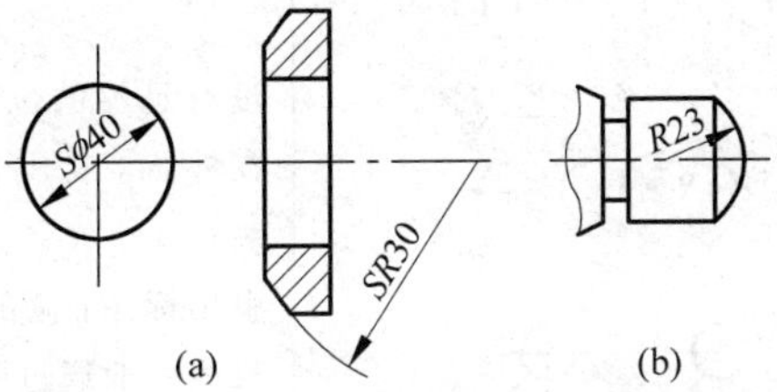 Sφ40　SR30　R23 (a)　(b) 表 1-4 图 3	标注球面的尺寸，如图 3(a)所示，应在 ϕ 或 R 前加注 S。不致引起误解时，则可省略 S，如图 3(b)中的右端球面
大圆弧标注	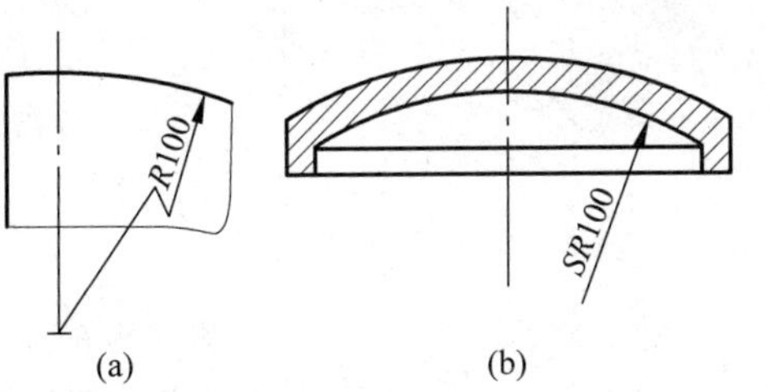 R100　SR100 (a)　(b) 表 1-4 图 4	在图纸范围内无法标出圆心位置时，半径按图 4(a)形式标注；不需要标出圆心位置时，可按图 4(b)形式标注
弦长和弧长	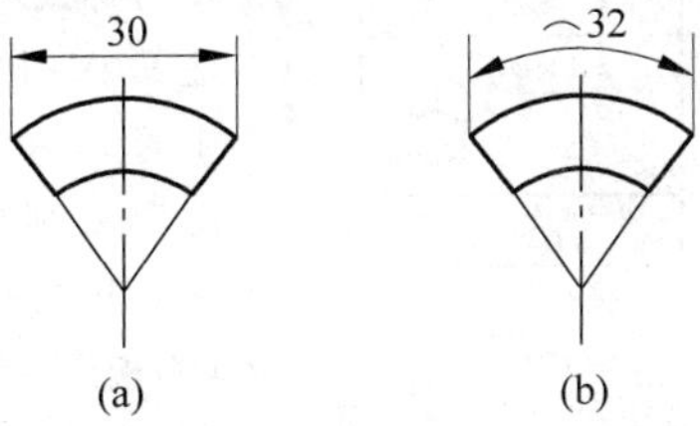 30　⌒32 (a)　(b) 表 1-4 图 5	标注弦长时，尺寸界线应平行于弦的垂直平分线，如图 5(a)所示；标注弧长尺寸时，尺寸线用圆弧，并应在尺寸数字左方加注符号⌒，如图 5(b)所示

续表

标注内容	图　例	说　明
角度标注	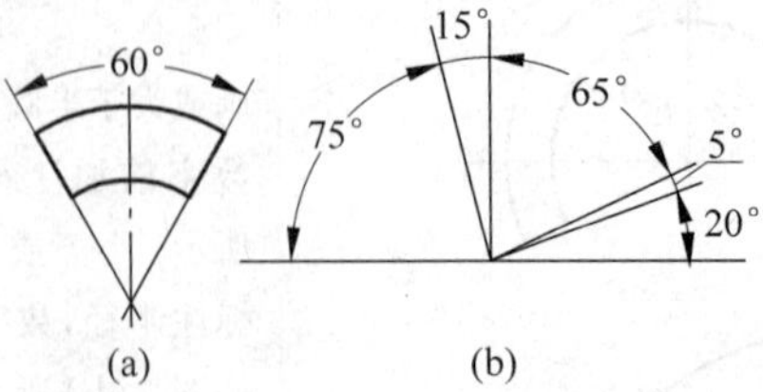 60° (a) 15°　75°　65°　5°　20° (b) 表 1-4 图 6	尺寸界线应沿径向引出，尺寸线画成圆弧，圆心是角的顶点，如图 6(a)所示。尺寸数字一律水平书写，一般写在尺寸线中断处，必要时也可按图 6(b)形式标注
小尺寸和小圆弧的标注	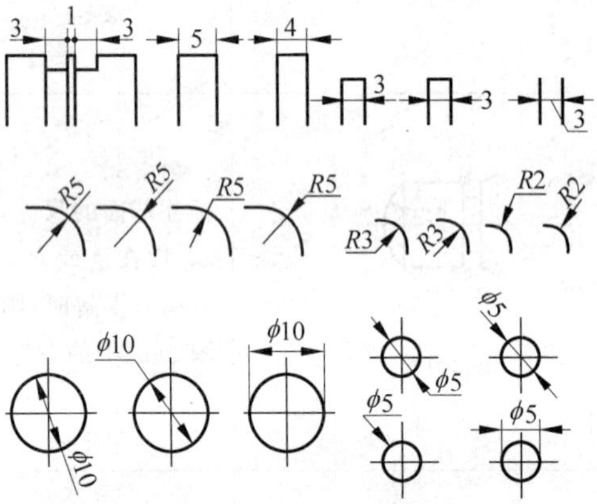 3　1　3　5　4　3　3　3 *R*5　*R*5　*R*5　*R*5　*R*3　*R*3　*R*2　*R*2 ϕ10　ϕ10　ϕ10　ϕ5　ϕ5　ϕ5　ϕ5　ϕ5 ϕ10 表 1-4 图 7	没有足够的位置时，箭头可画在外面，或用小圆点代替箭头；尺寸数字也可写在外面或引出标注；圆的尺寸线或其延长线一般通过圆心
对称机件的尺寸标注	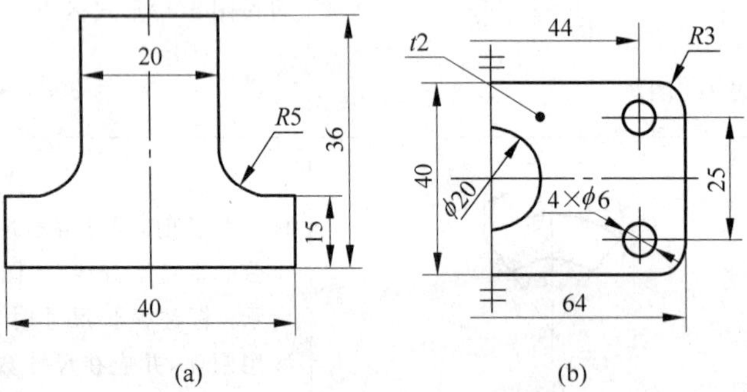 20　*R*5　36　15　40 (a) *t*2　44　*R*3　40　ϕ20　4×ϕ6　25　64 (b) 表 1-4 图 8	对称结构在对称方位的尺寸应以对称线为基准注总尺寸，如图 8(a)之 40 和 20；而分布在对称线两侧的相同结构，只注其中一侧的尺寸，如图 8(a)中的 15 和 *R*5。当机件的对称图形只画出一半时，可参照图 8(b)的样式标注尺寸，其中 *t* 为板厚，厚度为 2mm

续表

标注内容	图　例	说　明
倒角尺寸标注	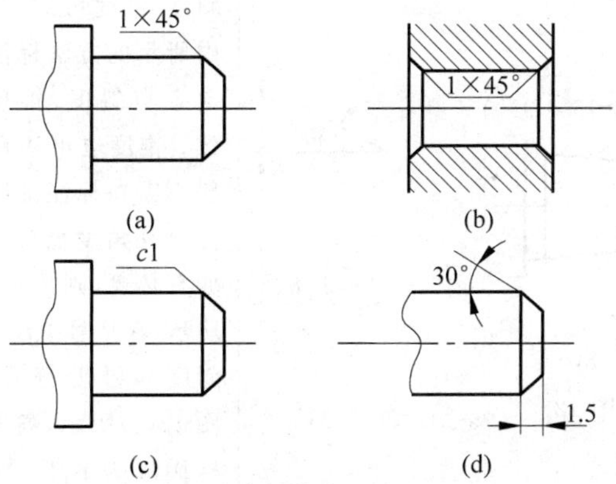 1×45° 1×45° (a)　(b) c1 30° 1.5 (c)　(d) 表 1-4 图 9	机件上的 45°倒角可按图 9(a)、(b)形式标注，也可按图 9(c)简化标注，$c1$ 表示 45°的倒角的深度为 1，非 45°的倒角的标注如图 9(d)
光滑过渡处的尺寸	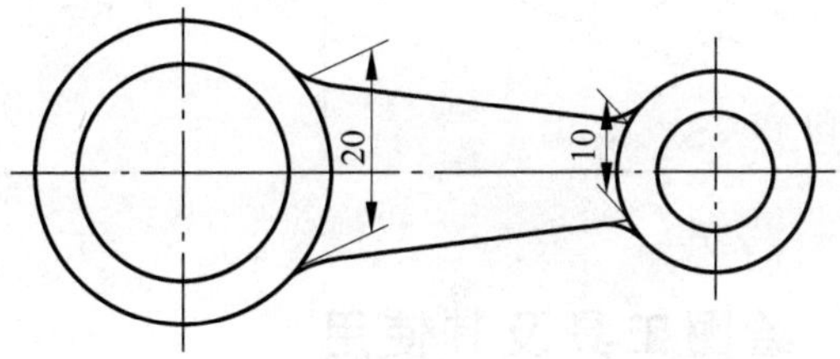 20　10 表 1-4 图 10	在机件图形光滑过渡处，必须用细实线将轮廓线延长，并从它们的交点引出尺寸界线
允许尺寸界线倾斜		尺寸界线一般应与尺寸线垂直，必要时允许倾斜。如图 10 所示，若这里的尺寸界线垂直于尺寸线，则图线很不清晰，因而允许倾斜
正方形结构标注	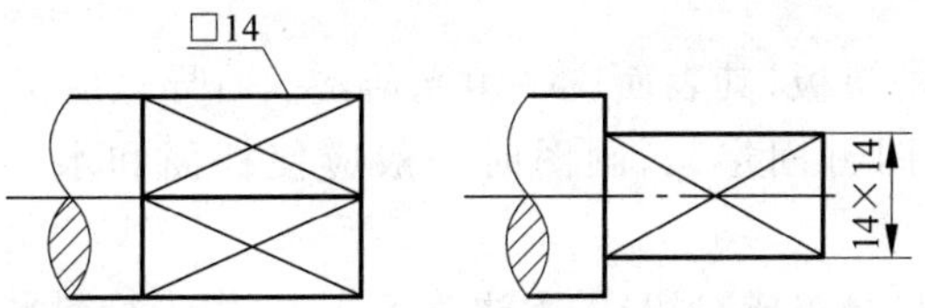 □14 14×14 表 1-4 图 11	标注断面为正方形的机件尺寸时，可在边长尺寸数字前加注符号□，或用 14 × 14 代替□14 图 11 中相交的两条细实线是平面符号，当图形不能充分表达平面时，可用这个符号表示平面

续表

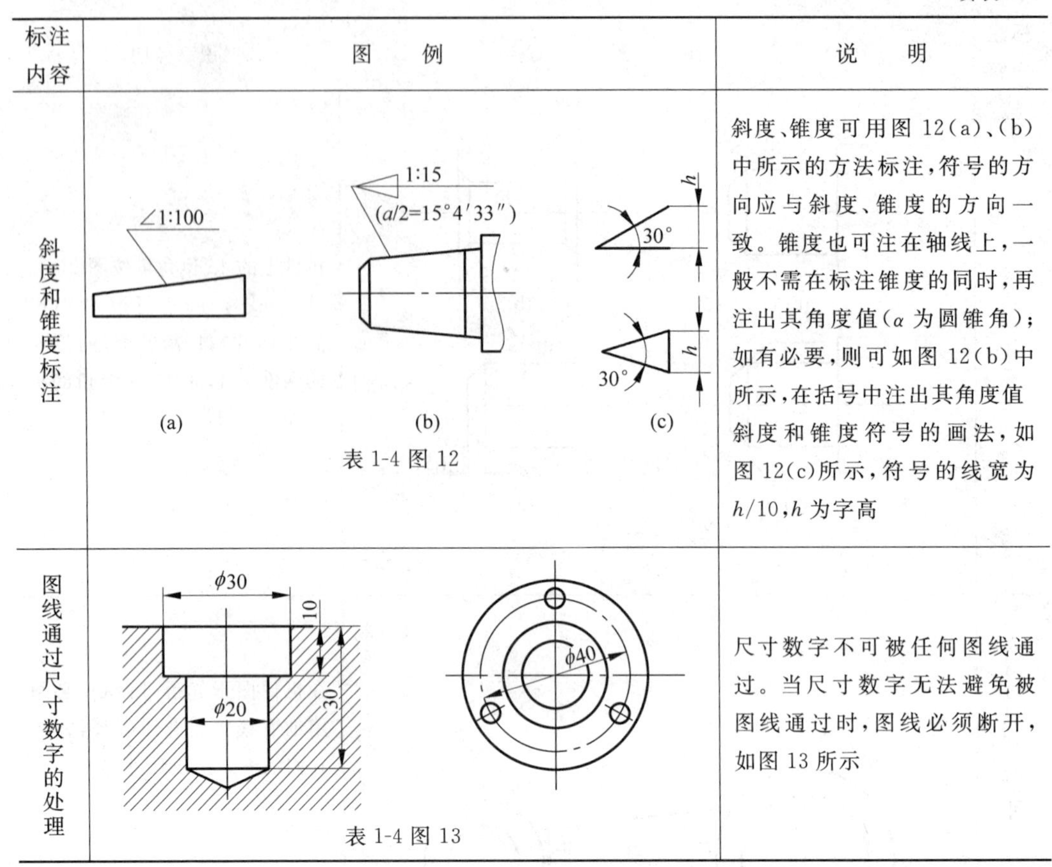

标注内容	图例	说明
斜度和锥度标注	∠1:100 (a) 1:15 ($\alpha/2$=15°4′33″) (b) 30° h 30° h (c) 表 1-4 图 12	斜度、锥度可用图 12(a)、(b)中所示的方法标注，符号的方向应与斜度、锥度的方向一致。锥度也可注在轴线上，一般不需在标注锥度的同时，再注出其角度值(α 为圆锥角)；如有必要，则可如图 12(b)中所示，在括号中注出其角度值 斜度和锥度符号的画法，如图 12(c)所示，符号的线宽为 $h/10$，h 为字高
图线通过尺寸数字的处理	ϕ30 10 30 ϕ20 ϕ40 表 1-4 图 13	尺寸数字不可被任何图线通过。当尺寸数字无法避免被图线通过时，图线必须断开，如图 13 所示

1.2 绘图工具及其使用

工程制图中常用 3 种绘图方式：尺规绘图、徒手绘图和计算机绘图；尺规绘图和徒手绘图又称为手工绘图。各种绘图方式采用不同的绘图工具，这一节先介绍一些尺规绘图的主要工具及其使用。

1.2.1 图板、丁字尺和三角板

1. 图板和丁字尺

图板是用于画图时贴放图纸的垫板，其表面应平坦光洁，左、右导边应平直。图纸可用胶带纸固定在图板上(切勿用图钉固定)。画图时一般应使板面和水平面成约 20°倾角。

丁字尺由结合牢固的尺头和尺身组成，尺身的上边为工作边，用于绘制水平线(注意：尺身的下边为非工作边，不能用来画图)。画图时，应使尺头内侧与图板的左导边紧贴并上下移动，沿尺身的上边即可画出一系列的水平线来。如图 1-8 所示。

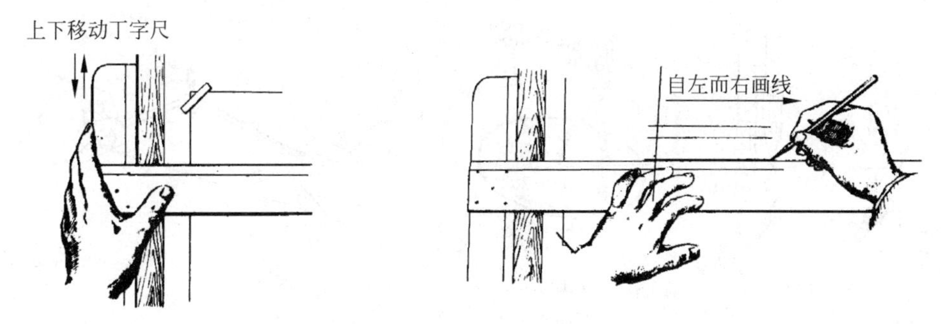

图 1-8　利用丁字尺画水平线

2. 三角板

一副三角板由 45°和 30°-60°各一块组成，与丁字尺配合使用，可用来画垂直线和与水平线成 15°倍数的斜线及相应的平行线。如图 1-9(a)、(b)所示。

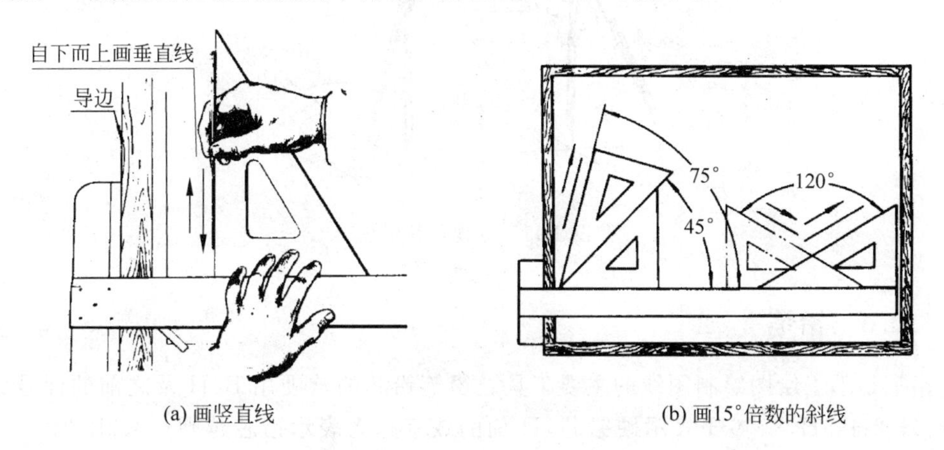

(a) 画竖直线　　(b) 画15°倍数的斜线

图 1-9　三角板与丁字尺配合使用

1.2.2　绘图仪器

绘图仪器中最常用的是圆规和分规。

1. 圆规

圆规用来画圆和圆弧。圆规的一条腿装有带台阶的小钢针(画图时用有台阶一端对着纸面)用来定圆心；另一条腿可安装铅芯用来画圆和圆弧，装上加长杆画大圆用，或装上钢针作分规用。装上铅芯时，应使铅芯与支承钢针的台阶平齐，铅芯依打底稿或描深时的情况可磨成圆锥形或矩形，如图 1-10(a)所示。画图时移动的速度要均匀，其手势如图 1-10(b)所示。接加长杆画大圆时，如图 1-10(c)所示。

2. 分规

分规主要用来量取尺寸和等分线段。为了准确地量取尺寸，分规的两个针尖并拢后应平齐。用分规等分线段时，通常用试分法，如图 1-11 所示。

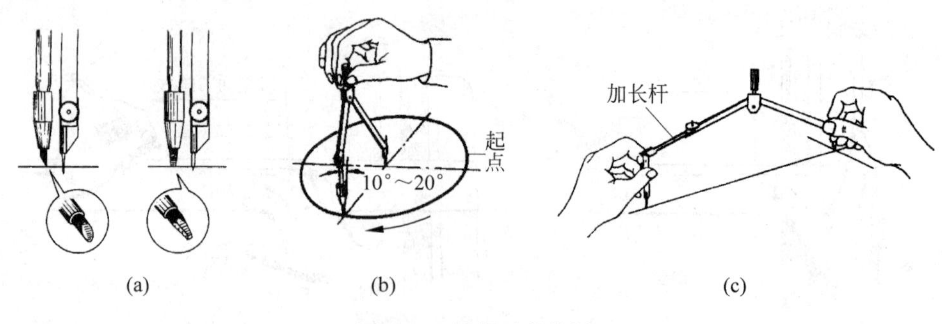

图 1-10　圆规及其使用

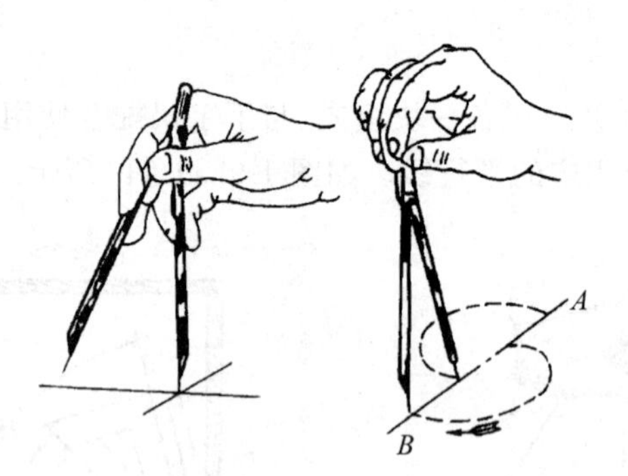

图 1-11　分规及其用法

1.2.3　铅笔

铅笔是手工绘图绘制图线的主要工具。铅笔铅芯的软硬用 B、H 及之前的标号数值表示，H、2H、3H、…、6H 表示硬铅芯，H 前的数字越大表示铅芯越硬；B、2B、3B、…、6B 表示软铅芯，B 前的数字越大，表示铅芯越软，HB 表示铅芯软硬适中。

通常要准备 H、HB、B、2B 铅笔各一支或若干支，H 铅笔用于打底稿、画细线，B 或 2B 铅笔用于描深粗实线，HB 铅笔用于写字。

削木杆铅笔时，不要削有标号的一端，笔尖可磨削成矩形或锥形两种形状，如图 1-10(a) 所示的铅芯形状一样，其长度如图 1-12 所示。

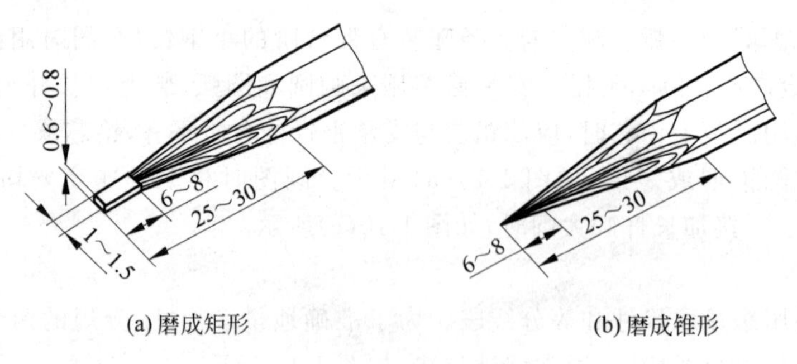

图 1-12　铅笔的削法

单位：mm

除了上述工具外，还有用于光滑连接曲线的曲线板、量度角度的量角器、量取不同作图比例线段的比例尺、绘制各种符号用的模板以及削铅笔刀、橡皮、擦图片和透明胶带纸等。

1.3　几 何 作 图

工程图样中的图形一般由直线和圆弧等构成的几何图形组成，为了提高绘图速度和保证作图的准确性，必须熟练地掌握这些几何图形的正确画法。在这一节中将主要介绍利用尺规绘制一些常用几何图形的作图方法。

1.3.1　等分已知线段

若已知线段 AB，欲将其三等分，其作图方法如图 1-13 所示。

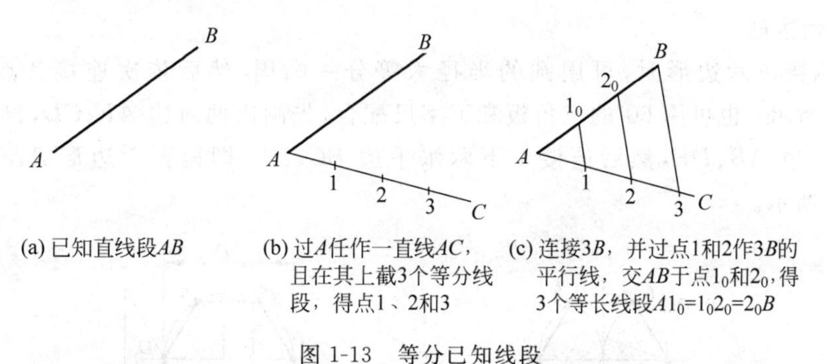

(a) 已知直线段AB　(b) 过A任作一直线AC，且在其上截3个等分线段，得点1、2和3　(c) 连接$3B$，并过点1和2作$3B$的平行线，交AB于点1_0和2_0，得3个等长线段$A1_0=1_02_0=2_0B$

图 1-13　等分已知线段

1.3.2　正多边形的作法

1. 正方形

正方形的作法有多种，下面介绍两种常用的作图方法。

1）圆内接正方形的画法

已知正方形的对角线长（即其外接圆直径）作正方形，如图 1-14 所示。

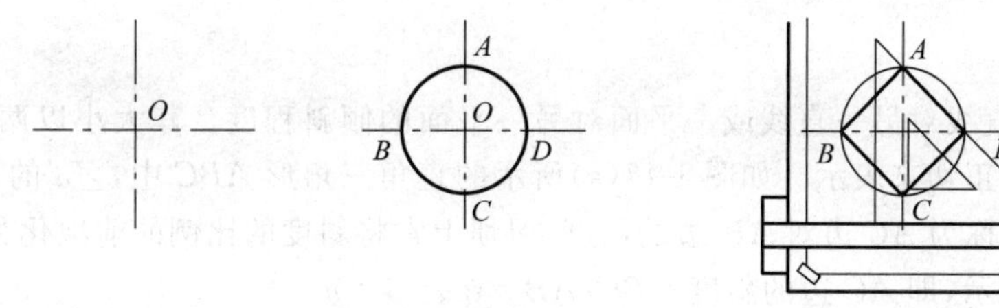

(a) 作水平、垂直两中心线　(b) 以正方形对角线AC为直径作圆O，圆O与两中心线的交点为A、B、C、D4点　(c) 用45° 三角板和丁字尺配合依次连接A、B、C、D 4点，即可得圆内接正方形

图 1-14　圆内接正方形的画法

2）已知正方形的边长时的画法

若已知正方形的边长为 a，欲要画成图 1-14(c)所示的正方形，其作图方法如图 1-15 所示。

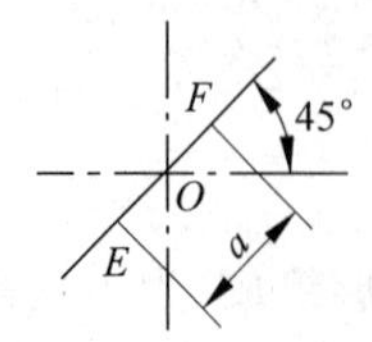

(a) 作水平、垂直的两中心线，交点为O，过O作45°斜线 EF，取$OE=OF=\frac{a}{2}$

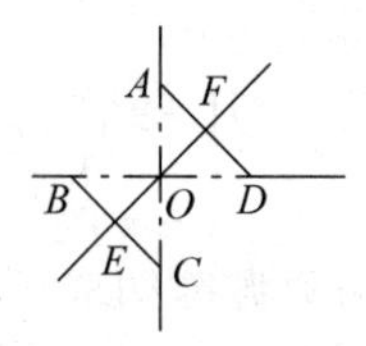

(b) 过E、F作EF的垂线，交两中心线于A、B、C、D

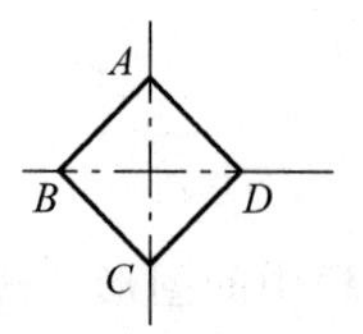

(c) 依次连接A、B、C、D 即可得正方形

图 1-15 已知边长 a 作正方形的画法

2. 正六边形

画圆内接正六边形时，可用圆的半径六等分一圆周，然后依次连接各点即成，如图 1-16(a)所示；也可用 60°的三角板和丁字尺配合，先画出两对边 AF、CD，再翻转三角板画另两对边 AB、DE，然后连接上下两水平边 BC、EF，即得正六边形 $ABCDEF$，如图 1-16(b)所示。

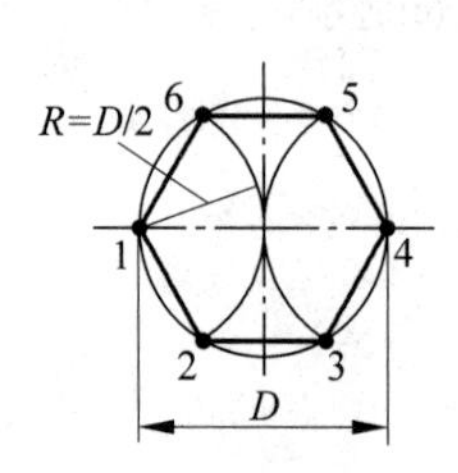

(a) 六等分一圆周和作圆内接正六边形

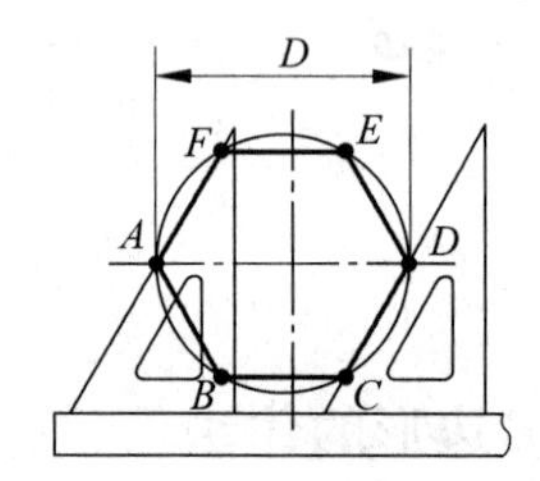

(b) 用丁字尺、三角板作圆内接正六边形

图 1-16 正六边形的画法

1.3.3 斜度和锥度

1. 斜度

斜度是一直线对另一直线或一平面对另一平面的倾斜程度。其大小以两直线(或平面)间的夹角的正切来表示。如图 1-17(a)所示的直角三角形 ABC 中，$\angle\alpha$ 的对边 BC 与底边 AB 之比，称为 AC 边对 AB 边的斜度，习惯上常将斜度的比例的前项化为 1，此时它可用 $1:n$ 来表示，即 AC 边的斜度$=BC/AB=\text{tg}\alpha=1:n$。

如图 1-17(b)所示，画斜度为 1∶6 的斜块顶面时，先作辅助直角三角形(取高为 1 单位长，底边为 6 单位长)，再过已知点 D 作斜边的平行线即可。

2. 锥度

锥度是正圆锥体底圆直径 D 与高度 H 之比，即锥度$=D:H=1:n$，如图 1-18(a)所示。

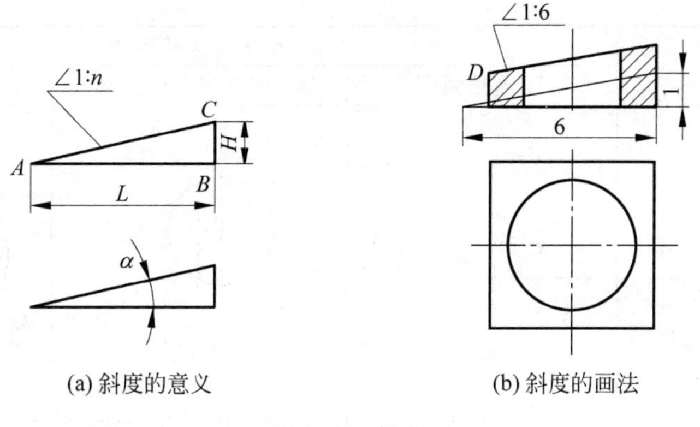

(a) 斜度的意义　　(b) 斜度的画法

图 1-17　斜度

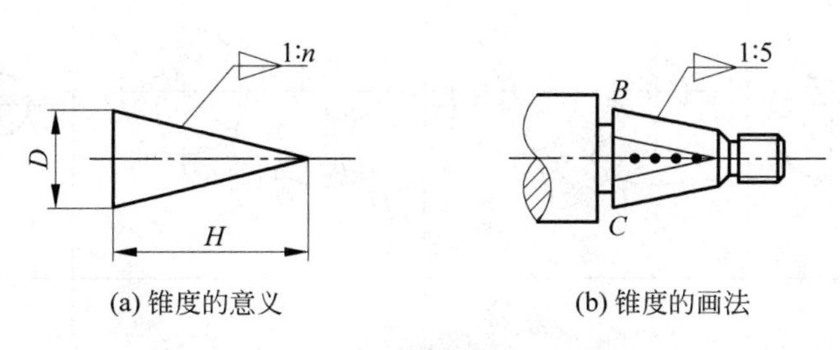

(a) 锥度的意义　　(b) 锥度的画法

图 1-18　锥度

画如图 1-18(b)所示轴上锥度为 1∶5 的线段时，可先画出如细实线的辅助圆锥，再过点 B、C 分别作辅助圆锥轮廓的平行线即可。

1.3.4　圆弧连接

用已知半径的圆弧光滑连接两已知线段(直线或圆弧)，称为圆弧连接。所谓光滑连接就是两线段在连接处相切，其关键是求出连接圆弧的圆心及其与被连接线段在连接处的切点。

表 1-5 中列出了用半径为 R 的圆弧光滑连接各种情况的直线与圆弧时的作图方法举例。

表 1-5　圆弧连接

	已知条件	作图方法和步骤		
		1. 求连接弧圆心	2. 求连接点(切点)	3. 画连接弧并描粗
圆弧连接两已知直线	E F R M N	E F O R R M N	E A(切点) O F M N B(切点)	E A O R F M N B

续表

	已知条件	作图方法和步骤		
		1. 求连接弧圆心	2. 求连接点(切点)	3. 画连接弧并描粗
圆弧连接已知直线和圆弧	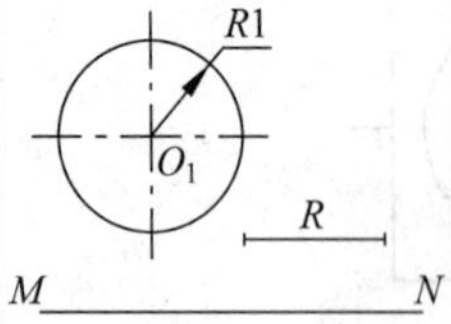 R1 O_1 R M N	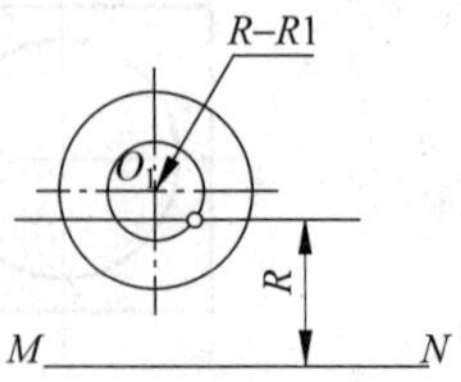 R−R1 O_1 R M N	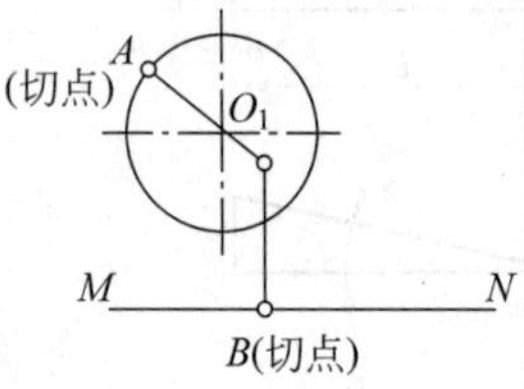 A (切点) O_1 M N B(切点)	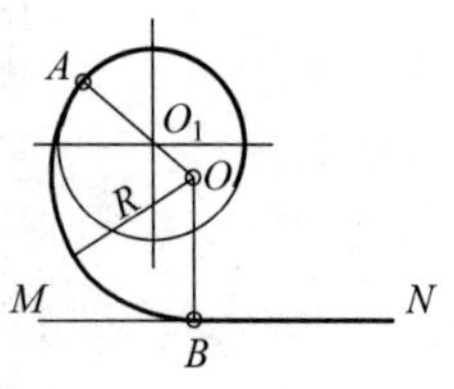 A O_1 O R M N B
圆弧外连接两已知圆	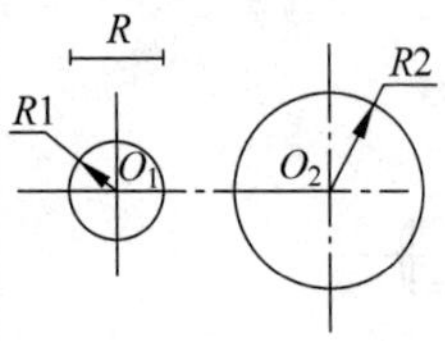 R R1 O_1 R2 O_2	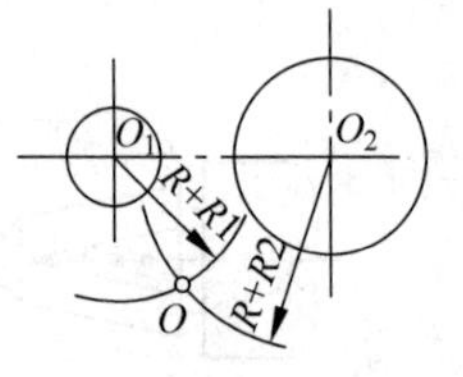 O_1 O_2 R+R1 R+R2 O	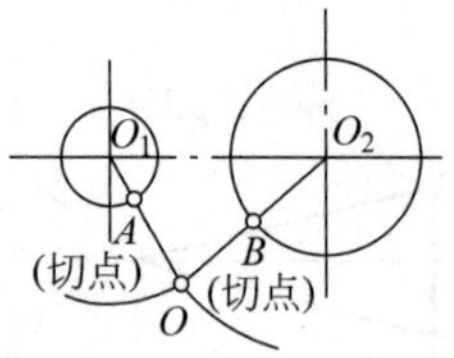 O_1 O_2 A (切点) B (切点) O	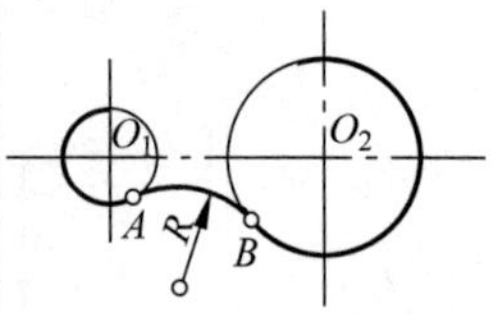 O_1 O_2 A R B
圆弧内连接两已知圆弧	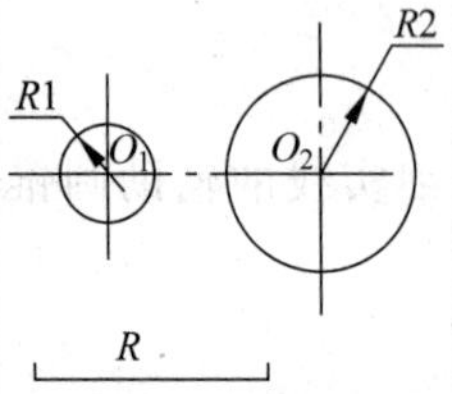 R1 O_1 R2 O_2 R	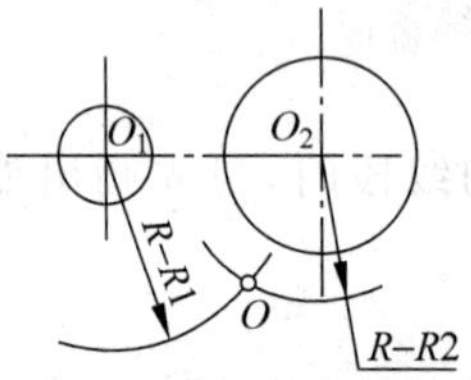 O_1 O_2 R−R1 O R−R2	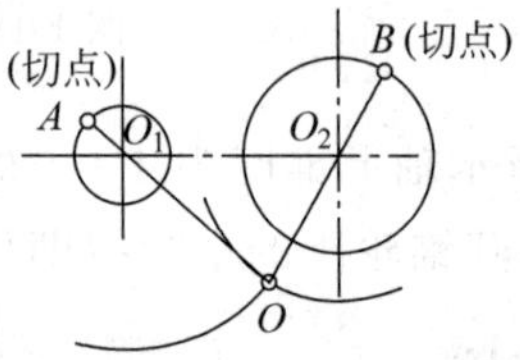 (切点) A O_1 B (切点) O_2 O	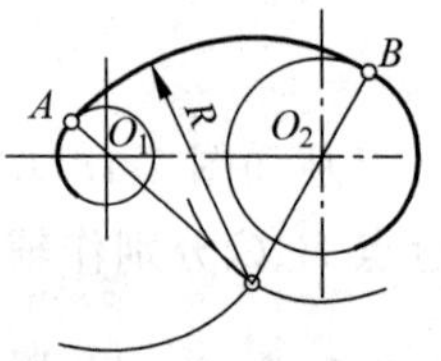 A O_1 R B O_2
圆弧分别内外连接两已知弧	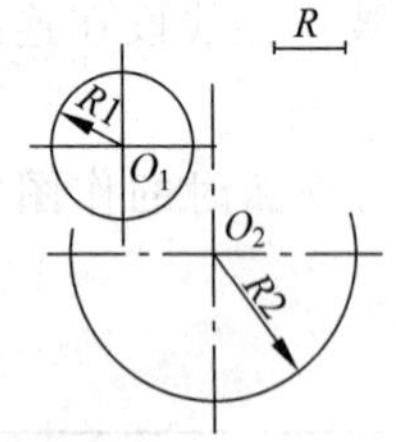 R R1 O_1 O_2 R2	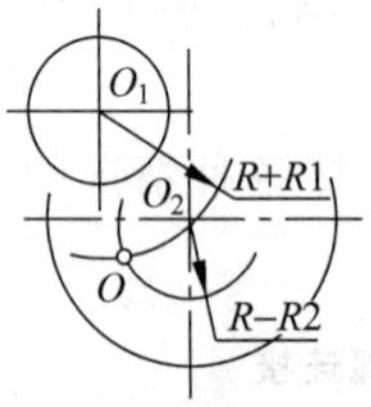 O_1 R+R1 O_2 O R−R2	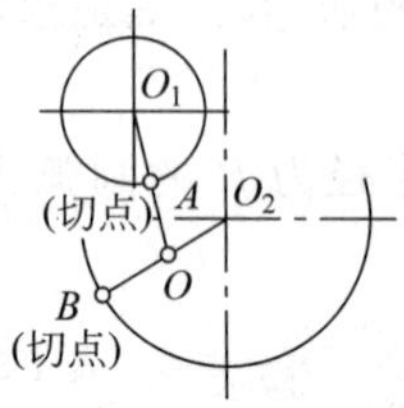 O_1 (切点) A O_2 O B (切点)	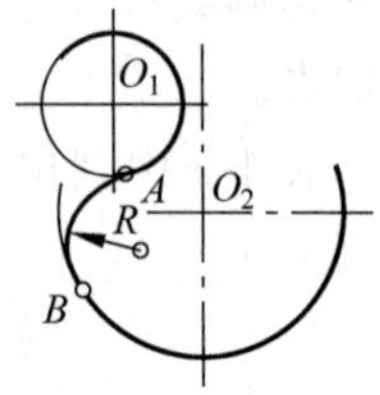 O_1 A R O_2 B

1.3.5 椭圆的画法

椭圆的近似画法中,最常用的是四心法。四心法就是用不同心的 4 段圆弧连接成一个近似的椭圆。当已知椭圆的半长轴 OA 和半短轴 OB 的大小时,就可依图 1-19 所示的步骤画出椭圆。

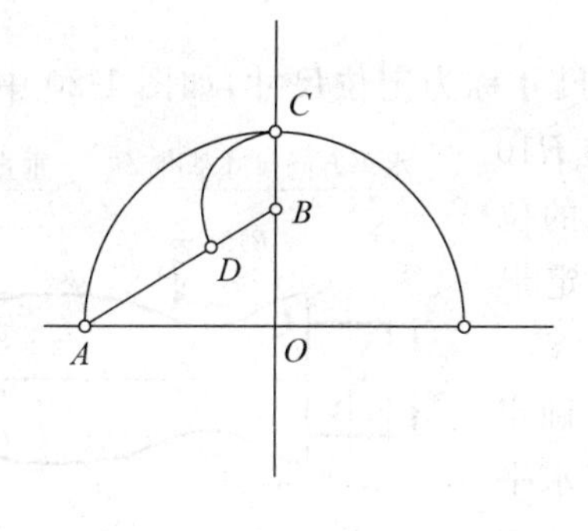

(a) 画出半长轴OA、半短轴OB及其延长线，连AB，并取$OC=OA$；以B为圆心，BC为半径画弧与AB交于D

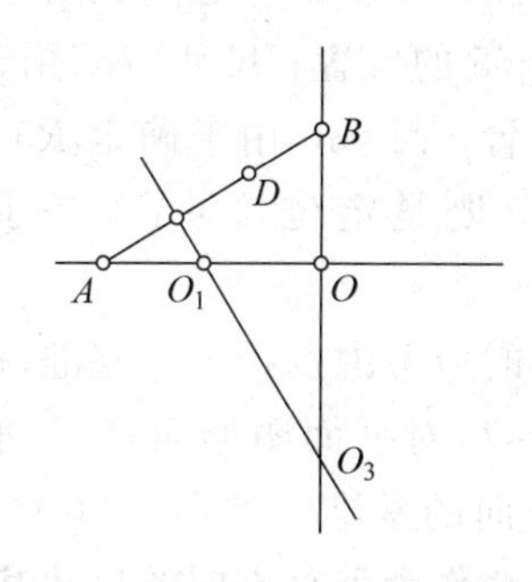

(b) 作AD的垂直平分线交长轴于O_1，交短轴于O_3，即得两段圆弧的圆心

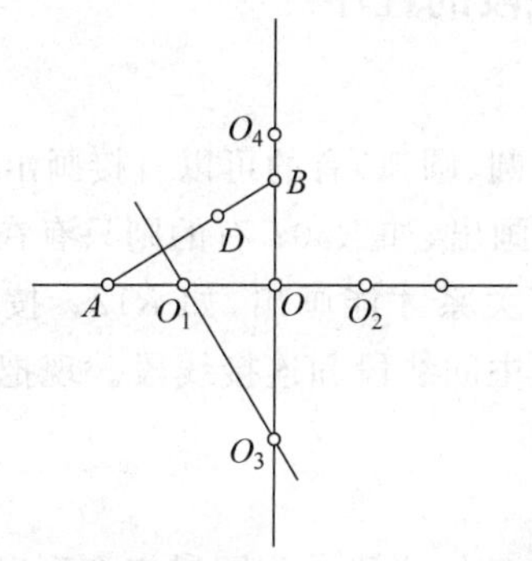

(c) 按对称位置取另两个圆心O_2、O_4。连接此4个圆心，可得4条连心线

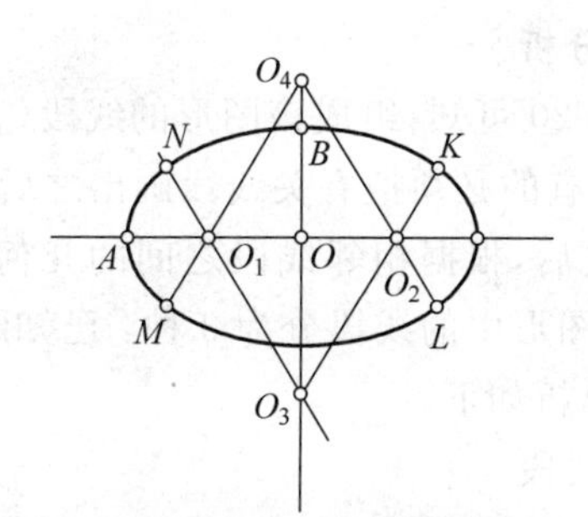

(d) 分别以O_1、O_2为圆心，均以O_1A为半径画弧；以O_3、O_4为圆心，均以O_3B为半径画弧，即得椭圆。K、L、M、N为4段圆弧的分界点

图 1-19　椭圆的近似画法

1.4　平面图形的分析和画图步骤

图形和尺寸是密切相关的，一个图形只有当其给定的尺寸完整、清晰、正确时，才能准确快速地绘制出来；画图的先后顺序也与线段(包括圆弧)在图形中的地位和所给尺寸的数量有关。因此，在绘图时应先对平面图形进行分析(尺寸分析和线段分析)。

1.4.1　平面图形的尺寸分析

尺寸分析中，主要是弄清尺寸的种类和尺寸基准。在平面图形中，根据尺寸所起的作用不同，将其分为定形尺寸和定位尺寸两类。

1. 定形尺寸

确定图形中各部分形状大小的尺寸称为定形尺寸，如直线段的长度、圆弧的直径或半径、角度的大小等，如图 1-20 中的 $R10$、$R12$、$R15$、$R50$ 和 $\phi5$、$\phi10$ 等就是定形尺寸。

2. 定位尺寸

确定平面图形中各部分之间相对位置的尺寸称为定位尺寸，如图 1-20 中的尺寸“8”用于确定小圆 $\phi5$ 的位置；尺寸“75”用于确定 $R10$ 圆弧的圆心位置；而 $\phi30$ 用于确定 $R50$ 圆弧的位置，此处的 $\phi30$ 既是定位尺寸，也是手柄的定形尺寸。

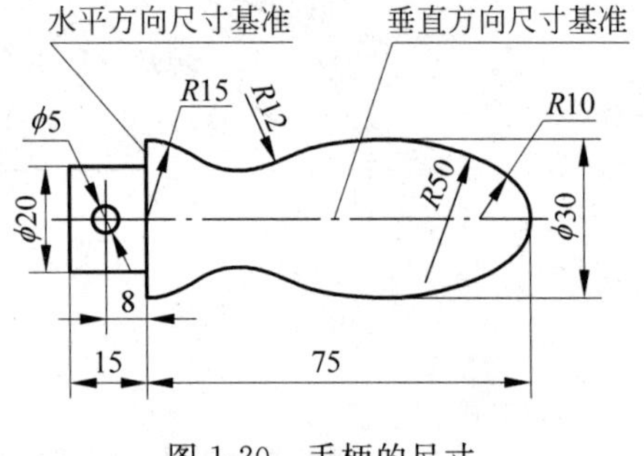

图 1-20　手柄的尺寸

标注尺寸时应考虑选择尺寸基准，也就是确定标注尺寸的起点，对平面图形而言，一般都有水平和垂直两个方向的基准。如图 1-20 中，手柄的图形是以水平轴线作为垂直方向的尺寸基准，以手柄的中间端面作为水平方向的尺寸基准。

1.4.2　平面图形的线段分析和绘制线段的程序

1. 线段分析

分析图 1-20 可知，组成该图形的线段（直线、圆、圆弧）有的可以直接画出，如 $\phi20$、$\phi5$、$\phi15$、$R15$ 等；有的必须把有关线段画出之后才能画出，如 $R50$；有的则只有在与它相关的线段都画出之后，根据相邻线段之间的几何连接关系才能画出，如 $R12$。按照上述的分析，可把平面图形中的线段分为 3 种：已知线段、中间线段和连接线段。现把这 3 种线段的连接情况分析如下。

1）已知线段

具有完整的定形尺寸和定位尺寸的线段称为已知线段。作图时完全可以根据给出的尺寸画出这些线段。对圆弧来说，就是已知半径 R（或直径 ϕ）以及圆心的两个坐标，如图 1-20 中的 $R15$ 和 $R10$ 圆弧。

2）中间线段

有定形尺寸而定位尺寸不全，水平和垂直方向中只给出一个方向的定位尺寸的线段称为中间线段。作图时，需要与其相接（相切）的已知线段作出后才能画出，如图 1-20 中的 $R50$ 圆弧。

3）连接线段

只有定形尺寸，而水平和垂直两个方向的定位尺寸均未给出的线段称为连接线段。画该线段时，需要将其两端相切的线段作出后才能画出，如图 1-20 中的 $R12$ 圆弧。

2. 绘制平面图形线段的程序

在对平面图形进行尺寸分析的基础上，先区分出以上所述的 3 种线段，再依次画出已知线段、中间线段和连接线段。如图 1-20 中所示的手柄图形的作图步骤如图 1-21 所示。

1.4.3　平面图形的尺寸标注示例

标注尺寸时，如前所述应对图形进行必要的分析，先定尺寸基准，再注出定位、定形尺寸。所注尺寸从几何上考虑应完整无遗；从国家标准来要求，应符合有关规定，并清晰无误。如图 1-22 所示为常见的几种平面图形的尺寸标注示例。

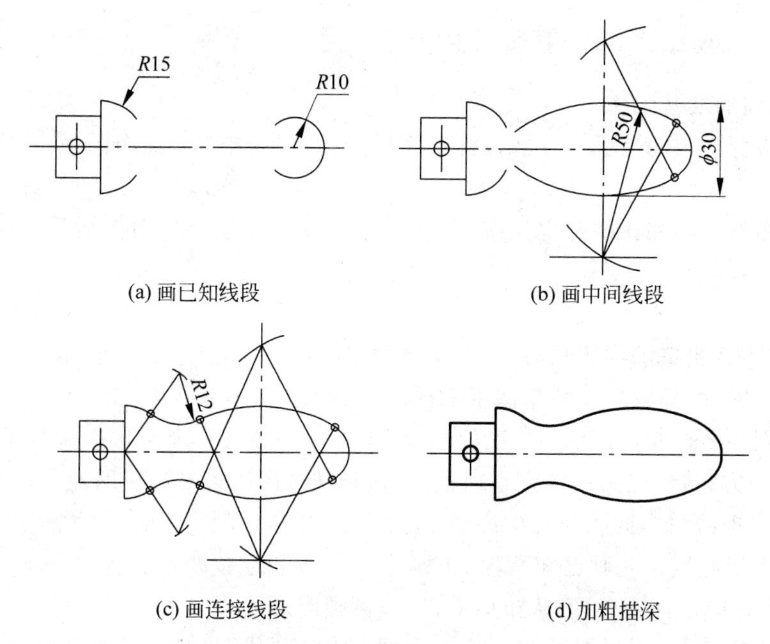

(a) 画已知线段　(b) 画中间线段

(c) 画连接线段　(d) 加粗描深

图 1-21　手柄的作图步骤

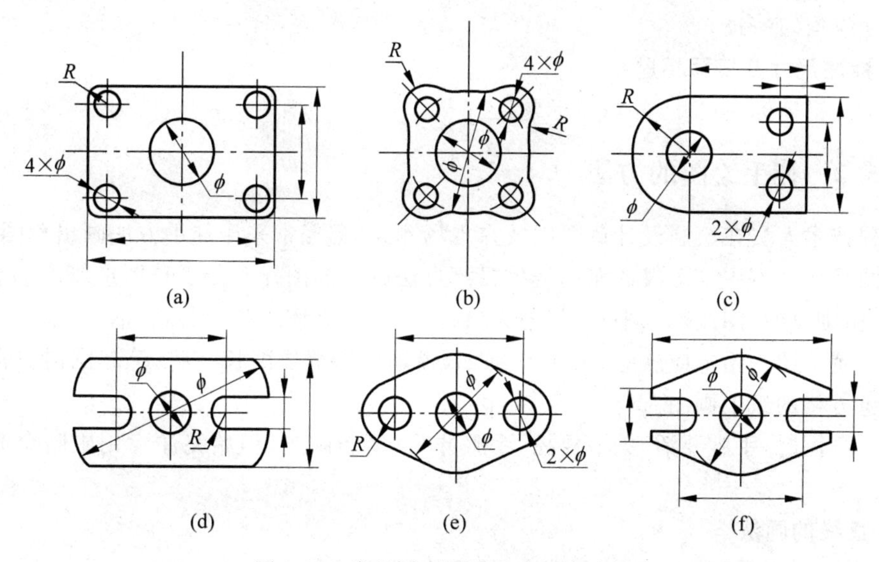

(a)　(b)　(c)

(d)　(e)　(f)

图 1-22　常见平面图形尺寸标注示例

1.5　绘图的 3 种方式简介

绘制图样常用方法有 3 种，即尺规绘图(使用绘图仪器和工具)、徒手绘图和计算机绘图。以下将对这 3 种方法的绘图步骤和方法作简要介绍。

1.5.1 尺规绘图的一般步骤和方法

1. 制图前的准备工作

(1) 准备好所用的工具和仪器,磨削好铅笔及圆规的铅芯;擦净图板、丁字尺和三角板等。

(2) 按图形大小和比例确定图幅,并将选好的图纸用丁字尺对齐后用胶带纸贴在图板上。

2. 画图形

用 H 或 HB 铅笔削尖轻画底稿,底稿要画得细而准确,其步骤一般如下。

(1) 先画图框、标题栏。若是图纸上已印好,可省略。

(2) 布图。所谓布图,就是考虑按画出图形的大小将其合理而匀称地布置在图纸上,不至于有的地方很挤,而另一地方空白很多,这是初画图时容易犯错的地方。布图时主要是要先画出基准线,如轴线、对称中心线、主要轮廓线等。

(3) 画图形底稿。先画已知线段,再画中间线段和连接线段。画出图形主要外轮廓后,审视一下布局是否恰当,确认布局妥善后,再画图形细节。

(4) 检查底稿,描深加粗图线。检查全图,如有错误和遗漏,即加以改正,并用 B 或 2B 铅笔将直线和圆弧等按线型宽度要求描深。描深时,先描圆弧后描直线;同一线型图线的宽度应均匀一致。

3. 标注尺寸及填写标题栏

用 HB 铅笔标注尺寸,并填写标题栏。

1.5.2 徒手绘图的方法

工程技术人员在绘制设计草图以及在现场测绘时,经常采用徒手方法画出草图,这种徒手草图是一种不用绘图仪器而用徒手目测方法画出的图样。徒手草图应基本做到:图形正确、粗细分明、图线基本平直、长短大致符合比例、字体工整、图面整洁。

画徒手草图的铅笔应软一些(如 B 或 2B 铅笔),铅笔要削长一些,笔芯圆滑。常常在印有浅色方格的纸上画图。

徒手画图时,手腕要活,关节要松,手眼并用,笔随眼走(但始终注意用眼睛余光看着终点)。

1. 直线的画法

画直线时,可先标出直线的两端点,然后执笔悬空沿直线方向试划一下,掌握好方向和走势后再落笔画线,画水平、垂直及倾斜方向直线时的手势如图 1-23 所示。画较长斜线时,为了运笔方便,可将图纸转过一适当角度成水平线后再画。

画 45°、30°、60°的斜线可按图 1-24 所示的方法近似地画出。

2. 圆和椭圆的画法

画圆时,应先定圆心位置,过圆心画对称中心线,在对称中心线上距圆心等于半径处截取 4 点,过 4 点画圆即可,如图 1-25(a)所示。画稍大的圆可加画一对 45°的十字线,并同样按半径长截取 4 点,过 8 点画圆,如图 1-25(b)所示。

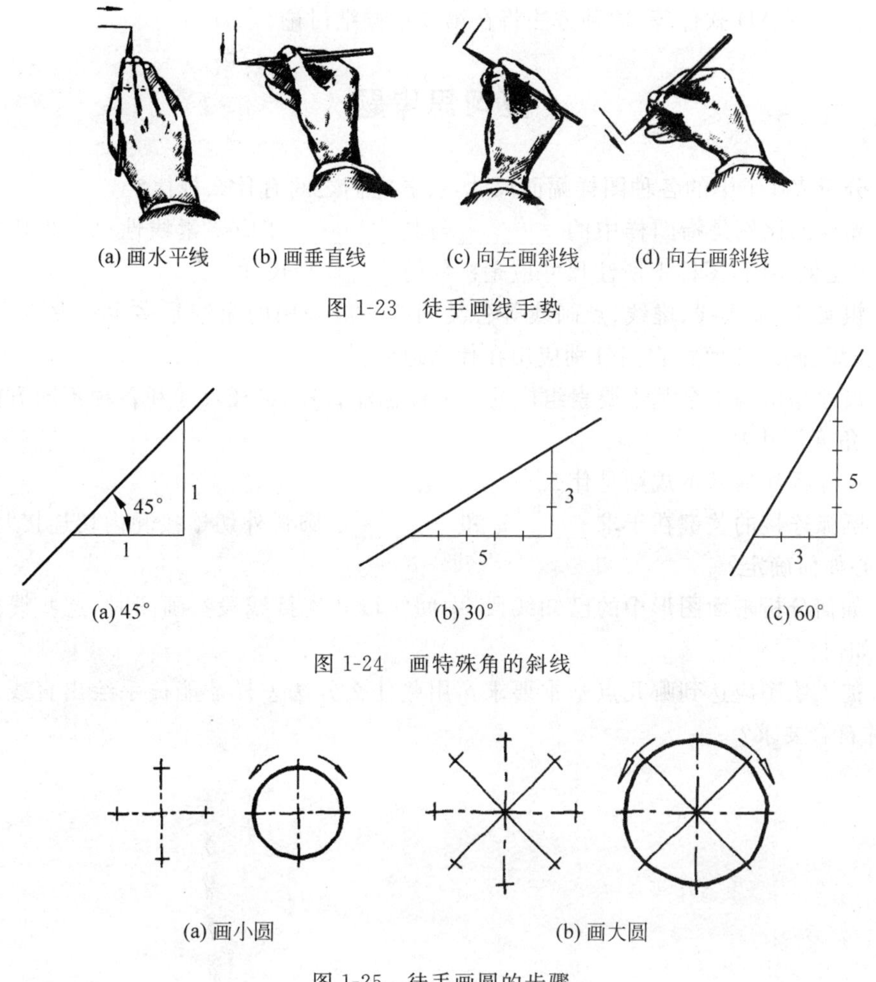

(a) 画水平线　(b) 画垂直线　(c) 向左画斜线　(d) 向右画斜线

图 1-23　徒手画线手势

(a) 45°　(b) 30°　(c) 60°

图 1-24　画特殊角的斜线

(a) 画小圆　(b) 画大圆

图 1-25　徒手画圆的步骤

画椭圆时，可先画出长、短轴，且取其端点，然后过端点作矩形，并将矩形的对角线六等分，如图 1-26(a)和(b)所示；过长短轴端点和对角线靠外的等分点画出椭圆，如图 1-26(c)所示。

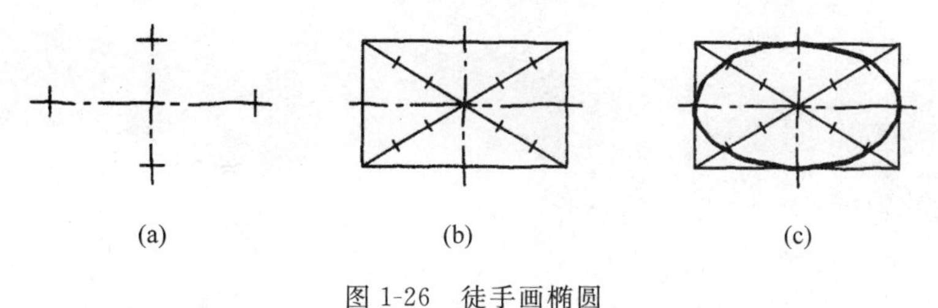

(a)　(b)　(c)

图 1-26　徒手画椭圆

1.5.3　计算机绘图

计算机绘图必须有硬件（主机及其外围设备、图形设备）和软件（系统软件、图形软件）作为支撑。软件可以是调用编制的图形程序，也可采用现有的图形软件系统，如 AutoCAD、开目 CAD、天喻 CAD 软件等，这种方法将在第 8 章详细讨论。

复习思考题

1. 分析表 1-1 中的各种图样幅面尺寸，看看它们之间有什么规律？

2. 图样的比例是指图样中的________与其________相应要素线性尺寸之比。不论采用何种比例绘图，图样上所注尺寸应是机件的________尺寸。

3. 粗实线、细实线、虚线、点画线等各类图线一般采用的粗细是多少？虚线、点画线的线段长短、间隔如何？它们分别应用在什么地方？

4. 尺寸是由哪 4 个基本要素组成的？怎样标注直径、半径尺寸和各种不同方向的直线尺寸、角度尺寸？

5. 尺寸标注的基本规则是什么？

6. 圆弧连接的关键在于求________和________。圆弧外切连接和内切连接时，连接弧的圆心如何确定？

7. 如何分析平面图形中的已知线段、中间线段和连接线段？画图时，这些线段的先后步骤如何？

8. 徒手绘图应达到哪几点基本要求？用些什么方法怎样才能徒手绘出直线、圆、椭圆等，并符合要求？

第2章　制图的基本原理

内容提要

本章主要介绍投影法的基本知识、物体的投影与视图、物体上几何元素投影规律、直线的相对位置以及在直线上取点、在平面上取点取线的作图方法。重点要掌握物体三视图的形成及其投影规律；各种位置直线、平面的投影特性；在平面上作点、线的方法。

本章是学习制图课程的理论基础。

2.1　投影法的基本知识

2.1.1　投影法的概念

物体在光线照射下，地面或墙壁上就会出现它的影子。人们发现影子的形状与物体存在着一定对应关系，并由此现象抽象总结出了工程图样的绘制原理和方法——投影法。

如图2-1所示，假定在光源S和平面P之间有一个三角形ABC，光线从光源射出以后，通过$\triangle ABC$的3个顶点的射线SA、SB、SC分别与平面P交于a、b、c 3点，在平面上的这3个交点即是空间A、B、C 3点在平面P上的投影。$\triangle abc$是$\triangle ABC$在平面P上的投影，所有投射线的交汇点S称为投射中心，SAa、SBb、SCc称为投射线，P称为投影面，$\triangle abc$称为空间三角形ABC在投影面P上的投影。这种投射线通过物体，向选定的投影面投射，并在面上得到投影图形的方法称为投影法。

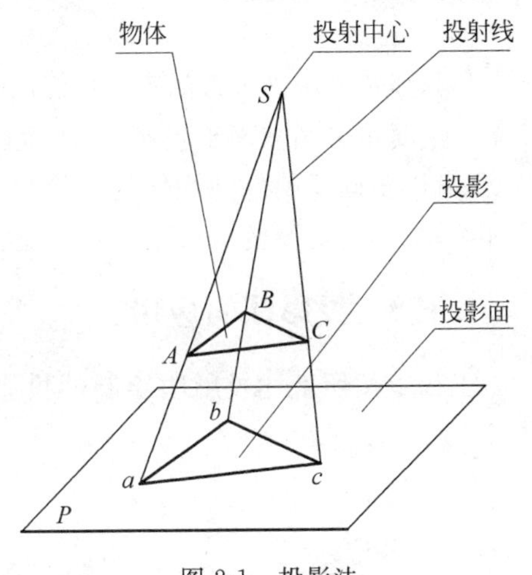

图2-1　投影法

2.1.2　投影法的种类

投影法分为中心投影法和平行投影法两种。

1. 中心投影法

由图2-1可以看出：其投射线汇交于一点S，亦即其投射中心S位于投影面P的有限远处。这种投射线汇交于一点(投射中心)的投影法，称为中心投影法。

中心投影法常用来画建筑透视图。这种透视图形直观性好，但不反映物体各部分的真实形状和大小，度量性较差。

2. 平行投影法

若将图2-1中的投射中心S沿着某一方向移到无限远处，则所有的投射线都互相平行。这种将互相平行的投射线通过物体向选定的平面投射，并在该面上得到图形的方法，称为平行投影法，如图 2-2 所示。

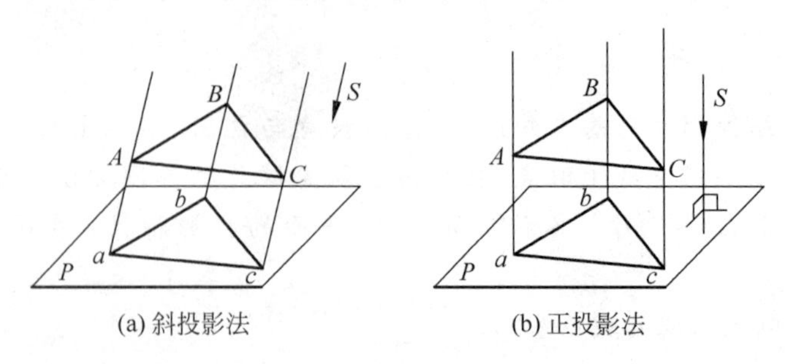

(a) 斜投影法　　(b) 正投影法

图 2-2　平行投影法

按投射线与投影面是否垂直，平行投影法又分为斜投影法和正投影法两种。

1）斜投影法

投射线与投影面倾斜的平行投影法称为斜投影法，所得的投影称为斜投影，如图 2-2(a)所示，它可用来画轴测图。

2）正投影法

投射线与投影面垂直的平行投影法称为正投影法，所得的投影称为正投影，如图 2-2(b)所示。主要用来画多面正投影图，工程图样主要是用这种正投影法画出来的，它直观性较差，但可以正确反映空间物体的形状和大小，度量性好，作图方便，工程上应用最广。从本章开始，书中所提及的“投影”一般都是指正投影。

2.1.3　投影法的应用

工程上按照上述投影法绘制的投影图常用的有透视图、轴测图及多面正投影图，如图 2-3 所示。

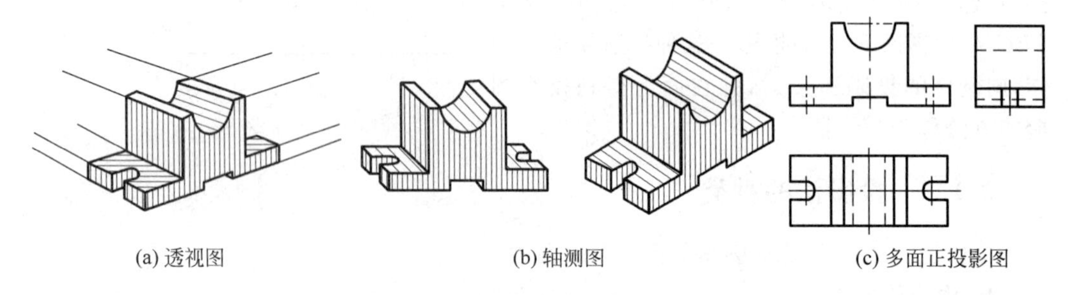

(a) 透视图　　(b) 轴测图　　(c) 多面正投影图

图 2-3　投影法的应用

从图 2-3 中可以看出：透视图、轴测图的“立体感”较强，但度量性较差；而多面正投影图由于是采用正投影法将物体分别向 3 个互相垂直的投影面投射所得的投影，并展开到一个平面上的图形，用这些二维的平面图形来表达三维空间形体的，因而其立体感差，但度量性强，以下将主要对多面正投影图进行讨论。

2.2　投影与视图

2.2.1　概述

如前所述，投射线与投影面相垂直的平行投影法称为正投影法，根据正投影法所得到的投影称为正投影或正投影图，这种投影画的时候并不是只表示物体外轮廓形状的影子，而是能表达物体这一方向所有轮廓形状的图形。这种图可以理解为是把物体置于人眼和投影面之间，而把投射线当成人眼的一束平行的视线，这样在投影面上得到的投影图由于加入了人眼视觉的理念，因此将它称为视图。

2.2.2　三视图的形成及其投影关系

1. 三视图的形成

从投影的概念可知，只要物体的位置、投影面确定，则物体的投影图就唯一确定。但是若只给出物体的一个单面视图是不能确定空间的物体的形状和位置的，如图 2-4 所示。因此，通常采用三个互相垂直的投影面，分别称为正面(用 V 表示)、水平面(用 H 表示)和侧面(用 W 表示)，如图 2-5(a)所示。3 个投影面的交线称为投影轴，V 面和 H 面的交线称为 OX 轴(简称 X 轴)，H 面和 W 面的交线称为 OY 轴(简称 Y 轴)，V 面和 W 面的交线称为 OZ 轴(简称 Z 轴)，3 轴相交于原点 O。若将物体置于在三投影面体系内，用正投影法依次向 V、H 和 W 面投射，可分别获得该物体的正面投影、水平投影及侧面投影，这些投影按国家标准规定相应称为主视图、俯视图及左视图。

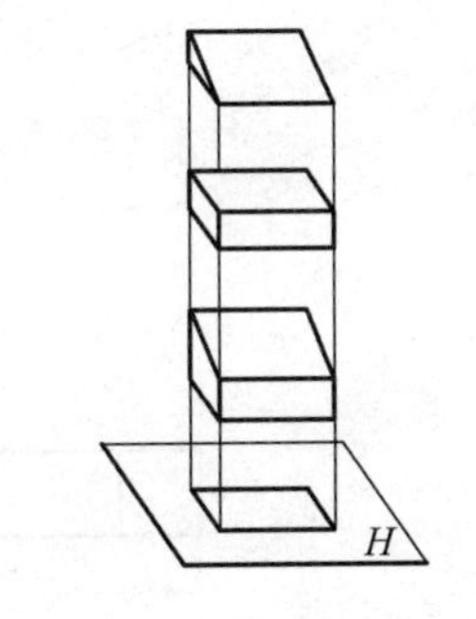

图 2-4　单面视图不能表示物体的形状

为了在同一平面上绘制物体的三视图，必须将三投影面展开，如图 2-5(b)所示。其过程是：将物体拿走后，使 V 面不动，H 面绕 OX 轴向下旋转 90°，W 面绕 OZ 轴向右旋转 90°，使 H、W 和 V 面都处于同一平面上，这样便得到了物体的三视图，如图 2-5(c)所示。实际画图时，投影面的边框和投影轴是不画的，三视图的相对位置不变，即俯视图在主视图的下边，左视图在主视图的右边，三视图这样配置时，视图的名称可不标注，如图 2-5(d)所示。

2. 三视图之间的投影规律

物体有长、宽、高 3 个方向的尺寸，一般约定：物体左右之间的距离为长，前后之间的距离为宽，上下之间的距离为高。主视图和俯视图都反映物体的长，主视图和左视图都反映物体的高，俯视图和左视图都反映物体的宽，如图 2-6 所示。若用 3 个视图表达同一物体时，视图间的投影关系可以归纳成以下 3 句话：主视和俯视长对正；主视和左视高平齐；俯视和左视宽相等。简单地说就是“长对正，高平齐，宽相等”，这 3 句话、9 个字概括了三视图的投影规律，这个规律不仅适合于整个物体视图之间的投影关系，对于物体的每一个局部，乃至于一个点的投影都是适用的。这一规律是画图和看图的依据，必须熟练掌握和运用。

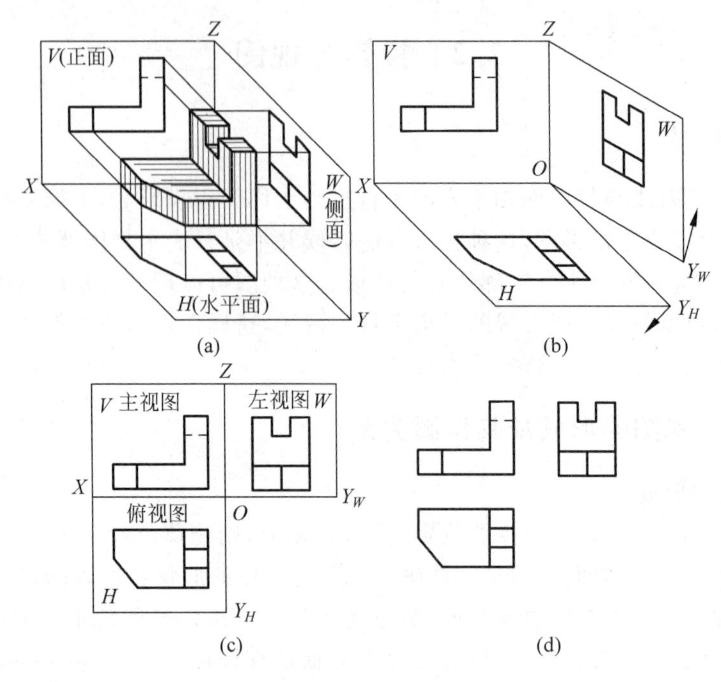

图 2-5 三视图的形成

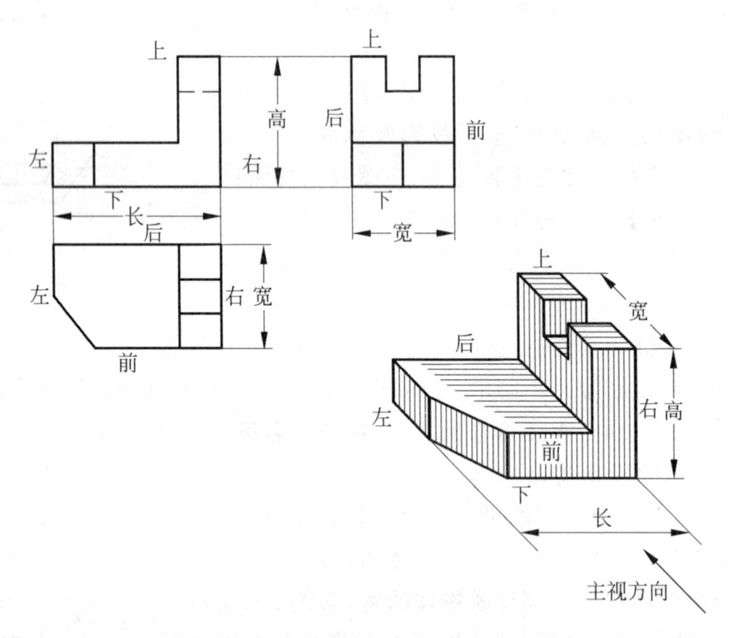

图 2-6 三视图的投影规律和方位关系

3. 视图与物体的方位关系

物体有上下、左右和前后 6 个方位，每一个视图只能反映物体两个方向的位置关系，主视图反映物体的左右和上下方位，俯视图反映物体的左右和前后方位，左视图反映物体的上下和前后方位，如图 2-6 所示。图中的上下、左右方位关系比较直观易懂，而物体的前后方位关系不易分清，从图中可以看出：俯、左视图中距离主视图越远的那一边越靠前，而靠近主视图的一边是物体的后面，初学者应加以注意。

2.3　几何元素的投影分析

物体的表面是由几何元素（点、线、面）组成的，因此在分析了物体与视图的对应关系之后，为了迅速而准确地画出物体的视图，就必须进一步分析组成物体的这些基本几何元素的投影规律和投影特性。

2.3.1　点的投影

1. 点在三投影面体系中的投影

1）点的三面投影的形成

按照前面所述的方法建立三投影面体系以后，若将点 A 置于其中，分别向三投影面作投射线，得各投射线与 H、V、W 面的交点分别为 a、a'、a''；a 称为点 A 的水平投影，a' 称为点 A 的正面投影，a'' 称为点 A 的侧面投影，如图 2-7(a)所示。

空间点规定用大写字母标记，例如 A、B、C、…，它们在 H 面的投影用相应小写字母表示，如 a、b、c、…，在 V 面上的投影用相应小写字母加一撇表示，如 a'、b'、c'、…，在 W 面上的投影相应用小写字母加二撇表示，如 a''、b''、c''、…。

为能在同一平面上画出点的三面投影，同样要按前面所讲的规则将三投影面体系展开，展开后的图形如图 2-7(b)所示。值得注意的是：Y 轴是 H 和 W 面投影的交线，展开后有两个位置，在 H 面上的记为 Y_H，在 W 面上的记为 Y_W，去掉投影面的边框后，点的三面投影图如图 2-7(c)所示。

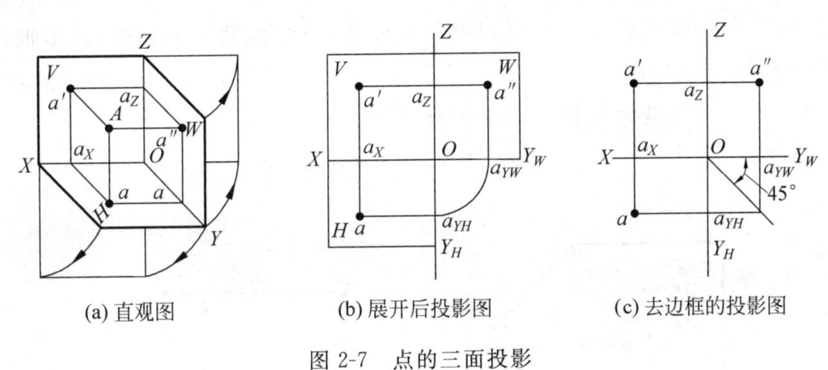

(a) 直观图　(b) 展开后投影图　(c) 去边框的投影图

图 2-7　点的三面投影

2）点的投影规律

从图 2-7(a)可以看出：3 条投射线 Aa'、Aa、Aa'' 中每两条所决定的平面，都分别与相应的投影面及其投影轴垂直。如平面 $Aa'a_Xa$（a_X 为该平面与 X 轴交点）与 V 面、H 面垂直，可以证明 $Aa'a_Xa$ 是矩形，且垂直于 X 轴；同样可证 Aaa_Ya'' 是矩形，且垂直于 Y 轴；$Aa''a_Za'$ 为矩形，且垂直于 Z 轴。

由此，将三投影面体系展开后，可得点的投影规律，如图 2-7(b)所示。

(1) $aa' \perp X$ 轴，即点的正面投影和水平投影的连线垂直于 X 轴；

(2) $a'a'' \perp Z$ 轴，即点的正面投影和侧面投影的连线垂直于 Z 轴；

(3) $aa_X = a''a_Z$，即点的水平投影到 X 轴的距离等于侧面投影到 Z 轴的距离，作图时可用 45°等分角线表明这个关系，如图 2-7(c)所示。

点的上述 3 项投影规律，就是三视图之间的“长对正、高平齐、宽相等”关系的理论根据。运用点的投影规律，就可以由点在两个投影面上的投影求出其第 3 面投影。

【例 2-1】 如图 2-8(a)所示，已知点 A 的 V 面投影 a' 和 H 面投影 a，试求其 W 面的投影 a''。

分析：已知点 A 的两面投影，其空间位置已经确定，根据点的投影规律就可以求出其侧面投影 a''。

作图：如图 2-8(b)所示，过 a 作 Y_H 轴的垂线交 45°分角线于一点，再过此交点作 Y_W 轴的垂线，与过 a' 所作的 Z 轴垂线交于 a''，a'' 即为所求。

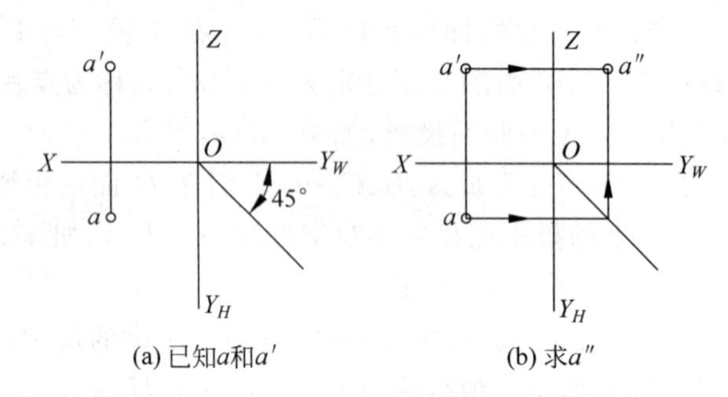

(a) 已知a和a'　　(b) 求a''

图 2-8　由点的两投影求第三投影

3) 点的投影和坐标之间的关系

如果把三投影面体系看成一个空间直角坐标系，投影面就是坐标面，投影轴就是坐标轴，点 O 为坐标原点。如图 2-9(a)所示，空间点 A 的位置可以用 3 个坐标值表示，记作 $A(X_a, Y_a, Z_a)$。点 A 的坐标与其三面投影有以下关系：

$$X_a = Oa_X = a'a_Z = aa_Y = Aa''$$

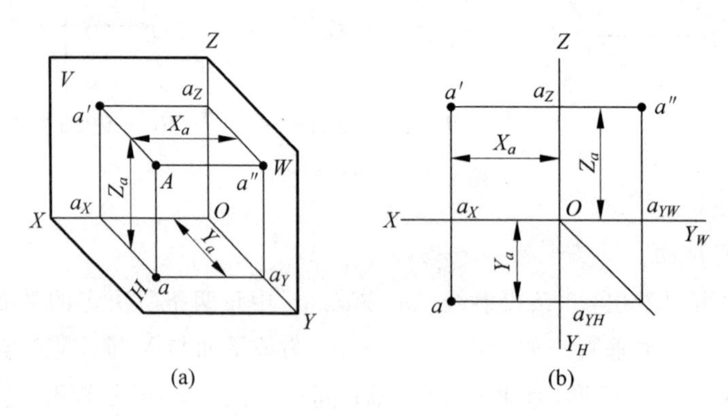

(a)　　(b)

图 2-9　点的投影与坐标的关系

$$Y_a = Oa_Y = aa_X = a''a_Z = Aa'$$
$$Z_a = Oa_Z = a'a_X = a''a_Y = Aa$$

如图 2-9(b)所示，点 A 的正面投影 a' 由 X_a，Z_a 确定；水平投影 a 由 X_a，Y_a 确定；侧面投影 a'' 由 Y_a，Z_a 确定。点的任何两面投影的组合已包含了 X、Y、Z 3 个坐标，即已确定了点的空间位置。因此，若已知点的三个坐标值或任意两面投影，都可以画出点的三面投影图或求出第三投影。

【例 2-2】 如图 2-10(a)所示，已知点 A 的坐标为 $A(10,15,20)$，求作其三面投影图。

分析：因点的三维坐标已经给出，空间位置确定，根据坐标和点的投影规律可以在任意作出两个投影面的投影后，再求出第 3 面的投影。本例中是先作出点在 H、V 面上的投影后，再作出其 W 面投影的。

作图：作图步骤如图 2-10 所示。

(1) 在 X 轴上量取 $Oa_X=10$，得点 a_X，如图 2-10(a)所示；

(2) 过 a_X 作 X 轴的垂线，量取 $aa_X=15$，$a'a_X=20$，得 a 和 a'，如图 2-10(b)所示；

(3) 过 a' 作 Z 轴的垂线并交 Z 轴于 a_Z，并取 $a''a_Z=aa_X$ 即得 a''，也可借助于 45°的等分角线来求得，如图 2-10(c)所示。a、a'、a'' 即为求得的点 A 的三面投影。

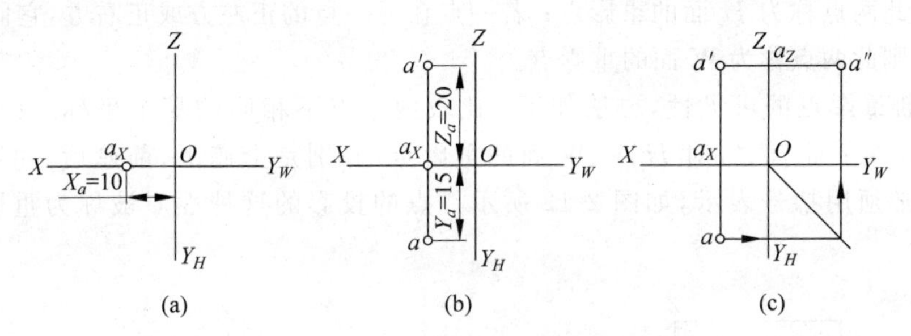

图 2-10　由点的坐标作投影

2. 点的相对位置及重影点

1) 两点相对位置的确定

空间两点的相对位置有左右、前后和上下之分，它们可以在三面投影中直接反映出来，也可以用投影图上点的各组同面投影坐标值的大小来判断。如左右关系由 X 坐标确定，$X_a>X_b$ 表示点 A 在点 B 的左方；前后关系由 Y 坐标确定，$Y_a>Y_b$ 表示点 A 在点 B 的前方；上下关系由 Z 坐标确定，$Z_a>Z_b$ 表示点 A 在点 B 的上方。

如图 2-11(a)所示的三棱柱上的两点 A 和 B，若以点 B 为基准判断点 A 对点 B 的相对位置时，有两种方法来进行判断：①直接在投影图上分析(如图 2-11(b)所示)，从 H 或 V 面投影可以看出点 A 在点 B 的左方，从 H 或 W 面投影可知点 A 在点 B 的后方，从 V 或 W 面的投影可知点 A 在点 B 的上方；②比较坐标值的大小，从 $X_a>X_b$，$Y_a<Y_b$，$Z_a>Z_b$ 也可判断出点 A 在点 B 的左方、后方和上方，如图 2-11(c)所示。

2) 重影点

当在某投影面上，两点的投影重合时，称这个点为重影点的投影。此时，空间两点必

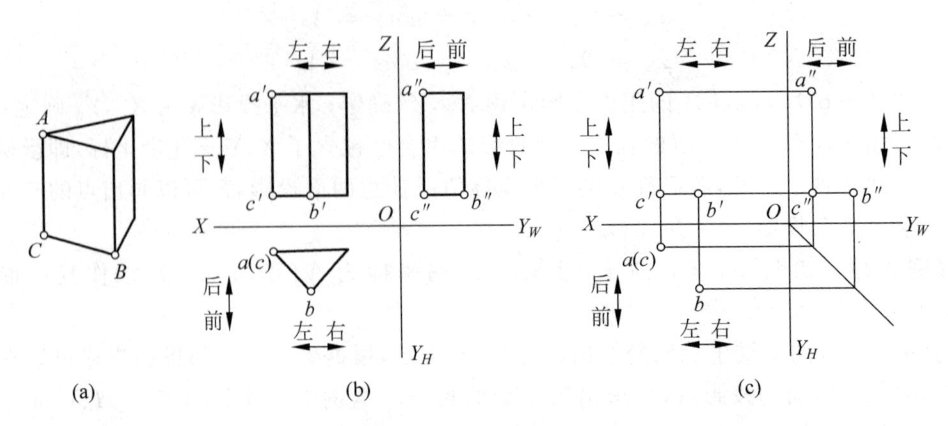

(a)　(b)　(c)

图 2-11　两点相对位置

位于同一投射线上，即它们有两对同名坐标相等。如图 2-12 所示，点 C 和点 D 都位于垂直于 V 面的投射线上，c'和 d'重合，有两对同名坐标相等，即 $X_c=X_d$，$Z_c=Z_d$；但还有一对坐标不等，即 $Y_c>Y_d$，这表明点 C 在点 D 的正前方。由于 c'和 d'在 V 面上重合，故称点 C 和点 D 为 V 面的重影点。同理，若一点在另一点的正下方或正上方，它们的 H 面投影重合，则此两点称为 H 面的重影点；若一点在另一点的正左方或正右方，它们的 W 面投影重合，则此两点称为 W 面的重影点。

要判断重影点的可见性，方法如下：比较两个点不相同的那个坐标，其中坐标大的那个点可见；简言之，对 H、V、W 面的重影点，分别是上遮下、前遮后、左遮右。被遮的投影必须用括号表示，如图 2-12 所示。点的投影的这种性质被称为重影性或积聚性。

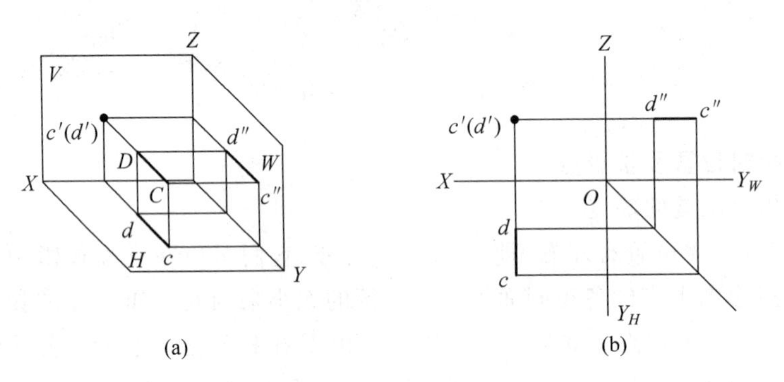

(a)　(b)

图 2-12　重影点及可见性

2.3.2　直线的投影

直线可认为是点作定向运动的轨迹，求直线的投影，实际上是求一系列点的投影。按照两点决定一直线的几何条件，在直线上任取两点，作出它们的投影后，再把同面投影连接起来，就可得到直线的投影图。如图 2-13(a)所示的正四棱台的棱线 AB 以及各表面的交线都是直线。投影图上的投影是由连接各顶点的同面投影得到的，如图 2-13(a)、(b)

所示。图 2-13(c)为抽象出来的棱线 AB 的三面投影图。

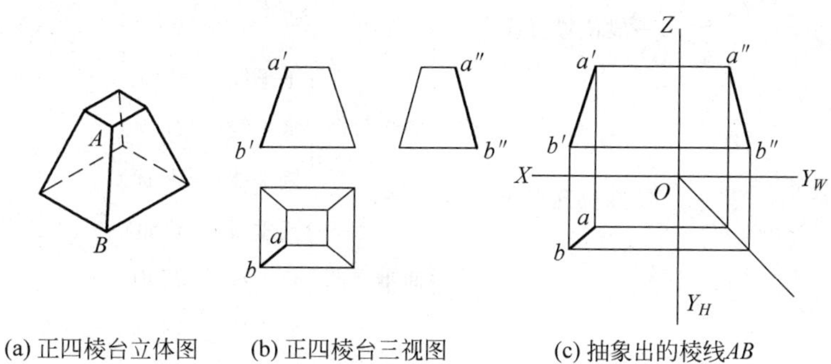

(a) 正四棱台立体图及其棱线AB　(b) 正四棱台三视图及其棱线AB的投影　(c) 抽象出的棱线AB的三面投影图

图 2-13　直线、正四棱台的投影

1. 直线投影的基本特性

1）直线性

如图 2-14 所示，通过空间已知直线 AB 上的所有点向投影面 H 作投射线形成一个投射平面 $ABba$，该投射面与 H 面相交成一直线 ab，故直线 AB 的投影仍为直线。

2）积聚性

如图 2-14 所示，当直线 CD 垂直于投影面 H 时，则其上所有点向 H 面投射时，其投影均重影或积聚为一点，直线投影的这种性质称为重影性或积聚性。

3）长度变化

直线倾斜于投影面时，其在该投影面的投影较空间直线的长度缩短，该投影的长度为直线长度与投影面倾角的余弦。

如图 2-14 所示，EF 与投影面 H 倾斜，倾角为 α，EF 在 H 面的投影 $ef = EF \cdot \cos\alpha$，显然比 EF 短一些。

4）实长性

如图 2-14 所示，当 AB 与投影面 H 平行时，其在 H 面上的投影 $ab = AB$，这种特性称为直线投影的实长性。

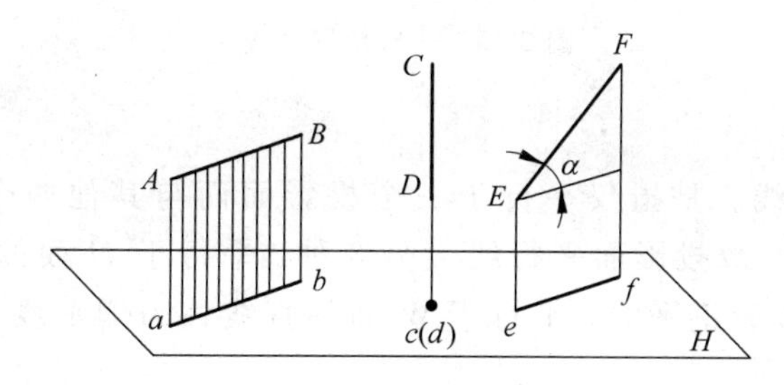

图 2-14　直线投影的特性

2. 各种位置直线的投影特性

在三投影面体系中，按空间直线与各投影面的相对位置不同，可分为一般位置直线和特殊位置直线；特殊位置直线又分为投影面平行线和投影面垂直线，并又各自分为 3 种情况。现将这些以树型结构的形式表示如下。

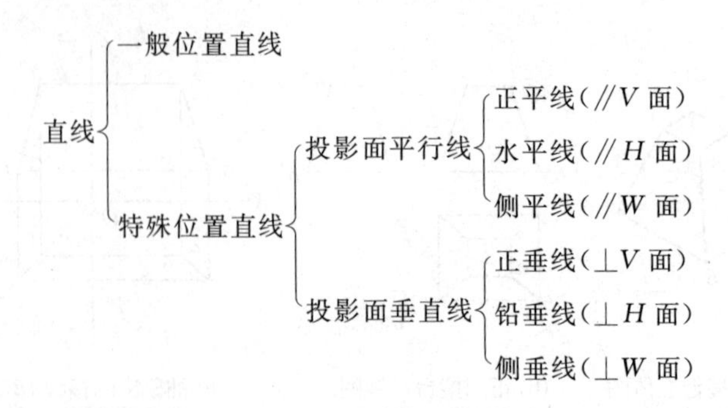

1) 一般位置直线

如图 2-15 所示的直线 AB 与 3 个投影面都不垂直或平行,故称为一般位置直线。从图中可以看出:直线 AB 对 H、V、W 三投影面的倾角分别以 α、β、γ 表示(以后均依此规定命名),因它们均处于 0°～90°之间,故直线的三面投影均小于 AB 的实际长度。有下列投影特性。

(1) 三个投影都倾斜于投影轴,且都小于线段实长。

(2) 三个投影与投影轴之间的夹角均不反映空间直线对投影面倾角的大小。

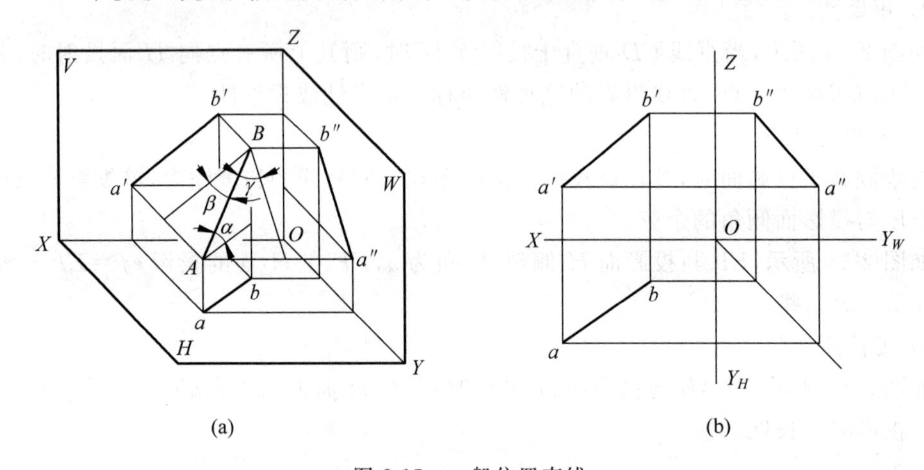

图 2-15 一般位置直线

2) 特殊位置直线

(1) 投影面平行线。是指仅平行于一个投影面而与其他两个投影面倾斜的直线。因投影面有 3 个,故投影面平行线又分 3 种:平行于 H 面的直线称为水平线;平行于 V 面的直线称为正平线;平行于 W 面的直线称为侧平线。它们各自的投影特性见表 2-1。

(2) 投影面垂直线。垂直于一个投影面同时平行于其他两个投影面的直线,称为投影面垂直线。也分为 3 种:垂直于 H 面的直线,称为铅垂线;垂直于 V 面的直线,称为正垂线;垂直于 W 面的直线,称为侧垂线。它们的投影特性见表 2-2。

表 2-1　投影面平行线

直线位置	直　观　图	投　影　图	投影特性
水平线 （//H 面）	Z V b' a' β a'' A γ W B b'' X O a H b Y	Z a' b' a'' b'' X O Y_W β a γ b Y_H	(1) $ab=AB$； (2) $a'b'$ // X 轴，$a''b''$ // Y_W 轴； (3) 反映 β、γ 角的实际大小
正平线 （//V 面）	Z V d' D d'' W c' γ α C O c'' X c d H Y	Z d' d'' γ c' α c'' X O Y_W c d Y_H	(1) $c'd'=CD$； (2) cd // X 轴，$c''d''$ // Z 轴； (3) 反映 α、γ 角的实际大小
侧平线 （//W 面）	Z V e' e'' E W f' β α O X e F f'' H f Y	Z e' e'' β α f' f'' X O Y_W e f Y_H	(1) $e''f''=EF$； (2) $e'f'$ // Z 轴，ef // Y_H 轴； (3) 反映 α、β 角的实际大小
投影 特性 小结	(1) 在与直线平行的投影面上的投影反映实长； (2) 其余两投影平行于相应的投影轴； (3) 反映实长的投影与投影轴的夹角等于直线与其他两个投影面的夹角		

表 2-2　投影面垂直线

直线位置	直　观　图	投　影　图	投影特性
铅垂线 （⊥H 面）	Z V a' A a'' W b' X B O b'' a(b) H Y	Z a' a'' b' b'' X O Y_W a(b) Y_H	(1) ab 积聚为一点； (2) $a'b' \perp X$ 轴，$a''b'' \perp Y_W$ 轴； (3) $a'b'=a''b''=AB$

续表

直线位置	直 观 图	投 影 图	投影特性
正垂线 （$\perp V$ 面）			(1) $c'd'$积聚为一点； (2) $cd\perp X$ 轴，$c''d''\perp Z$ 轴； (3) $cd=c''d''=CD$
侧垂线 （$\perp W$ 面）			(1) $e''f''$积聚为一点； (2) $e'f'\perp Z$ 轴，$ef\perp Y_H$ 轴； (3) $ef=e'f'=EF$
投影特性小结	(1) 在与直线相垂直的投影面上的投影积聚为一点； (2) 其余两投影反映空间实长，且垂直于相应投影轴		

3. 直线上点的投影

直线与点的相对位置有两种情况：点属于直线（点在直线上）及点不属于直线（点不在直线上）。以下主要讨论点在直线上的情况。

根据正投影的基本性质，直线上点的投影具有以下投影特性。

1）从属性

点在直线上，点的投影必在该直线的同面投影上。如图 2-16 所示，在直线 AB 上有一点 C，向 H 面作投射时，c 必在 ab 上；同理，若向 V、W 面作投射时，则 c'在 $a'b'$上，c''在 $a''b''$上。

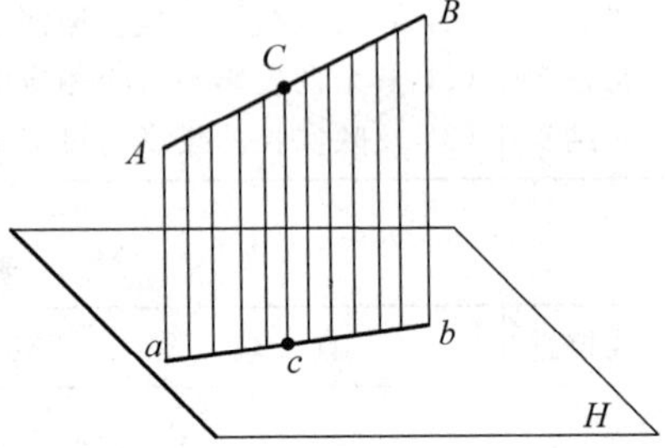

图 2-16 点在直线上

2）定比性

直线上的点把直线分割成两线段，这两线段的长度之比等于其各同面投影长度之比。如图 2-16 所示，AB 直线上的 C 点，把线段分为 AC 和 CB 两线段，从梯形 $ABba$ 的两底 Aa、Bb 和 Cc 互相平行的性质可知

$$\frac{AC}{CB}=\frac{ac}{cb}$$

同理，若在三投影面体系中，可得

$$\frac{AC}{CB}=\frac{ac}{cb}=\frac{a'c'}{c'b'}=\frac{a''c''}{c''b''}$$

反之,若点的各投影分割直线的同名投影的长度之比相等,则此点必在该直线上。

利用上述性质可以在直线上取点、判断点是否在直线上以及分割线段成定比。

【例 2-3】 如图 2-17 所示,已知直线 AB 的三面投影,又知点 C 属于 AB 且使 AC : CB=3 : 2,试求点 C 的投影。

分析:根据点分割线段为定比的方法,可先在直线 AB 的某一投影上,作出题设的定比线段,并求得在该投影面上分割点的投影,然后再依据点线从属的投影特性和点的投影规律求得 C 点的其余投影。

作图:其过程如下。

(1) 任选直线的一投影的一端点,如正面投影的 a',过 a' 任作一直线 $a'b_0$,在 $a'b_0$ 上取 5 等分,1、2、3、4 为其等分点;

(2) 连 b_0b',并过点 3 作 $3c' /\!/ b_0b'$,交 $a'b'$ 于 c',则得 $a'3:3b_0=a'c':c'b'=3:2$,c' 即为所求的正面投影;

(3) 按点的投影规律,由 c' 可求出点 C 的其余两投影 c、c''。

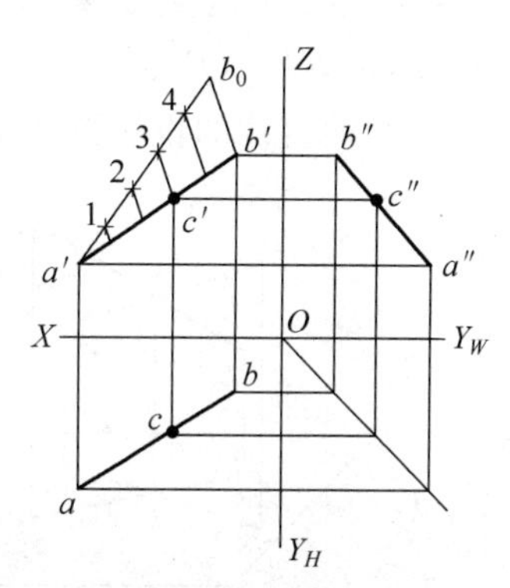

图 2-17　利用定比性求直线上点的投影

4. 两直线的相对位置

空间两直线的相对位置有平行、相交和交叉 3 种情况。平行、相交是属于同一平面的两直线,交叉是既不平行又不相交的异面两直线。

1) 两直线平行

在三投影面体系中,若空间两直线平行,则其同面投影必相互平行。反之,如果两直线的各同面投影都相互平行,则该两直线在空间一定平行。

如图 2-18(a)所示,空间直线 $AB /\!/ CD$,当它们向 H 面投射时,投射面 $ABba$ 和 $CDdc$ 必互相平行,它们与 H 面的交线 ab 和 cd 也一定平行。同理可得 $a'b' /\!/ c'd'$、$a''b'' /\!/ c''d''$。

平行两直线的投影图和实例如图 2-18(b)、(c)所示。

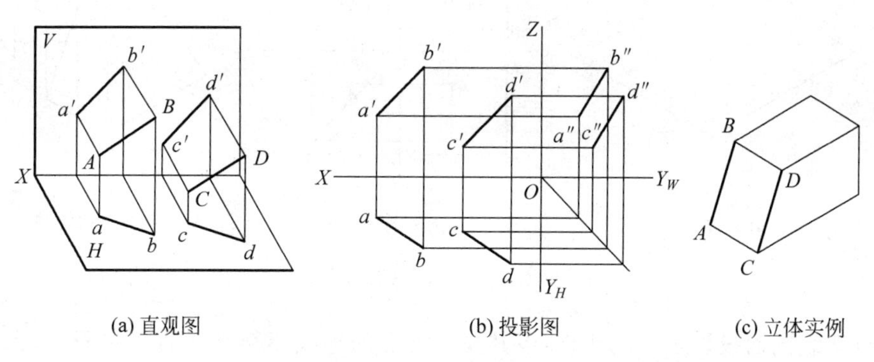

图 2-18　平行两直线

2）两直线相交

空间两直线相交，它们的各同面投影必然都相交，且交点的投影必满足点的投影规律。

如图 2-19(a)所示，EF 和 GH 为相交两直线，且交点为 K。因交点 K 是 EF 和 GH 的共有点，所以点 K 的水平投影 k 也是 ef 和 gh 的交点；同理 k' 是 $e'f'$ 和 $g'h'$ 的交点；k'' 是 $e''f''$ 和 $g''h''$ 的交点。又因 k、k'、k'' 均为同一空间点 K 的投影，所以它们必满足点的投影规律，即 $k'k \perp OX$、$k'k'' \perp OZ$。

相交两直线的投影图和实例，如图 2-19(b)、(c)所示。

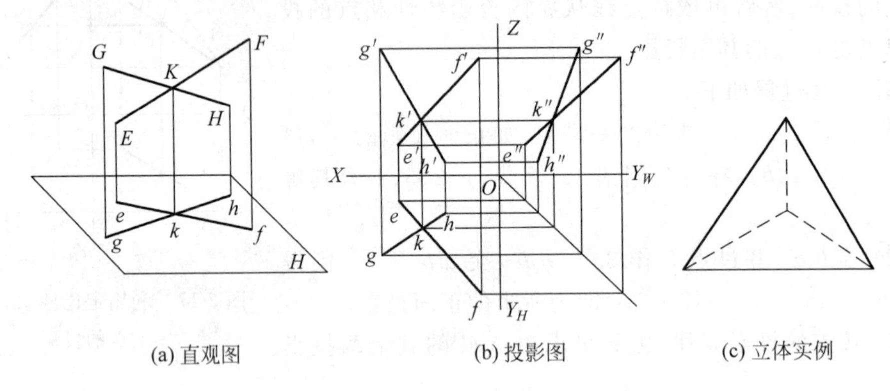

(a) 直观图　(b) 投影图　(c) 立体实例

图 2-19　相交两直线

3）两直线交叉

在空间既不平行又不相交的两直线，称为交叉(异面)直线。

(1) 交叉两直线的同面投影，有可能会出现一组或两组平行，而不会 3 组同面投影都平行，如图 2-20 所示。虽然有两组同面投影(正面投影、水平投影)平行，但第 3 组同面投影(侧面投影)相交，故此两直线在不同平面上(异面)，即两两直线交叉。

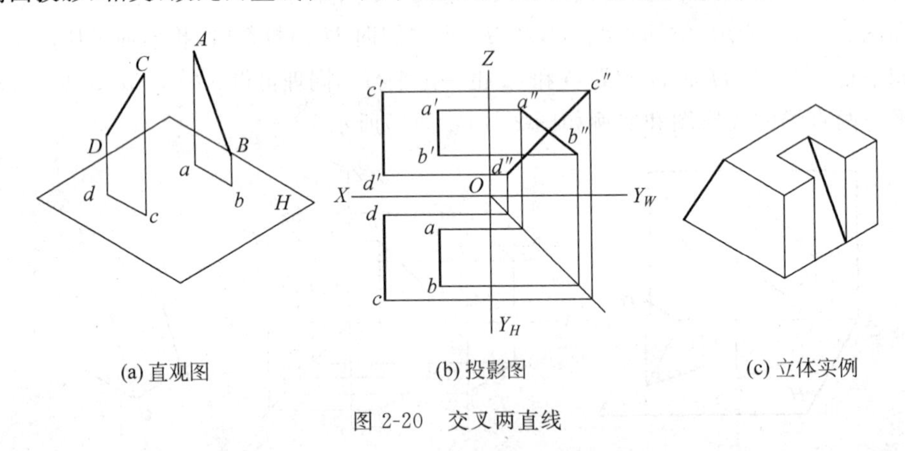

(a) 直观图　(b) 投影图　(c) 立体实例

图 2-20　交叉两直线

(2) 3 组同面投影虽然均相交，但其投影交点的连线不会都垂直于投影轴，即该点不符合点投影规律，如图 2-21 所示。

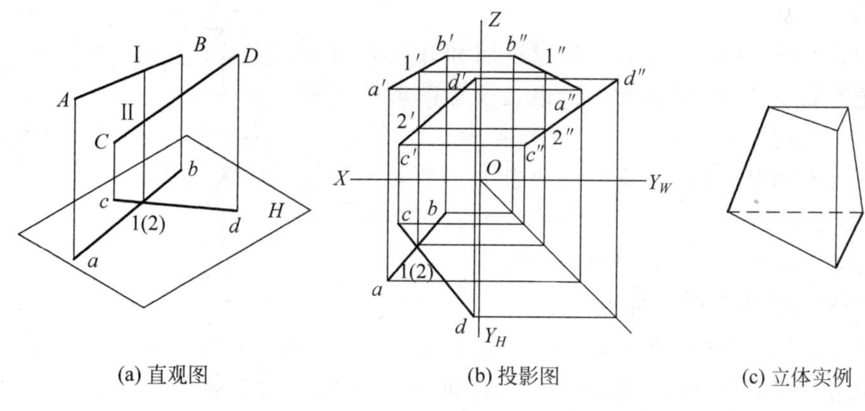

(a) 直观图　　(b) 投影图　　(c) 立体实例

图 2-21　交叉两直线

2.3.3　平面的投影

1. 平面表示法

平面在投影图上可由下列任何一组几何元素来表示，如图 2-22 所示。

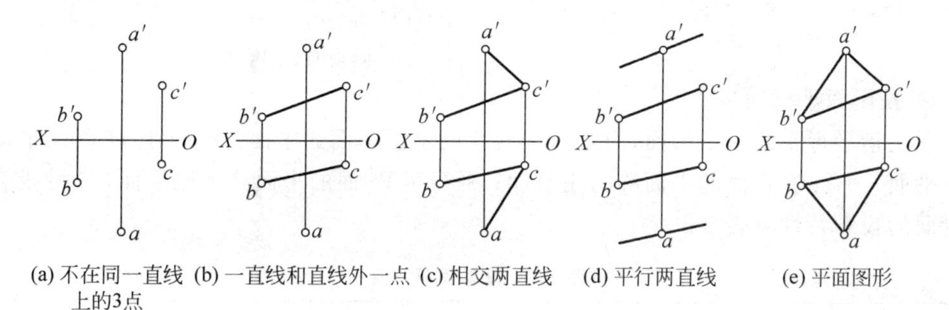

(a) 不在同一直线上的3点　(b) 一直线和直线外一点　(c) 相交两直线　(d) 平行两直线　(e) 平面图形

图 2-22　平面的投影表示法

- 不在同一直线上的 3 点；
- 一直线和直线外的一点；
- 相交两直线；
- 平行两直线；
- 任意平面图形。

这 5 种表示法是可以互相转换的，其最基本的形态是不在同一直线上的 3 个点，其他几种都可由这一形态演变而成。在投影图中最常用的是各种平面图形，如多边形、圆、椭圆等。

2. 平面投影的基本特性

(1) 实形性。平面平行于投影面时，它在该投影面的投影反映实形，如图 2-23 中的 *A* 面。

(2) 积聚性。平面垂直于投影面时，它在该投影面的投影积聚为一条直线，如图 2-23 中的 *B* 面。

(3) 类似性。平面倾斜于投影面时，它在该投影面的投影为其空间形状的类似图形，如图 2-23 中的 C 面。

所谓类似性，就是平面图形的投影图和其空间图形的边和角的数量相等、形状类似。但是投影图形的面积较空间图形的面积缩小了。

平面投影的基本特性，概括起来就是：平面平行投影面，它的投影实形现；平面垂直投影面，投影积聚成直线；平面倾斜投影面，投影类似往小变。

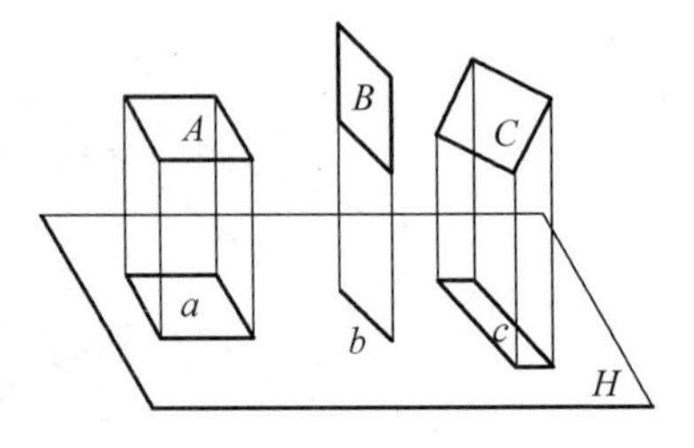

图 2-23　平面对单一投影面的 3 种位置的投影

3. 各种位置平面的投影特性

在三投影面体系中，和直线一样，平面可分为一般位置平面和特殊位置平面；特殊位置平面又分为投影面平行面和投影面垂直面，并又各自分为 3 种情况。现将这些以树型结构的形式表示如下。

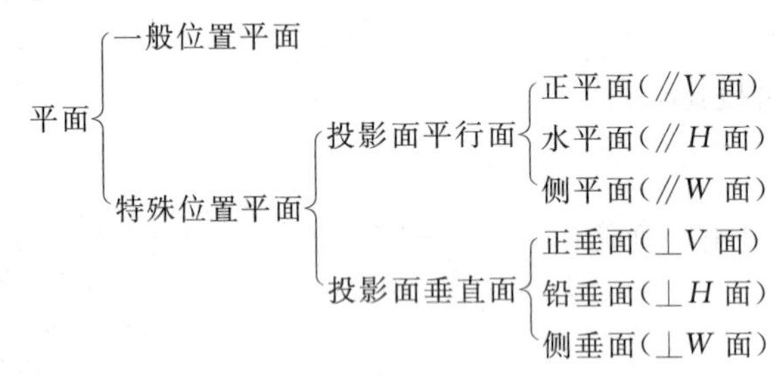

1) 投影面平行面

它是指平行于某一投影面，而垂直于其余两个投影面的平面。平行于 H 面的平面称为水平面；平行于 V 面的平面称为正平面；平行于 W 面的平面称为侧平面。3 种投影面平行面的投影特性见表 2-3。

表 2-3　投影面平行面

平面位置	直　观　图	投　影　图	投影特性
水平面 (∥H 面)	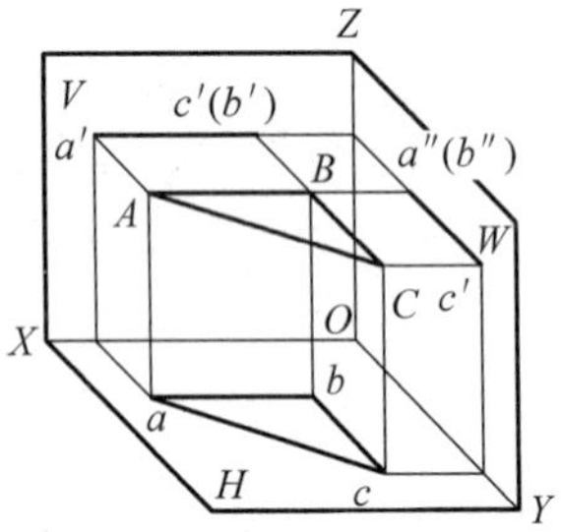	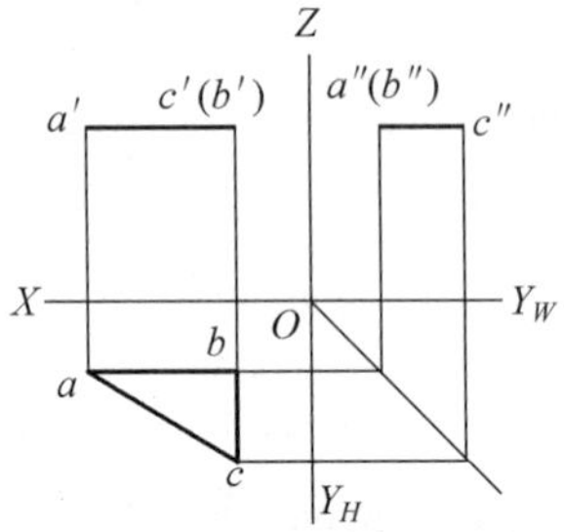	(1) 水平投影反映实形； (2) 正面投影和侧面投影均积聚成直线，且分别平行于 X 轴、Y_W 轴
正平面 (∥V 面)	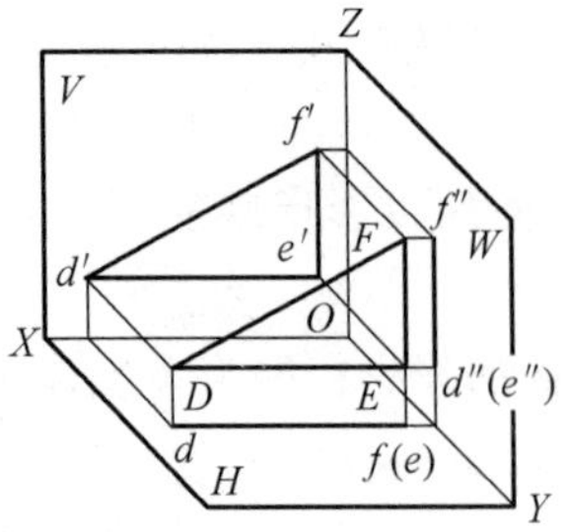	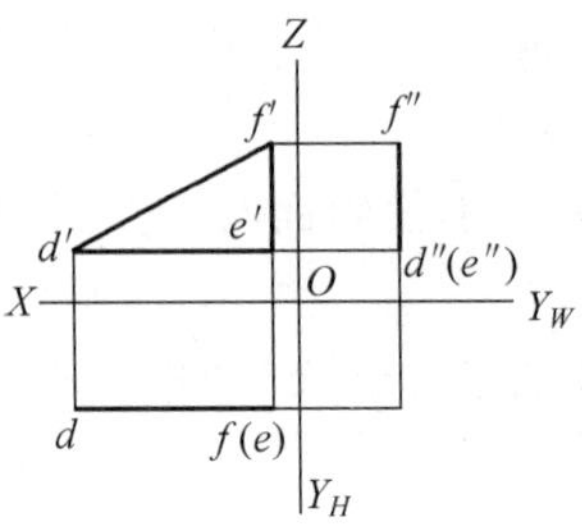	(1) 正面投影反映实形； (2) 水平投影和侧面投影均积聚成直线，且分别平行于 X 轴、Z 轴

续表

平面位置	直　观　图	投　影　图	投影特性
侧平面（//W 面）	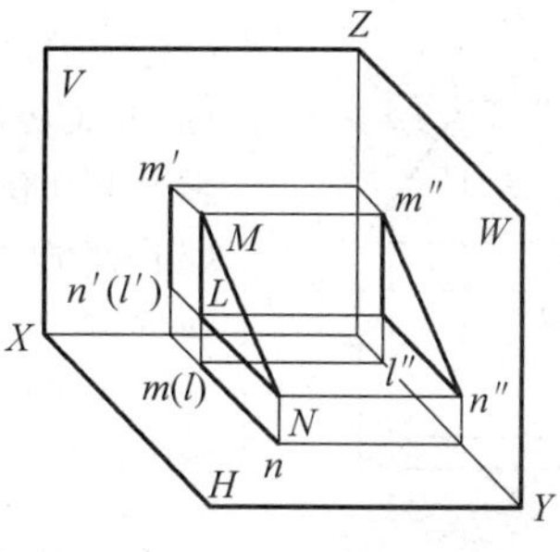	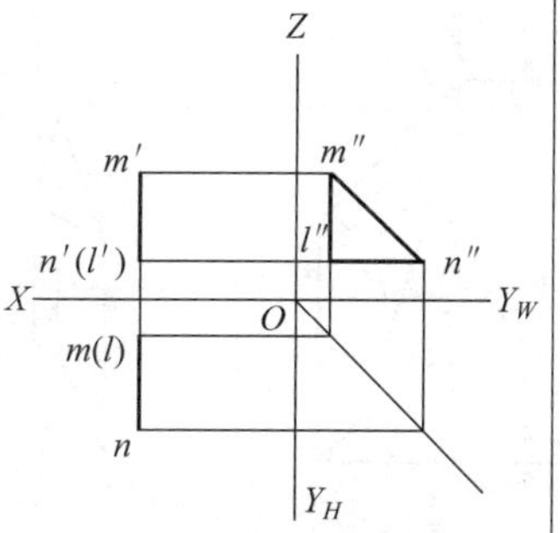	(1) 侧面投影反映实形； (2) 正面投影和水平投影均积聚成直线，且分别平行于 Z 轴、Y_H 轴
投影特性小结	(1) 投影面平行面在其所平行的投影面上的投影反映实形； (2) 其余两投影都积聚成直线，且分别平行于该平面平行的投影轴		

2）投影面垂直面

它是指仅垂直于 1 个投影面，而与其余两个投影面倾斜的平面。也分为 3 种：垂直于 H 面的平面称为铅垂面；垂直于 V 面的平面，称为正垂面；垂直于 W 面的平面，称为侧垂面。它们的投影特性见表 2-4。

表 2-4　投影面垂直面

平面位置	直　观　图	投　影　图	投影特性
铅垂面（⊥H 面）	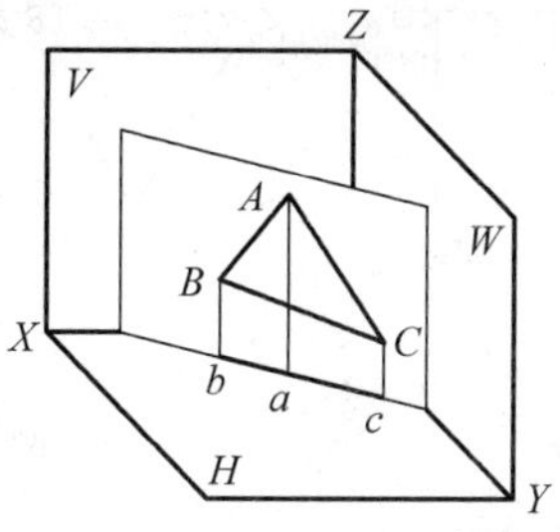	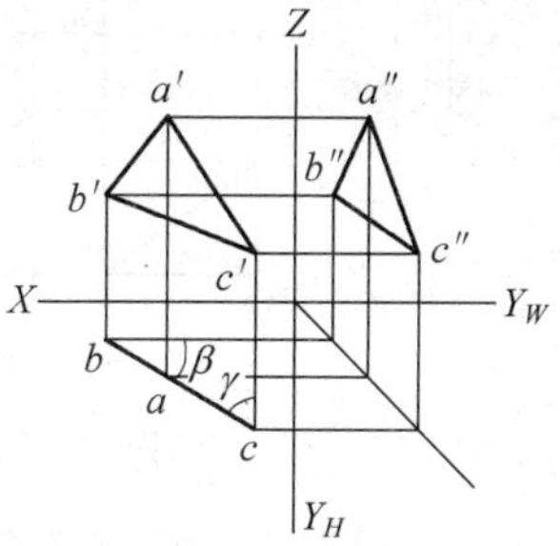	(1) 水平投影有积聚性； (2) 正面投影和侧面投影为类似形； (3) 水平投影与 X 轴、Y_H 轴的夹角，分别反映铅垂面对 V、W 面的倾角 β、γ
正垂面（⊥V 面）	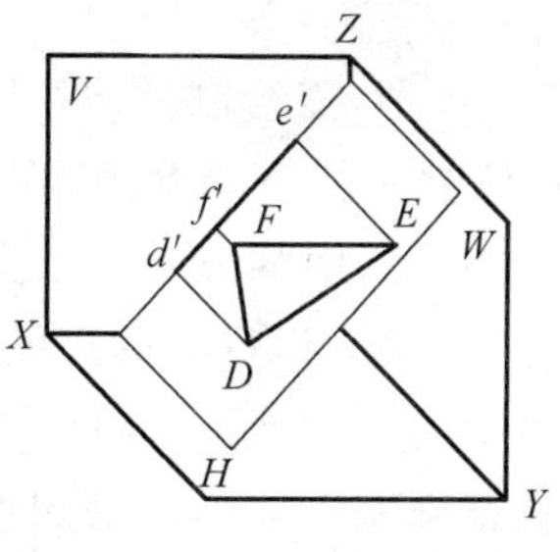	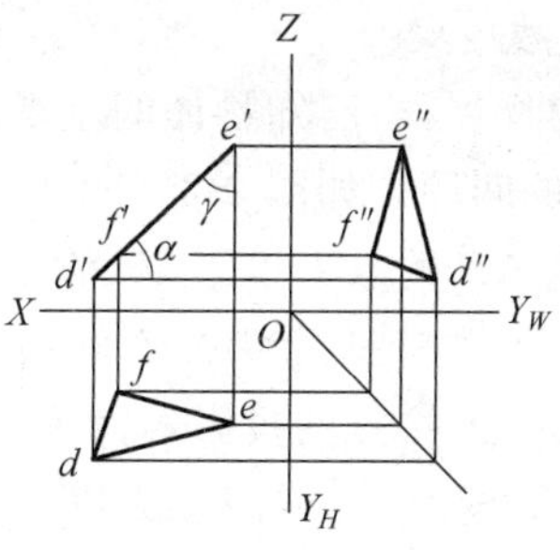	(1) 正面投影有积聚性； (2) 水平投影和侧面投影为类似形； (3) 正面投影与 X 轴、Z 轴夹角分别反映正垂面对 H、W 面的倾角 α、γ

续表

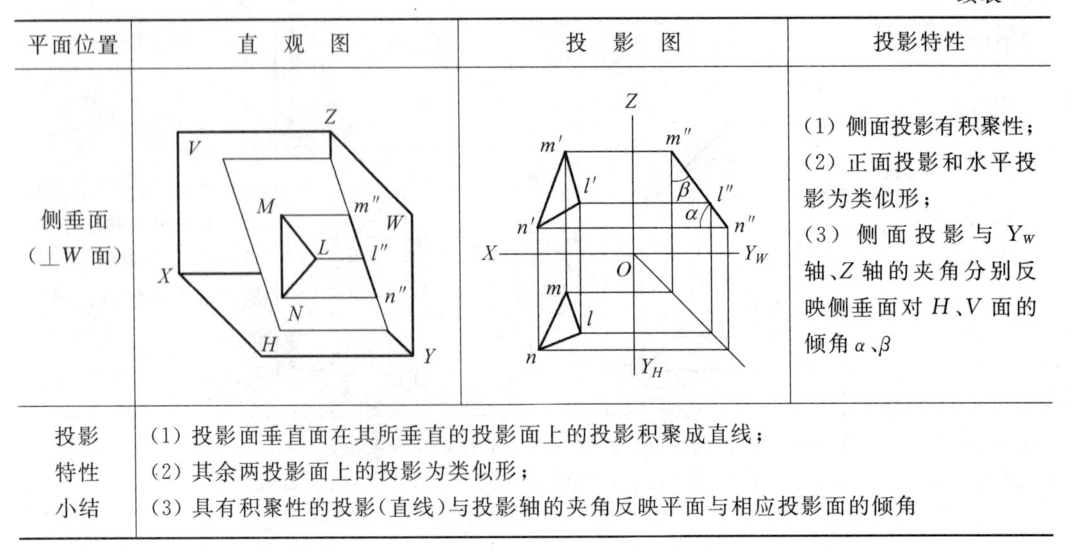

平面位置	直　观　图	投　影　图	投影特性
侧垂面 （⊥W 面）			（1）侧面投影有积聚性； （2）正面投影和水平投影为类似形； （3）侧面投影与 Y_W 轴、Z 轴的夹角分别反映侧垂面对 H、V 面的倾角 α、β
投影特性小结	（1）投影面垂直面在其所垂直的投影面上的投影积聚成直线； （2）其余两投影面上的投影为类似形； （3）具有积聚性的投影（直线）与投影轴的夹角反映平面与相应投影面的倾角		

3）一般位置平面

对 3 个投影面都倾斜的平面称为一般位置平面。它的 3 个投影都是空间平面图形的类似形，如图 2-24 所示。

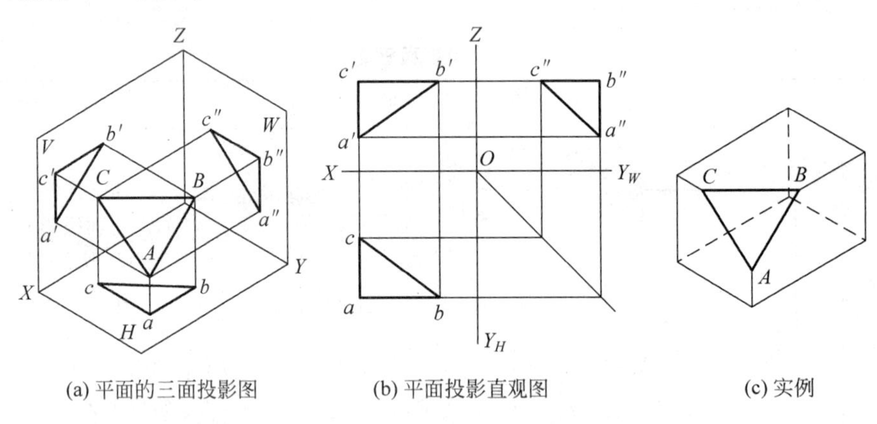

(a) 平面的三面投影图　　(b) 平面投影直观图　　(c) 实例

图 2-24　一般位置平面的投影

4. 平面上的点和直线

如图 2-25(a)所示的物体，当已知物体的主视图和左视图，需绘制其俯视图时，就会用到在平面上取点和直线的问题。如图 2-25(b)所示，物体被一长方槽穿通，在求该槽的俯视图时，关键是作出直线 AB 的水平投影 ab，它可通过左视图中的 $a''(b'')$求得，也可在平面 $ABCDEFGH$ 上过点 A 作辅助线 GK，亦即在主视图上过 a'作 GK 的正面投影 $g'k'$并求得水平投影 gk，再在 gk 上按点的投影规律确定点 A 的水平投影 a；同样，根据点 B 的正面投影求出点 B 的水平投影 b，并连接 ab 以后，才能正确完整地画出槽的水平投影来。从以上这个例子中可以看出，由于在平面上取点和直线这类问题在作图中是经常遇到的，因此需要研究这类问题的作图原理和方法。

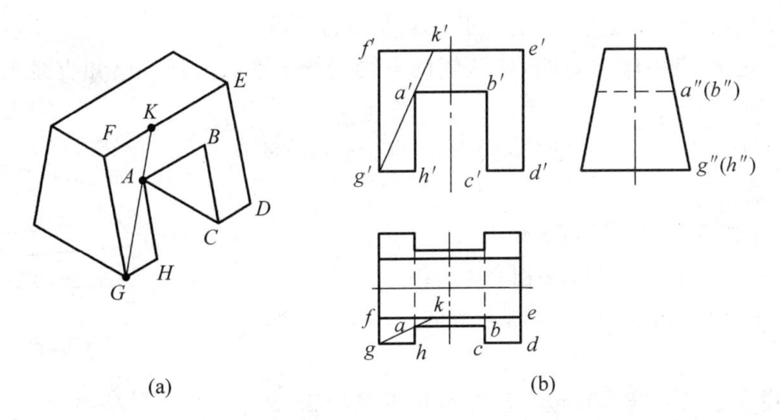

图 2-25　在平面上作辅助线求点

1) 点和直线在平面上的几何条件

(1) 若点在属于平面上的一条直线上,则此点必在该平面上。

(2) 若直线通过属于平面上的两点,则此直线必在该平面上；或者直线通过属于平面上的 1 个已知点,且平行于属于平面的一条已知直线,则此直线亦必在该平面上。

以上就是在平面内取点、直线和判断点、线是否在平面上的几何条件。

2) 平面上取点、直线作图方法举例

【例 2-4】 如图 2-26(a)所示,已知平面 $ABCD$ 上点 K 的正面投影 k',求点 K 的水平投影 k。

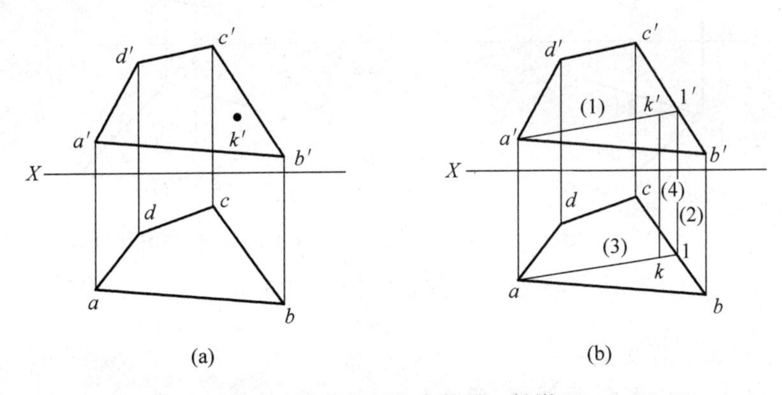

图 2-26　求作平面上点的另一投影(1)

分析：通过点 K 在平面的正面投影任意作辅助直线,再求出此辅助线的水平投影,K 点的水平投影 k 必在此辅助线的水平投影上,再即按点的投影规律,可求得 k。

作图：以下用两种方法解题。

作法 1：利用平面上已知点 A 引辅助线,并使该辅助线通过点 K 来作图,其步骤如图 2-26(b)所示。

(1) 连 $a'k'$ 并延长之,使它与 $b'c'$ 交于 $1'$；

(2) 过 $1'$ 向 X 轴作垂线与 bc 交于点 1；

(3) 连接 $a1$；

(4) 过 k' 作 X 轴垂线与 $a1$ 相交于 k，k 点即为所求。

作法 2：过 K 点引辅助直线，使该辅助直线平行于平面内任一已知直线来作图，其步骤如图 2-27 所示。

(1) 过 k' 作 $m'n' /\!/ a'b'$，与 $b'c'$ 交于 m' 点，与 $a'd'$ 交于 n'；

(2) 过 m' 作 X 轴垂线与 bc 交于 m；

(3) 过 m 作 $mn /\!/ ab$，与 ad 相交于 n；

(4) 过 k' 作 X 轴的垂线与 mn 相交于 k，k 点即为所求。

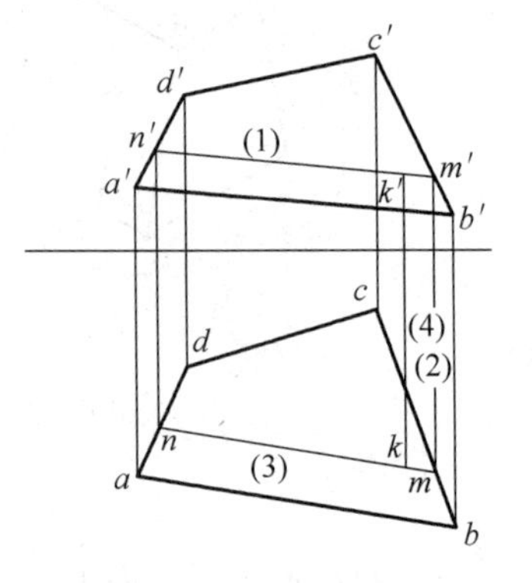

图 2-27 求作平面上点的另一投影(2)

【例 2-5】 如图 2-28(a)所示，已知四边形 $ABCD$ 为一平面图形，并已知该平面图形正面投影 $a'b'c'd'$ 及其 AB、AD 两边的水平投影 ab、ad，试完成该四边形的水平投影。

分析：四边形的 4 个顶点属于同一平面，已知四边形的 3 个顶点 A、B、D 的两个投影时，则此平面的位置已经确定。此时，问题的实质相当于已知△ABD 上的一点 C 的正面投影 c'，求作水平投影 c。

作图：根据在平面上取点、线的几何条件来作图，其步骤如图 2-28(b)所示。

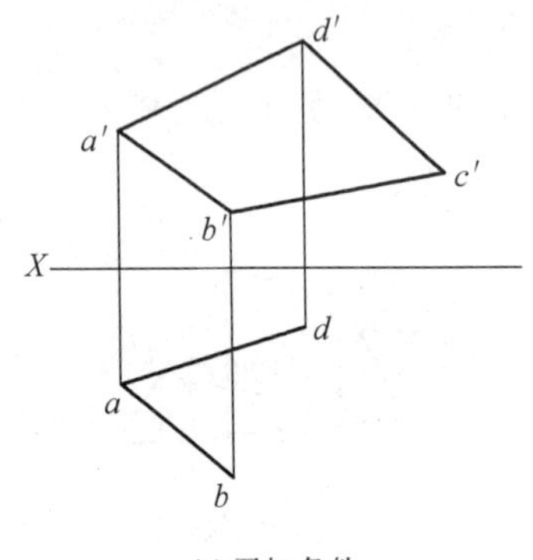

(a) 已知条件

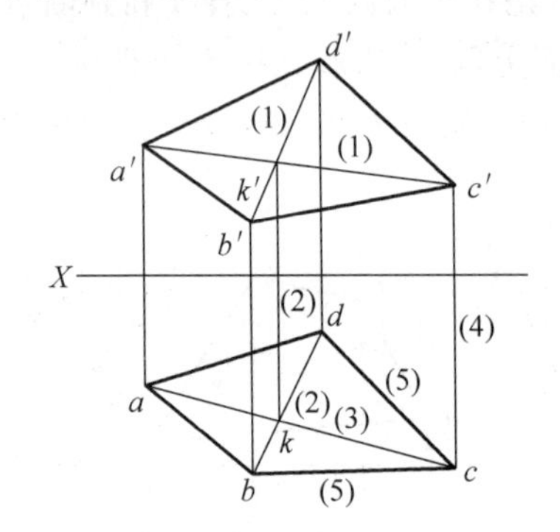

(b) 求四边形水平投影abcd

图 2-28 完成四边形的水平投影

(1) 连 $b'd'$、$a'c'$ 得交点 k'；

(2) 连 bd，过 k' 作 X 轴垂线交 bd 于 k；

(3) 连 ak 并延长之；

(4) 过 c' 作 X 轴垂线与 ak 的延长线交于 c 点；

(5) 连 cd、cb，四边形 $abcd$ 即为所求的四边形 $ABCD$ 的水平投影。

【例 2-6】 已知△ABC 和空间点 K 的两面投影，试判断如图 2-29(a)所示的点 K 是否在△ABC 所在的平面上。

分析：若点 K 在△ABC 平面上，则 A、K 的连线必在该平面上，AK 与平面内任一直线一定相交或平行；否则 AK 不在平面上，点 K 也不在平面上。

作图：按在平面上取点、直线的作图原理来作图，其步骤如图 2-29(b)所示。

(1) 连 $a'k'$ 并作出其与 $b'c'$ 的交点 $1'$；

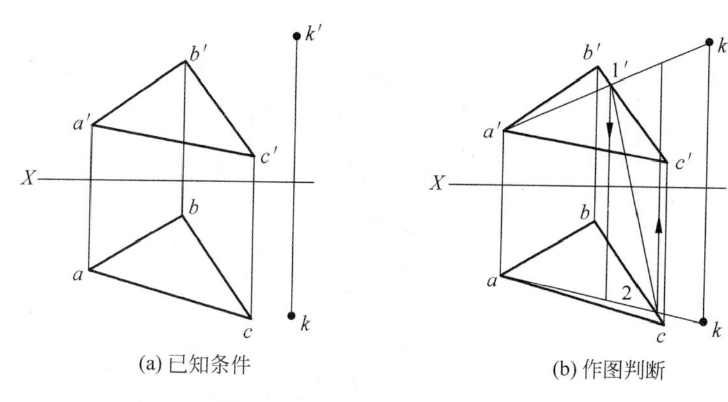

(a) 已知条件 (b) 作图判断

图 2-29 判断点是否在平面内

(2) 连 ak,并作出其与 bc 的交点 2;

(3) 连接两交点 $1'$、2 发现 $1'2$ 直线不垂直于 X 轴,不符合点的投影规律,这表明 $1'$ 和 2 不是平面上同一点的两个投影,即 AK 和平面上的直线 BC 不相交(异面),故 AK 不在△ABC 平面上,点 K 也不在平面上。

3) 在平面上作平行于投影面的直线

平面上的投影面平行线有正平线、水平线和侧平线 3 种,它们既是平面上的直线又是投影面的平行线,因此作图时既要满足直线在平面上的几何条件,又要符合投影面平行线的投影特性。如正平线的水平投影平行于 X 轴;水平线的正面投影平行于 X 轴。

【例 2-7】 如图 2-30 所示,已知△ABC 的两面投影,要在平面上作一正平线 KL,使其与 V 面的距离为 25mm,试求 KL 的两面投影。

分析:正平线为平面上与 V 面等距离的一系列点的轨迹,反映到投影图上这一轨迹的水平投影与 X 轴平行,再利用其他已知条件可先后求出 kl 和 $k'l'$。

作图:其作图步骤如图 2-30 所示。

(1) 作正平线的水平投影 kl,使其与 X 轴的距离为 25mm;

(2) 利用投影规律由 k、l 求出 k'、l';

(3) 连 $k'l'$,则 kl 和 $k'l'$ 即为所求。

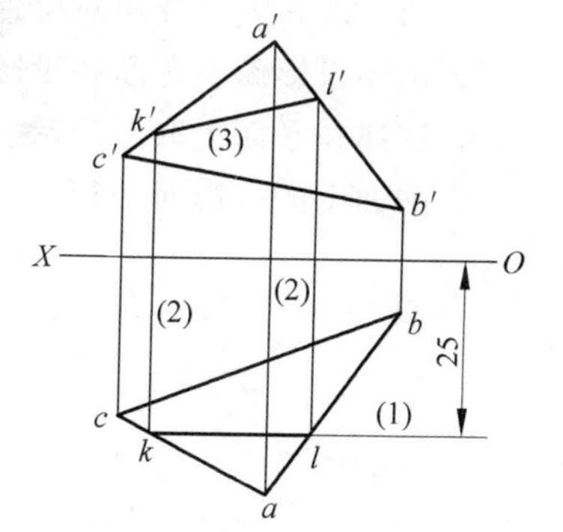

图 2-30 在平面上作正平线

【例 2-8】 如图 2-31 所示,已知四边形 $ABCD$ 的两面投影,要在平面上作一水平线 MN,使其与 H 面的距离为 15mm,试求 MN 的两面投影。

分析:所求的水平线 MN 上的所有点与 H 面等高,则其正面投影与 X 轴平行,再利用其他已知条件可求出 $m'n'$ 和 mn。

作图:其作图步骤如图 2-31 所示。

(1) 作水平线的正面投影 $m'n'$,使其与 X 轴的距离为 15mm;

(2) 利用投影规律由 m'、n' 求出 m、n;

(3) 连 mn,则 mn 和 $m'n'$ 即为所求。

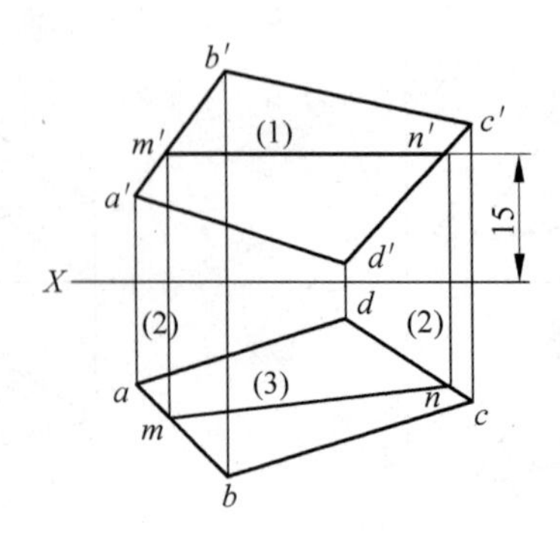

图 2-31　平面内作水平线

复习思考题

1. 投影法是如何分类的？正投影法有什么特点？

2. 试述在三投影面体系中点的投影规律。并用自检自测的方法反复练习是否能根据已知点的任意两投影求出其第三面投影？

3. 根据点的坐标，如何作出点的投影图？试举例作图说明。

4. 如何确定空间两点的相对位置关系？如何判定重影点的可见性？

5. 试述直线的投影特性及投影面平行线、投影面垂直线的投影特性。

6. 两直线有哪 3 种相对位置？试分别叙述它们的投影特性。

7. 试述投影面平行面和投影面垂直面的投影特性。

8. 试述在平面上取点、直线的几何条件是什么？

9. 平面上的投影面平行线有什么投影特点？如何作出？试举例说明。

第3章　基本体及其表面截交线

内容提要

本章主要介绍常见平面立体（棱柱、棱锥）和回转体（圆柱、圆锥、圆球）的投影；在立体表面上取点、取线的投影作图方法；求作立体表面截交线的投影。本章的重点要求掌握切口立体的投影作图。

立体是由各种表面所围成的空间实体，根据几何构成特点可分为基本几何体和复杂的组合体。

基本几何体按其表面几何性质又分为平面立体和曲面立体：表面均为平面的立体称为平面立体，如棱柱、棱锥等；全部表面或部分表面为曲面的立体称为曲面立体。其中，回转体是曲面立体中应用最广的立体，如圆柱体、圆锥体、圆球体等。

3.1　平面立体及其表面截交线

3.1.1　平面立体投影及表面上取点、取线

平面立体的表面均为多边形，其每条边为相邻两个平面的交线，每个顶点为邻接3个平面的共有点。因此，绘制平面立体的投影可归结为绘制这些多边形轮廓线和顶点的投影。如图3-1所示为常见的平面立体。为了简化作图，一般不必逐个地绘制这些几何元素的投影，而是根据平面立体的形状和位置特点，绘制某些表面、轮廓线和顶点的投影，从而获得整个形体的投影。

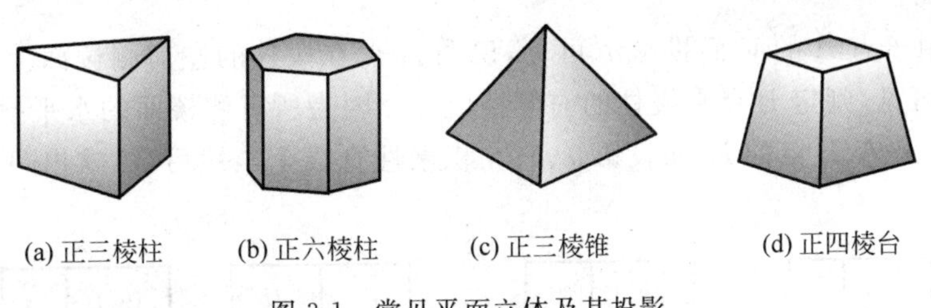

(a) 正三棱柱　(b) 正六棱柱　(c) 正三棱锥　(d) 正四棱台

图3-1　常见平面立体及其投影

1. 棱柱体

1）棱柱体的投影

棱柱是由平行的顶面、底面以及若干个侧棱面围成的实体，且侧棱面的交线（称棱线）互相平行。把棱线垂直于底面的棱柱称为直棱柱，棱线与底面斜交的棱柱称为斜棱柱，底面为正多边形的直棱柱称为正棱柱。

如图3-2(a)所示，以正五棱柱为例，绘制其三面投影图。

分析：顶面和底面均为水平面，其水平投影为正五边形，另两个投影均为水平直线（有积聚性）。所有侧棱面都垂直于H面，水平投影为直线（有积聚性），且重合在五边形的5条边上，5条棱线都为铅垂线。

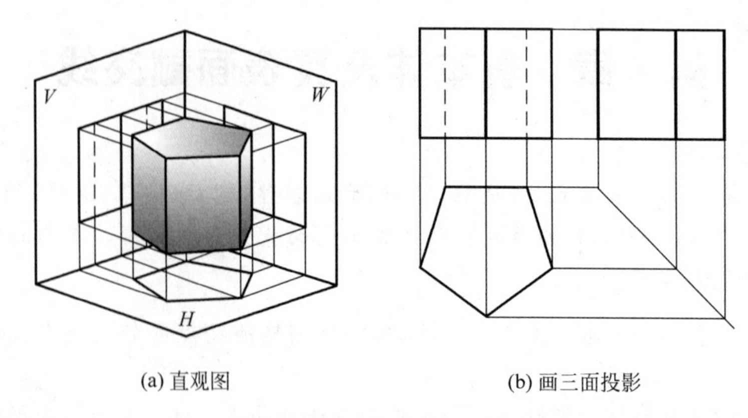

(a) 直观图　　(b) 画三面投影

图 3-2　正五棱柱的三面投影

作图：如图 3-2(b)所示。

(1) 画出顶、底面的三面投影；

(2) 画出每条棱线的 V、W 面投影，判别可见性。注意，后面的两条棱线的 V 面投影不可见，画虚线。

2) 棱柱体表面上取点

立体表面上取点是指：已知立体表面上点的一个投影，求出该点的另外两面投影。这种作图方法将为今后求解立体表面上截交线和相贯线的投影奠定基础。

在棱柱表面上取点，已知表面上点的一个投影，求作点的其余两面投影，可充分利用棱柱的侧表面投影有积聚性的特点作图。

【例 3-1】 如图 3-3(a)所示，已知正五棱柱表面上 A、B 两点的某一投影 a'、b''，求其另外两面投影。

分析：由于点 A 的 V 面投影 a' 可见，说明 A 点在棱柱的左前侧棱面上；点 B 的 W 面投影 b'' 不可见，判定 B 点在棱柱的右侧棱面上。因为所有侧棱面的水平投影都有积聚性，故可先求出 A、B 点的 H 面投影 a、b(在积聚性直线上)，然后，再求出 A、B 点的第 3 面投影。

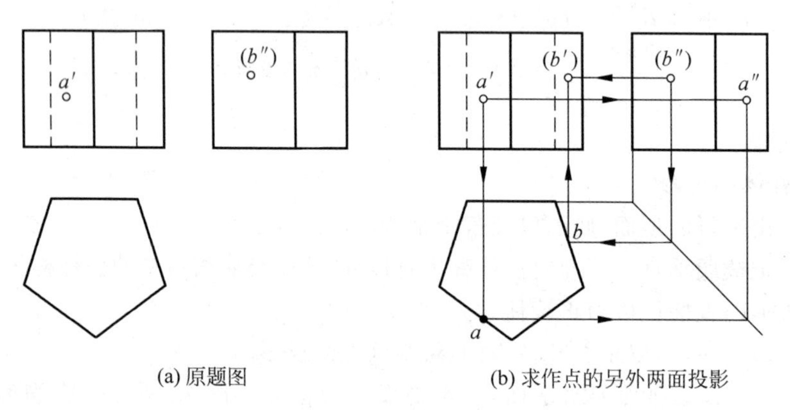

(a) 原题图　　(b) 求作点的另外两面投影

图 3-3　正五棱柱表面上取点

作图：如图3-3(b)所示。

(1) 根据“长对正”，作A点水平投影a，利用“高平齐”、“宽相等”，求出A点的W面投影a''，且为可见；

(2) 同样方法求得B点的投影b、b'，并判别可见性。

2. 棱锥体

由一个底面和若干个共顶点的侧棱面围成的实体称为棱锥体，其底面为多边形，各个侧棱面为三角形，所有棱线都交于棱锥的锥顶。与棱柱类似，棱锥也有正棱锥和斜棱锥之分。

1) 棱锥体的投影

以正三棱锥为例(如图3-4(a)所示)，绘制其三面投影图。

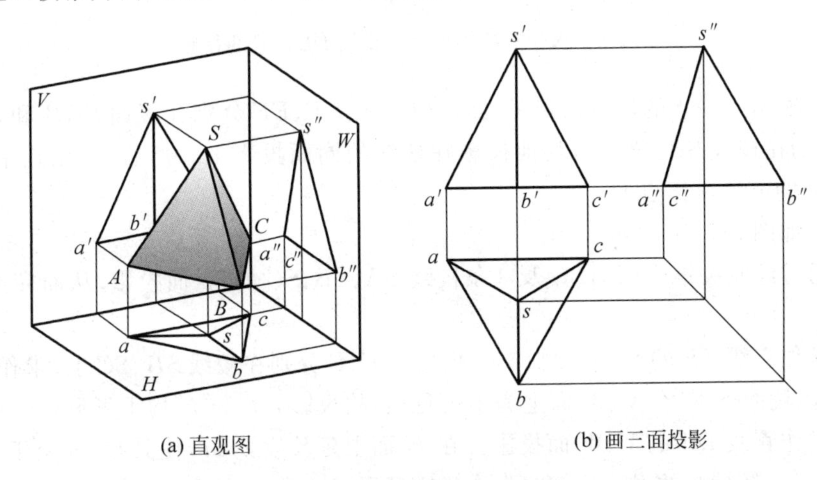

(a) 直观图　　(b) 画三面投影

图3-4　正三棱锥的三面投影

分析：底面ABC为水平面，水平投影反映实形(为正三角形)，另外两个投影为积聚性的水平直线。侧棱面SAC为侧垂面，侧面投影积聚为直线，正面投影和水平投影为三角形；另外两个棱面是一般位置平面，3个投影呈类似的三角形。棱线SA、SC为一般位置直线，棱线SB是侧平线，3条棱线通过棱锥顶点S。为简化作图，可以先求出底面和棱锥顶点S，再补全棱锥的投影。

作图：如图3-4(b)所示。

(1) 画出底面ABC的三面投影；

(2) 确定棱锥顶点S的三面投影s、s'、s''；

(3) 完成棱线SA、SB、SC的三面投影，并判别可见性。

2) 棱锥体表面上取点、取线

求作棱锥表面上的点和线的投影，实际就是求作平面上点和线的投影，可以采用第2章介绍的平面上点和线的投影作图方法来解，并要注意分析点和直线从属于哪个表面，该表面投影是否可见。

【例3-2】　已知三棱锥$SABC$的V、H面投影及其表面上直线DE、EF的水平投影，如图3-5(a)所示，试完成其余两面投影。

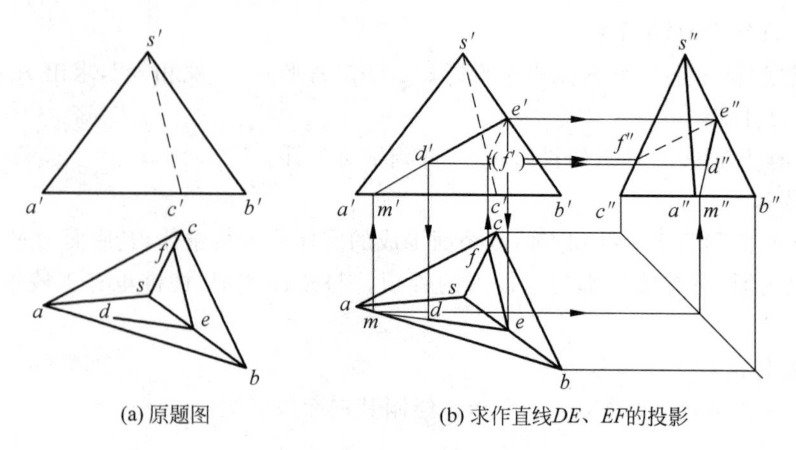

(a) 原题图　　(b) 求作直线DE、EF的投影

图 3-5　求作三棱锥表面上直线 DE、EF 的投影

分析：根据 de、ef 的位置及可见性，可以判定 DE、EF 分别在棱面 SAB 和 SBC 上。点 E、F 分别在棱线 SB、SC 上，其他投影在棱线的同面投影上。然后，利用在平面 SAB 上作辅助线的方法求作点 D。

作图：如图 3-5(b)所示。

(1) 通过绘制棱锥底面 ABC 及 3 条棱线 SA、SB、SC 的 W 面投影，从而完成棱锥的 W 面投影；

(2) 求作直线 EF 的 V、W 面投影。根据点 E、F 分别在棱线 SB、SC 上，求作投影 e'、e''、f'、f''，因棱面 SBC 在 V、W 面上为不可见面，故投影 $e'f'$、$e''f''$均不可见；

(3) 求作直线 DE 的 V、W 面投影。在 H 面上延长投影 ed，使其与 ab 交于 m 点，并作出投影 m'、m''，然后再作 $e'm'$ 和 $e''m''$上的投影 d'、d''，连接投影 $e'd'$、$e''d''$，并判别可见性。

3.1.2　平面立体表面截交线的投影

在实际工程中，很多物体的形状都不会是完整的基本体，而是经过切割后所产生的切口形体。把平面与立体表面的交线称为截交线，该平面称为截平面。如图 3-6 给出了一个正五棱柱被截切的过程。

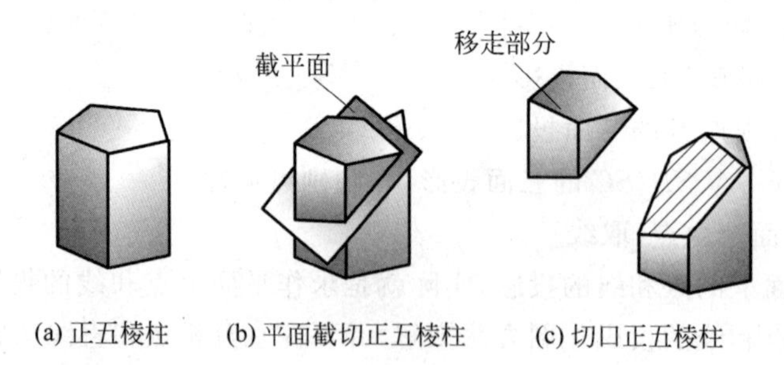

(a) 正五棱柱　　(b) 平面截切正五棱柱　　(c) 切口正五棱柱

图 3-6　五棱柱的截切过程

1. 平面立体表面截交线的性质

1）共有性

截交线是截平面与平面立体表面的共有线，其上所有点既在截平面上又在立体表面上，是它们的共有点。

2）封闭性

由于立体占据空间一定的范围，故其在空间截交线一定是封闭的平面图形。

2. 平面立体表面截交线的作图

当用截平面截切平面立体，所得截交线是一平面多边形，其每个顶点是截平面与立体棱线或底边的交点，每一条边是截平面与棱面或底面的交线（直线）。因此，求解截交线的投影可归结为求这些顶点和交线的投影，可以利用两平面相交求交线、直线与平面相交求交点的作图方法求出平面多边形各顶点的投影。如图 3-6 所示，一个正五棱柱被截切的过程。

1）棱柱表面上截交线

【例 3-3】 如图 3-7(a)所示，已知切口五棱柱的 V、H 面投影（直观图如图 3-6 所示），求作 W 面投影。

分析：如图 3-7(a)所示，截平面分别与五棱柱的顶面以及 4 个侧棱面相交，截交线形状是五边形。由于截平面为正垂面，所以截交线的正面投影为一斜线（具有积聚性）。又因交线所在的 4 个棱面都垂直于水平投影面，故截交线上的 4 条边的水平投影与这些棱面的水平投影重合。

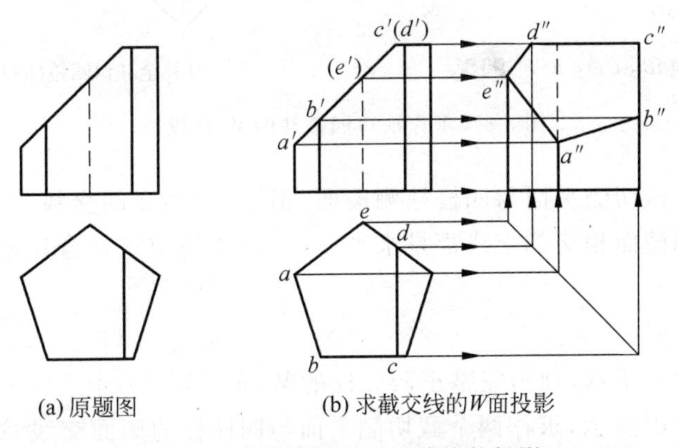

(a) 原题图　　(b) 求截交线的W面投影

图 3-7　求作被截切正五棱柱的投影

作图：如图 3-7(b)所示。

(1) 画出完整的正五棱柱的 W 面投影；

(2) 确定截交线的正面投影和水平投影（五边形），并找出 5 个顶点 A、B、C、D、E；

(3) 求作各顶点的侧面投影 a''、b''、c''、d''、e''，并顺序连接各点，判别可见性；

(4) 补全切口五棱柱的轮廓线，擦去多余线条。

【例 3-4】 如图 3-8(a)所示，已知两边带缺口正四棱柱的 V、H 面投影，求作 W 面投影。

分析：如图 3-8(b)所示，切口四棱柱可以假想是用左右对称的两个侧平面和一个水

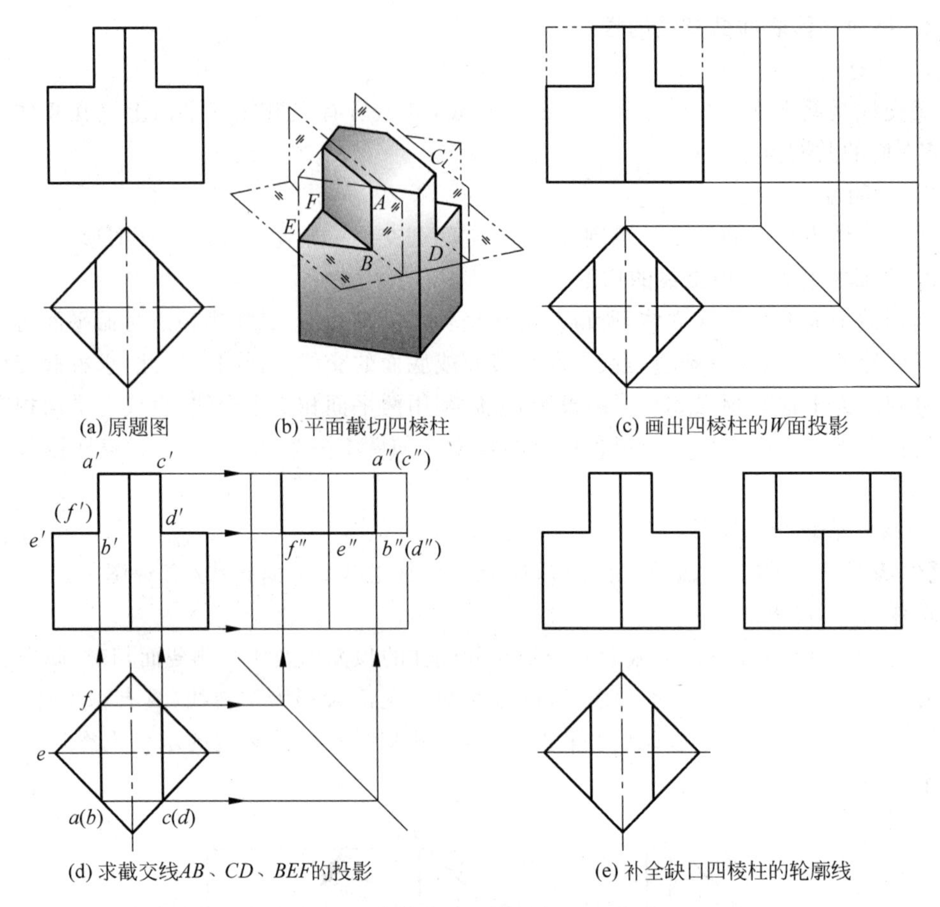

(a) 原题图 (b) 平面截切四棱柱 (c) 画出四棱柱的W面投影

(d) 求截交线AB、CD、BEF的投影 (e) 补全缺口四棱柱的轮廓线

图 3-8 求作缺口四棱柱的 W 面投影

平面截切的结果。截切侧平面与四棱柱侧棱面(铅垂面)相交的交线都是铅垂线,截切水平面与四棱柱的侧棱面相交的交线都是水平线,作图结果应该符合这些特殊位置直线的投影特性。

作图:

(1) 如图 3-8(c)所示,画出完整正四棱柱的 W 面投影;

(2) 如图 3-8(d)所示,求作两个截切侧平面与四棱柱的侧面交线 AB、CD 投影 $a''b''$、$c''d''$,因空间直线 AB 与 CD 左右对称,故侧面投影重合;

(3) 求作水平截切平面与四棱柱的侧面交线 BEF 投影 $b''e''f''$,注意,右边也有与之对称的截交线,侧面投影重合;

(4) 如图 3-8(e)所示,补全切口四棱柱的轮廓线,擦去多余的线条。

2) 棱锥表面上截交线

【例 3-5】 如图 3-9(a)所示,已知截头四棱锥的正面投影,补全其水平投影,求作侧面投影。

分析:如图 3-9(b)所示,截平面与四棱锥相交,截交线形状是四边形,4 个顶点为截平面与 4 条棱线的交点。由于截平面为正垂面,所以截交线的正面投影是直线(具有积聚

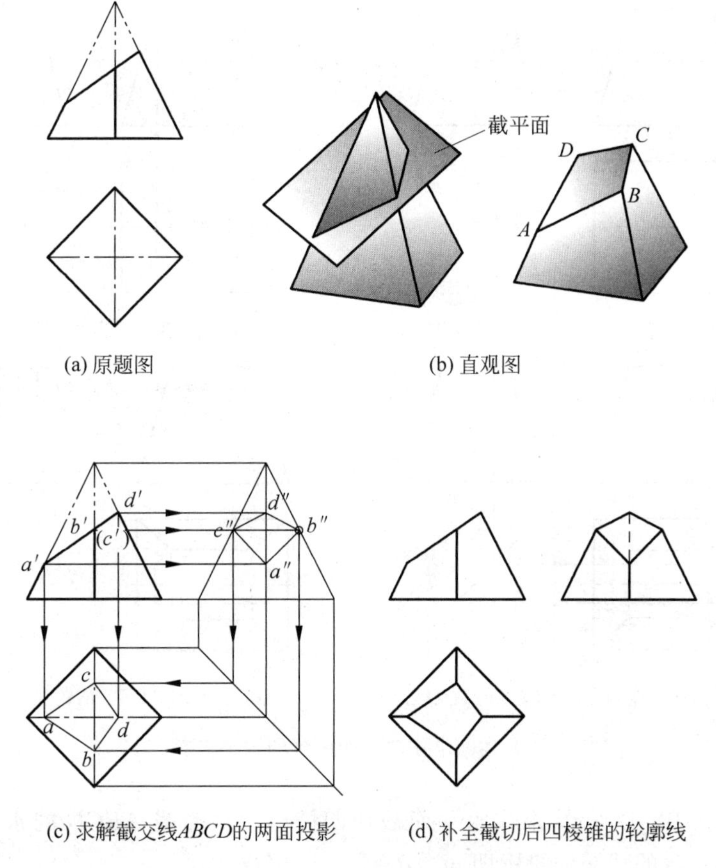

(a) 原题图　(b) 直观图

(c) 求解截交线ABCD的两面投影　(d) 补全截切后四棱锥的轮廓线

图3-9　求作截头四棱锥的投影

性)，水平投影面和侧面投影为类似的四边形。

作图：

(1) 如图3-9(c)所示，画出完整正四棱锥的W面投影；

(2) 在正面投影上取截交线的4个顶点投影a、b、c、d，并求作各顶点的投影a、a''、b、b''、c、c''、d、d''；

(3) 如图3-9(d)所示，顺序连接各点的同面投影，判别可见性；

(4) 补全切口四棱锥的轮廓线，擦去多余线条。

【例3-6】 如图3-10(a)所示，已知缺口四棱台的正面投影和侧面投影，完成水平投影。

分析：如图3-10(b)所示，缺口四棱台可以看成被前后两个正平面和一个水平面截切所得。正平面截切四棱台，截交线形状是梯形。由于正平面垂直于H面，故截交线的水平投影是直线(具有积聚性)；水平面截切四棱台，截交线形状是四边形，水平投影反映真实形状。

作图：

(1) 如图3-10(c)所示，画出完整四棱台的水平投影；

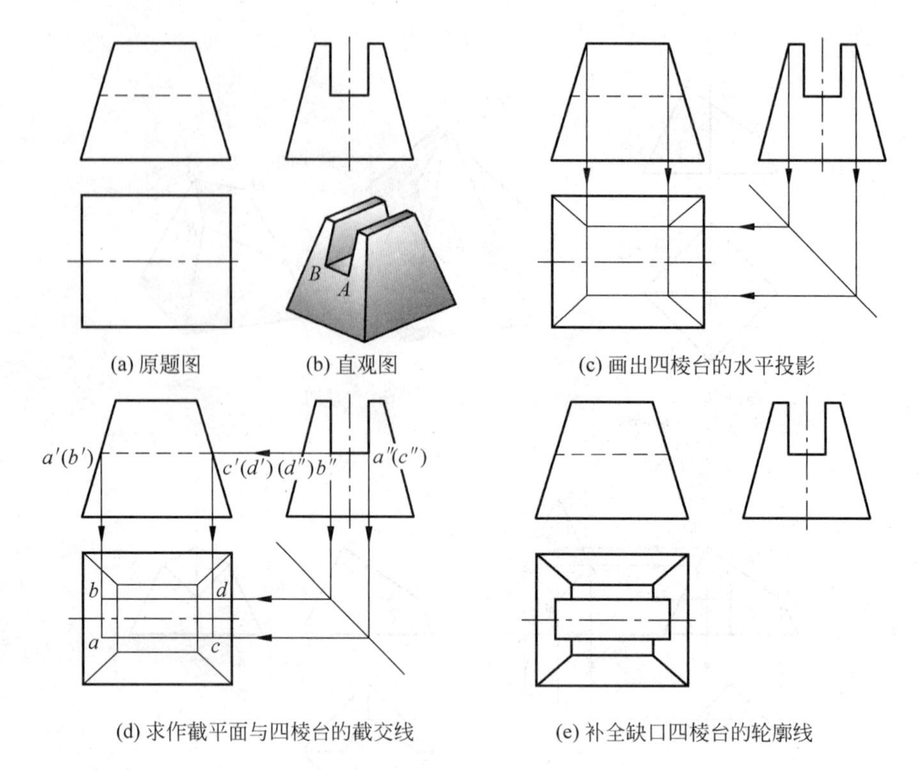

(a) 原题图　(b) 直观图　(c) 画出四棱台的水平投影

(d) 求作截平面与四棱台的截交线　(e) 补全缺口四棱台的轮廓线

图 3-10　求作缺口四棱台的水平投影

(2) 如图 3-10(d)所示，求作水平面截切四棱台的截交线 $ABCD$ 的水平投影 $abcd$；正平面截切四棱台的截交线投影即 ab、cd；

(3) 如图 3-10(e)所示，补全切口四棱台的轮廓线，擦去多余线条。

3.2　回转体及其表面截交线

3.2.1　回转体表面特性及其投影

1. 回转面的形成

根据曲面的构成特点将曲面立体分为回转体和非回转体。

回转体是由回转面与平面或全部由回转面围成的实体，而回转面可以认为是母线绕着空间指定的轴线旋转而成的轨迹面，如图 3-11 所示。母线绕空间一直线作旋转运动形成回转面，该直线称回转轴，母线任一位置称素线。母线上任一点的运动轨迹是圆，又称纬圆，其所在平面垂直于回转轴。

2. 常见回转体的表面特性及投影

绘制回转体的投影，应先画出回转轴的投影，然后再画出相对于投影面的转向轮廓线(简称转向线)、圆的对称中心线等。常见的回转体有圆柱体、圆锥体、球体等，其表面特性、形成过程以及三面投影图见表 3-1。

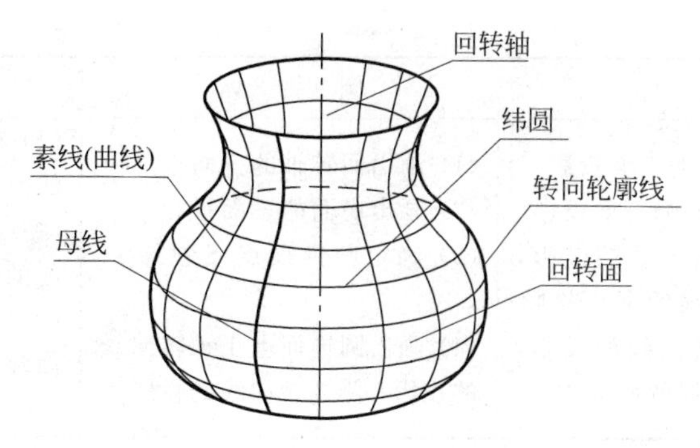

图 3-11　回转面的形成

表 3-1　常见回转体的表面特性与投影

	圆　柱　体	圆　锥　体	圆　球　体
表面特性	顶面 回转轴 素线(直线) 母线 圆柱面 底面	锥顶点 回转轴 纬圆 素线(直线) 母线 圆锥面 底圆	回转轴 母线 纬圆 素线(圆) 圆球面
形成	圆柱体由顶面、底面和圆柱面围成,圆柱面是由直母线绕着与之平行的轴线回转后形成	圆锥体由圆锥面和底面围成。圆锥面是由直母线绕着与之相交的轴线回转后形成	圆球可以看成是一圆母线绕其直径旋转而成
直观图	V W H	V W H s' s s''	V W H
投影图		s' s'' s	

续表

	圆 柱 体	圆 锥 体	圆 球 体
作图步骤	(1) 画出回转轴的三面投影 (2) 画出顶、底面的三面投影 (3) 画出正视转向线的投影，即最左、最右素线的 V 面投影 (4) 画出侧视转向线的投影，即最前、最后素线的侧面投影	(1) 画出回转轴的三面投影 (2) 画出底面的三面投影 (3) 确定圆锥顶点 S 投影 s、s'、s'' (4) 画出圆锥面上正视转向线的投影；侧视转向线的投影	(1) 在 V 面上作正视转向线的投影(圆)及圆的中心线 (2) 在 H 面上作水平转向线的投影(圆)及圆的中心线 (3) 在 W 面上求作侧面转向线的投影(圆)及圆的中心线

3.2.2 回转体表面上取点、取线

1. 圆柱体表面上取点、取线

由于在圆柱轴线所垂直的投影面上，圆柱体侧表面(称圆柱面)的投影有积聚性，因此该面上点、线的投影都在积聚性的圆上，故在其表面上取点、取线，一般是利用这种投影特性，先找到点、线在积聚性圆上的投影，再运用点的三面投影性质求作点、线的另一个投影。

【例 3-7】 如图 3-12(a)所示，已知圆柱体表面上点 A、B 的正面投影 a'、(b')，求作其余两面投影。

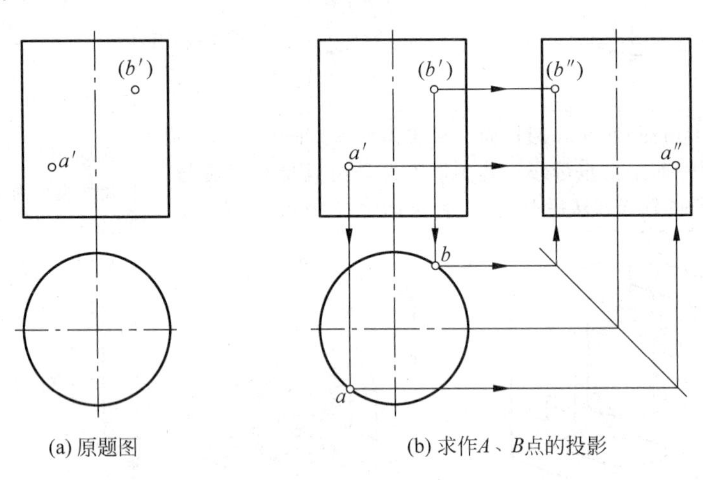

(a) 原题图　　(b) 求作A、B点的投影

图 3-12 圆柱体表面上取点

分析：根据投影 a'、(b')可以判定点 A 在左前半圆柱面上，点 B 在右后半圆柱面上。由于圆柱面的水平投影为积聚性的圆，故投影 a、b 在此圆上，再利用"三等"关系求投影 a''、b''。

作图：如图 3-12(b)所示。

(1) 利用"长对正"关系求投影 a、b；

(2) 根据 A、B 的两面投影求出投影 a''、b''，判别投影 a''为可见，投影(b'')为不可见。

【例 3-8】 如图 3-13(a)所示，已知圆柱面上曲线 AB，试完成圆柱及 AB 的水平

投影。

分析：如图3-13(b)所示，由于圆柱面的侧面投影有积聚性，故曲线AB的侧面投影重合在积聚性圆上，根据AB的V、W面投影求其H面投影。

由于AB的H面投影为一般曲线，需要在曲线上取若干个点，通过连接这些点，以一条光滑曲线来逼近AB的投影ab。

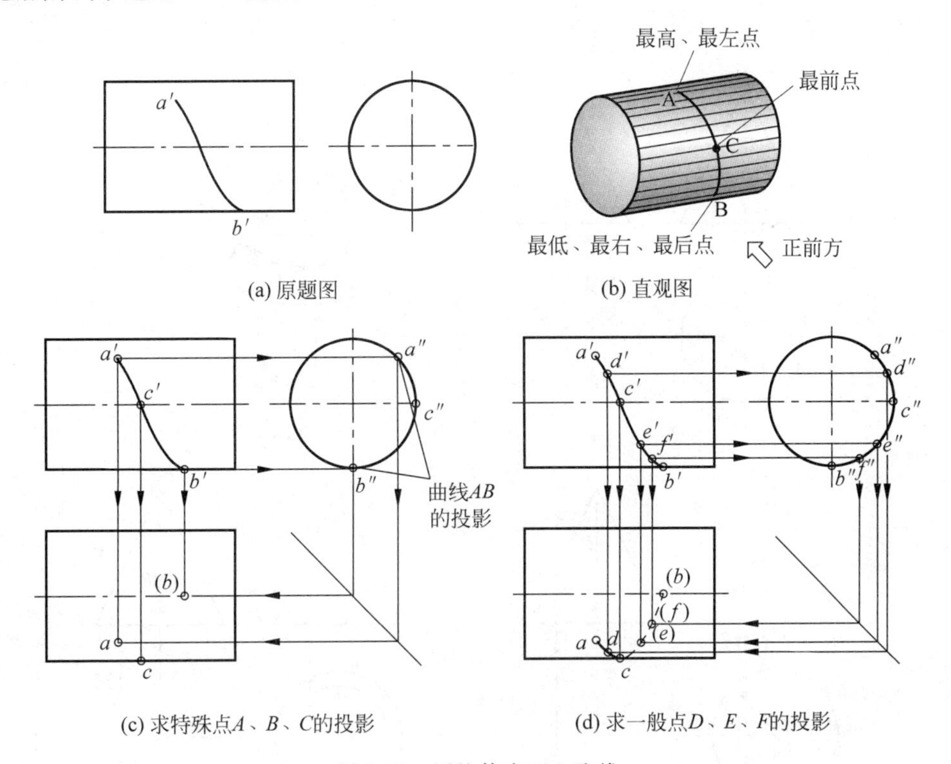

(a) 原题图　　(b) 直观图

(c) 求特殊点A、B、C的投影　　(d) 求一般点D、E、F的投影

图3-13　圆柱体表面上取线

取点原则：选取在空间范围内控制曲线的极限位置点，如最高点、最低点、最左点、最右点、最前点、最后点；当曲线在某投影上有一段可见，另一段不可见时，还应确定可见与不可见的分界点，即转向点。极限位置点和转向点都称为特殊点。

这里，点A既是最高点，又是最左点，点B是最低点、最右点和最后点，取点C为最前点及水平投影转向点。

为使作图有一定的准确性，在两个距离稍远的特殊点之间再选取若干个中间点，以便用曲线光滑地连接，把这些点称为一般点。

作图：

(1) 如图3-13(c)所示，曲线AB的侧面投影重合在圆弧上；

(2) 在V、W面上，根据曲线AB的已知投影取特殊点A、B、C，并求其水平投影a、b、c，判别可见性；

(3) 如图3-13(d)所示，在曲线AB的V、W面投影上取一般点D、E、F，求其水平投影d、e、f，由于AC在上半圆柱面上，CB在下半圆柱面上，则ac画粗实线(可见)，cb画虚线(不可见)。

2. 圆锥体表面上取点、取线

与圆柱面不同的是，圆锥面的3个投影都没有积聚性，因此，欲在表面上取点，并求该点的其余投影，只能借助于在圆锥面上作辅助线的方法来解。

【例 3-9】 如图3-14(a)所示，已知圆锥面上点 K 的正面投影 k'，用辅助线求解点 K 的其余两面投影。

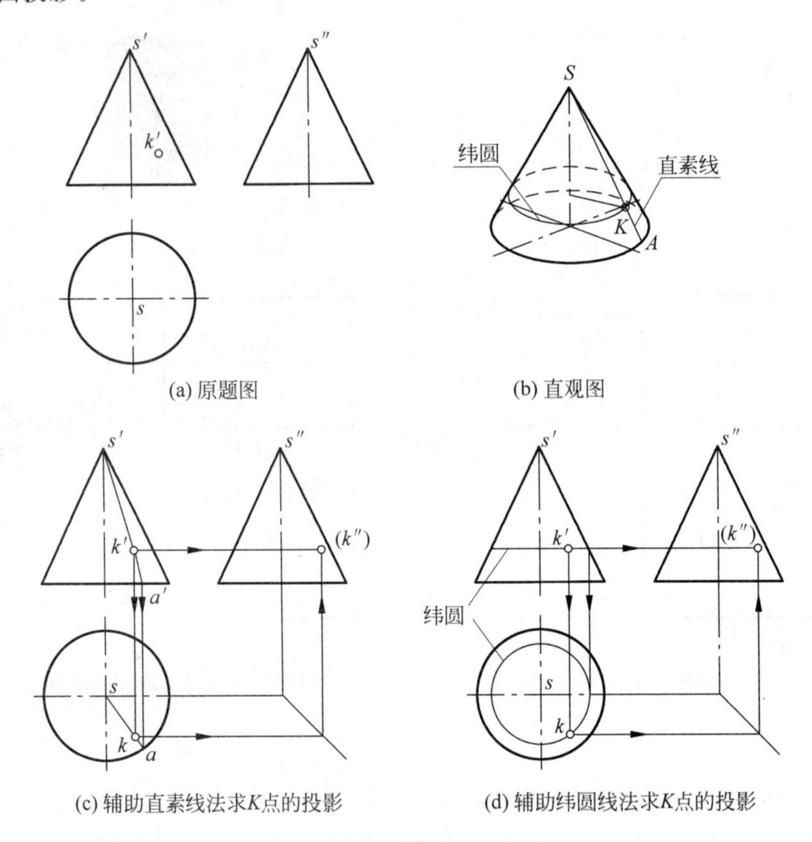

(a) 原题图 (b) 直观图

(c) 辅助直素线法求K点的投影 (d) 辅助纬圆线法求K点的投影

图3-14 圆锥体表面上取点

方法一：辅助直素线法。

根据圆锥面的形成特点，过点 K 与圆锥锥顶 S 连接，必然得到圆锥面上一条直素线，如图3-14(b)所示。如果在投影图上，画出该直素线的投影，即可求出该辅助线上的点的其他投影。

作图：如图3-14(c)所示。

(1) 在 V 面上连接 $s'k'$，并延长 $s'k'$，使之与底圆交于 a'；

(2) 求 SA 的水平投影 sa，并在其上确定投影 k，k 为可见；

(3) 根据 k'、k，利用"三等"关系求出投影 k''，因点 K 在右半圆锥面上，故(k'')不可见。

方法二：辅助纬圆法。

过点 K 在圆锥面上作一纬圆，该纬圆一定垂直于回转轴，借助于纬圆作为辅助线即可获得该点的其他投影，如图3-14(b)所示。

作图：如图 3-14(d)所示。

(1) 在 V 面上，过投影 k' 所作纬圆的正面投影是水平直线，与两条正视转向线的投影相交两点，两点距离即为纬圆的直径；

(2) 画出纬圆的水平投影(是与底圆同心的圆)；

(3) 确定纬圆上 K 点投影 k，k 为可见；

(4) 利用“三等”关系求作投影 k''，(k'')为不可见。

【例 3-10】 如图 3-15(a)所示，已知圆锥面上曲线 AB、直线 SB 的 V 面投影，求其 H、W 面投影。

分析：如图 3-15(b)所示，直线 SB 为过圆锥顶点的直素线，故只需求出点 B 即可。欲求 AB 投影，可采用取其线上若干点，并利用圆锥面上取点的作图方法求出这些点的投影，最后，将各点的同面投影光滑地连成曲线即为所求。

作图：

(1) 如图 3-15(c)所示，利用直素线法求 B 点投影 b、b''，连接 sb、$s''b''$ 即得直线 SB 的投影，因 SB 在右半圆锥面上，则 $s''b''$ 不可见，画虚线；

(2) 如图 3-15(d)所示，先求曲线 AB 上最低、最左点 A 的投影 a、a''，然后，取最前点 C(侧面投影转向点)，求出投影 c、c''；

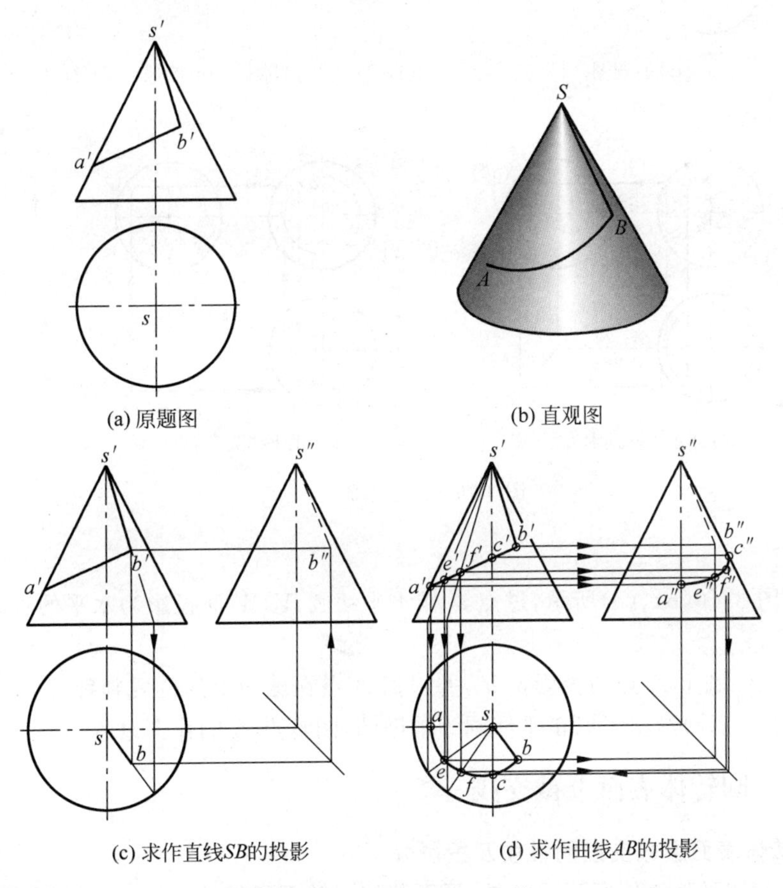

(a) 原题图　(b) 直观图

(c) 求作直线SB的投影　(d) 求作曲线AB的投影

图 3-15　圆锥体表面上取线

(3) 取一般点 D、E,并用直素线法求出投影 d、e、d''、e'';

(4) 依次用光滑曲线连接各点的同面投影,水平投影为可见,侧面投影 $a''c''$可见,$c''b''$不可见。

3. 圆球表面上取点

由于圆球的三面投影都无积聚性,因此,表面上取点只能采用辅助纬圆法作图。

虽然过球面上一点可以作多种位置的纬圆,但考虑到投影作图简单、准确,应尽可能使纬圆的投影为直线或圆,故只能作三种位置的纬圆,分别平行于三个投影面。

【例 3-11】 如图 3-16(a)所示,已知球面上点 A 的正面投影,求其余两面投影。

分析:根据所给点 A 的投影及可见性,可以判定 A 点在前右上半球面上,其水平投影可见,侧面投影不可见。

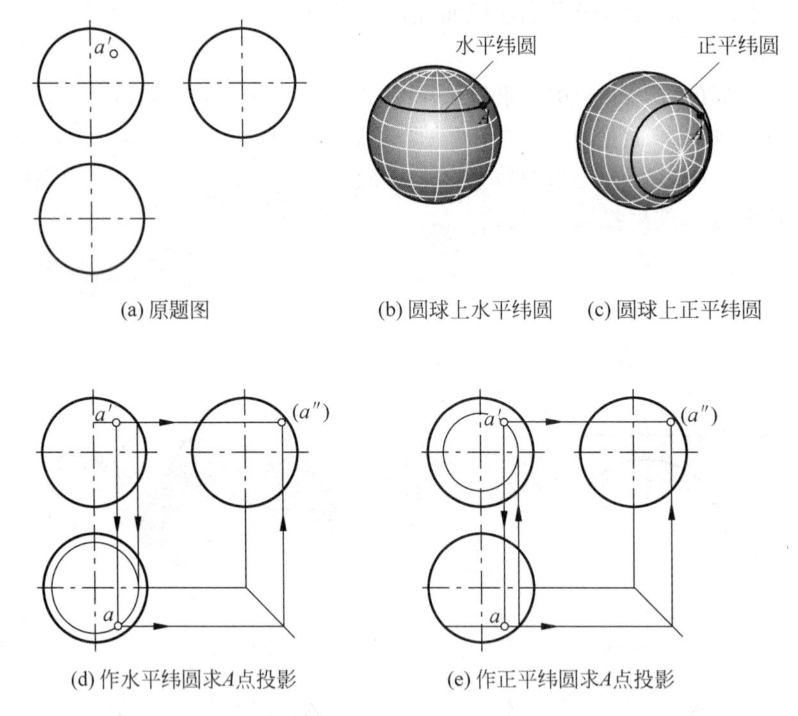

(a) 原题图　(b) 圆球上水平纬圆　(c) 圆球上正平纬圆

(d) 作水平纬圆求A点投影　(e) 作正平纬圆求A点投影

图 3-16　圆球表面上取点

作图:

(1) 如图 3-16(b)、(d)所示,过点 A 作水平纬圆,V、W 面投影为水平的直线,H 面投影是圆;

(2) 求作纬圆上 A 点的投影 a、a'',并根据 A 点在球面上的位置判别可见性。

图 3-16(c)、(e)给出了以正平纬圆为辅助圆,图解点 A 的作图过程。

3.2.3　回转体表面上截交线

1. 回转体表面上截交线的性质及投影分析

与平面截切平面立体所不同的是,平面截切回转面所得截交线一般是平面曲线,特殊情况下为直线，其形状取决于回转面的几何性质以及它与截平面的相对位置。

截交线的投影还与截平面相对于投影面的位置有关。当截平面垂直于某投影面时，截交线在该投影面上的投影是直线（有积聚性）；当截平面平行于某投影面，则该投影反映截交线的实形；当截平面倾斜于某投影面，则该投影反映截交线的类似形。

截交线是截平面与回转面的共有线，截交线上的点是截平面与回转面的共有点，求解截交线可以归结为求解截交线上一系列点。图解中，当截交线的投影为曲线时，应充分利用立体表面取点方法求作共有点，然后用光滑曲线逼近截交线的投影。

求解截交线的步骤如下。

1）空间及投影分析

（1）分析回转面表面性质，想象截交线的大致形状；

（2）分析截平面与回转面轴线的相对位置（正交、斜交或平行），想象截交线的空间形状（唯一性）；

（3）根据截平面与投影面的相对位置（垂直、平行或倾斜），确定截交线的投影（直线、实形或类似形）；

（4）分析截交线的投影是否具有对称性，以简化作图，保证一定的准确性。

2）投影作图

（1）在已知截交线的投影上取特殊点，如控制截交线空间范围的极限位置点（最高点、最低点、最前点、最后点、最左点、最右点），可见与不可见的分界点等；

（2）根据作图精度要求，在两个特殊点之间取若干个一般点；

（3）利用回转面上取点的作图方法（直素线法或纬圆法），求解点的其他投影；

（4）依次光滑地连接各点的同面投影，判别可见性。

2. 回转体表面上截交线的求作方法

1）圆柱面上截交线

平面与圆柱面相交，根据平面与圆柱轴线的相对位置（垂直、平行或斜交），截交线形状可以有3种情况：平面垂直于圆柱轴线截切，截交线形状是圆；平面平行于圆柱轴线截切，截交线是矩形；平面倾斜于圆柱轴线截切，截交线是椭圆，如表3-2所示。当截交线投影是圆或直线时，可以用尺规直接作出，而投影为椭圆时则需要用圆柱面上取点的作图方法求解。

表3-2　圆柱面上的截交线性质

截平面的位置	垂直于圆柱的轴线	平行于圆柱的轴线	倾斜于圆柱的轴线
截交线	圆	两条平行直线	椭圆
直观图			

续表

截平面的位置	垂直于圆柱的轴线	平行于圆柱的轴线	倾斜于圆柱的轴线
截交线	圆	两条平行直线	椭圆
投影图			

【例 3-12】 如图 3-17(a)所示，已知被截切圆柱的正面投影和水平投影，求作侧面投影。

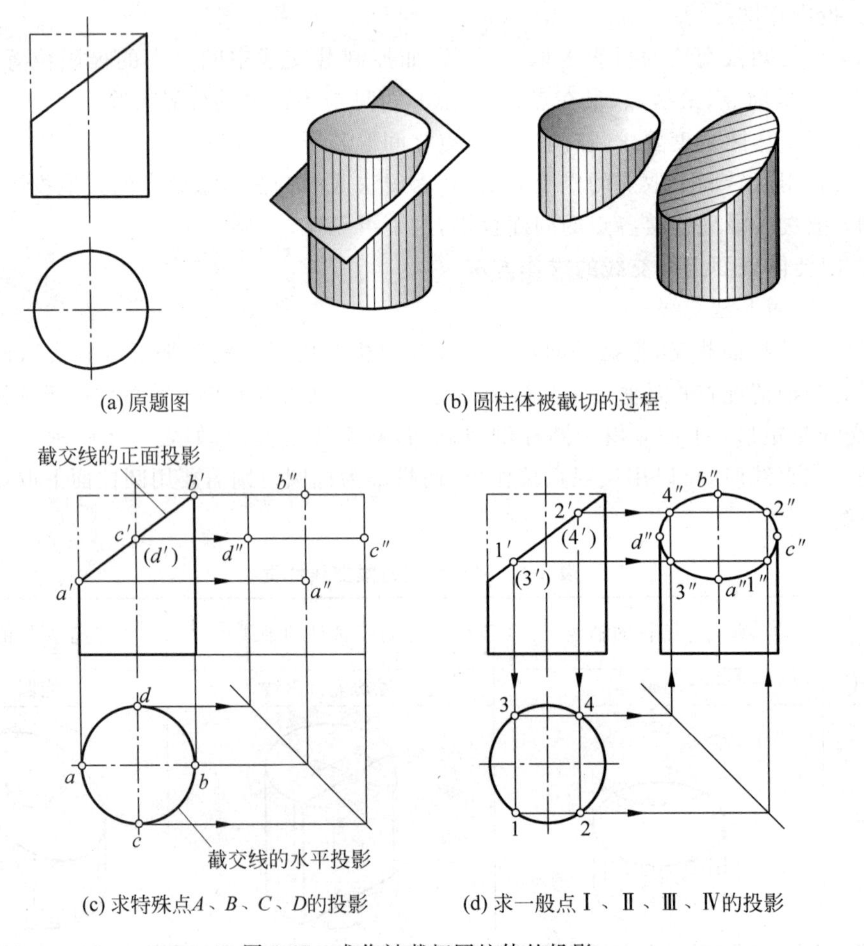

(a) 原题图　　(b) 圆柱体被截切的过程

(c) 求特殊点A、B、C、D的投影　　(d) 求一般点Ⅰ、Ⅱ、Ⅲ、Ⅳ的投影

图 3-17　求作被截切圆柱体的投影

分析：如图 3-17(b)所示。

(1) 给定回转面为圆柱面，截交线可能是圆、椭圆或直线；

(2) 由于平面与圆柱轴线斜交，所得截交线是椭圆；

(3) 因为截平面为正垂面，截交线的正面投影是一条斜线；又因圆柱面的水平投影有积聚性，截交线的水平投影为圆；截交线的侧面投影是椭圆的类似形，且前后对称，作图时可以只在对称的前半面上取点。

作图：如图 3-17(c)所示。

(1) 画出完整圆柱的侧面投影；

(2) 根据截交线的 V、H 面投影取特殊点投影 a、a'(最低点、最左点)、b、b'(最高点、最右点)、c、c'(最前点)、d、d'(最后点)，并求作侧面投影 a''、b''、c''、d''；

(3) 取一般点 1、1′、2、2′、3、3′、4、4′，并求作侧面投影 1″、2″、3″、4″；

(4) 依次光滑地连接各点的侧面投影，由于可见，画成粗实线；

(5) 完成截切后圆柱的轮廓线。

【例 3-13】 如图 3-18(a)所示，已知联轴节接头的侧面投影，补全其正面投影和水平投影中的截交线。

分析：从图 3-18(b)联轴节接头的直观图来看，左边切槽和右边切口可以看作是圆柱被多个平面截切的结果。其中，左端矩形槽是由两个对称于圆柱轴线的水平面和1个垂直于圆柱轴线的侧平面截切后，再将中间部分移走；而右端切口则是由两个对称于圆

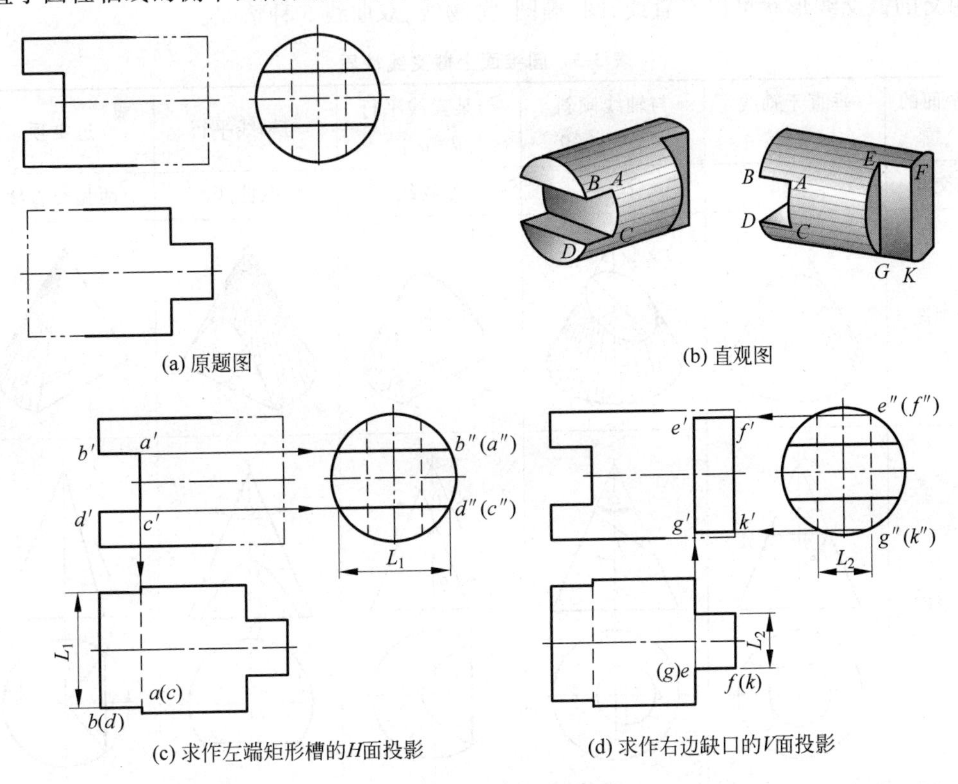

(a) 原题图　(b) 直观图

(c) 求作左端矩形槽的H面投影　(d) 求作右边缺口的V面投影

图 3-18　联轴节接头的投影

柱轴线的正平面和 1 个侧平面截切后，再拿走前后两块。因为水平面和正平面均与圆柱轴线平行相交，故截交线为平行与轴线的直线；侧平面与圆柱相交的截交线是圆弧。

作图：

(1) 如图 3-18(c)所示，求作左端的矩形槽。根据截交线前后对称特点，可在前半圆柱面上取特殊点 $A(a'、a'')$、$B(b'、b'')$、$C(c'、c'')$、$D(d'、d'')$，并求出投影 a、b、c、d，画出直线 AB、CD 以及圆弧 AB 的水平投影。注意，在矩形槽处，圆柱被截掉，水平投影不再有圆柱的转向轮廓线，同时还要画上两截平面的交线(虚线)。

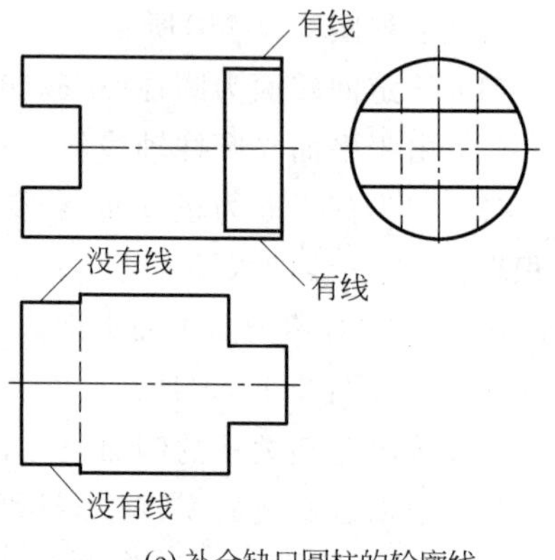

(e) 补全缺口圆柱的轮廓线

图 3-18 (续)

(2) 如图 3-18(d)所示，求作右边的缺口。取对称的特殊点 $E(e'、e'')$、$F(f'、f'')$、$G(g'、g'')$、$K(k'、k'')$，并求截交线的正面投影。

(3) 如图 3-18(e)所示，补全缺口圆柱的轮廓线。注意，在缺口处圆柱中间是完整的，应该用粗实线补上圆柱的正面转向轮廓线。

2) 圆锥面上截交线

如表 3-3 所示，根据截平面与圆锥轴线的相对位置(垂直、平行、斜交等)，平面与圆锥面相交的截交线形状可以有直线、圆、椭圆、抛物线、双曲线 5 种情况。

表 3-3　圆锥面上截交线性质

截平面的位置	垂直于轴线 $\theta=90°$	与轴线倾斜 $\alpha/2<\theta<90°$	与某素线平行 $\theta=\alpha/2$	与轴线平行	过锥顶
截交线	圆	椭圆	抛物线	双曲线	两相交直线
直观图					
投影图					

由于圆锥面的投影无积聚性，一般先要分析特殊位置截平面积聚性的投影，找到截交线的投影，然后再通过表面取点法，借助于辅助直素线或辅助纬圆作图。

【例 3-14】 已知圆锥被一个正平面 P 截切，如图 3-19(a)所示，求截交线的正面投影。

分析：如图 3-19(b)所示。

(1) 给定回转面为圆锥面，截交线形状可能有 5 种；

(2) 由于平面与圆锥轴线平行，所得截交线是双曲线；

(3) 因为截平面为正平面，截交线的水平投影是直线，正面投影反映双曲线的实形，且左右对称。

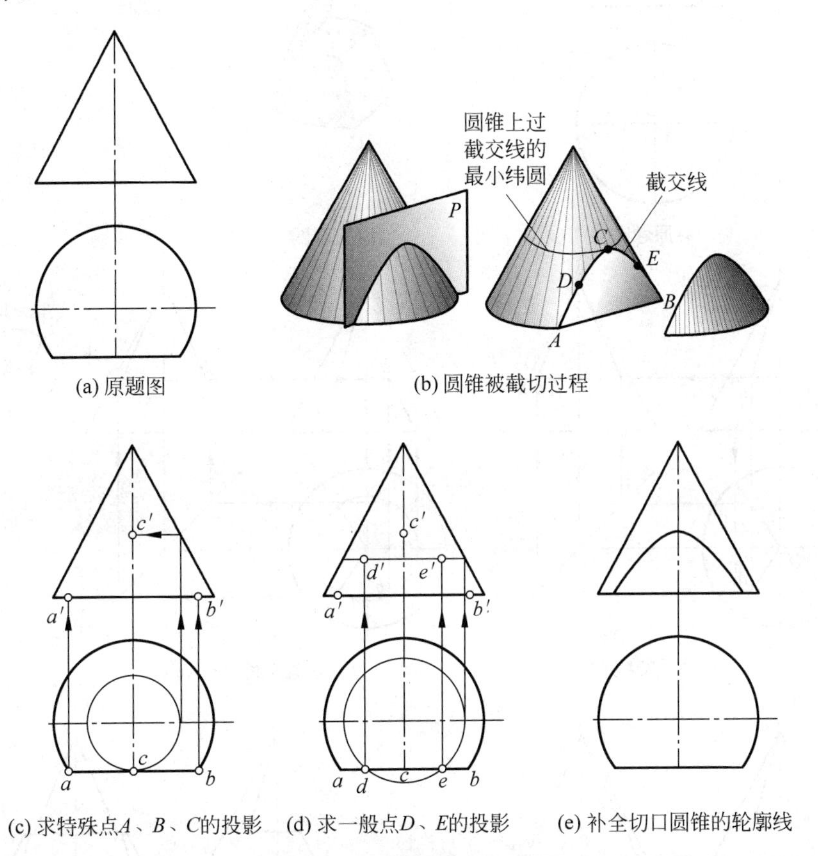

图 3-19　被截切圆锥的投影

作图：

(1) 如图 3-19(c)所示，在已知截交线的 H 面投影上取点：底圆上点 $A(a)$、$B(b)$是最低点，又是最左点和最右点，求出正面投影 a'、b'。

(2) 根据圆锥面上纬圆的特点，截交线上最小纬圆通过的点 $C(c)$是最高点，并用纬圆法求正面投影 c'。

(3) 如图 3-19(d)所示，取一般点 $D(d)$、$E(e)$，求作正面投影 d'、e'。

(4) 依次光滑地连接各点的正面投影，即得截交线，如图 3-19(e)所示。

【例 3-15】 如图 3-20(a)所示，已知切口圆锥的正面投影，完成截交线的水平投影和侧面投影。

分析：如图 3-20(b)所示，切口圆锥可以看作是被 P、Q、R 3 个平面截切。根据截平面与圆锥面的相对位置分析得出，圆锥面上 3 段截交线的形状分别是直线、圆弧和抛物线，如表 3-4 所示。

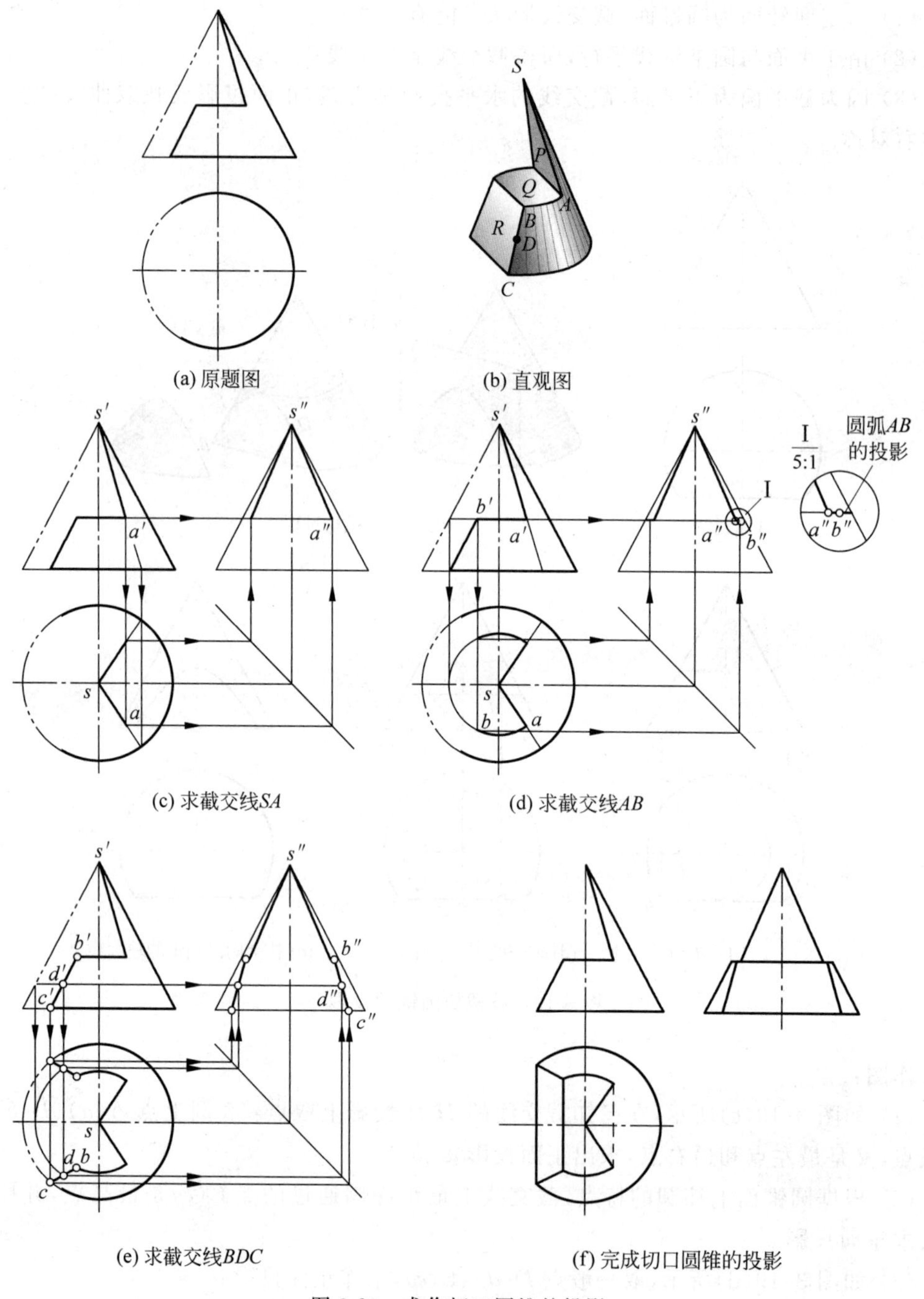

图 3-20　求作切口圆锥的投影

表 3-4　切口圆锥形体分析

截平面	与圆锥相对位置	截交线形状	水平投影	侧面投影
P 面	过顶点与轴线相交	直线 SA	直线	直线
Q 面	垂直于轴线	圆弧 AB	圆弧	直线
R 面	与轴线相交且平行于最左素线	抛物线 BDC	类似形	类似形

作图：

(1) 如图 3-20(c)所示，用辅助直素线法求作点 A 的投影 a、a''，画出 sa、$s''a''$；

(2) 如图 3-20(d)所示，求作圆弧 AB 的投影 ab、$a''b''$（见放大图Ⅰ）；

(3) 如图 3-20(e)所示，求作抛物线的投影。在 V 面上取最左和最低点 C，求出 c、c''；取一般点 D，并用辅助纬圆法求 d、d''，画出 bdc、$b''d''c''$；

(4) 如图 3-20(f)所示，完成 P 面与 Q 面、Q 面与 R 面的交线以及圆锥轮廓线的两面投影，判别可见性。

3) 圆球面上截交线

平面截切圆球面，所得截交线形状一定是圆。但截交线的投影却不一定是圆，而是与截平面相对于投影面的位置有关，它可能是圆、直线或椭圆。表 3-5 给出了截平面相对于 H 面的 3 种位置时，截交线的投影情况。

表 3-5　截平面相对于 H 面的 3 种情况

	平面平行于 H 面	平面垂直于 H 面	平面倾斜于 H 面
直观图	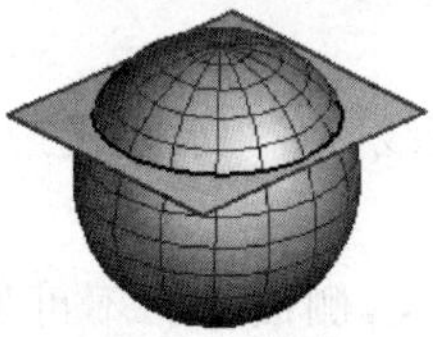	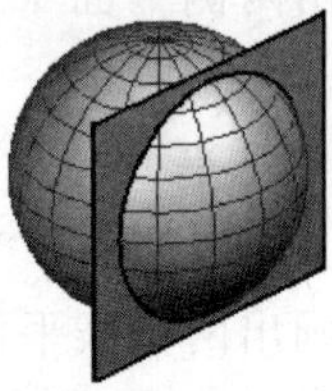	
投影图	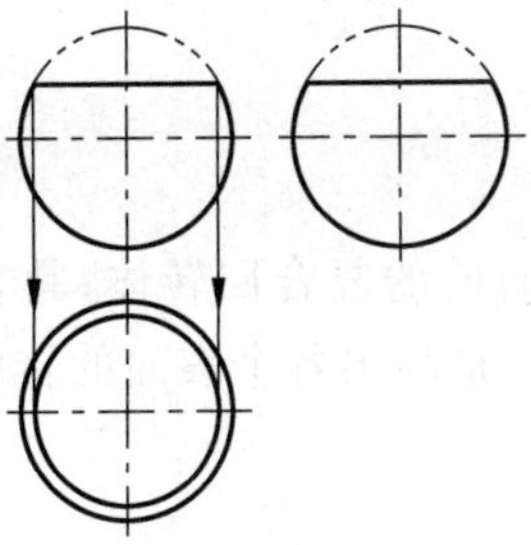	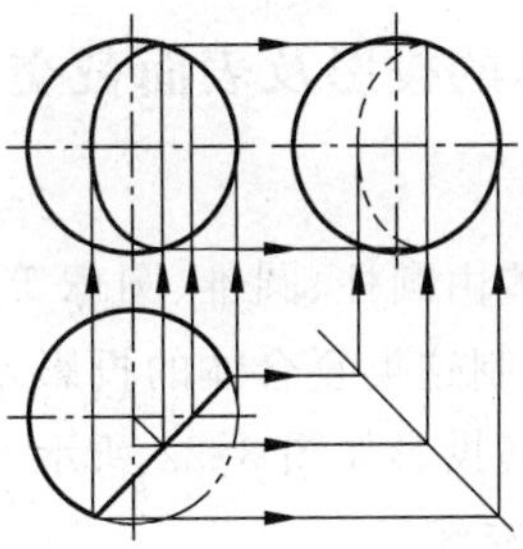	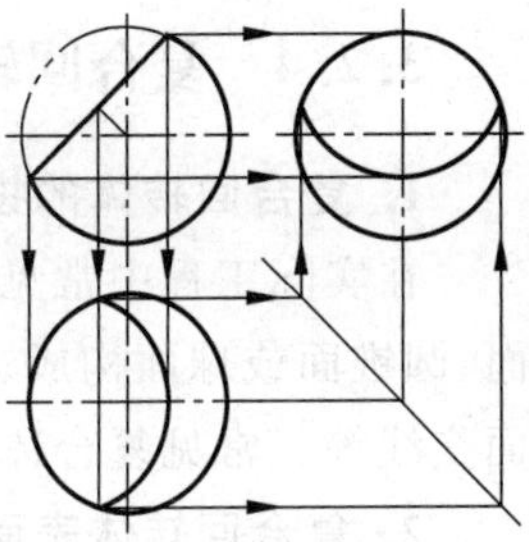

【例 3-16】 根据图 3-21(a)所示开槽半球的正面投影，画出水平投影和侧面投影。

分析：如图 3-21(b)所示，从形体上来看，半球头部被挖切了一块方槽，槽口即由左右两个对称的侧平面 P 和一个水平面 R 截切而成，截交线都是圆弧。

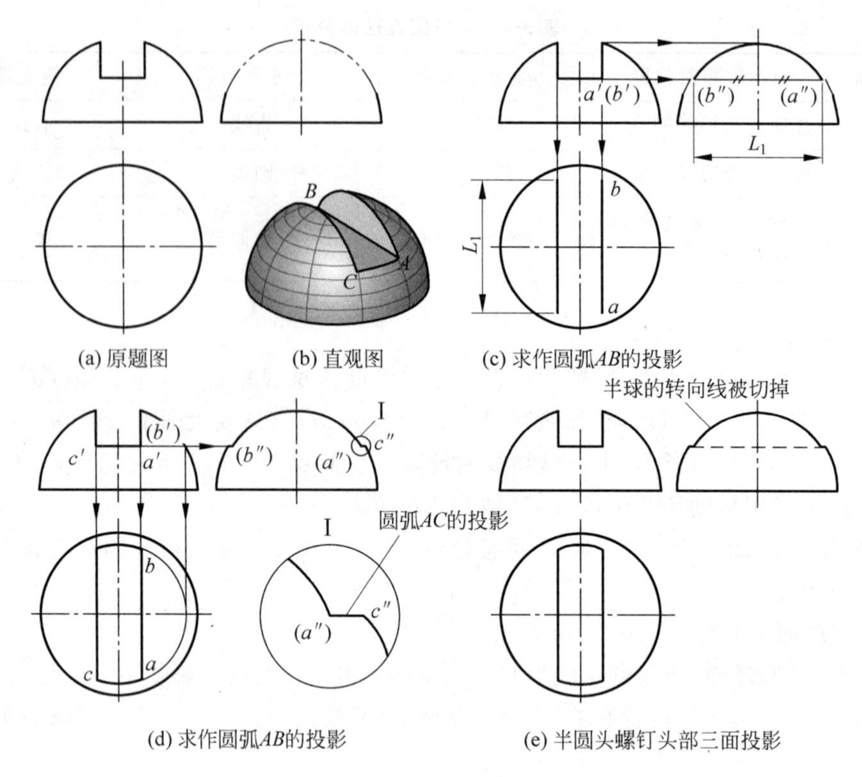

图 3-21　半圆头螺钉头部的作图

作图：

(1) 如图 3-21(c)所示，画出两侧平面 P 与半圆球的截交线 AB。水平投影是直线，侧面投影为圆弧；

(2) 如图 3-21(d)所示，求作水平面与半圆球的截交线 AC。水平投影是圆弧，侧面投影为直线(见放大图Ⅰ)；

(3) 如图 3-21(e)所示，补画出两个截平面相交的交线，侧面投影不可见，画成虚线，并完成半球轮廓线。

3.2.4　复合回转体的投影及表面截交线

1. 复合回转体的投影

在实际工程中常见一些由圆柱、圆锥、圆球等组合而成的复合回转体，其表面由圆柱面、圆锥面或球面构成。绘制这类复合体的投影，实际就是画出各个表面的转向线以及表面交线等。常见复合体及其投影如图 3-22 所示。

2. 复合回转体表面截交线

在工程中也常常遇到由几个基本体组成的复合体，当平面截切时，所产生的交线就由多条截交线组成。图解这类问题时，一般先将复合体分解成多个基本体，分析截平面与各个表面的截交线性质及投影特征，然后逐段求解投影，最后整合，并补全复合体的轮廓线投影，判别可见性。

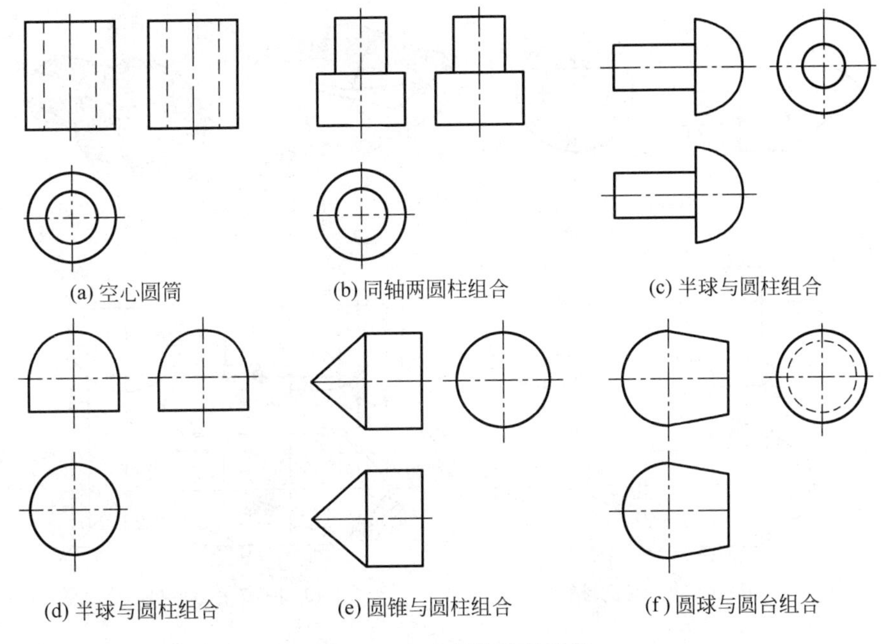

(a) 空心圆筒　(b) 同轴两圆柱组合　(c) 半球与圆柱组合

(d) 半球与圆柱组合　(e) 圆锥与圆柱组合　(f) 圆球与圆台组合

图 3-22　复合回转体的投影

【例 3-17】　如图 3-23(a)所示，根据顶尖的正面投影和侧面投影，画出水平投影。

分析：顶尖由圆锥、大圆柱和小圆柱组成，被一个水平面截切后产生由 3 段截交线围成的复合交线。由于截平面与 3 个回转面的轴线都平行，截交线分别是双曲线、直线、直线，且正面投影和侧面投影都是直线，水平投影反映真形，如图 3-23(b)所示。

作图：

(1) 画出 3 个基本回转体的水平投影，如图 3-23(c)所示；

(2) 如图 3-23(d)所示，完成平面与圆锥面的截交线(双曲线)。在 V、W 面上取最左点 A(a'、a'')、最前点 B(b'、b'')(最后点与之对称)、一般点 C(c'、c'')，求作投影 a、b、c。用光滑曲线连接各点(为可见曲线)；

(3) 如图 3-23(e)所示，分别作出平面与大、小圆柱面的截交线 BD、EF 的投影 bd、ef；

(4) 如图 3-23(f)所示，完成被切复合体的轮廓线。注意，上面的轮廓交线被切，而底部的交线存在，不可见，画虚线。

【例 3-18】　如图 3-24(a)所示，求解切口空心正四棱柱的侧面投影。

分析：如图 3-24(b)所示，该形体可视为挖切圆柱(穿孔)后的一个正四棱柱再被 1 个侧平面 P 和 1 个正垂面 Q 截切而成。两个截平面不仅与形体外表面相交，也与内表面相交。其中，P 面截切内外表面，所得截交线都是直线，且为铅垂线；Q 面与四棱柱外表面相交，截交线是棱形，而与内表面的孔相交，截交线为椭圆弧，水平投影重合在圆孔的积聚性投影上，侧面投影是类似的椭圆弧。

作图：

(1) 画出完整的空心正四棱柱侧面投影，如图 3-24(c)所示；

(2) 如图 3-24(d)所示，作出平面 P 与空心正四棱柱内、外表面的截交线 Ⅰ Ⅱ、AB，

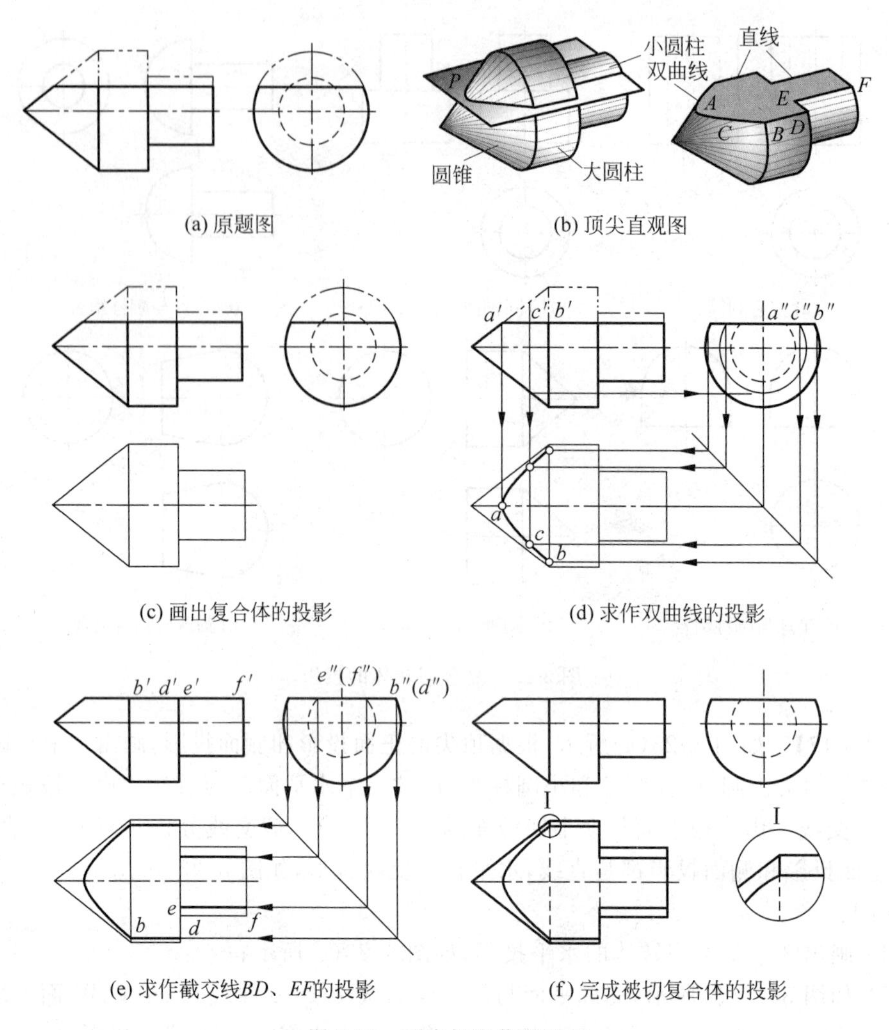

(a) 原题图　(b) 顶尖直观图

(c) 画出复合体的投影　(d) 求作双曲线的投影

(e) 求作截交线BD、EF的投影　(f) 完成被切复合体的投影

图 3-23　顶尖投影作图过程

两对直线前后对称；

(3) 如图 3-24(e)所示，分别作出平面 Q 与正四棱柱、圆孔的截交线。由于截交线前后对称，故可只在前半段交线上取点作图。取菱形上右边的顶点 B、C、D，作出投影 b''、c''、d''；取椭圆弧上特殊点Ⅱ、Ⅲ、Ⅳ和一般点Ⅴ，作出投影 $2''$、$3''$、$4''$、$5''$，连接各点的侧面投影即为所求，所有截交线的侧面投影均可见，用粗实线表示；

(4) 如图 3-24(f)所示，完成切口空心正四棱柱的轮廓线投影。注意，正四棱柱上半部分的最前、最后棱线被切，最右棱线看不见，画虚线；内孔上半段最前、最后转向线也被切，下半段为虚线。

从以上所给出的实例来看，针对切口复合体，无论是多体单面截切还是多体多面截切，实际上就是求解多段截交线。作图前一定要对形体进行细致地分析，例如，分析复合体由哪几个基本体组成，用几个截平面截切，截平面与被截体的相交位置如何，截交线的形状以及投影是什么，投影有无对称性等。只有充分认识形体特征，才能正确作图。

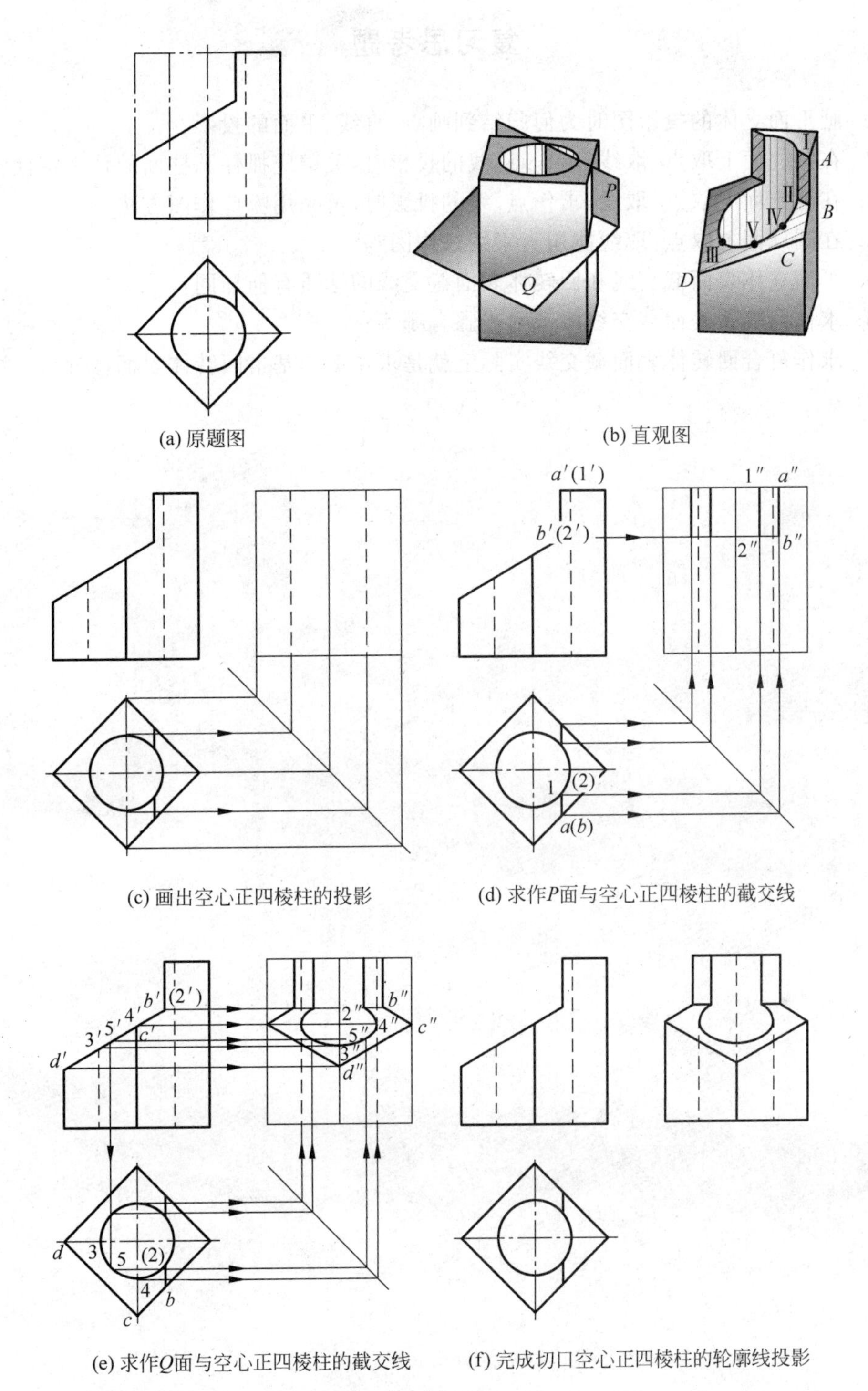

(a) 原题图　(b) 直观图

(c) 画出空心正四棱柱的投影　(d) 求作P面与空心正四棱柱的截交线

(e) 求作Q面与空心正四棱柱的截交线　(f) 完成切口空心正四棱柱的轮廓线投影

图 3-24　切口空心正四棱柱的三面投影

复习思考题

1. 画平面立体的投影图时为何归结到画点、直线、平面的投影?

2. 在圆柱面上取点、取线,求作点、线的投影时,关键应抓住圆柱面的什么特性?

3. 在圆锥面上取点、取线,求作点、线的投影时,可采用哪些作图方法?

4. 在圆球面上取点、取线能用直素线法作图吗?

5. 平面立体表面截交线和回转体表面截交线的性质有何异同?

6. 求作回转体表面截交线的基本步骤有哪些?

7. 求作复合回转体表面截交线实际上就是求作多个基本回转体表面截交线,这句话对吗?

第 4 章　组合体的三视图

内容提要

本章介绍了组合体的构成特点、表面相贯线的作图方法、组合体三视图的画法以及尺寸标注。详细介绍了如何利用形体和线面分析方法看懂组合体的视图，正确构想其空间形体，并画出其第三视图或缺漏的图线。通过本章内容的学习，要求掌握能正确地绘制和看懂组合体的视图，这是训练和建立投影概念的关键一章。

本章难点是如何求作相贯线投影，学会分析形体，看懂组合体的视图。

4.1　组合体及其形体分析

任何复杂的形体，都可以看成由一些简单的基本体按一定的组合方式和表面连接形式组合而成，通常将这种形体称为组合体。

4.1.1　组合体的组合方式

组合体的常见组合方式可有以下 3 种。

1. 正向组合

正向组合是指任意多个独立的形体叠加或堆砌在一起，构成一个新的形体过程。如图 4-1(a)所示，半圆柱 A 与长方体 B 叠加后，得到的一个新的形体 M_1，它包含了半圆柱和长方体的全部。

2. 负向组合

负向组合是表示从一个基本体中挖切或截掉另一个或多个基本体，得到一个带切口或穿孔的形体。如图 4-1(a)所示，在半圆柱 A 中挖切掉了长方体 B，所产生的新形体 M_2 是一个穿孔的半圆柱。

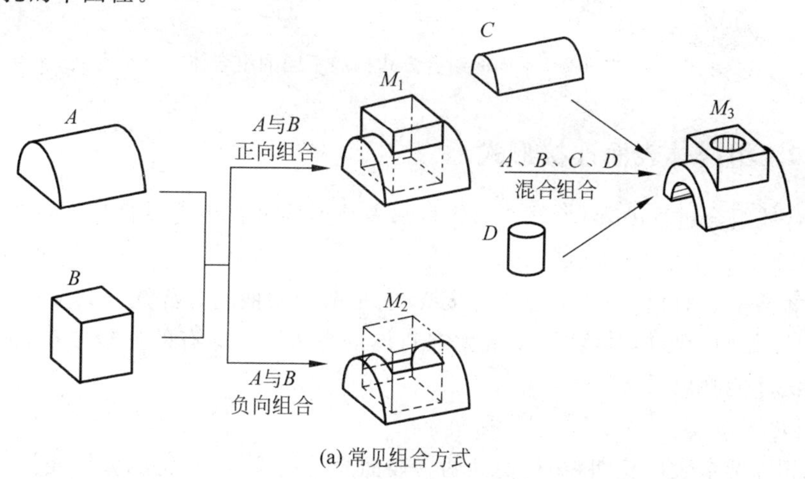

(a) 常见组合方式

图 4-1　组合方式及三视图

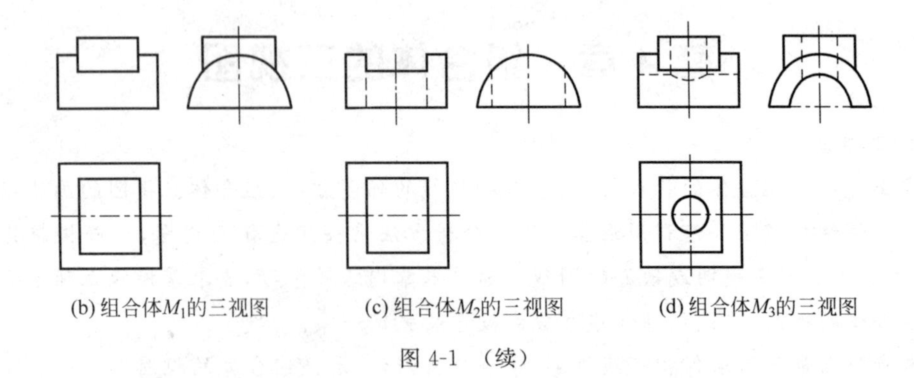

(b) 组合体M_1的三视图　　(c) 组合体M_2的三视图　　(d) 组合体M_3的三视图

图 4-1 （续）

3. 混合组合

混合组合是指在组合体构成中既有正向组合又有负向组合。如图 4-1(a)所示，半圆柱 A 和长方体 B 叠加后，又挖切了小的半圆柱 C 和圆柱 D，构成一个更为复杂的组合体 M_3。

对应于组合体 M_1、M_2、M_3 的三视图如图 4-1(b)、(c)、(d)所示。

实际中遇见的组合体往往是多个基本体混合组合的结果，所构成的组合体除了与构成它的各个基本体的形状有直接关系外，还取决于所采用的组合方式以及这些基本体之间的相对位置。如图 4-2 所示，分别给出了一大一小两个长方体和一个小圆柱，经过不同的组合构成了两个完全不同的组合体。

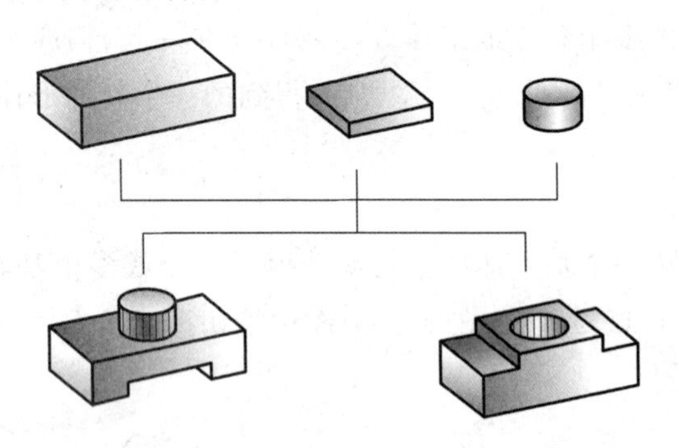

图 4-2　不同的组合方式构成不同的组合体

4.1.2　组合体表面连接形式

在组合体组合过程中，两个基本形体相邻表面连接可有相交、相切、平齐 3 种形式。

1. 相交

当相邻两个表面相交，一定会产生交线，它是两个表面的分界线。其交线形状及投影有的很简单，如两个形体对接时，交线就在自然的分界面上；有的比较复杂，需要通过一些作图方法才能画出投影。

2. 相切

如果相邻两个表面相切，在相切处两个表面光滑过渡，没有轮廓分界线。

3. 平齐

若两个形体叠加时相邻两个表面平齐，即属于同一个表面，则在该面上没有两个面的轮廓分界线。

上述 3 种连接形式的图例见表 4-1 所示。

表 4-1　组合体各种组合方式下的表面连接形式

连接形式	投影特征及图例	
	正向组合（叠加或堆砌）	负向组合（挖切或切割）
相交	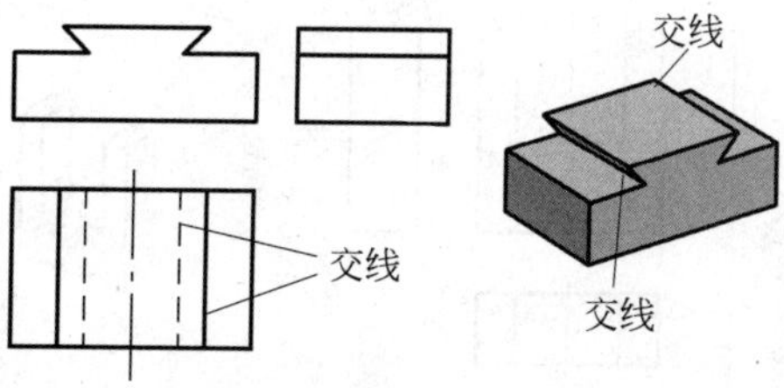 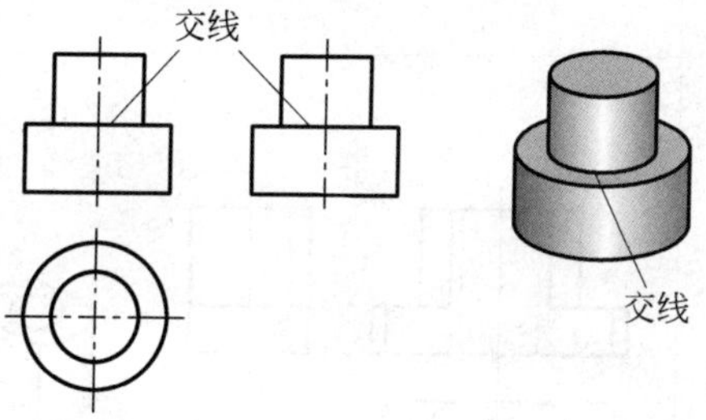 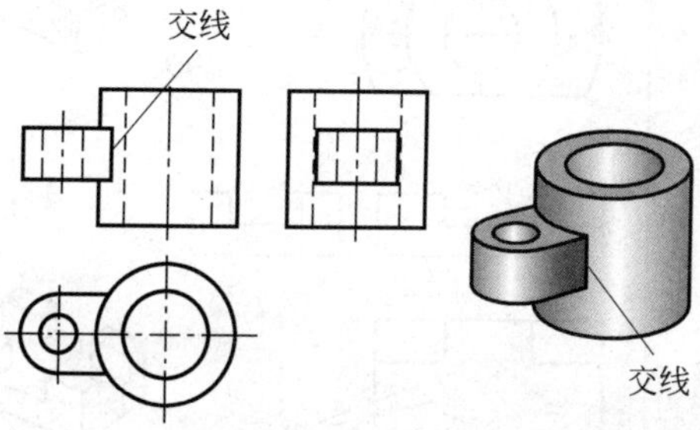 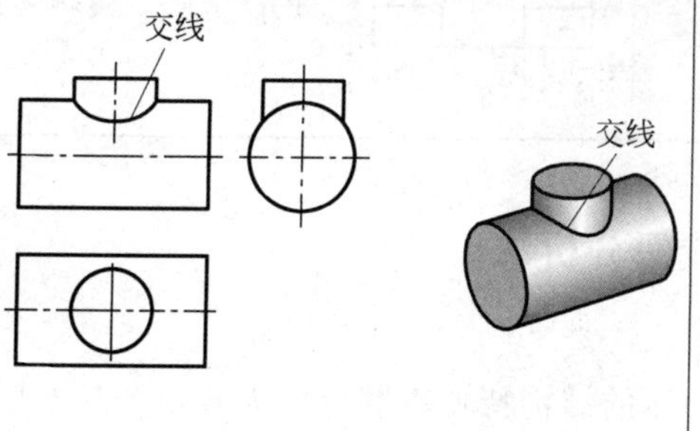 交线 交线 交线 交线 交线 交线 交线 交线 交线	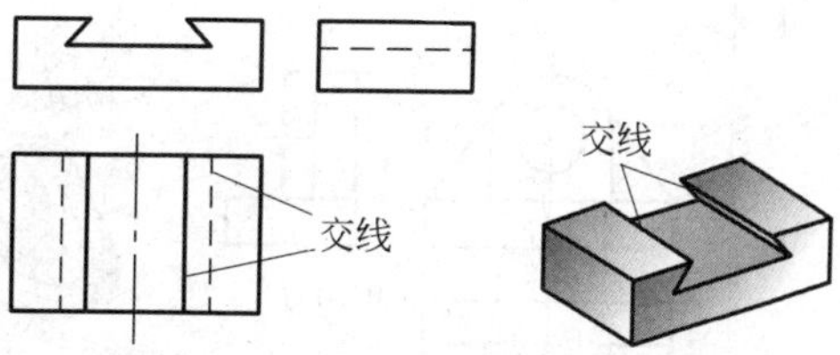 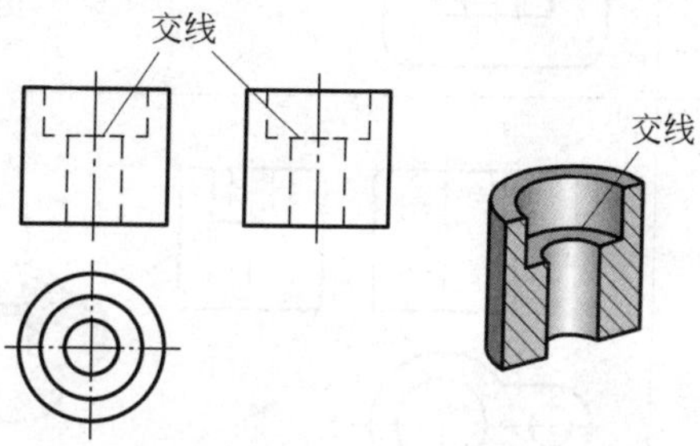 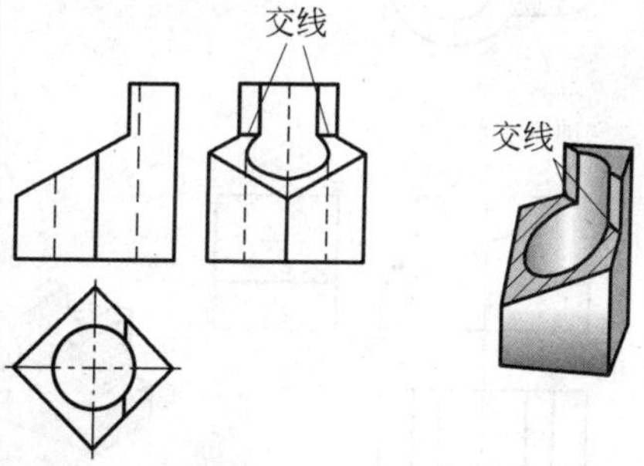 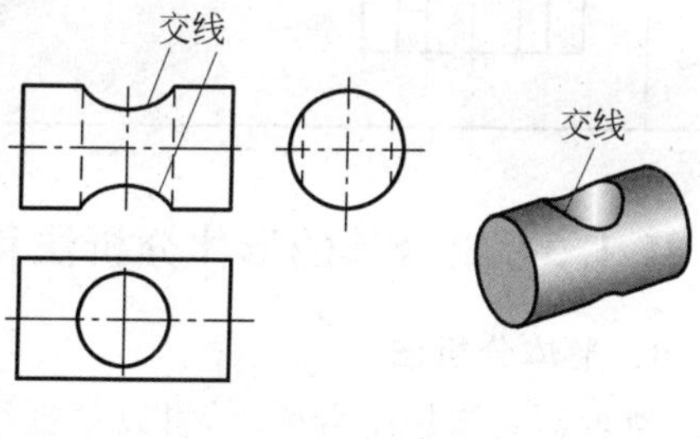 交线 交线 交线 交线 交线 交线 交线 交线

续表

连接形式	投影特征及图例	
	正向组合(叠加或堆砌)	负向组合(挖切或切割)
相切	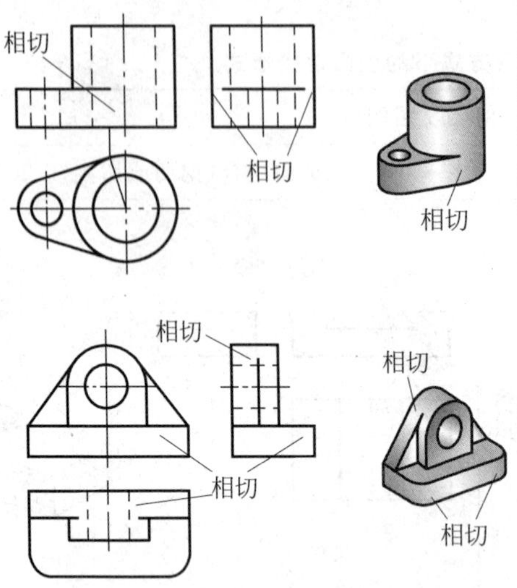 相切 相切 相切 相切 相切 相切 相切	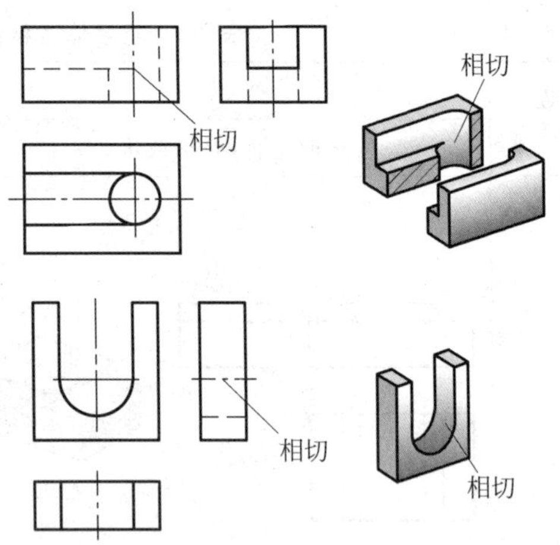 相切 相切 相切 相切
平齐	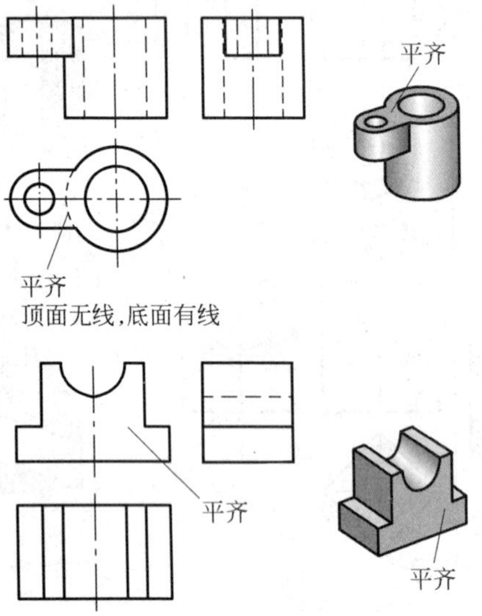 平齐 平齐 顶面无线,底面有线 平齐 平齐	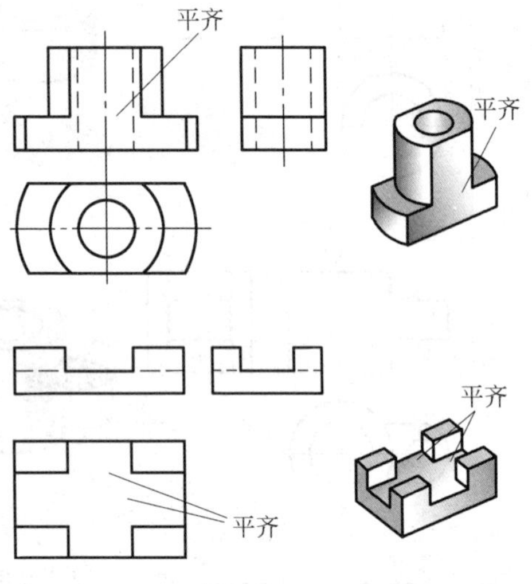 平齐 平齐 平齐 平齐

4.1.3　组合体的形体分析法和线面分析法

1. 形体分析法

当表达或构想组合体时,可以根据组合体的结构特点将其分解为若干个基本形体,然后,分析各组成部分的几何形状特征、组合方式、邻接表面连接形式,从而弄清组合体的构成特点及整体形状。这种为方便画图和看图而对组合体进行分解、合并,以达到认知组合体的方法称形体分析法。

下面以如图 4-3 所示的支座为例，用形体分析法分析支座的构成过程。

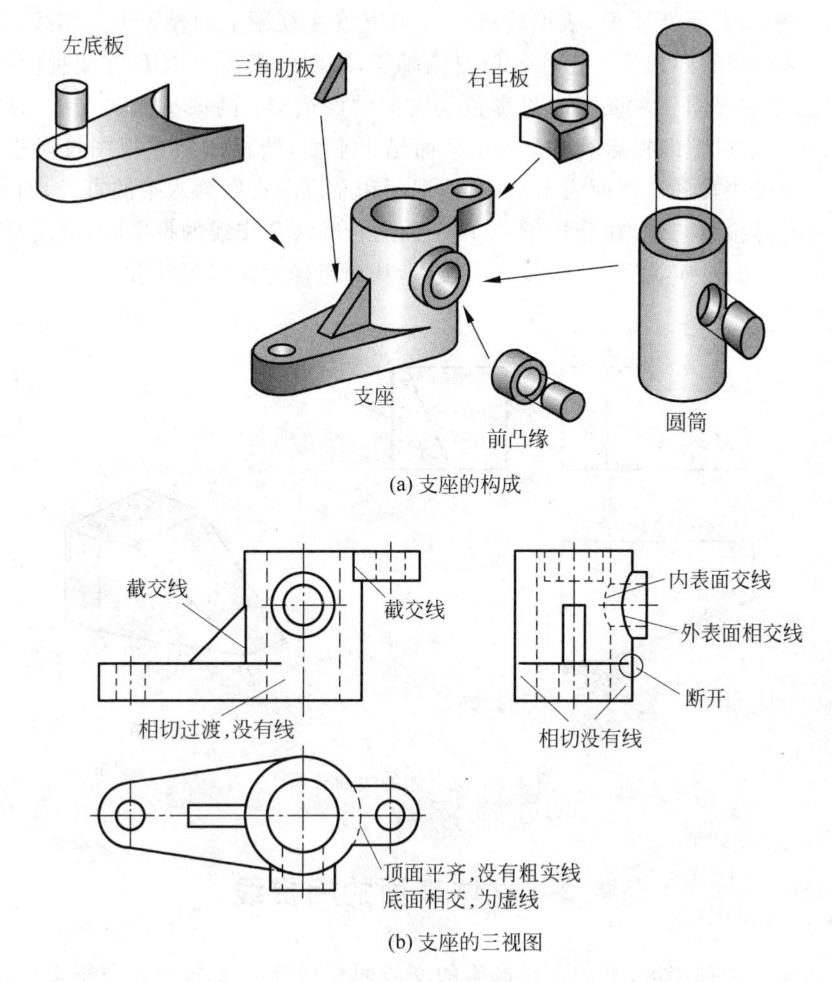

(a) 支座的构成

(b) 支座的三视图

图 4-3　支座的形体分析及投影

如图 4-3(a)所示，支座可视为由圆筒、左底板、右耳板、三角肋板、前凸缘 5 块简单体经过正向组合构成。其中，圆筒、左底板、右耳板、前凸缘又是在基本体的基础上穿孔(即负向组合)以后形成。

如图 4-3(b)所示支座的三视图，圆筒与前凸缘内、外表面以相交形式连接，内、外表面都有交线。左底板前后面与圆筒相切，在相切处没有分界线；右耳板顶面与圆筒顶面平齐共面，也没有分界线，但右耳板底面与圆筒侧面相交，故在俯视图其交线为虚线，右耳板侧面与圆筒侧面相交，在左视图上有截交线。

2. 线面分析法

当组合体在构成过程中被多个平面截切，若对被截表面的轮廓线及投影用形体分析法也难于分析和理解时，可采用线面分析法，即对构成其表面的轮廓线、交线等几何元素的空间位置、投影特征作细致地分析，从而正确理解表面轮廓线的投影，完成组合体的看图和画图，这种分析方法就是线面分析法。

如图 4-4 所示，该组合体基于长方体，然后被一个正垂面和一个铅垂面截切。从立体图对照看，截平面 P 是正垂面，表面轮廓线 $ADEF$ 在主视图上的投影为一斜线，俯视图和左视图投影是类似的四边形；截平面 Q 是铅垂面，表面轮廓线 $ABCD$ 在俯视图的投影是一斜线，对应到主视图和左视图的投影也是类似的四边形；两截平面的交线 AD 是一般位置直线，其 3 个视图的投影均为斜线；R 面是正平面，俯视图和左视图投影是直线，主视图上的投影反映实形；M 面为水平面，主视图和左视图投影为水平的直线，俯视图反映实形。特别值得注意的是，在分析 P、Q 两个面的轮廓线及交线的投影时，运用线、面空间位置与投影特征的对应关系，确定其 3 个投影，从而正确理解其形状和位置。

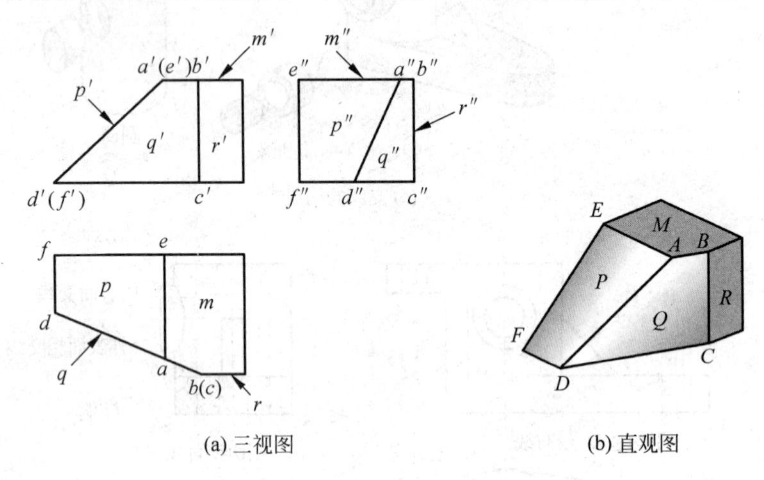

(a) 三视图　　(b) 直观图

图 4-4　组合体的线面分析

4.2　立体表面的相贯线

两立体相交又称相贯，其表面所产生的交线叫相贯线。本节主要介绍常见两回转体相贯时，其表面产生的相贯线的投影作图。

4.2.1　相贯线的性质

相贯线具有如下性质。

1. 共有性

相贯线是参与相交的两个立体表面的共有线，也是两立体表面的分界线。所以说，求作相贯线，实质就是求作两个立体表面上的共有点。

2. 封闭性

由于立体表面具有一定的空间范围，故相贯线一定是闭合的。

相贯线的形状是由两相贯体的表面性质、尺寸大小及相对位置决定，当两曲面体相贯，相贯线一般是封闭的空间曲线，在特殊情况下也可能是平面曲线或直线。投影作图时常用表面取点法和辅助平面法。

4.2.2　求解相贯线的一般方法

1. 表面取点法

当两回转体表面含有圆柱面且某一投影有积聚性时，相贯线在该投影面上的投影为圆，这样就可以在已知相贯线的投影上通过表面取点的方法求出其他投影，这种作图方法即为表面取点法。

求解相贯线的步骤如下。

(1) 分析两回转体表面性质、形状大小和相对位置，大致想象相贯线的形状特点。

(2) 分析两回转体对投影面的相对位置，特别注意圆柱面的积聚性投影，找准取点的位置。

(3) 在已知相贯线的投影上取点。先找控制相贯线的空间范围和变化趋势的特殊点，如最高点、最低点、最左点、最右点、最前点、最后点、转向点(投影可见与不可见的分界点)，然后再根据作图精度要求取若干个一般位置点。

(4) 依次光滑地连接各点的同面投影，判别可见性，并加粗、描深投影。

判别可见性的原则是：只有当相贯线同时处于两回转体上可见表面时，该投影才是可见的。

【例 4-1】 如图 4-5(a)所示，求作正交两圆柱的相贯线投影。

分析：如图 4-5(a)、(b)所示，两圆柱正交，相贯线是一条封闭的空间曲线，且前后、上下对称。小圆柱的侧面投影有积聚性，相贯线的侧面投影就在此圆上；大圆柱的水平投影有积聚性，相贯线的水平投影则为圆弧；故相贯线的两个投影已知。

作图：

(1) 如图 4-5(c)所示，找出特殊点。最高、最左点 $A(a、a'')$，最低、最左点 $B(b、b'')$，最前、最右点 $C(c、c'')$，最后、最右点 $D(d、d'')$，并求各点投影 a'、b'、c'、d'。

(2) 取一般点 $E(e、e'')$、$F(f、f'')$，并利用“三等”关系求投影 e'、f'。

(3) 由于相贯线前后对称，在 V 面上前、后段曲线投影重合，故用粗实线依次光滑地连接前半曲线上各点即成。

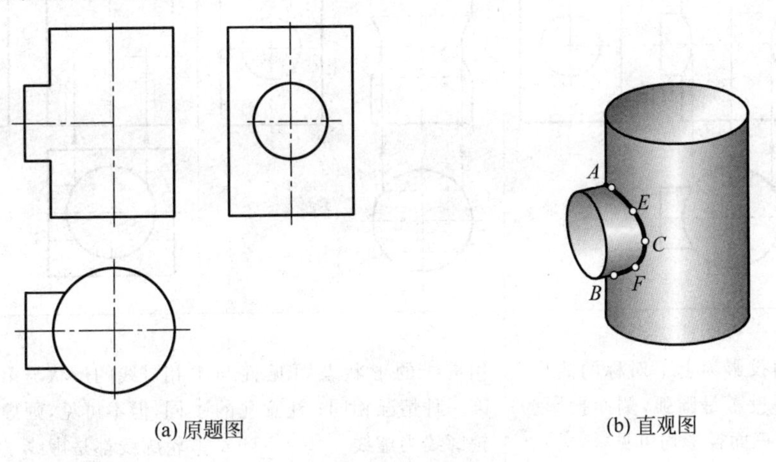

(a) 原题图　　(b) 直观图

图 4-5　求作正交两圆柱的相贯线

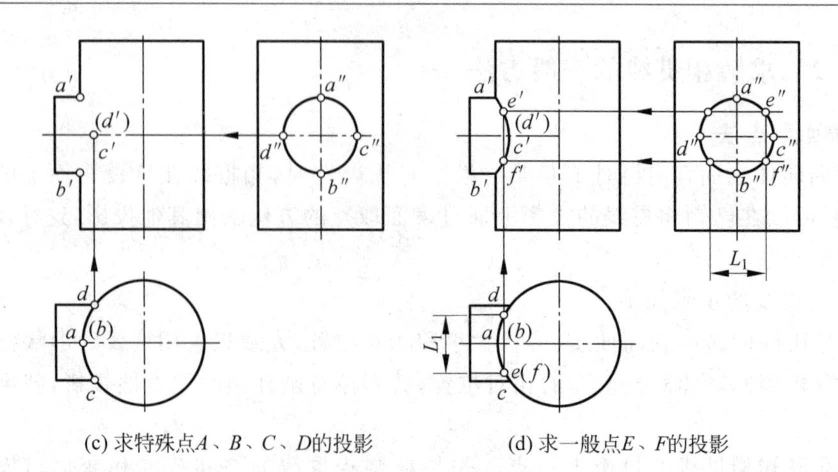

(c) 求特殊点A、B、C、D的投影　　　　(d) 求一般点E、F的投影

图 4-5 （续）

讨论：两圆柱相贯是工程上最常见的应用实例，不外乎有以下 3 种情况（见表 4-2）。

（1）两实心圆柱相贯，在两圆柱外表面上有相贯线。

（2）圆柱内穿孔，即圆柱外表面和圆孔内表面相交，有相贯线。

表 4-2　两圆柱相贯的 3 种情况

	两外表面相贯	内、外表面相贯	两内表面相贯
直观图			
三面投影图			
相贯线投影特征	正面投影为上下对称的曲线，水平投影是圆弧，侧面投影为圆；三面投影均可见	相贯线的形状及可见性与第一种情况相同；注意孔的轮廓线为虚线	相贯线的形状与第 1 种情况相同，但不可见，画虚线；两孔的轮廓线都是虚线

(3) 在某一实体内贯穿两个相交的圆柱孔，即两个圆柱孔内表面上有相贯线。

表 4-2 中所给的 3 种情况下相贯线的形状以及作图方法完全相同，注意判别相贯线及圆柱轮廓线的可见性。

【例 4-2】 如图 4-6(a)所示，完成穿孔半圆柱表面相贯线的正面投影。

分析：穿孔半圆柱可以看作为半圆筒上方挖切掉了 1 个小圆柱孔，故分别在半圆筒的内、外表面上有两条相贯线，如图 4-6(b)所示。在空间，它们都是封闭的空间曲线。

根据半圆筒的结构特点及位置，分析相贯线的投影特征。半圆筒的侧面投影有积聚性，两条相贯线的侧面投影均为圆弧；穿孔小圆柱的水平投影有积聚性，两条相贯线的水平投影都是圆；在正面投影上，两条相贯线的投影都是曲线，并且左右对称。

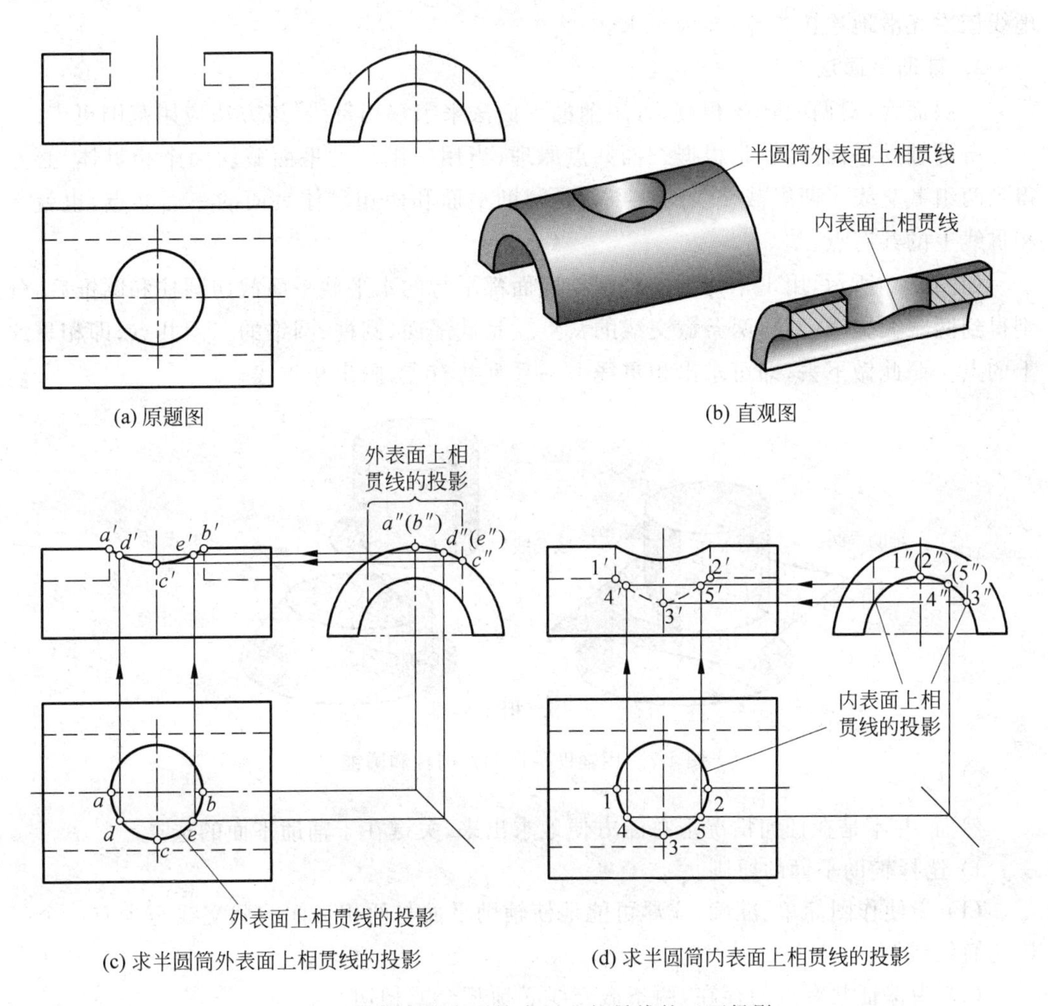

图 4-6　求作穿孔半圆筒表面上相贯线的正面投影

通过分析找出了相贯线的水平投影和侧面投影所在位置，就可以利用在相贯线的已知投影上取点的方法求作相贯线的正面投影。

作图：

(1) 首先求作外表面上相贯线的投影，如图 4-6(c)所示。因为前后对称，故可以只在前半个圆弧上取点作图。在已知相贯线的 H、W 面投影上取特殊点。即最左点 $A(a、a'')$，最右点 $B(b、b'')$（它们又是最高点），最前、最低点 $C(c、c'')$（与之对称的有一个最后点），并求出投影 a'、b'、c'；根据需要在 H、W 面投影上取一般点 $D(d、d'')$、$E(e、e'')$，并求投影 d'、e'；用粗实线依次光滑地连接各点，即得可见的外表面相贯线的正面投影。

(2) 如图 4-6(d)所示，求作内表面上相贯线的投影。与求解外表面上相贯线的过程类似，先取最左点Ⅰ(1、1″)，最右点Ⅱ(2、2″)，最前、最低点Ⅲ(3、3″)，再取一般点Ⅳ(4、4″)、Ⅴ(5、5″)，并求出各点投影 1′、2′、3′、4′、5′；由于在正面投影上相贯线的投影不可见，故用虚线依次光滑地连接各点，即为所求。

2. 辅助平面法

一般而言，对两回转体相贯，可用辅助平面法来求解相贯线，该方法应用范围更广。

所谓辅助平面法，就是根据三面共点原理，当用一组辅助平面截切两个相贯体，必然得到两组截交线。两组截交线的交点就是辅助平面和两相贯体表面的三面共点，也就是相贯线上的共有点。

如图 4-7 所示，用 1 个与圆柱和圆锥底面都平行的水平截平面截切圆柱和圆锥后，分别得到两条截交线(圆)，两条截交线的交点就是截平面、圆柱、圆锥的三面共点，即相贯线上的点。照此做下去，即可求出相贯线上一系列共有点，画出相贯线。

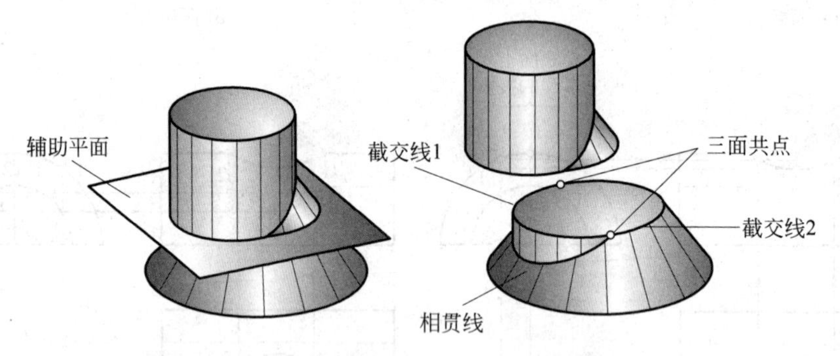

图 4-7 用辅助平面截切圆柱和圆锥

然而，并不是在任何情况下总能方便地求出来，关键在于辅助平面的选择。

1) 选择辅助平面的原则

(1) 为使作图简单、准确，应尽可能地使辅助平面与两相贯体的截交线至少有一个投影为直线或圆。

(2) 为保证共有点的存在，两条截交线必须相交或相切。

2) 作图步骤

(1) 首先，选用一组互相平行的截平面作为辅助平面。

当两相贯体为圆柱、圆锥或圆球时，被辅助平面截切后的截交线形状及投影可参看第 3 章表 3-2、表 3-3 及表 3-5，进而选择合适位置的辅助平面。

如果有多种可选择的辅助平面，应通过思考和比较，然后确定一种最简捷的方案，并尽可能地通过特殊点作辅助平面。

(2) 分别画出辅助平面与两相贯体的截交线。

(3) 求出两截交线的交点(一般情况下，可以求出两个对称点)，并判别可见性。

下面以圆锥和圆球相贯作为实例，介绍用辅助平面法求解相贯线的作图过程。

【例 4-3】 如图 4-8(a)所示，已知圆锥与圆球相交，求作相贯线的正面投影和水平投影。

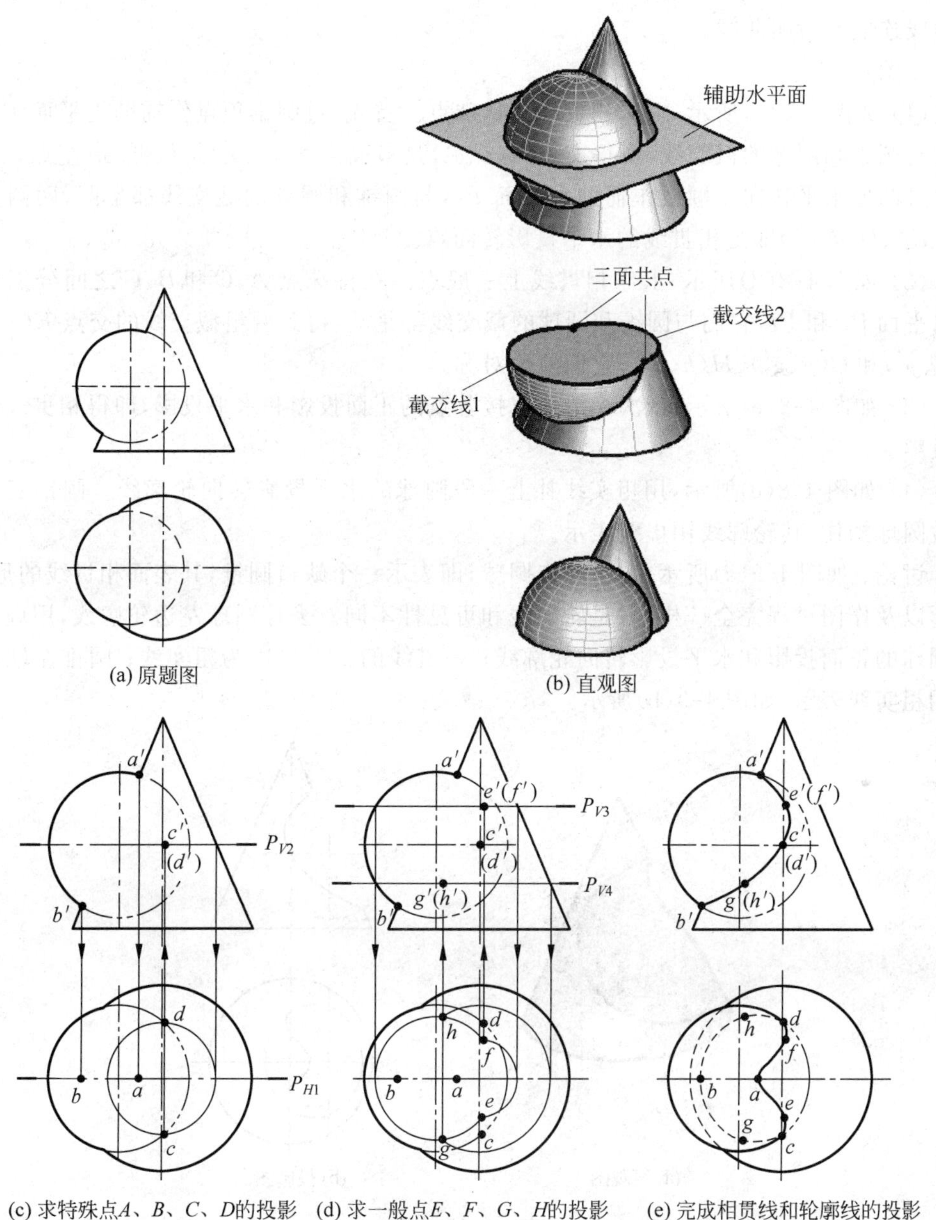

图 4-8　求作圆锥和圆球的相贯线投影

分析：根据圆球表面性质，可以选用一组水平面或正平面作为辅助平面截切圆球，所得截交线的正面投影和水平投影都是圆。而从圆锥表面性质来看，选用一组水平面或过圆锥顶点的铅垂面作为辅助平面截切圆锥，所得截交线分别为圆和直线。因此，考虑到要使两条截交线的两面投影都是圆或直线，只有选用一组水平面作为辅助平面来求解相贯线，如图 4-8(b)所示。

从圆锥和圆球的相交关系以及与投影面的相对位置来看，相贯线前后对称，正面投影为一条前后重合的粗实线，作图时可以只求作前半段相贯线；水平投影是一条由粗实线和虚线连成的封闭曲线。

作图：

(1) 如图 4-8(c)所示，求作相贯线上特殊点。首先，过圆锥顶点作辅助正平面 P_1，求出它与圆锥和圆球的截交线，所得交点 $A(a、a')$是最高点，$B(b、b')$是最低、最左点；再选用通过圆球水平转向轮廓线作辅助水平面 P_2，与圆锥和圆球的截交线都是圆，两圆交点 $C(c、c')$、$D(d、d')$即为相贯线的水平投影转向点。

(2) 如图 4-8(d)所示，求作相贯线上一般点。在特殊点 A、C 和 B、C 之间分别作辅助水平面 P_3 和 P_4，它们与圆锥和圆球的截交线都是圆，得到两组截交线的交点 $E(e、e')$、$F(f、f')$和 $G(g、g')$、$H(h、h')$，它们前后对称。

(3) 如图 4-8(e)所示，依次光滑地连接各点的正面投影和水平投影，即得相贯线的两面投影。

(4) 如图 4-8(e)所示，用粗实线补上一段圆球的水平投影转向轮廓线。圆锥底部左端被圆球挡住，其轮廓线用虚线表示。

讨论：如图 4-9(a)所示，如果移走圆球，即表示一个缺口圆锥，其表面相贯线的形状、投影以及作图过程完全一样，只是轮廓线和可见性不同。去掉圆球左边轮廓线，用虚线补上圆球的正面投影和水平投影转向轮廓线；相贯线的水平投影为粗实线；圆锥左端底圆也用粗实线表示，如图 4-9(b)所示。

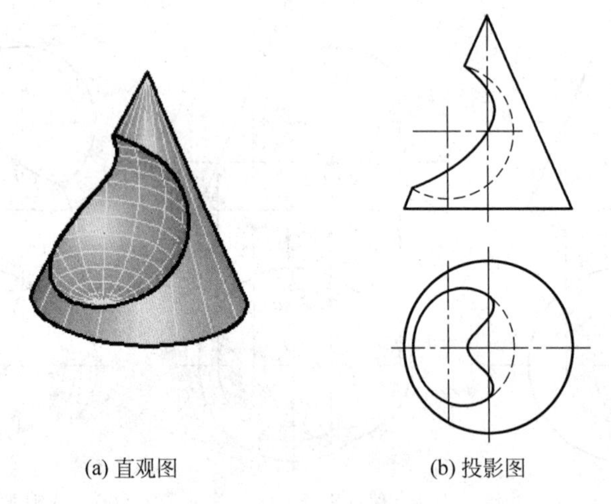

(a) 直观图　　(b) 投影图

图 4-9　缺口圆锥

4.2.3　相贯线的特殊情况

两曲面体相贯，相贯线一般为封闭的空间曲线，特殊情况为平面曲线或直线。下面就介绍几种常见的特殊相贯线情况。

(1) 轴线平行的两圆柱相贯，相贯线为直线，如图 4-10(a)所示。

(2) 共锥顶的两圆锥相贯，相贯线为直线，如图 4-10(b)所示。

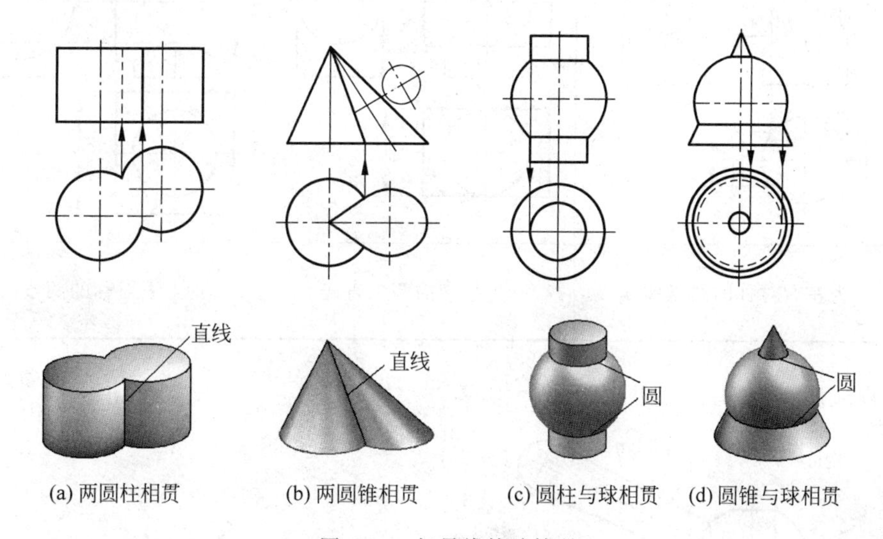

(a) 两圆柱相贯　(b) 两圆锥相贯　(c) 圆柱与球相贯　(d) 圆锥与球相贯

图 4-10　相贯线特殊情况

(3) 共轴线的两回转体相贯，相贯线为圆。例如，圆球中心在圆柱或圆锥的轴线上，都可视为这种特殊相贯，如图 4-10(c)所示；当两轴线平行于某投影面时，相贯线的该投影为直线，如图 4-10(d)所示。

(4) 两回转体相贯，若同时内切或外切于另一个回转体(如圆球)，则相贯线为两条平面曲线(椭圆)，并且在两轴线都平行的投影面上，相贯线的投影是两条相交直线。

表 4-3 给出了两圆柱由一般相贯到特殊相贯的变化趋势，请注意相贯线的投影特征。

表 4-3　两圆柱相贯的几种情况

	铅直圆柱 D_1 大于水平圆柱 D_2	铅直圆柱 D_1 等于水平圆柱 D_2	铅直圆柱 D_1 小于水平圆柱 D_2
直观图			

续表

	铅直圆柱 D_1 大于水平圆柱 D_2	铅直圆柱 D_1 等于水平圆柱 D_2	铅直圆柱 D_1 小于水平圆柱 D_2
投影图	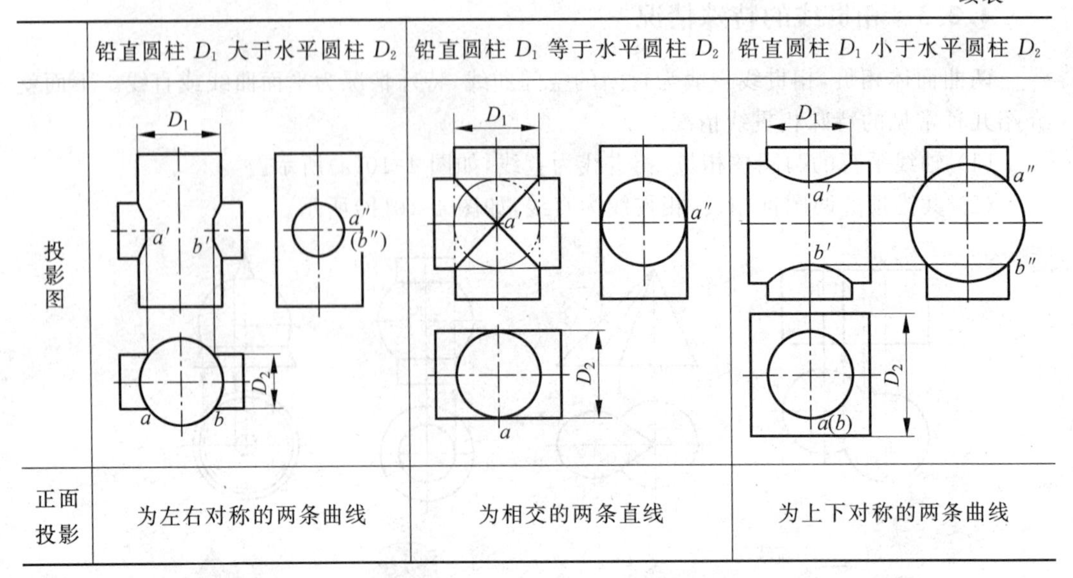		
正面投影	为左右对称的两条曲线	为相交的两条直线	为上下对称的两条曲线

工程应用实例如图 4-11 所示。

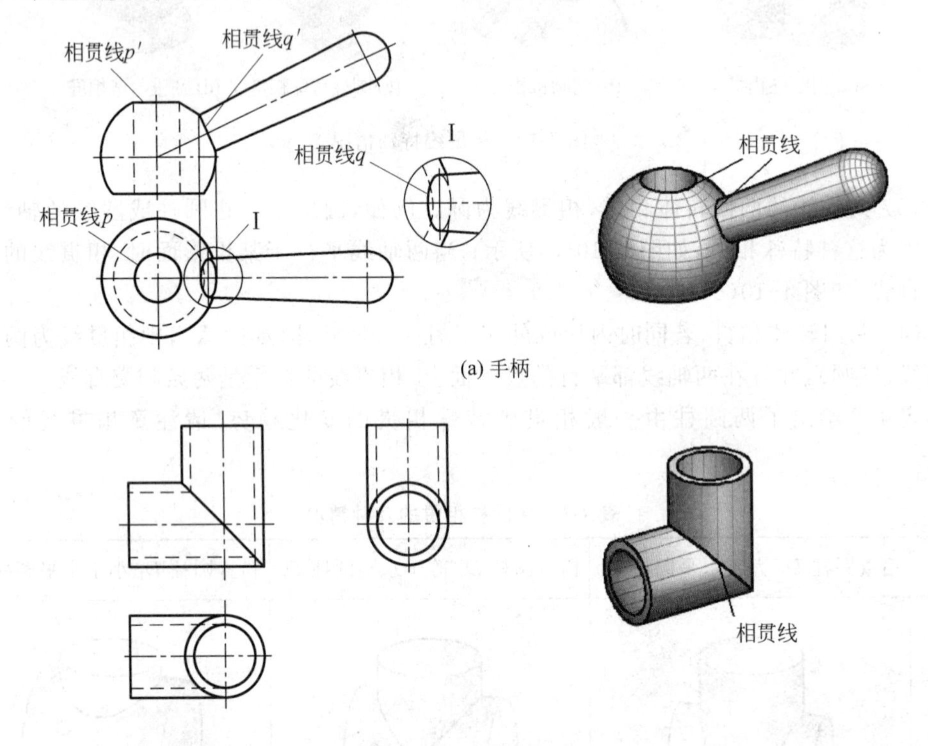

(a) 手柄

(b) 等径直角弯管

图 4-11　相贯线的特殊情况应用实例

4.2.4　多体相贯

把两个以上立体相贯所产生的交线称组合相贯线。遇到这类作图问题时，通常处理的方法是：首先进行形体分析，弄清楚哪些部位是由哪两个立体表面相贯，其相贯线的形状如何，然后分别求解每两立体表面的相贯线。注意，各段相贯线之间的连接点是三面共点(特殊点)。最后，综合起来完成形体及整个交线的投影。

【例 4-4】 如图 4-12(a)所示，已知组合体是由半圆柱 1、半圆柱 2 和圆柱 3 叠加的结果，试补画其表面相贯线的正面投影。

分析：如图 4-12(b)所示，在组合体的组合过程中，半圆柱 1、半圆柱 2 和圆柱 3 互相相交，产生两条相贯线和一条截交线。其中，相同直径的圆柱 3 与半圆柱 1 相交(特殊相贯)，所得相贯线 1 的空间形状是椭圆弧，其正面投影为直线；圆柱 3 与半圆柱 2 相交，得到相贯线 2 是一般空间曲线，其端面截交线为直线。

这里要特别注意的是，由于多体相贯，在形体的表面上会产生多条相贯线或截交线，建议作图时分别求出。

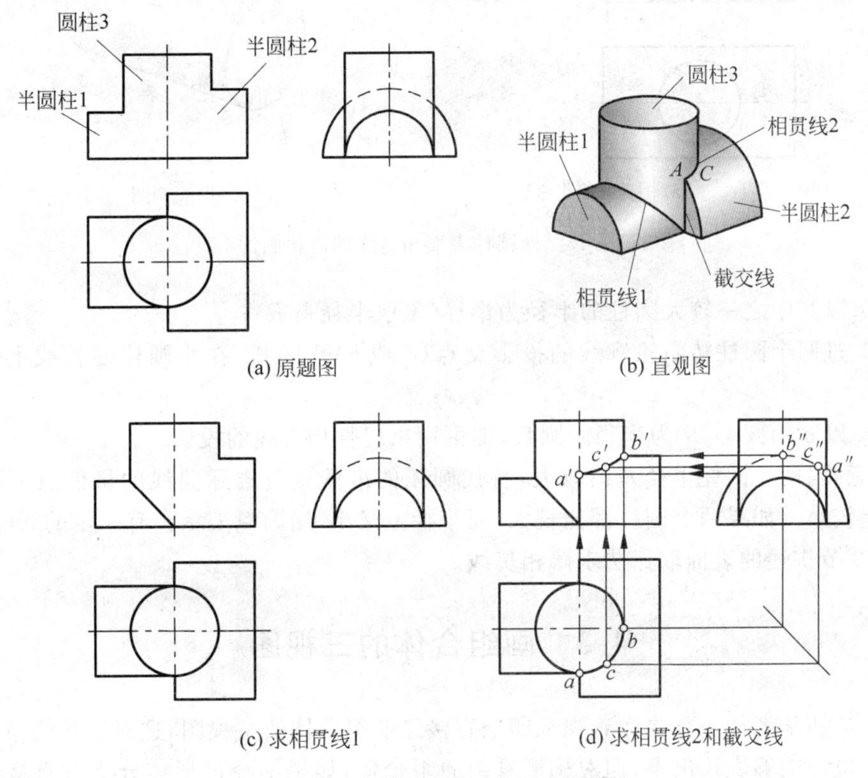

图 4-12　求作组合体表面的相贯线

作图：

(1) 如图 4-12(c)所示，求半圆柱 1 与圆柱 3 的相贯线 1，在正面投影上直接画直线。

(2) 如图 4-12(d)所示，用表面取点法求半圆柱 2 与圆柱 3 的相贯线 2。因为相贯线前后对称，正面投影为一条前后重合的曲线，故可以只在前半曲线上取点。取最左点

$A(a、a'')$（又是最前、最低点），最高、最右点 $B(b、b'')$，一般点 $C(c、c'')$，并求出各点投影 a'、b'、c'。再通过点 A 画出半圆柱 2 与圆柱 3 的截交线（与端面轮廓线重合），最终结果如图 4-12(d)所示。

4.2.5　相贯线的简化画法

在组合体中，当两圆柱正交，在其相贯线投影的视图上是对称曲线时，为了简化作图，在不致引起误解的情况下，可用圆弧来替代相贯线的投影。作图的关键问题在于如何确定圆弧的半径和圆心位置。

根据国家制图标准规定，当两圆柱正交，其相贯线可采用如下简化画法，如图 4-13 所示：

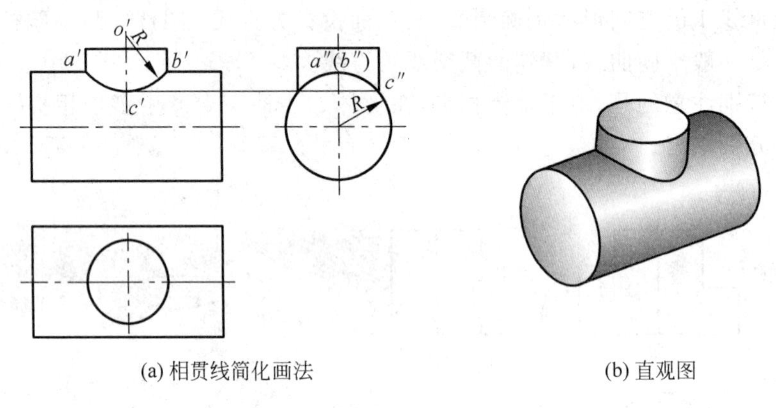

(a) 相贯线简化画法　　(b) 直观图

图 4-13　两圆柱表面相贯线的简化画法

(1) 以其中之一较大圆柱的半径为半径(量取半径是 R)；

(2) 过两个圆柱转向轮廓线的投影交点(a 或 b)作圆弧，在小圆柱的轴线上得到圆心 o'；

(3) 以 o'为圆心，R 为半径画圆弧，即可用来代替相贯线的投影。

注意，当两个圆柱半径差值较大，替代圆弧的最低点与实际曲线的最低点 c'较为接近，误差较小。如果两个圆柱都比较大，而半径差又小，用圆弧表示会有一定的误差，应采用第 4.2 节讲述的表面取点法求解相贯线。

4.3　画组合体的三视图

通常，初学者往往喜欢凭着视觉印象直接绘制组合体的三视图，这对比较简单的组合体来说，也许能够表达出来，但对构形复杂的组合体，如果不经过形体分析就直接绘制其三视图，会感到很困难，也容易画错。为了能正确、完整、清晰地表达组合体，应该对组合体的构成特点先进行分析，对它有一个基本的了解以后再按一定的步骤开始画图。下面以如图 4-14 所示支架为例，说明绘制组合体三视图的基本步骤。

1. 形体分析

首先，分析组合体的构形特点，并按其各部分的功能特点进行分解，一般应分解为多个基本体或简单体。然后，分析这些基本体或简单体是如何组合构成组合体。如支架可分解为底板、圆筒、三角肋板 3 个主要部分。其中，在底板上挖切了两个小圆孔，圆筒正前方(A 向)穿有一个圆孔，均为负向组合，可作为两个简单体。三角肋板则为基本体。

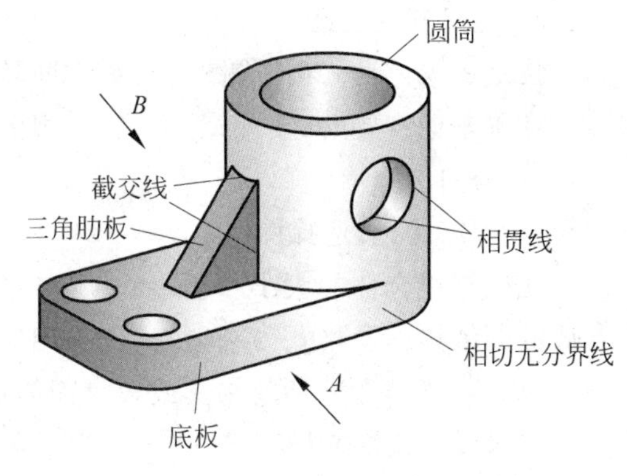

图 4-14　支架的形体分析

根据各形体的相对位置进一步分析在组合过程中各表面连接形式是相切、相交还是平齐，有无分界线。这里，支架的底板与圆筒表面连接为相切过渡，没有分界线；三角肋板与圆筒表面有两处截交线，一条为直线，另一条是椭圆弧；圆筒正前方穿孔后，在内、外表面上均有相贯线。

2. 选择主视图

为了能清晰地表达组合体内、外结构形状和特征，要选择一组恰当的视图进行表达，而在几个视图中，主视图的选择尤其重要，一般应选择信息量多的那个视图作为主视图，同时还应从以下几个方面考虑：

1）安放位置

如果仅从几何角度来考虑，物体安放应自然、平稳，符合人们的习惯和视觉心理。因此，一般使物体的大面朝下。例如，可以选择支架底面朝下，水平放置。

2）主视方向

应该选择最能反映组合体主要结构的方向作为主视图的投影方向，使之在主视图上能较多地表达组成组合体的各个部分的形状特征以及它们的相对位置。对于支架，选择 A 向不仅能反映各部分的形状，同时也将圆筒、底板、三角肋板三者关系以及穿孔的位置都能清晰地表达出来。

3）尽量减少其他视图上的虚线

在选择主视方向时应对多个可选方向进行比较，兼顾考虑其他视图，使其他视图上尽量用实线表达，少画虚线。如图 4-15(a)、(b)分别是以 A、B 两个方向投影所得出的主视图和左视图。

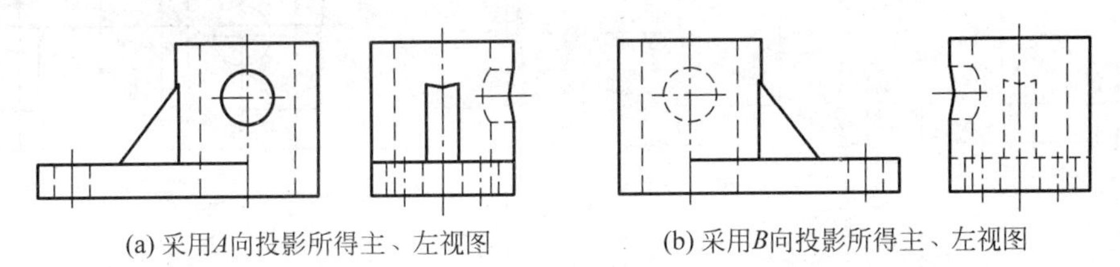
(a) 采用A向投影所得主、左视图　　(b) 采用B向投影所得主、左视图

图 4-15　选择支架的主视方向

当选择 B 向为主视方向时，不仅在主视图上小孔为虚线，而且在左视图上底板和三角肋板的投影也都是虚线，显然没有选用 A 向的好。

3. 选择其他视图

选定主视图后，其他视图的投影方向随即确定。

在画其他视图时，要注意保持三个视图的“三等”关系，并要进行投影分析，不出差错。

4. 画图步骤

1）确定比例，选择图幅

先根据组合体的大小和复杂程度确定绘图比例，然后再按视图数量及布局要求选择合适的图纸幅面及格式。一般，优先采用原值比例绘制，使所表达的物体与实际大小能一一对应。对较小而复杂的物体或较大而简单的物体可采用适当放大或缩小比例绘图。

2）布置视图，画基准线

为了使三个视图在图纸上均匀布局，必须先画出确定各视图位置的作图基准线。

物体长、宽、高 3 个方向各要选一个基准，它是确定各部分相对位置的定位元素。通常选择物体的较大底面、对称面、重要端面、主要回转面的轴线、圆的对称中心线等作为基准，每个视图则反映两个方向的基准投影。

例如，选择支架底面作为高度基准，圆筒的轴线为长度基准，前后对称面为宽度基准，并在三视图中分别画出反映长、宽、高 3 个方向的基准线，如图 4-16(a)所示。

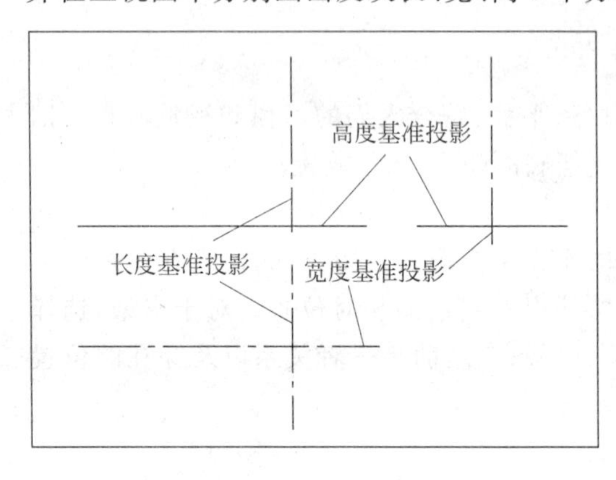

(a) 画定位基准线

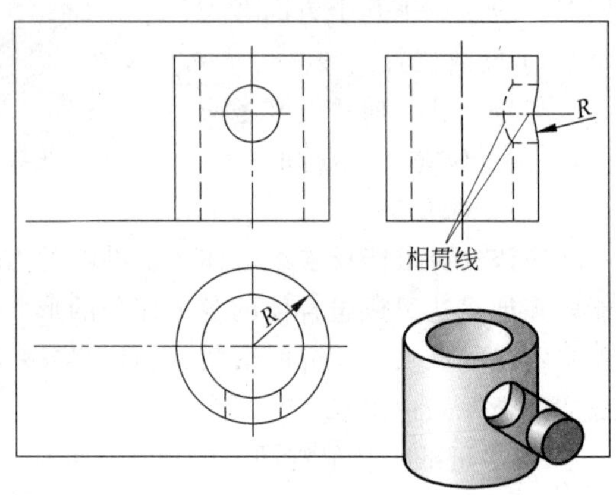

(b) 画圆筒的三视图

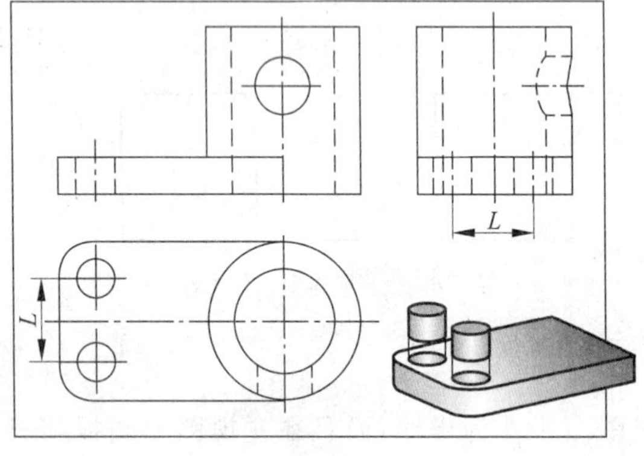

(c) 画底板的三视图

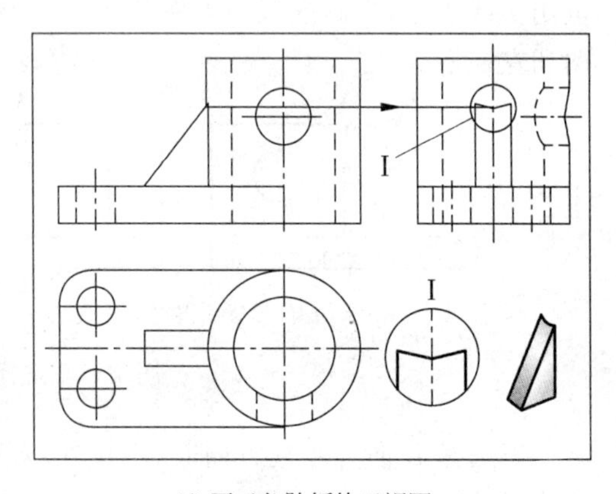

(d) 画三角肋板的三视图

图 4-16　绘制支架的三视图

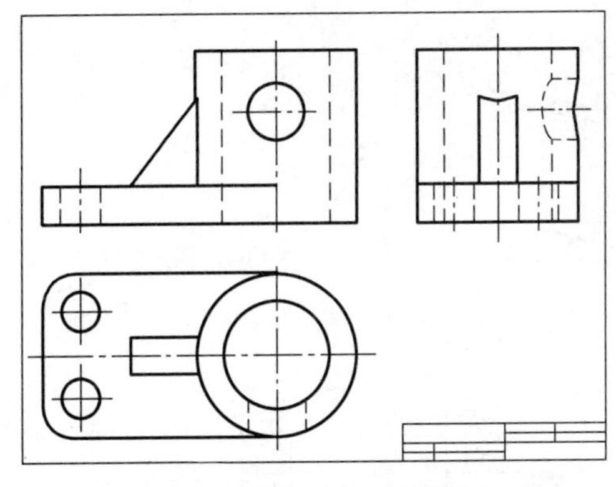

(e) 加深、加粗图线，完成三视图

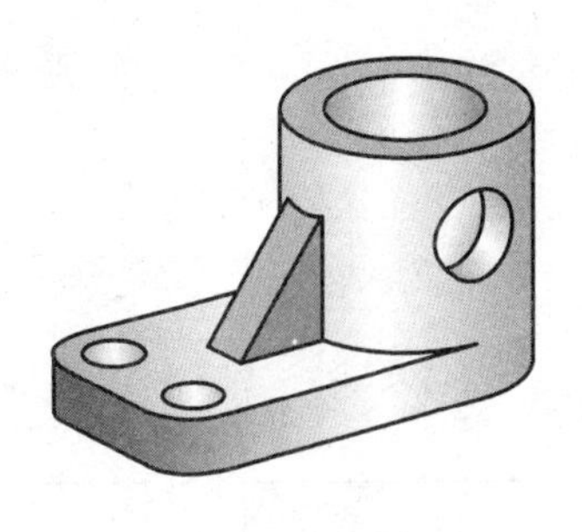

(f) 直观图

图 4-16 （续）

3）画出各个形体的三视图(用细实线打底稿)

根据形体分析法的分解过程,由主到次逐个地绘制每一个简单体或基本体的三视图。一般应从形体的特征视图着手,利用"长对正、高平齐、宽相等"关系,完成相应各视图上的对应图线,建议用较浅、较细的图线打底稿。如绘制支架,应先画圆筒,再画底板、三角肋板,如图 4-16(b)、(c)、(d)所示,注意表面交线的画法和切线的位置。

4）检查全图,加深图线

按照国家制图标准规定的线型加深、加粗图线,即绘制完全图,如图 4-16(e)所示。

5. 标注尺寸

见第 4.5 节尺寸标注方法。

【例 4-5】 如图 4-17(a)所示,绘制 V 型块的三视图。

1）形体分析

从物体的直观图来看,该物体是在长方体的基础上用多个平面截切,经过负向组合构成。物体的上端缺口可视为用一个水平面和两个侧垂面截切长方体所得,左边切口则是用一个正垂面和一个水平面截切所得。因此,应采用逐步挖切的方式完成三视图的绘制。

2）选择主视图

首先选择较大的底面朝下,确定物体的安放位置。然后确定主视方向。对 *A*、*B*、*C*、*D* 4 个不同方向进行比较和筛选(见表 4-4)。如果选择 *D* 向或 *C* 向,所得主视图都能清楚地反映上面的缺口,其中,选 *D* 向比 *C* 向在主视图上多了一条虚线(左端水平面的轮廓),故应排除 *D* 向;如果选择 *A* 向或 *B* 向,单纯从主视图来看,所反映的左端切口是一样的,但考虑到对左视图的影响,选 *B* 向后所得左视图产生了虚线,故 *A* 向比 *B* 向好。对比 *A*、*C* 两个方向,虽然都在不同程度上都反映了物体的特征,均可作为主视方向,但一般来说,应选择物体较长的方向与主视图的长度方向对应,故选择 *A* 向为主视方向更为合适。

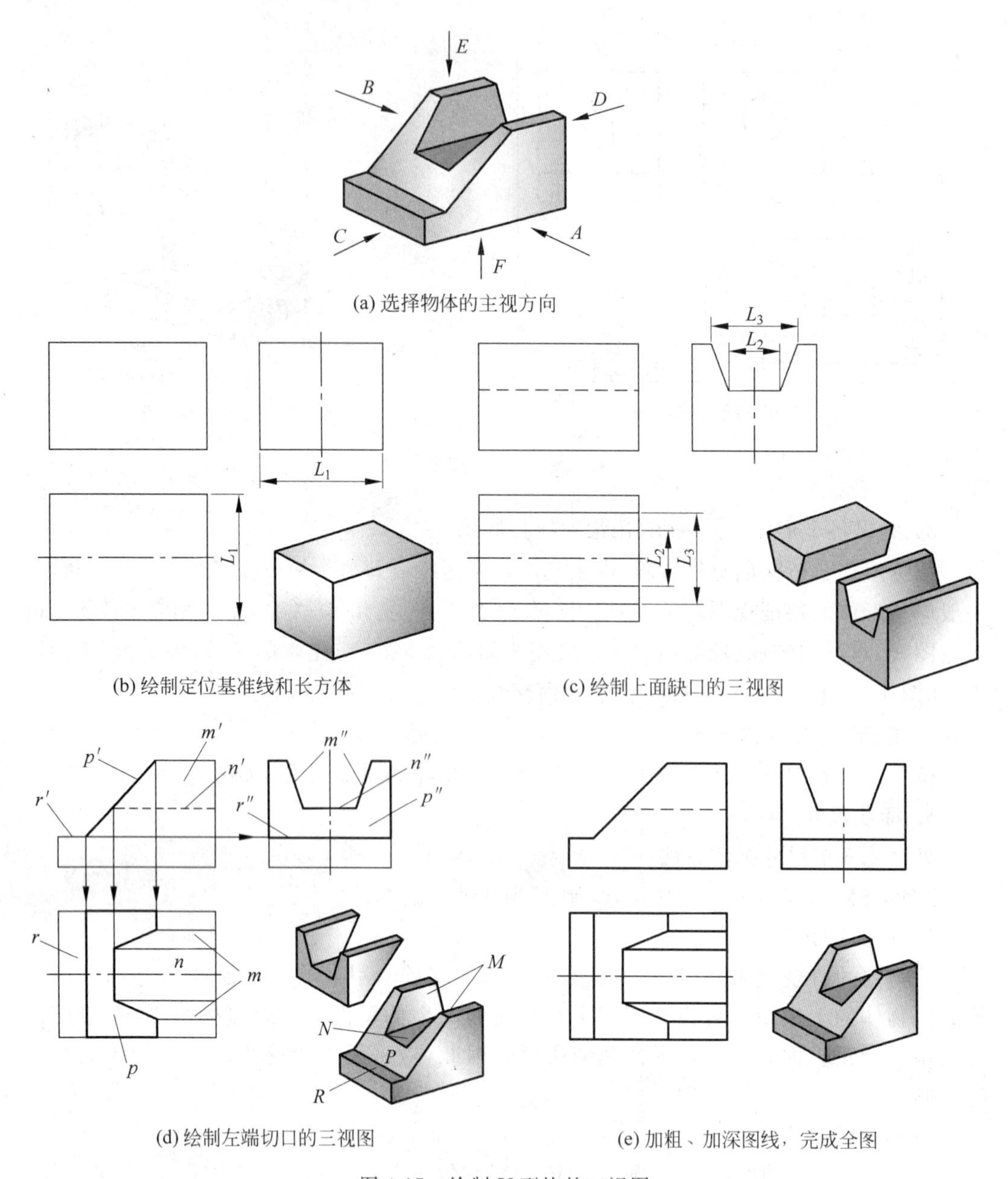

图 4-17 绘制 V 型块的三视图

3）画图步骤

(1) 确定基准面。选择底面为高度基准，右端面为长度基准，前后对称面为宽度基准。

(2) 逐步切割长方体。先画出尚未被挖切的长方体的三视图，如图 4-17(b)所示。再用两个侧垂面和一个水平面截切长方体，左视图反映缺口投影特征，俯视图有 4 条交线，主视图有一条虚线，如图 4-17(c)所示。

表 4-4　对 *A*、*B*、*C*、*D* 4 个方向的所得视图进行比较

	A 向为主视方向	*B* 向为主视方向
主、左视图		
	C 向为主视方向	*D* 向为主视方向
主、左视图		

用 1 个正垂面和 1 个水平面截切长方体，主视图反映切口投影特征，俯、左视图产生相应的交线。注意，用正垂面 P 截切后，分别与 M、N、R 面相交，得到交线。这时，可以针对 P 面进行线面投影分析，主视图上一斜线的投影对应左、俯视图为八边形，与空间形状相类似，如图 4-17(d)所示。

最后，将被截切物体的可见轮廓线加粗，虚线加深，完成全图，如图 4-17(e)所示。

讨论：如果物体的组合顺序不同，即采用另一种截切方式，则画图顺序也就不同，如图 4-18 所示。

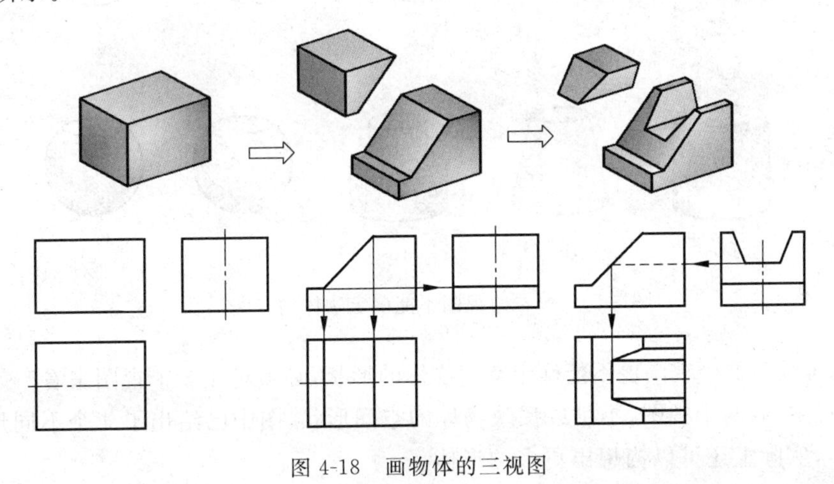

图 4-18　画物体的三视图

4.4　看组合体的视图，构想空间形体

画图是从三维空间形体到二维平面视图的投影表达，而看图则是从二维平面视图到三维空间物体形状的构想，是画图的逆向思维过程，也是初学者较难掌握的部分。

看图的基本方法也是采用形体分析法和线面分析法，通过在平面视图上对组成组合体的各基本体或简单体的投影分析，构想空间物体的形状和大小，从而正确理解所表达的

空间形体。对难于想象的局部表面形状有时还需要进一步作线面分析才能完成。

4.4.1 看图要点

1. 对照几个视图一起看,构想空间形体

在画图过程中,为了正确、完整地表达空间物体在长、宽、高 3 个方向的结构形状,往往需要用一组视图表达。因为每一个视图只能反映物体两个方向的大小和 1 个方向的形状。如俯视图是从上往下投影,只表达了该物体在长和宽两个方向的形状和大小,不能表示物体各部分的高度。如果在看图中,仅看 1 个视图,就会片面地理解空间形体,得出错误的结论。

如图 4-19 所示,一组物体的俯视图都是两个同心圆,但它所表达的空间形体可能是圆筒、圆台、两个同轴圆柱叠加体、被截切球体、穿孔球体等,只有对照看主视图,才能得出正确的空间形体。

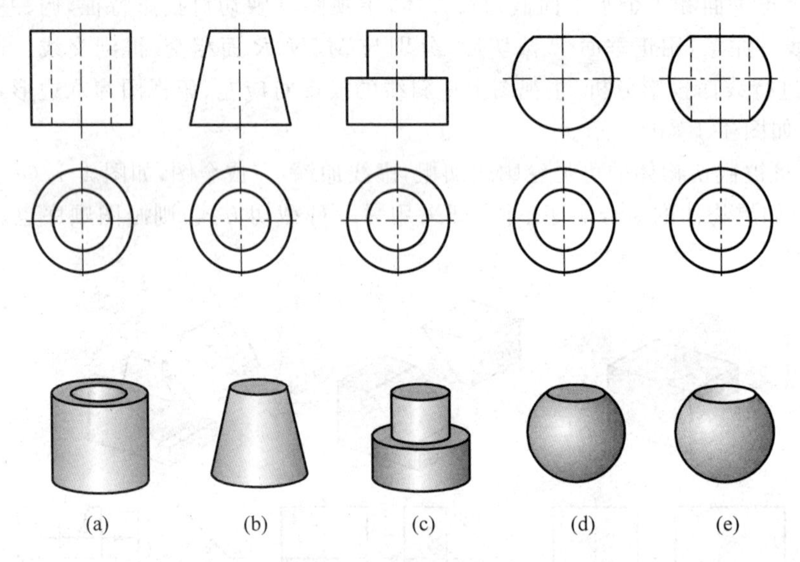

图 4-19 仅看俯视图不能确定物体的空间形状

有时即使看两个视图也不能确定空间物体的形状,必须对照 3 个视图来看。如图 4-20 所示,仅看主、俯两个视图,不足以反映物体的空间形状,图中已给出了 4 个不同形状和位置的形体,实际上还可以构想出更多的形体。

由此可见,在看图时,必须对照所给出的几个视图,根据投影对应关系,从长、宽、高 3 个方向构想物体的空间形状。

2. 从反映各部分的特征视图入手,找出对应各视图的投影

就整体而言,主视图能较多地反映出组合体的形状特征,这是由画图时确定主视图的原则所决定的,因而,看图一般先从主视图着手。如图 4-21 所示的轴承座,其特征视图在主视图,它比较多地反映了各部分的形体及其相对位置。但是,有些复杂的组合体,其各部分形体的特征不一定都能集中在主视图上,如该轴承座,是由底板、支撑板、圆筒、凸台、三角肋板 5 个部分组成。主视图上反映了支撑板和圆筒的形状特征以及各部分上下、左

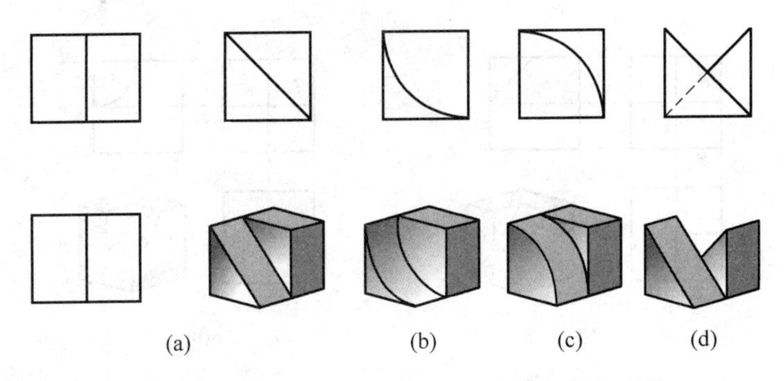

图 4-20　仅看主、俯视图不能确定物体的空间形状

右位置关系，而底板和凸台的形状特征及前后、左右位置关系则在俯视图上反映出来，三角肋板的形状特征在左视图上反映出来。

因此，看图时要善于抓住反映每一个部分的形状特征的视图，通过对照其他视图上的投影，正确想象出该部分所表达的空间形体。

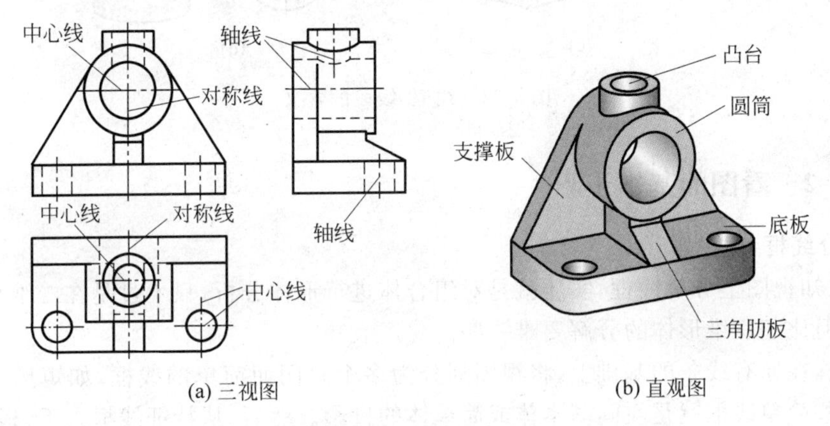

图 4-21　从反映轴承座各个部分的形状特征视图入手

3. 弄清视图中线框和线段的含义

视图可以看成由多个封闭的线框组成，每一个线框代表空间物体上一个表面（切平面、曲面、平面和曲面的组合等）或一个形体的投影，也可能反映一个空洞。国家标准规定，当该形体的轮廓可见时，用粗实线表示，不可见则画成虚线。如图 4-21(a)所示，底板上的两个安装孔和凸台内所穿小孔在主、左视图上不可见，用虚线表示，圆筒内孔在俯、左视图不可见，也用虚线表示；三角肋板在俯视图中部分轮廓不可见，用虚线表示。

视图中的任何一条线段可能是一个垂直平面或曲面的投影，如图 4-22(a)、(b)所示的 P、Q 面；也可能是两个面的交线，如图 4-22(c)所示的 AB；或者是回转体的转向轮廓线，如图 4-22(d)所示的ⅠⅡ、ⅢⅣ。

视图上的点画线，则可以表示回转体的轴线、圆的对称中心线、对称面的投影等，如图 4-21(a)所示轴承座，视图上点画线分别表示了整体左右对称面的投影、圆的对称中心线、两个小孔的轴线，在画图和看图时初学者往往容易忽视或漏画这些图线，应当引起注意。

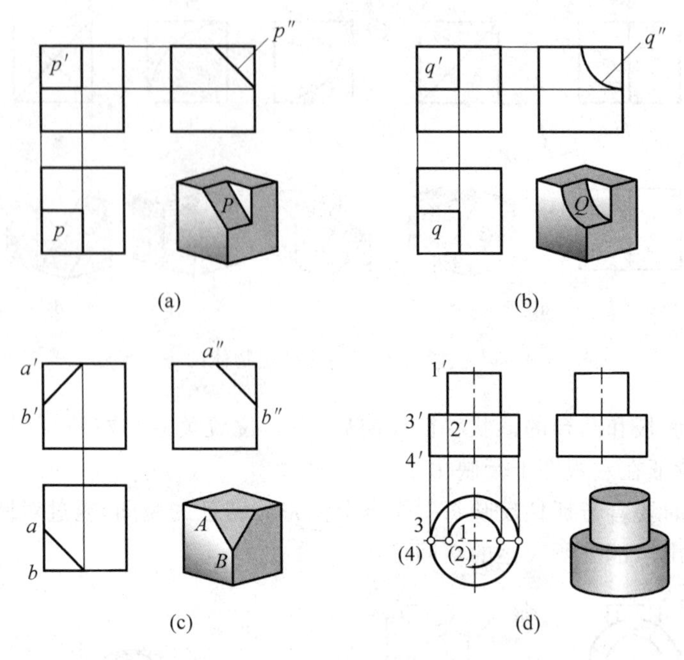

图 4-22 线框、线段的含义

4.4.2 看图的基本步骤

1. 分线框,对投影

在已知视图上分解线框,实质就是对组合体进行形体分析,只不过是在二维平面视图上进行,但比起三维形体的分解要难一些。

首先,在原有线条的基础上,将视图划分为多个封闭而简单的线框,如矩形、圆、三角形等,这些简单线框就是空间基本体或简单体的投影。然后,从特征线框入手,根据"长对正、高平齐、宽相等"关系,找出该线框对应在其他视图上的投影。注意,分解线框应从大到小、从主到次,逐步进行。如图 4-23 所示,分别为轴承座的底板、圆筒、支撑板、凸台、三角肋板的线框分解图例。

2. 想形体,定位置

将线框所对应的几个视图联系起来,以特征线框为基础,构想所表达的空间形体。一般,先想大体结构,再补充细节;然后,根据线框位置确定该形体在整个组合体中的位置。如图 4-23(a)所示,先分解出底板线框在三个视图中都是矩形,可以想象出对应的空间形体是长方体,其中,俯视图矩形的两个前角是圆弧,左右各有个小圆,说明对应长方体的前角倒圆,同时穿了两个小圆孔。以此类推,分解出轴套、支撑板、三角肋板的线框,并想象出各部分的结构形状。

3. 综合起来想整体

将组合体的各个部分联系起来,根据这些线框的相对位置关系构想整体结构,如图 4-23(b)所示为轴承座的空间形体。需要注意的是,组合体中各形体表面之间的连接关系,如相交、相切或平齐,有无交线、分界线等。如图 4-23(c)所示,支撑板与圆筒相切,

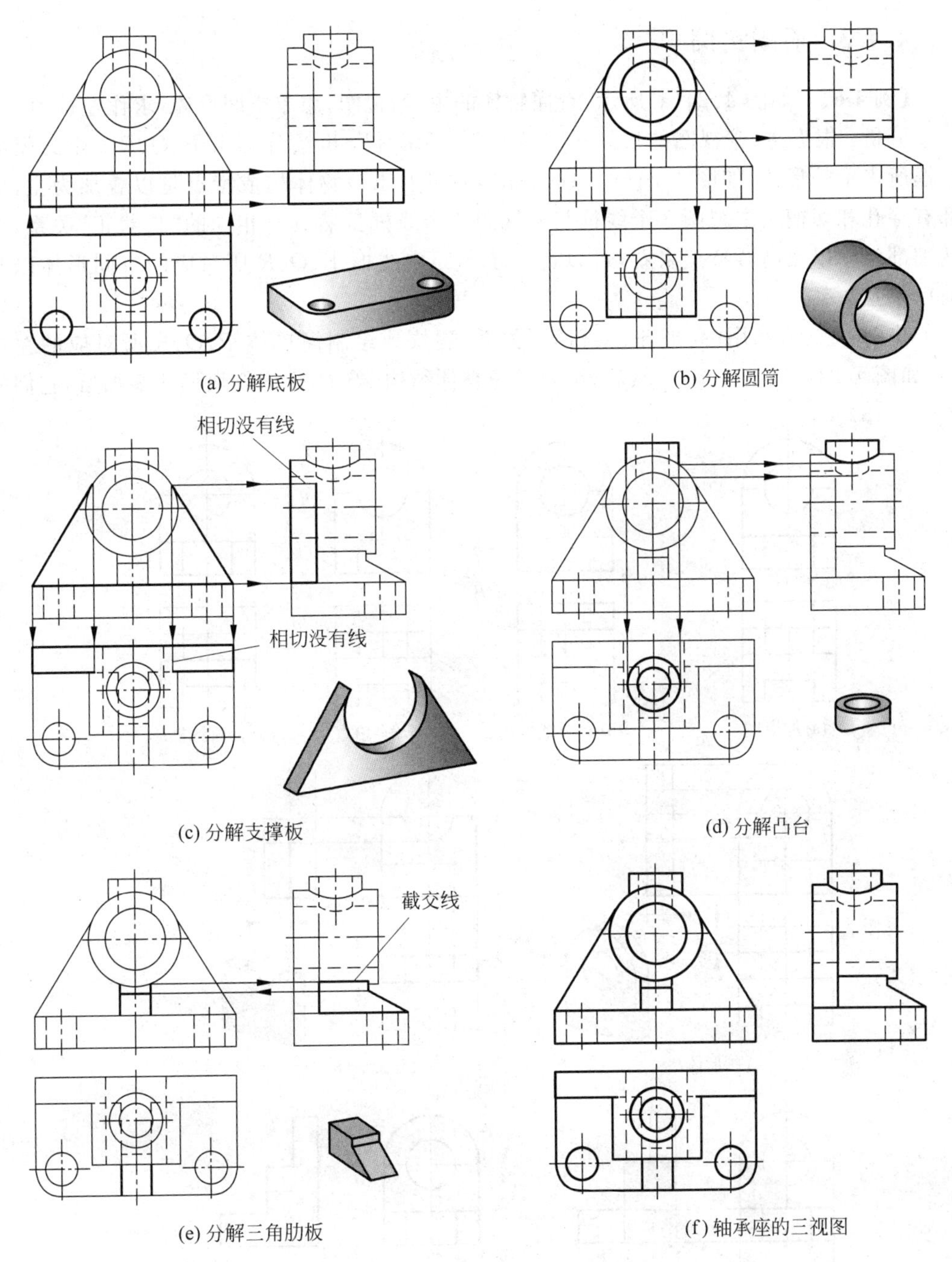

(a) 分解底板　(b) 分解圆筒

(c) 分解支撑板　(d) 分解凸台

(e) 分解三角肋板　(f) 轴承座的三视图

图 4-23　轴承座各个部分的视图及最后结果

在俯、左视图中表面连接处都没有分界线；如图 4-23(d)所示，圆筒与凸台内、外表面相交，有相贯线；如图 4-23(e)所示三角肋板与圆筒相交，左视图上会有截交线。

通常，检验看图是否正确的重要手段之一是，根据给定的两个视图求作第三视图，也就是将所有分解后的线框所对应形体的第三视图都画出来，如图 4-23(e)所示。

4.4.3　看图实例

【例 4-6】　如图 4-24(a)所示，看懂物体的主、俯视图，想象空间形体，求作左视图。

分析：根据主、俯视图的投影对应关系，运用形体分析法分解出 P、Q、R 3 个封闭的线框所表示的形体，如图 4-24(b)、(c)、(d)，并可看出该物体构成特点是以叠加为主，局部有穿孔和切槽。主视图 3 个线框与俯视图 3 个线框虽然具有相同的“长对正”关系，但从细部结构以及高矮特点来看，可以进一步判断出线框 P、Q、R 所对应的空间形体以及前后位置关系。

作图：首先，利用“高平齐、宽相等”关系，逐块地绘制简单体 P、Q、R 所对应的左视图，如图 4-24(e)、(f)、(g)。然后，综合考虑整体结构，当 P、Q、R 3 块形体叠加后，它们的

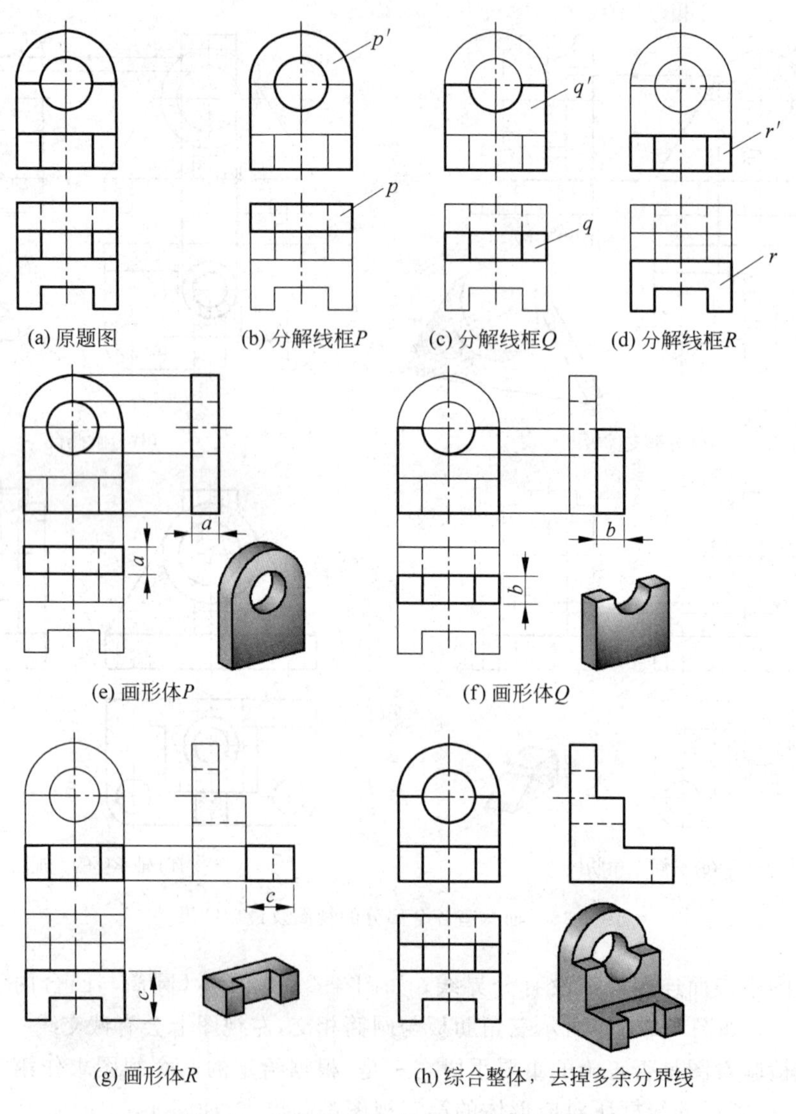

图 4-24　看物体的主、俯视图，绘制其左视图

最左、最右面共面，故左视图上应去掉多余的轮廓分界线，如图 4-24(h)。最后，加粗可见轮廓线，加深不可见轮廓线(虚线)和对称中心线(点画线)。

【例 4-7】 如图 4-25(a)所示，看懂物体的主、俯视图，想出形体，求作左视图。

分析：通过主视图与俯视图的投影对应关系，可用线面分析法分解出对应的封闭线框，其中，最外层两个大线框是对应的，因而可以认为该物体是在长方体的基础上经过逐步切割的结果。

如图 4-25(b)所示，从主视图上看，左上角有一缺口，其斜线 q' 对应俯视图上是线框 q，表明用一个正垂面 Q 截切长方体；从俯视图上看，左前角也有一缺口，其斜线 p 对应主视图上是线框 p'，可视为用一个铅垂面 P 截切长方体，而 Q、P 两个面相交，得到一条一般位置交线 Ⅰ Ⅱ，在作图时应结合线面分析对被截切的面和交线投影作深入分析。

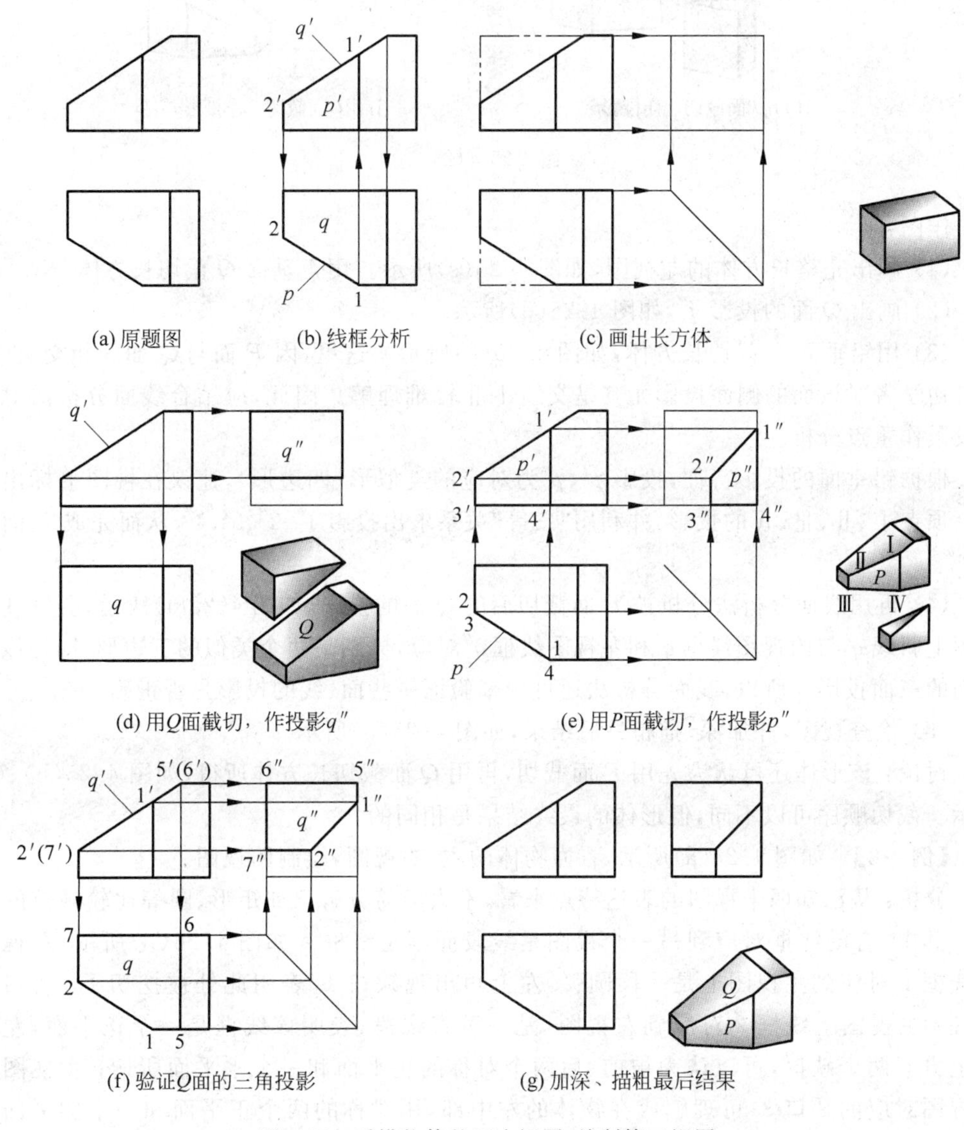

图 4-25　看懂物体的两个视图，绘制第三视图

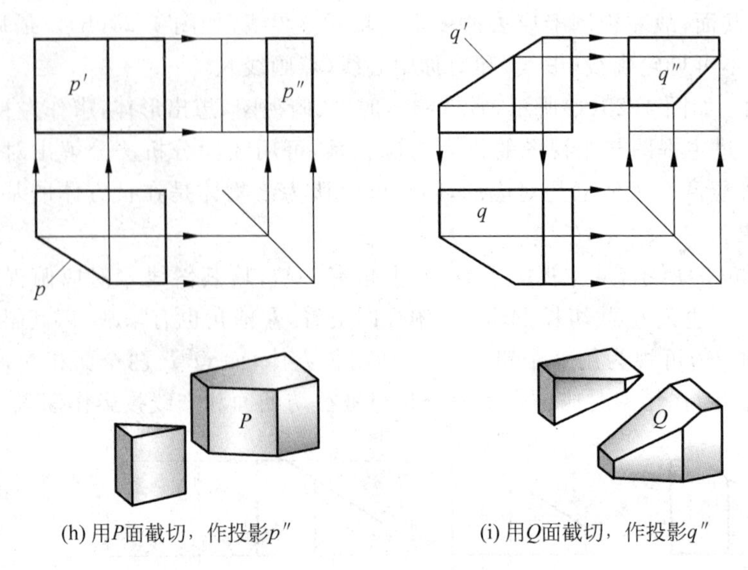

(h) 用P面截切，作投影p''　　　　(i) 用Q面截切，作投影q''

图 4-25 （续）

作图：

(1) 画出完整长方体的左视图，如图 4-25(c)所示。用正垂面 Q 截切长方体。

(2) 画出 Q 面的投影 q''，如图 4-25(d)所示。

(3) 用铅垂面 P 截切长方体，如图 4-25(e)所示。这里，因 P 面与 Q 面的相交关系，使得初学者对该面的侧面投影尤其是交线ⅠⅡ较难理解。因此，应结合线面分析法对 P 面投影作重点分析。

根据铅垂面的投影特征，投影 p'、p''为对应的类似形(四边形)，建议在视图上标出平面上顶点Ⅰ、Ⅱ、Ⅲ、Ⅳ的投影，并利用"三等"关系求出投影 $1''$、$2''$、$3''$、$4''$，从而完成 P 面投影 p''。

(4) 再用线面分析法分析被 P 面截切后的 Q 面的投影，如图 4-25(f)所示，会发现主视图上斜线 q'与俯视图线框 q 和左视图线框 q''对应，分别是两个类似的五边形，即是该正垂面的三面投影。所以，线面分析法还可用来验证一些面、线的投影是否正确。

(5) 检查视图，并加深、描粗最后结果，如图 4-25(g)所示。

讨论：该形体还可认为先用 P 面截切，再用 Q 面截切长方体所得，如图 4-25(h)、(i)所示。截切顺序可以不同，但形体的最终结果是相同的。

【例 4-8】 如图 4-26(a)所示，看懂物体的主、左视图，绘制俯视图。

分析：从已知两个视图的表达特点来看，不太容易分解出如矩形、圆等比较规范的线框。其中，有的线框对应到另一个视图是线段而不是线框。如图 4-26(b)所示，左视图上线框 1 对应到主视图上是一段圆弧，左上角出现缺口 1，表明此处被挖切了一个 1/4 圆柱；主视图上线框 2 对应到左视图，是一垂直线段，表明该线框是一个正平面，左视图上方有两个缺口，可以认为被前、后两个对称的正平面和一个水平面所切；主视图和左视图对应的缺口 3，可理解成在物体的左中部，用对称的两个正平面和一个侧平面截切所得。综合整体分析，该形体可视为以长方体为原始主体，经过逐步挖切后构成的形体。

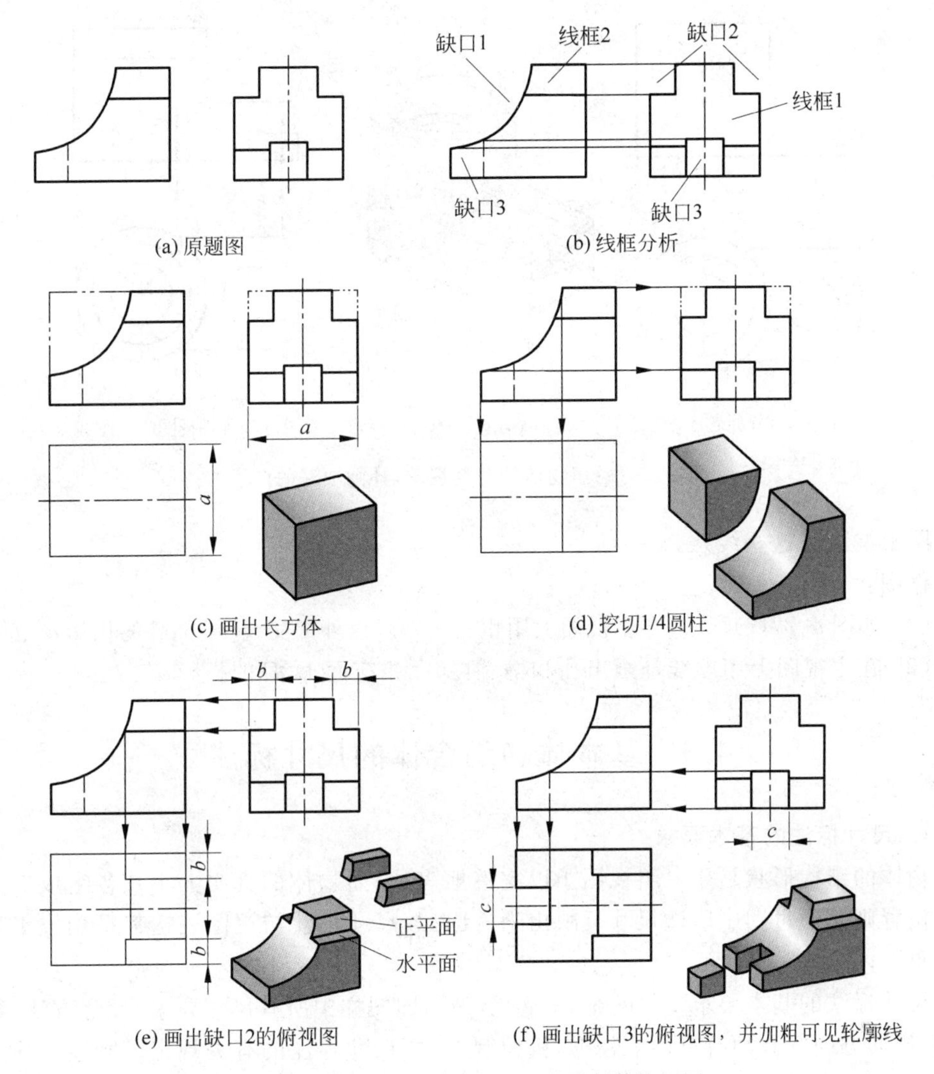

(a) 原题图　(b) 线框分析

(c) 画出长方体　(d) 挖切1/4圆柱

(e) 画出缺口2的俯视图　(f) 画出缺口3的俯视图，并加粗可见轮廓线

图 4-26　看懂物体的主、左视图，绘制其俯视图

作图：首先假想将各处缺口都补上，画出长方体的俯视图，如图 4-26(c)所示。然后，在长方体左上角挖切四分之一圆柱，画出缺口 1 的俯视图，如图 4-26(d)所示。再用两个对称的正平面和一个水平面截切长方体，画出缺口 2 的俯视图，如图 4-26(e)所示。又用对称的两个正平面和一个侧平面在长方体左中部截切长方体，画出缺口 3 的俯视图。最后想象整体结构，并用粗实线描出可见轮廓线，如图 4-26(f)所示。

【例 4-9】 如图 4-27(a)所示，看懂物体的两个视图，补画主视图中缺漏的图线。

分析：对照两个视图来看，该形体可分解为底板和圆筒两块简单体，其中包含有挖切的孔和槽。底板的外形轮廓可以理解为一圆柱面被平面截切的结果，应有交线 A；底板右边和圆筒相交，在相交处应有交线 B、C；底板中挖切了腰形槽和圆孔，在过渡处应有 D 面的轮廓线；圆筒内有一大一小两个孔(阶梯孔)，在相交处应有 E 面的轮廓线，显然，在

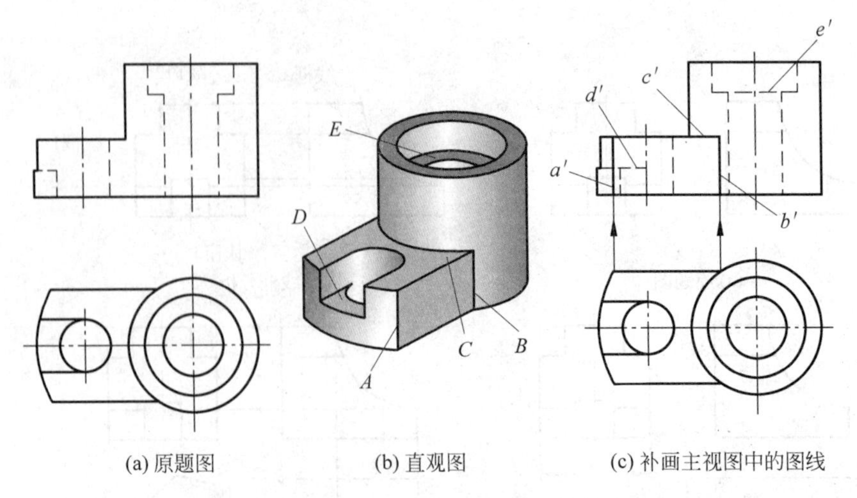

(a) 原题图　　(b) 直观图　　(c) 补画主视图中的图线

图 4-27　看懂物体的两个视图，补画缺漏的图线

主视图上漏画了这些线条。

作图：

(1) 如图 4-27(c)所示，在主视图上用粗实线补画出外部交线 A、B、C 的投影 a'、b'、c'；

(2) 在主视图上用虚线补画出孔和槽、阶梯孔相交面 D、E 的投影 d'、e'。

4.5　基本体和组合体的尺寸标注

1. 尺寸标注的基本要求

物体的结构形状是用一组视图予以完整地表达，而物体的真实大小及各组成部分的相对位置则是通过图中所注尺寸反映出来。因此，尺寸标注与视图表达都是构成工程图样的重要内容。

尺寸标注的基本要求是"正确、完整、清晰"，即图样中所有尺寸要素、标注方法、数据书写、排列方向等必须符合国家标准《机械制图》中尺寸标注的有关规定。所注尺寸应能完整地反映物体结构形状及各组成部分相对位置的大小，不得遗漏，也不能重复。尺寸布局要整齐、清晰，便于阅读和理解。

2. 基本体及其切口的尺寸标注

组合体可以看作是由多个基本体构成，因此，掌握基本体的尺寸注法是正确地标注组合体尺寸的基础。

对于平面立体，应标注其长、宽、高 3 个方向形状大小的尺寸。而对回转体，则要标注回转面的直径或半径尺寸以及沿轴线方向的长度尺寸。注意，当投影圆弧小于或等于 180°，应标注半径尺寸，大于半圆的圆弧应标注直径尺寸。在标注直径或半径尺寸时，应在尺寸数字前加注"ϕ" 或 R 符号。当标注球面尺寸时，还应在"ϕ"或 R 前再加注 S 符号。表 4-5 给出了常见基本体的尺寸注法。

表 4-5　常见基本体的尺寸标注

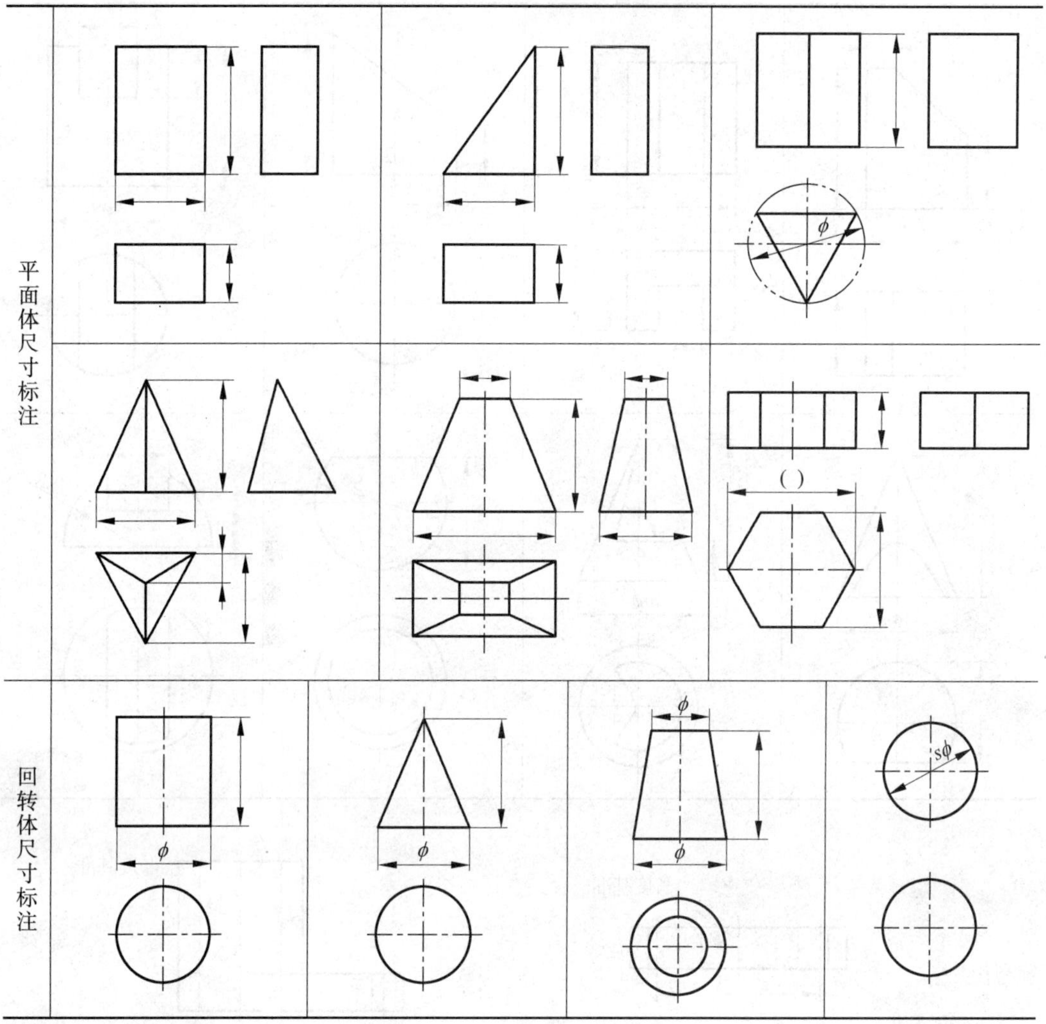

平面体尺寸标注			ϕ	
			( )	
回转体尺寸标注	ϕ	ϕ	ϕ ϕ	$S\phi$

对于带切口或缺口的基本体，其尺寸除了包含基本体的尺寸外，还要标注截切平面的位置尺寸。特别要注意的是，所产生的表面截交线是由基本体与截平面的相对位置决定的，故不能标注截交线的形状尺寸。表 4-6 给出了常见的带切口基本体的尺寸标注示例。

3. 组合体的尺寸标注方法及步骤

无论是画图还是看图，都要运用形体分析法对组合体进行分解，以期化繁为简，易于理解。在标注组合体的尺寸时，同样也要运用形体分析法标注各个部分的尺寸，力求完整。

前面所介绍的常见基本体、简单截切体的尺寸标注方法为组合体的尺寸标注奠定了基础。下面从几个方面来讨论组合体的尺寸标注。

1）选定尺寸基准

尺寸基准就是标注尺寸的起点。空间组合体各组成部分的位置关系包括长、宽、高 3 个方向，每个方向至少有一个元素（点、线或面）可作为其形体定位的基准。基准选择原则与前面所述的画图一样，如图 4-28(a)、(b)所示为选定尺寸基准的实例。

表 4-6 常见带切口基本体的尺寸标注

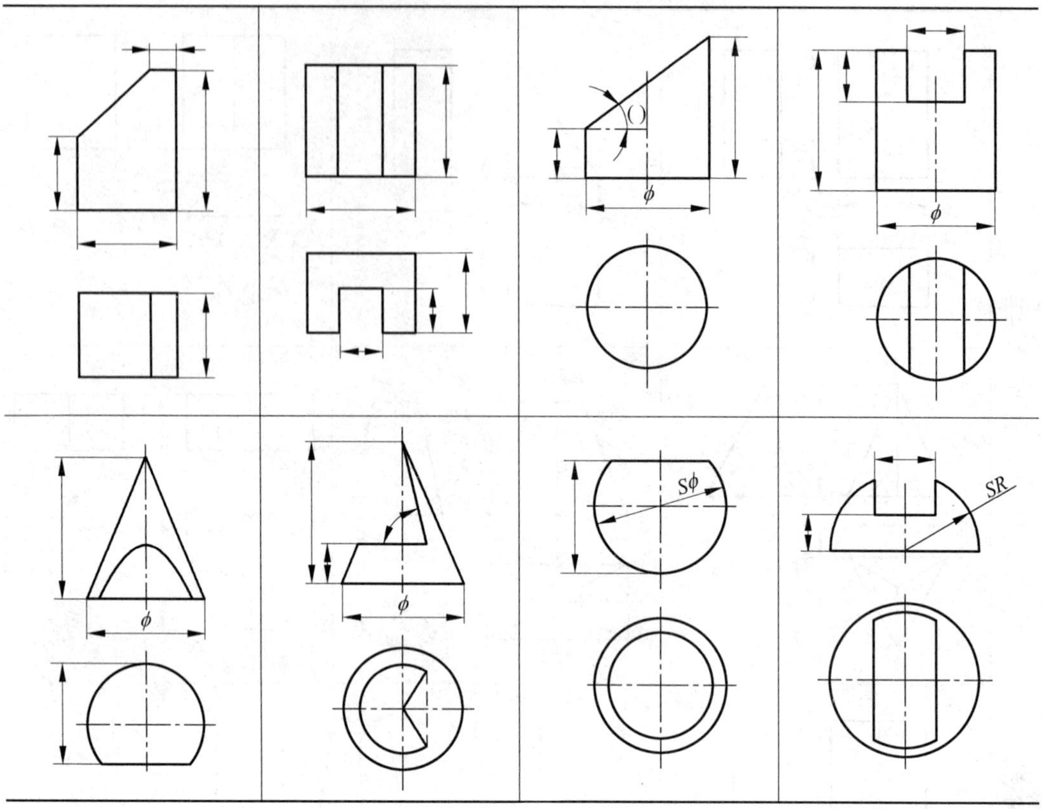

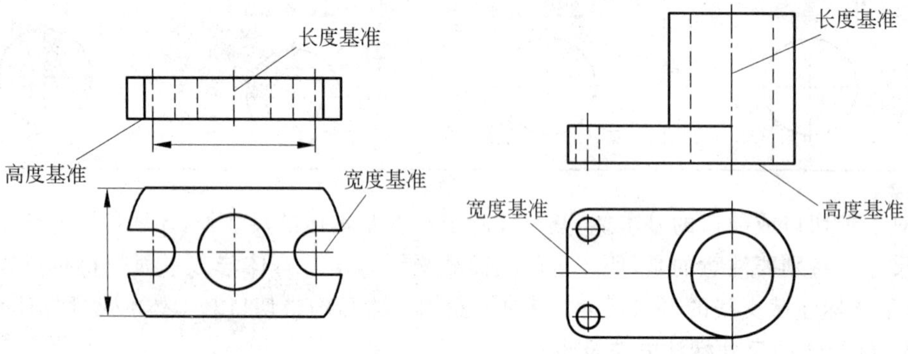

(a) 图例1　　(b) 图例2

图 4-28 选择长、宽、高 3 个方向的基准

2）标注定形尺寸

指确定各部分基本体形状大小的尺寸，常见基本体的注法见表 4-5 和表 4-6。

3）标注定位尺寸

指确定各部分基本体之间相对位置尺寸，如它们之间 3 个方向的距离，负向组合的定位尺寸，见表 4-6。

4）标注总体尺寸

指确定组合体在长、宽、高 3 个方向占据空间的最大范围尺寸，即总长、总宽、总高 3 个尺寸。

一般的，在标注总体尺寸时，为避免重复，需要调整尺寸，如去掉某个尺寸后再注总体尺寸。如图 4-29 所示，标注总高尺寸后，要删除圆筒顶面到底板上端面的多余尺寸。

有的时候某个定形尺寸或定位尺寸本身就是组合体的最大尺寸，这时，不需要再另外标注该方向的总体尺寸。如图 4-29 所示，圆筒的大径就是总宽。

当一端是回转面且已经有了轴线到基准的定位尺寸，回转面的半径或直径也已经标注，则在该方向上不能再加注总体尺寸。如图 4-29 所示，在长度方向有圆柱直径和底板定位尺寸，不能再标注总长尺寸。

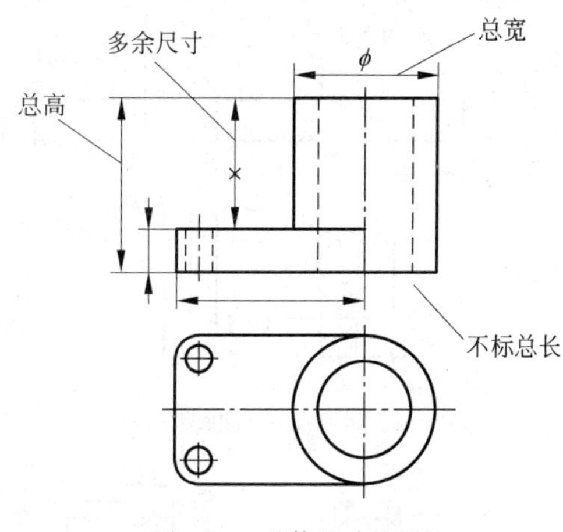

图 4-29　总体尺寸注法

下面以轴承座为例，说明尺寸标注的方法和步骤。

（1）形体分析。按照前面已经讨论的画图分析过程将轴承座分解为底板、圆筒、凸台、支撑板、三角肋板 5 个部分（立体图见图 4-21(b)）。

（2）选定尺寸基准。长度方向以左右对称面（投影是点画线）为主要基准，高度方向以底板的底面为主要基准；宽度方向以后背大的端面为主要基准，如图 4-30(a)所示。

（3）逐一标注各组成部分的定形尺寸和定位尺寸。为使尺寸标注完整，应按形体分析过程由大到小、由主到次逐一标注出各组成部分的定形尺寸和定位尺寸。底板、圆筒、凸台、支撑板、三角肋板的尺寸标注见图 4-30(a)、(b)、(c)。

（4）标注总体尺寸，并整理、检查全图。如图 4-30(d)所示，改总高尺寸为 42，底板的长度尺寸 52 和宽度尺寸 30 分别表示总长、总宽，故不用再重复标注。

4. 尺寸标注的有关注意事项

1）必须遵守国家标准《机械制图》中关于尺寸注法的基本规定

（1）直径尺寸应尽量注在投影为非圆的视图上，而半径尺寸必须注在投影为圆弧的视图上。如图 4-30 所示，圆筒外径 $\phi24$ 注在左视图上，底板的圆角 $R8$ 则应注在俯视图上。

（2）当两个定位尺寸对称于尺寸基准时，应合起来标注整个位置尺寸。如图 4-30 所示，底板上的两个小孔是以中间长度基准面为对称的，其定位尺寸合起来标注为 38。

（3）规定在某个方向上所有尺寸不可形成封闭的尺寸链。如图 4-30 所示，若在左视图上再标注出凸台顶面到圆筒轴心线的定位尺寸 15，就会与尺寸 27、总高尺寸 42 形成封闭的尺寸链，出现了多余尺寸，这是不允许的。

2）为了便于看图，尺寸应该标注在清晰的位置上

（1）尺寸应尽量相对注在反映形体特征的视图上。如图 4-30 所示，三角肋板的特征

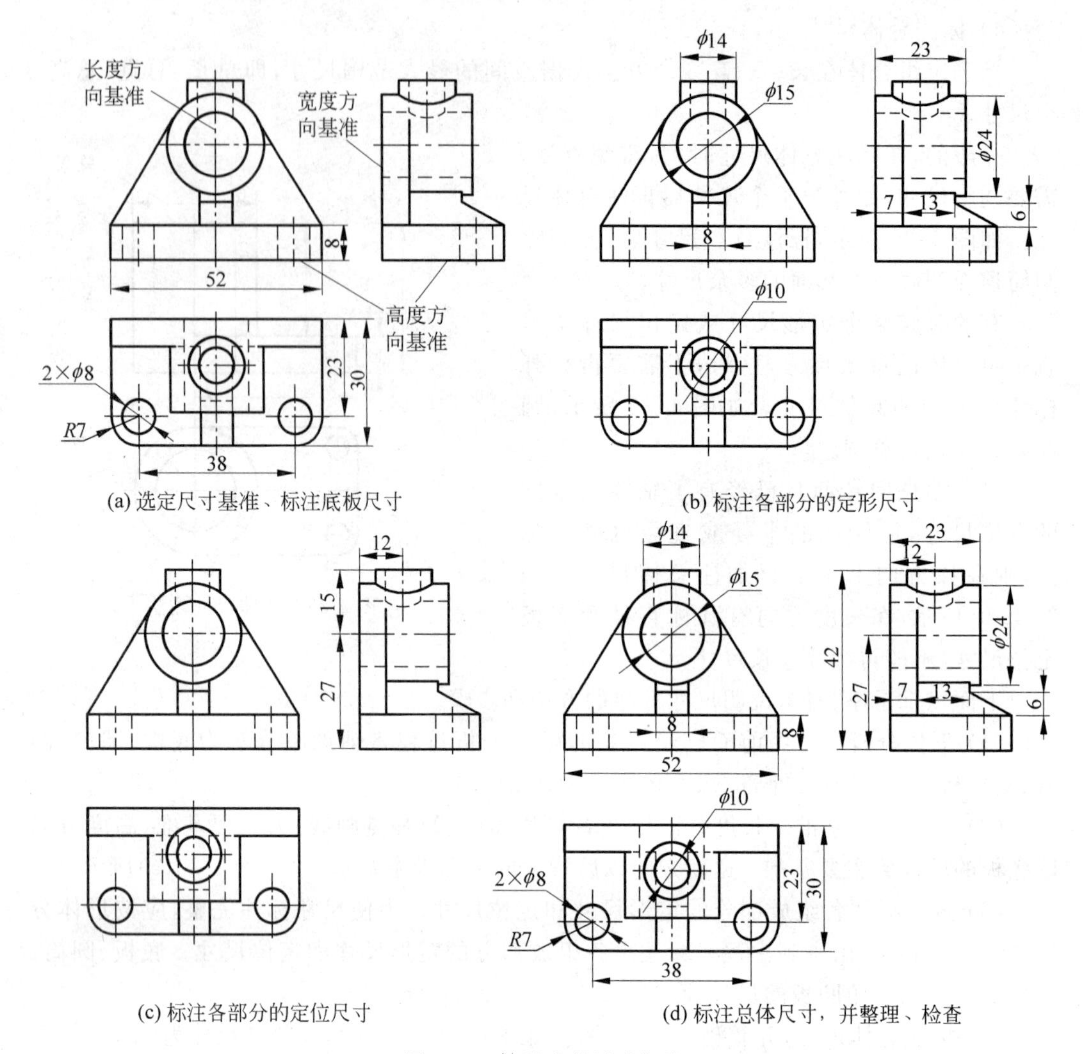

(a) 选定尺寸基准、标注底板尺寸

(b) 标注各部分的定形尺寸

(c) 标注各部分的定位尺寸

(d) 标注总体尺寸，并整理、检查

图 4-30　轴承座的尺寸标注

视图在左视图，其定形尺寸 13 和 6 应标在左视图上。

(2) 尺寸应尽量注在形体的可见轮廓线上，避免注在虚线上。如图 4-30 所示，轴套内径 ϕ15、穿孔的直径 ϕ10 在非圆的视图上都是虚线，故标在投影为圆的主视图上。

(3) 同一形体的尺寸应尽量集中地标注在一个视图上。如图 4-30 所示，底板上两小孔定形尺寸和定位尺寸都注在俯视图上。

(4) 为便于对照起来看尺寸，长度尺寸最好注在主视图和俯视图之间，高度尺寸最好注在主视图和左视图之间。

(5) 尺寸一般注在视图外，并且要排列整齐、布置得当，避免分散、交错，互相平行的尺寸应按大小顺序排列，间隔要相等。如图 4-30 所示，左视图上支撑板厚度尺寸 7 与三角肋板形状尺寸 13 排成一行。

复习思考题

1. 组合体的组合方式有几种？其结构特点如何？
2. 组合体表面连接的形式有几种？如何处理连接处的表面？
3. 什么叫形体分析法？它对画图和看图有何帮助？
4. 视图上一条线或一个线框可能表示物体上的什么要素的投影？
5. 画组合体的三视图是逐个地绘制每一个视图还是三个视图同时配合起来画？
6. 你在看懂组合体的视图中有什么好的经验值得总结？
7. 如何才能保证视图中所标注的尺寸是完整的？能够重复地标注尺寸吗？

第5章 轴 测 图

内容提要

本章介绍轴测图的基本概念及正等测图和斜二测图的作图方法。重点掌握正等测图的画法。轴测图虽是工程中一种辅助图样，但其运用范围广泛，是工程技术人员必须掌握的一种表达方法。

轴测图是轴测投影图的简称，它具有直观性好的特点，但由于只能沿轴向度量，且作图比较复杂，因此，在工程上一般仅作为辅助图样。掌握了轴测图的画法，能更好地进行技术交流，也将有助于对物体多面正投影图的理解。

5.1 轴测图概述

5.1.1 轴测图的形成

轴测图是应用轴测投影的方法而得到的具有立体感的图样，它是将物体连同确定其空间位置的直角坐标系，沿不平行于任一原基本投影面的方向，用平行投影法将其投射在单一投影面上所得到的图形，如图 5-1 所示。为了使轴测图具有较好的直观性，在选取投影方向时，不应使之与物体上的任何一坐标平面（XOY、YOZ、ZOX）平行，以避免这些平面的轴测投影转化为直线，从而损害轴测图的直观性。

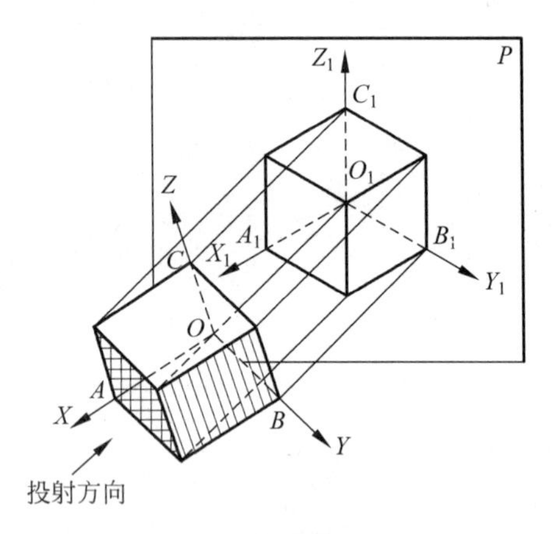

图 5-1 轴测图的形成

5.1.2 轴测图术语

轴测投影面：生成轴测图的投影面称为轴测投影面，如图 5-1 所示的 P 面。

轴测轴：直角坐标轴 OX、OY、OZ 在轴测投影面上的投影 O_1X_1、O_1Y_1、O_1Z_1。

轴间角：轴测轴之间的夹角 $\angle X_1O_1Y_1$、$\angle Y_1O_1Z_1$、$\angle Z_1O_1X_1$。

轴向伸缩系数：轴测轴上单位长度与空间坐标轴上单位长度的比值。如图 5-1 所示，图中 O_1A_1、O_1B_1、O_1C_1，分别是坐标轴 OX、OY、OZ 上 OA、OB、OC 的轴测投影，则有

$$OX \text{ 轴轴向伸缩系数 } p = \frac{O_1A_1}{OA}$$

$$OY \text{ 轴轴向伸缩系数 } q = \frac{O_1B_1}{OB}$$

$$OZ \text{ 轴轴向伸缩系数 } r = \frac{O_1C_1}{OC}$$

5.1.3 轴测投影的特性

由于轴测图是用平行投影法形成的,因此它具有平行投影的全部特性。下面两点在画轴测图时经常使用。

(1) 相互平行的两条直线的轴测投影仍然相互平行。立体上平行于直角坐标轴的线段,其轴测投影必平行于相应的轴测轴。

(2) 立体上两平行线段或同一直线上的两线段长度之比,在轴测投影中保持不变。

根据轴测投影的特性,平行于坐标轴的直线段,按轴向伸缩系数的大小,便可准确地画出相应线段的轴测投影长度;因为轴测图沿轴向具有良好的度量性,故称之为“轴测”图。与坐标轴不平行线段不能直接量测和绘制。

5.1.4 轴测图的分类

轴测图可分为正轴测图和斜轴测图两大类。

1) 正轴测图

投射线垂直于轴测投影面。根据轴向伸缩系数的不同,又分为3种。

(1) 当 $p=q=r$ 时,称为正等轴测图(简称正等测图)。

(2) 当 $p=q\neq r$ 或 $p\neq q=r$ 或 $p=r\neq q$ 时,称为正二等轴测图(简称正二测)。

(3) 当 $p\neq q\neq r$ 时,称为正三轴测图(简称正三测)。

2) 斜轴测图

投射线倾斜于轴测投影面。根据轴向伸缩系数的不同,也分为3种,但常用的为 $p=r\neq q$ 的斜二等轴测图(简称斜二测)。

国家标准机械制图规定了常用的3种轴测图,分别是:正等测、正二测和斜二测,如图5-2所示。在工程上使用较多的是正等测和斜二测,以下只介绍这两种轴测图的画法。

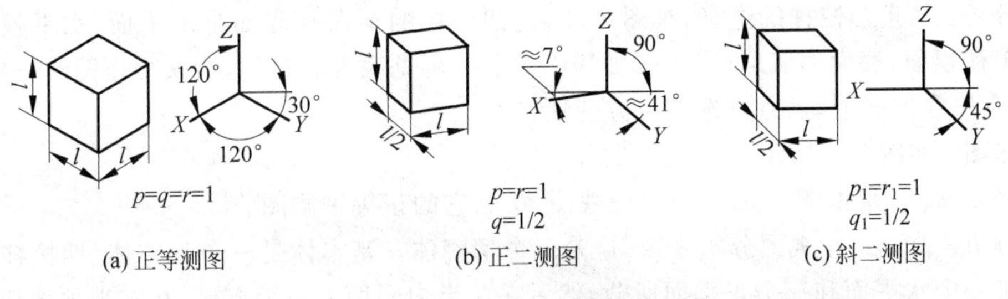

图5-2 常用轴测图

5.2 正等轴测图的画法

5.2.1 正等轴测图的轴间角和轴向伸缩系数

正等轴测图的投射线与轴测投影面垂直,且在同一轴测投影面上同时反映物体3个坐标面方向的形状,所以,必须使轴测投影面与空间直角坐标轴均成倾斜位置,而且,根据正等轴测图的轴向伸缩系数 $p=q=r$,则空间坐标轴 OX、OY、OZ 对轴测投影面处于倾角都相等的位置。由初等几何可以证明，3 个坐标轴对轴测投影面倾角均为 35°16′，经轴测投影后，轴间角$\angle X_1O_1Y_1=\angle Y_1O_1Z_1=\angle Z_1O_1X_1=120°$，如图 5-3(a)所示。各轴向伸缩系数$p=q=r=\cos35°16'=0.82$，这说明平行于坐标轴的线段经轴测投影变为原来的 0.82。图 5-3(b)是边长为 1 的立方体的正等轴测图，其各边均缩短为 0.82l。既然各个方向的轴向伸缩系数都相同，而轴向伸缩系数的大小只改变图形的大小，并不会改变其形状，因此为作图简便，通常把 3 个方向的轴向伸缩系数同时放大使其均与原长相等，即 3 个方向均增大 1/0.82≈1.22 倍，使 $p=q=r=1$，这样画轴测图就可以从原物体上直接量取长度作图了。这时轴测图的形状不变，只是大小发生了变化。在实际绘制正等轴测图时，均采用 $p=q=r=1$ 的简化伸缩系数画法，如图 5-3(c)所示。

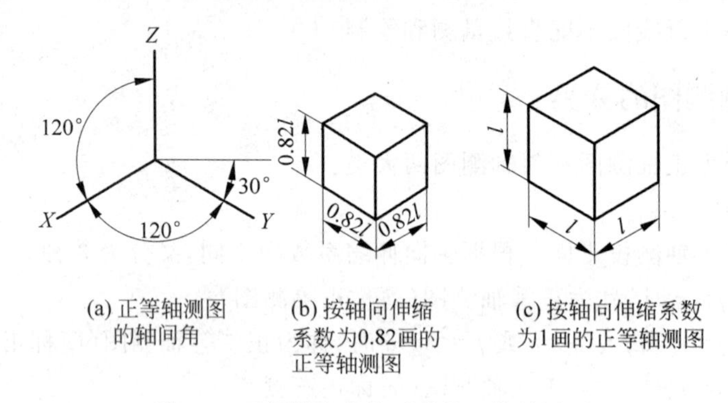

(a) 正等轴测图的轴间角　(b) 按轴向伸缩系数为0.82画的正等轴测图　(c) 按轴向伸缩系数为1画的正等轴测图

图 5-3　不同轴向伸缩系数的正等轴测图

5.2.2　正等轴测图的画法举例

1. 平面立体的正等轴测图

【例 5-1】　根据正四棱柱三视图，绘制其正等轴测图。

分析：从正四棱柱的主、俯视图可知，正四棱柱的顶面和底面是水平面，水平投影反映四棱柱顶面、底面的实形，在正等轴测图中顶面可见底面不可见，为减少作图线，坐标面 XOY 宜选在顶面上，且原点选右后方的顶点。

作图：如图 5-4 所示。

【例 5-2】　根据图 5-5(a)所示三视图，绘制它的正等轴测图。

分析：首先从三视图分析来看，这是一个切割体。基本体是一个长方体(四棱柱)，首先是被一个水平面和一个正垂面所截，然后在左半中间切去一个方槽，在右半顶部切去一个楔槽。对这种切割体通常是先将物体完整的基本体轴测图画出来，然后再相继画出被切割后的形状。

作图：

(1) 坐标原点定在右后下角。画出轴测轴，如图 5-5(b)所示，画出四棱柱的轴测图，如图 5-5(c)所示；

(2) 在长方体上截去左上侧一角，如图 5-5(d)所示；

(3) 在左下侧开槽，如图 5-5(e)所示，在右上侧开槽，如图 5-5(f)所示；

(4) 擦去作图线、整理、加粗，如图 5-5(g)所示。

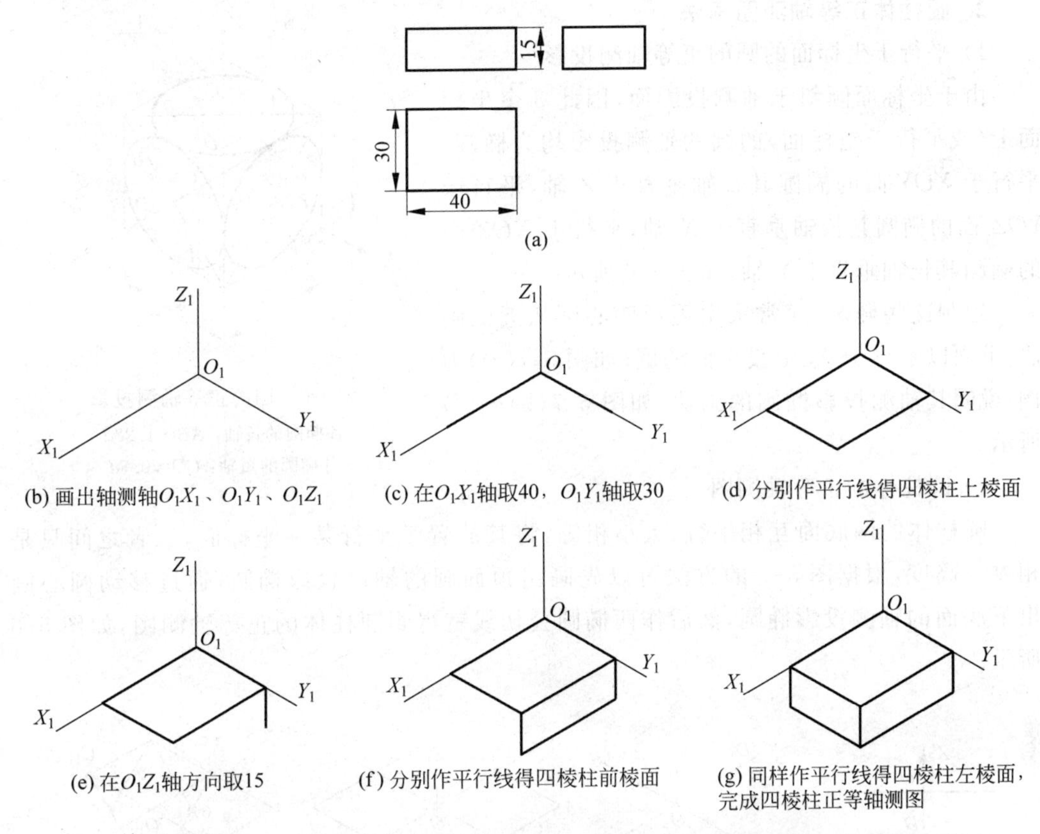

图 5-4　正四棱柱正等轴测图作图步骤(使用简化轴向伸缩系数)

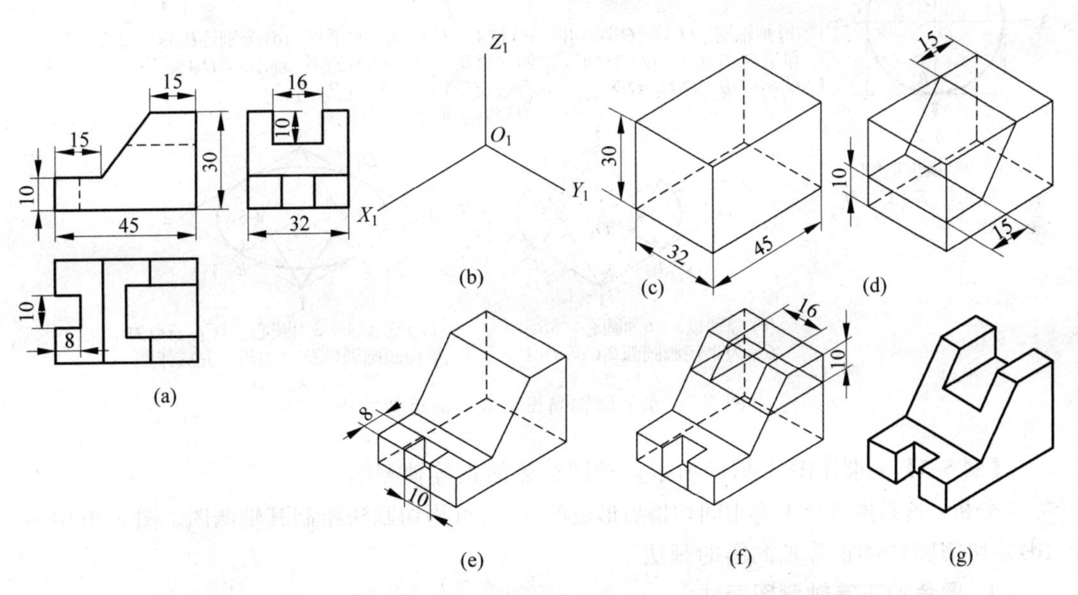

图 5-5　切割体正等轴测图画法

2. 圆柱体正等轴测图画法

1）平行于坐标面的圆的正等轴测投影

由于坐标面倾斜于轴测投影面，因此 3 个坐标面上（或平行于坐标面）的圆的轴测投影均为椭圆，平行于 XOY 面的椭圆其长轴垂直于 Z 轴，平行于 YOZ 面的椭圆其长轴垂直于 X 轴，平行于 XOZ 面的椭圆其长轴垂直于 Y 轴，如图 5-6 所示。

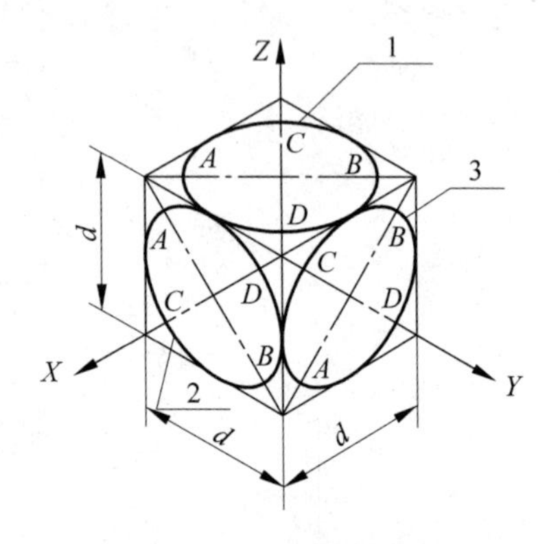

图 5-6　圆的正等轴测投影

各椭圆的长轴：$AB\approx1.22d$

各椭圆的短轴：$CD\approx0.7d$

绘制这些椭圆，通常采用菱形四心圆弧近似画法，下面以平行于 XOY 投影面的圆（如图 5-7(a)）为例，说明其轴测投影椭圆的画法，如图 5-7(b)～(f)所示。

2）圆柱体的正等轴测图

圆柱体的两底面互相平行、大小相等，将其放置于平行某一坐标面，二者之间只是相差一高度，根据图 5-7 的方法可以先画出顶面圆的轴测投影椭圆，通过移动圆心画出下底面的轴测投影椭圆，然后作两椭圆公切线就得到圆柱体的正等轴测图，如图 5-8 所示。

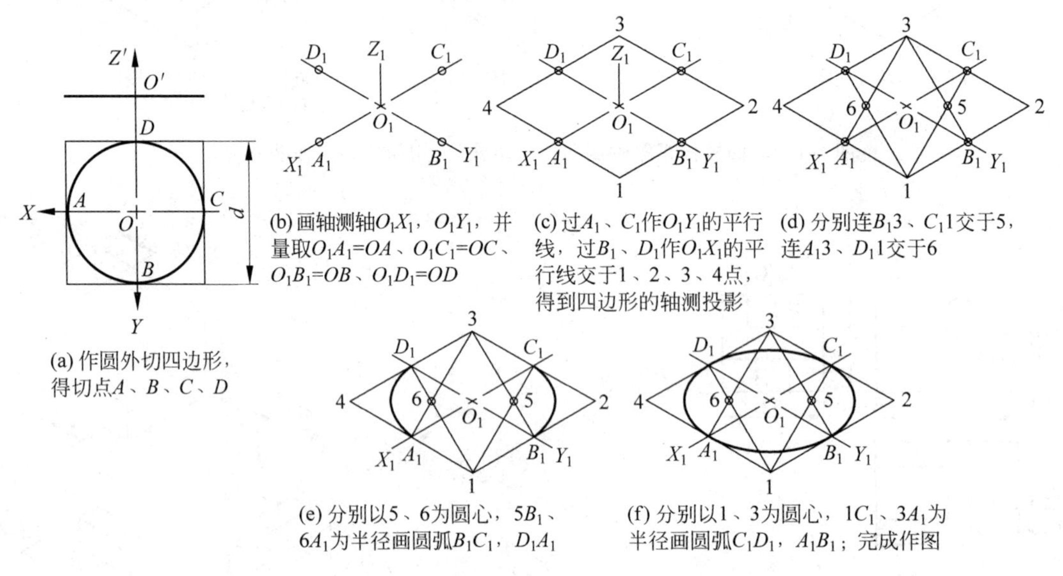

(a) 作圆外切四边形，得切点 A、B、C、D

(b) 画轴测轴 O_1X_1，O_1Y_1，并量取 $O_1A_1=OA$、$O_1C_1=OC$、$O_1B_1=OB$、$O_1D_1=OD$

(c) 过 A_1、C_1 作 O_1Y_1 的平行线，过 B_1、D_1 作 O_1X_1 的平行线交于1、2、3、4点，得到四边形的轴测投影

(d) 分别连 $B_1$3、$C_1$1交于5，连 $A_1$3、$D_1$1交于6

(e) 分别以5、6为圆心，$5B_1$、$6A_1$ 为半径画圆弧 B_1C_1，D_1A_1

(f) 分别以1、3为圆心，$1C_1$、$3A_1$ 为半径画圆弧 C_1D_1，A_1B_1；完成作图

图 5-7　水平圆轴测投影椭圆的近似画法

【例 5-3】　求作图 5-9(a)所示切槽圆柱体的正等轴测图。

分析：这是圆柱体上部中间切槽后形成的立体，可用切割法绘制其轴测图。图 5-9(b)～(d)是切槽圆柱体正等轴测图的画法。

3. 圆角的正等轴测图画法

机件上经常会遇到由 1/4 圆构成的圆角，它在轴测图上是 1/4 椭圆弧。可采用图 5-10 所示的简化画法进行作图。

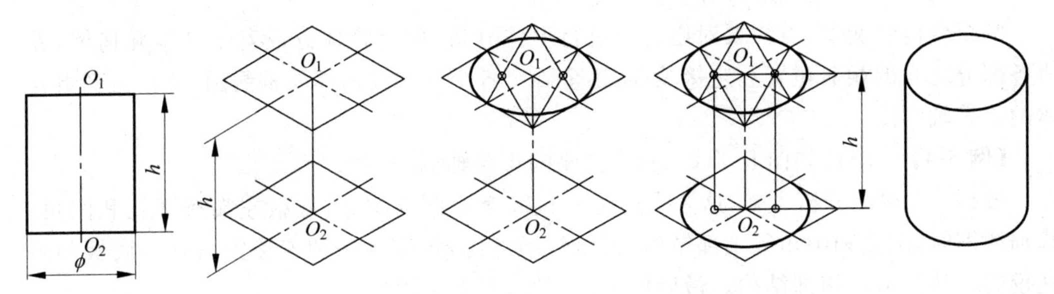

(a) 圆柱的视图　(b) 画轴测轴，作顶面和底面的外切菱形　(c) 用四心法顶面的椭圆　(d) 向下分别移动圆心画底面的椭圆　(e) 作两椭圆的公切线，整理、描深，完成作图

图 5-8　圆柱体的轴测图画法

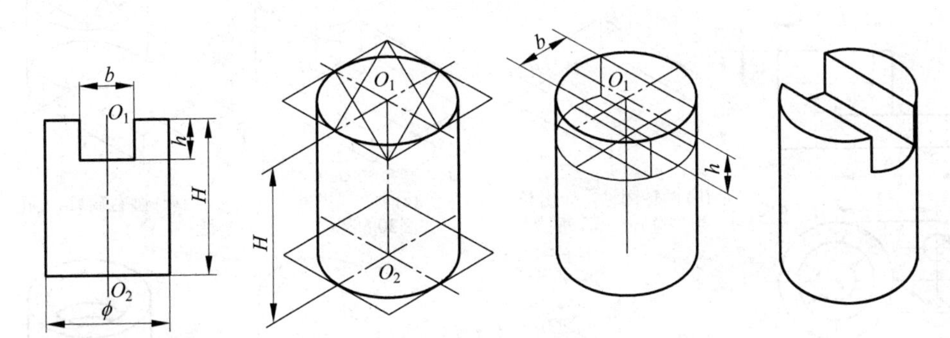

(a) 切槽圆柱体的视图　(b) 画出完整圆柱体的正等轴测图　(c) 在上方切去宽b、深h的槽(用移动圆心法)　(d) 整理、描深，完成作图

图 5-9　切槽圆柱体的正等轴测图画法

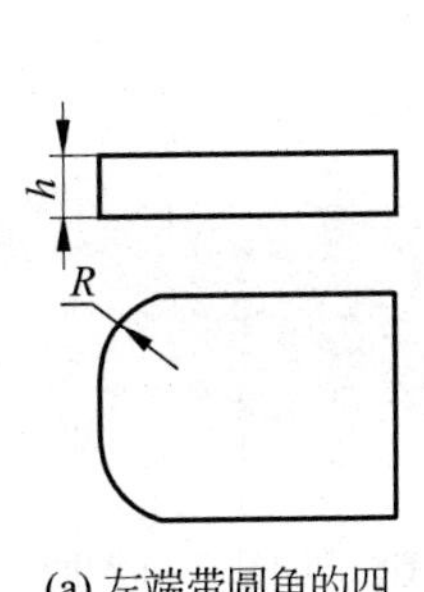

(a) 左端带圆角的四棱柱的视图

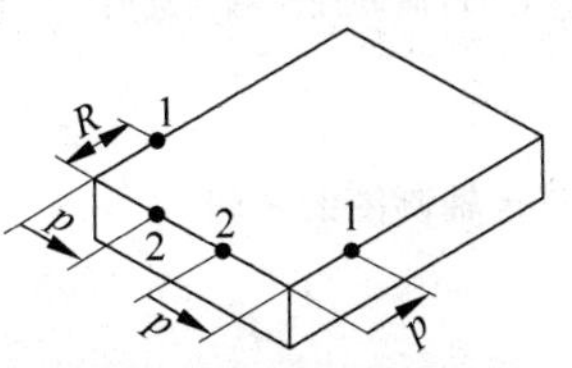

(b) 画出完整四棱柱正等轴测图，在角顶沿两边分别取半径R，得1、2两点

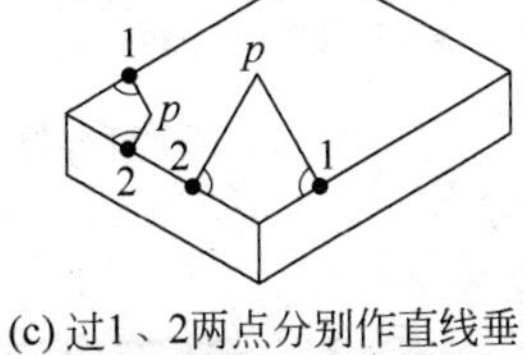

(c) 过1、2两点分别作直线垂直于圆角的两边，交点即为圆弧(代替椭圆弧)的圆心

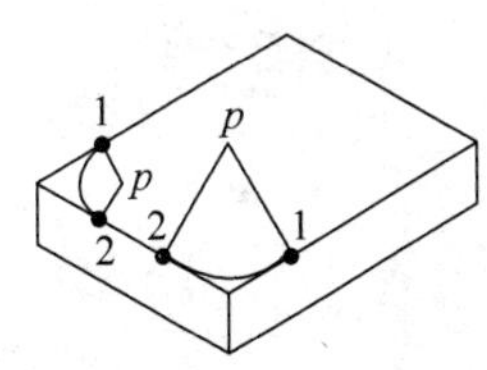

(d) 以O为圆心，O_1为半径作圆弧，即为半径R的圆角的轴测图(四心法椭圆简化画法中的一段)

(e) 用移心法画底面的圆角的轴测图

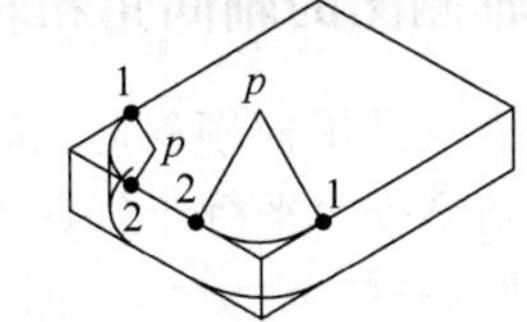

(f) 作左后侧两圆弧的公切线

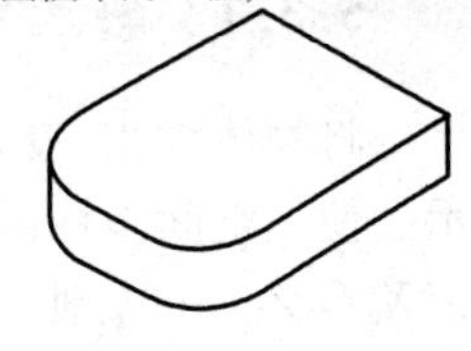

(g) 整理、描深，完成作图

图 5-10　圆角的正等轴测图画法

4. 组合体正等轴测图画法

画组合体轴测图，首先要对组合体进行形体分析，把组合体分成若干基本几何体，弄清各部分之间的相对位置和连接关系，逐个画出各个基本几何体的轴测图，从而得到组合体的正等轴测图。

【例 5-4】 求作如图 5-11(a)所示支座的正等轴测图。

分析：由视图分析可知，这个支座由底板和空心圆筒组成，底板左端有圆孔和圆角。画轴测图时，圆孔和圆角等细部结构，可以暂不考虑，先按顺序和连接关系画出底板和圆柱投影。然后再画细部结构。最后擦去作图线，完成全图。

作图：如图 5-11(b)～(g)所示。

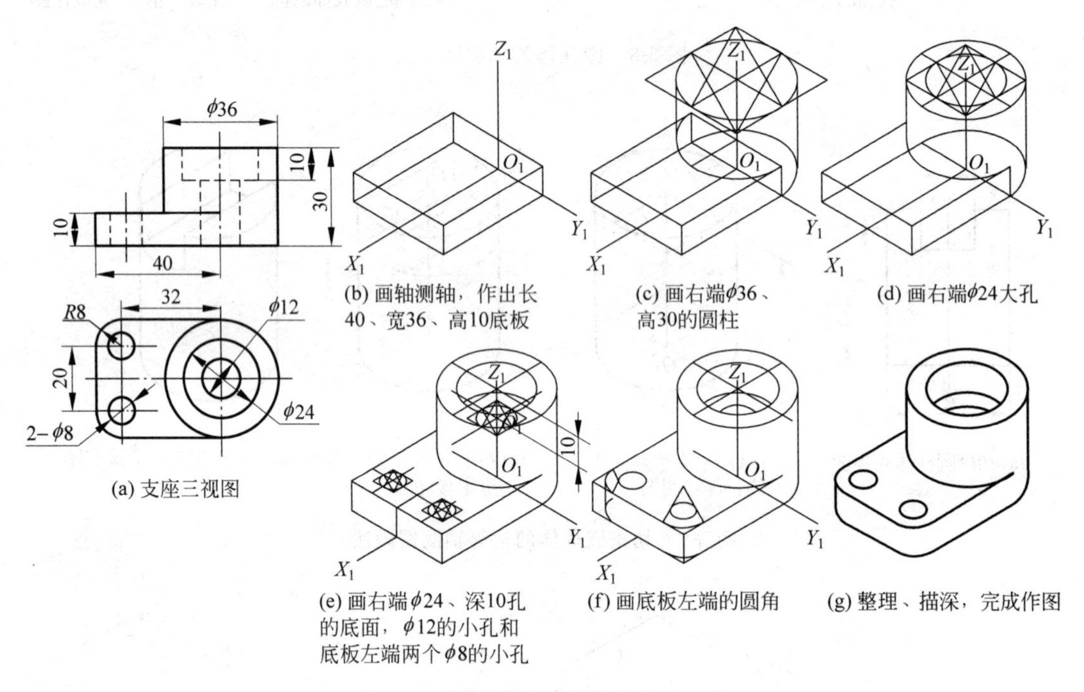

图 5-11 画组合体正等轴测图的步骤

5.3 斜二等轴测图的画法

5.3.1 斜二等轴测图的轴间角和轴向伸缩系数

将物体放正，投射线与投影面倾斜时，这种轴测投影称为斜轴测投影，如图 5-12 所示。使一空间坐标面(如 XOZ)平行于轴测投影面 P，因为 XOZ 与 $X_1O_1Z_1$ 平行，所以 $\angle X_1O_1Z_1=90°$，轴向伸缩系数 $p=r=1$。因而该坐标面或其平行面上的任何图形在轴测投影面 P 上的投影总是反映实形。Y_1 轴的方向，视投射线的倾斜方向而定，其轴向伸缩系数取决于投射线与投影面的夹角大小，其范围可由 0 至无穷大，通常取 Y_1 的轴向伸缩系数为 $q=0.5$，并取轴间角 $\angle X_1O_1Y_1=\angle Z_1O_1Y_1=135°$，即 Y_1 轴与水平线成 45°，这样得到斜二等轴测图，简称斜二测。如图 5-13 所示为立方体的斜二测图。

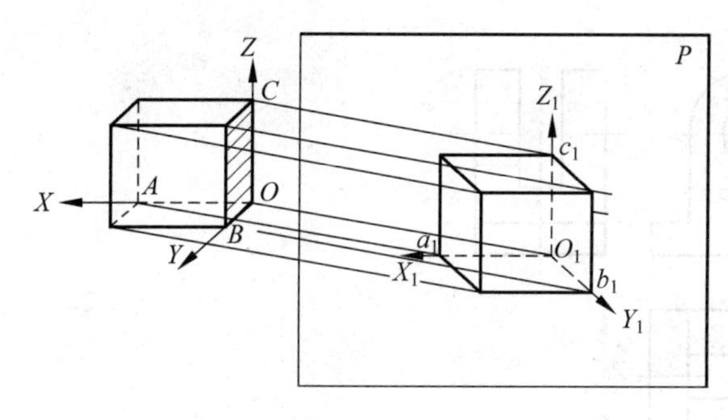

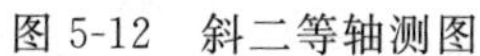
图 5-12 斜二等轴测图

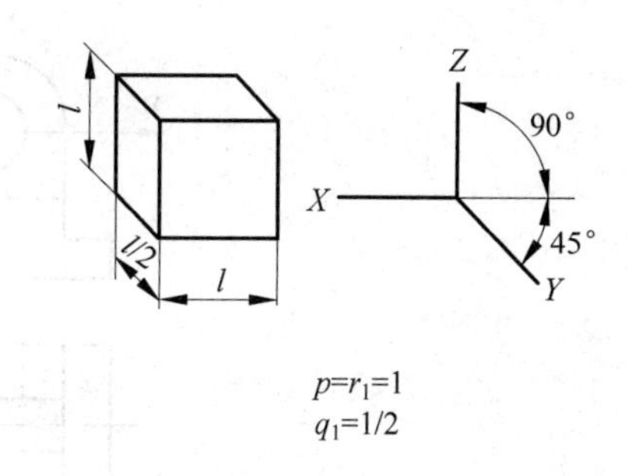

图 5-13 斜二测轴向伸缩系数和轴间角

5.3.2 作平行于坐标面圆的斜二测

当圆平行于 XOY 或 YOZ 坐标面时，其斜二测投影为椭圆，这两个椭圆的长轴一个比 X 轴偏转 7°，一个比 Z 轴偏转 7°，长轴长度均等于 $1.06d$（d 为圆的直径），短轴长度约等于 $0.33d$。由于水平面和侧面上的椭圆画法烦琐，所以在这两个方向上有圆时不推荐使用。如图 5-14 所示。

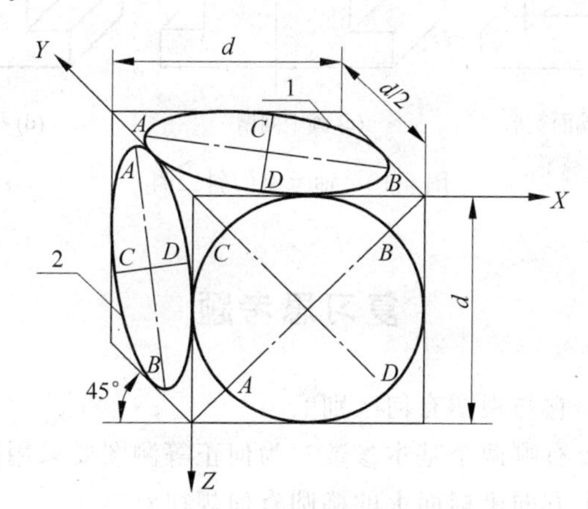

图 5-14 坐标面上圆的斜二测图

椭圆 1 的长轴与 X 轴约成 7°；椭圆 2 的长轴与 Z 轴约成 7°；

椭圆 1、2 的长轴 $AB \approx 1.06d$；椭圆 1、2 的短轴 $CD \approx 0.33d$

【例 5-5】 求作如图 5-15(a)所示支座的斜二测图。

分析：从三视图分析，只有主视图方向有圆弧和圆孔，其余两个方向没有圆，因此适合选择画斜二轴测图。

作图：

(1) 取圆及孔所在的平面为正平面，在轴测投影面 XOZ 上得到如图 5-15(a)主视图一样的实形，轴承座的宽为 24，反映在 Y_1 轴测轴上应为 12，自圆心沿 OY 方向向后移 12 定出 O_2 点位置，画出后端面，如图 5-15(b)所示。

(2) 用同样向后平移的方法切去中间的槽，如图 5-15(c)所示。

(3) 整理、描深，完成作图，如图 5-15(d)所示。

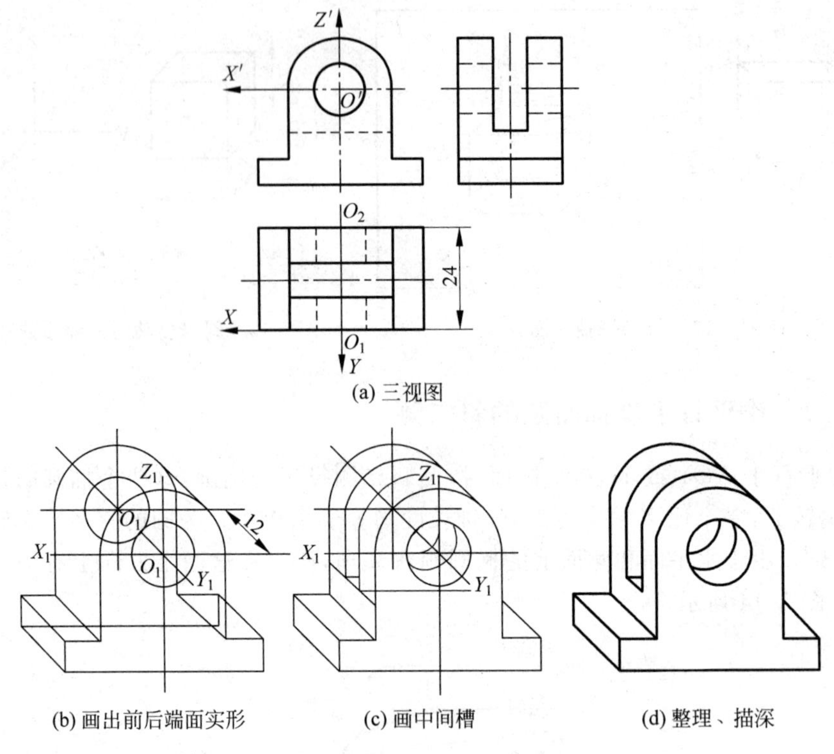

图 5-15　轴承座的斜二测

复习思考题

1. 什么叫轴测图？它与视图有何区别？
2. 画轴测图必须要有哪两个基本参数？为何正等测图要采用简化轴向伸缩系数？
3. 画正等测图 3 个方向坐标面上的椭圆有何规律？
4. 斜二测图的选用有何要求？

第6章　工程形体的常用表达方法

内容提要

本章主要介绍国家标准规定的图样画法规则，如视图、剖视图、断面图以及常用的简化画法和规定画法，为表达工程形体提供了多种表达手段。本章重点要掌握剖视图、断面图的概念、画法和标注。难点是如何综合运用这些方法，恰当地表达各种工程形体。本章对第三角投影法作了简介。

由于工程形体的多样性及其复杂程度不同，仅用三视图来表达显然是不够的，而且还会出现表达重复、虚线过多、层次不清、投影失真等问题。为此国家标准《技术制图》和《机械制图》的图样画法中，规定了适用于各种形体的表达方法，如视图、剖视图、断面图、局部放大图以及各种简化画法和规定画法。

6.1　视　　图

视图主要用于表达物体的外部结构形状，一般只画出其可见部分，必要时才用虚线表示不可见部分。按标准规定，视图分为基本视图、向视图、局部视图、斜视图4种。

6.1.1　基本视图

基本视图是将形体向6个基本投影面投射所得到的视图。这6个基本投影面是在原有的三面投影体系的基础上，在其左方、前方和上方各增加一个垂直投影面，构成6面投影体系。将物体置于该体系中分别向6个基本投影面投射，得到6个基本视图。其中除主、俯、左视图之外，从右向左投射得到右视图；从下向上投射得到仰视图；从后向前投射得到后视图。6个投影面及其展开规则，如图6-1(a)所示；展开后各视图的配置如图6-1(b)所示，若6个基本视图的位置按此配置可以不标注视图的名称。

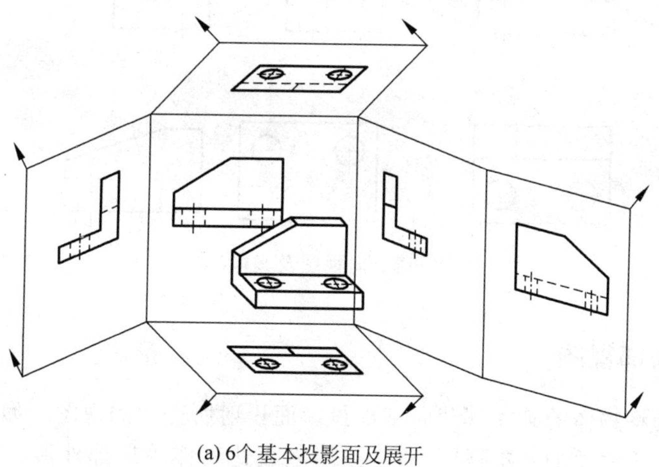

(a) 6个基本投影面及展开

图6-1　6面视图的形成

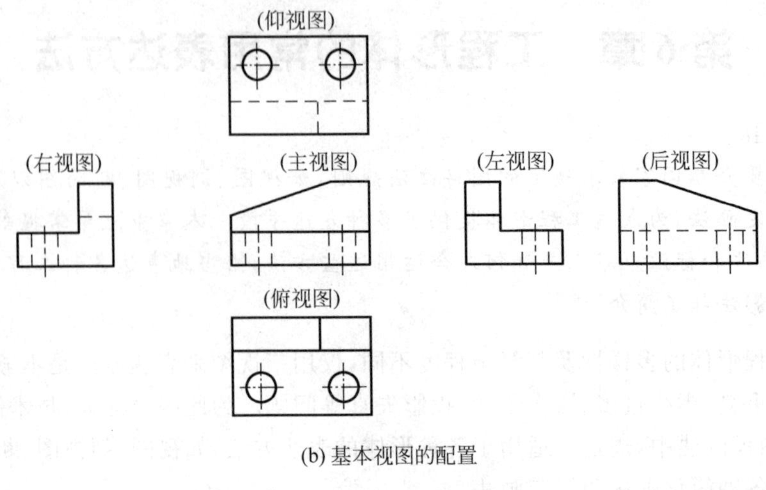

(b) 基本视图的配置

图 6-1 （续）

6 个基本视图之间仍保持“长对正、高平齐、宽相等”的投影规律，即主、俯、仰、后 4 个视图长度对正；主、左、右、后 4 个视图高度平齐；俯、仰、左、右 4 个视图的宽度相等。

在实际使用时除必须选用主视图外，其他基本视图要根据工程形体的结构特点和复杂程度来选用。一般优先选用主、俯、左视图。

6.1.2 向视图

向视图是可以根据布图的需要自由配置的视图，但必须加以标注。标注方法是在该向视图上方标注大写的拉丁字母，如 A、B 等，并在相应的视图附近用箭头指明投射方向，标注相同的字母，如图 6-2 所示。因此向视图实际上是基本视图的另一种表达形式，画向视图一定要按箭头所示的方向，按投影关系画出。

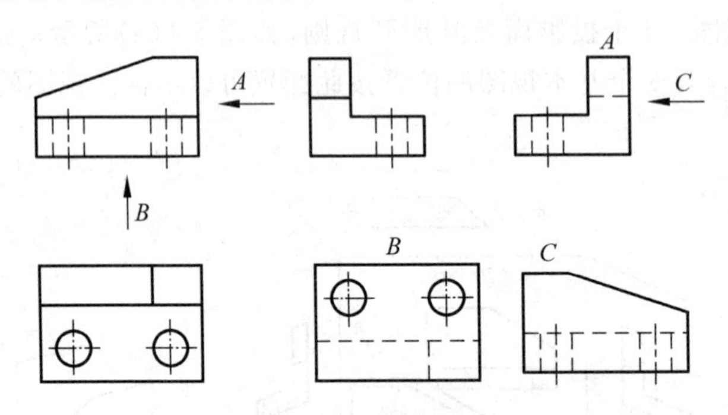

图 6-2　向视图及其标注

6.1.3 局部视图

局部视图是将物体的某一部分向基本投影面投射所得到的视图。如图 6-3 所示。

局部视图属不完整的基本视图，通常被用来表达物体的局部外形，也可以简化画图。画局部视图要注意以下 3 点。

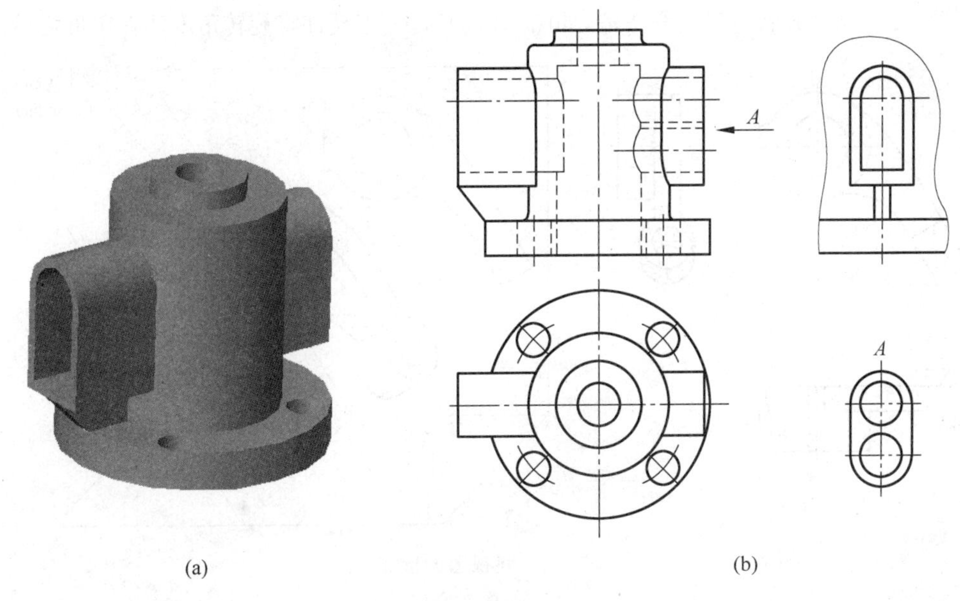

图 6-3　局部视图

(1) 局部视图按基本视图位置配置时可不需要标注,若按向视图配置在其他位置时则必须标注,如图 6-3(b)中的 A。

(2) 局部视图的断裂边界用波浪线或双折线表示,如图 6-3(b)中的局部左视图。

(3) 为了节省绘图时间和图幅,在不致引起误解的前提下,对称构件或零件的视图可只画一半或 1/4,并在中心线的两端画出两条与其垂直的平行短细实线,如图 6-4 所示。

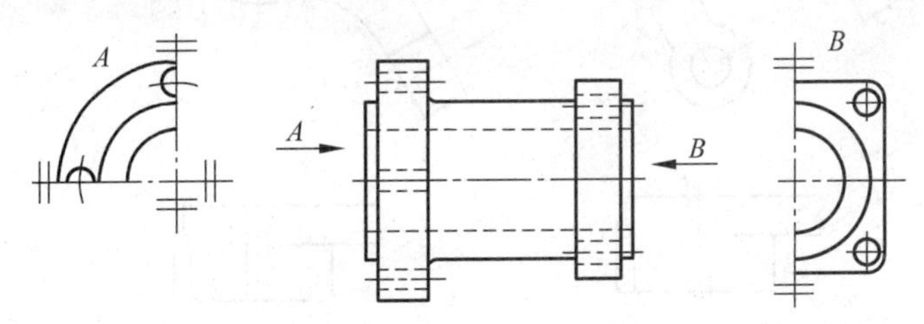

图 6-4　局部视图简化画法

6.1.4　斜视图

斜视图是将物体的某部分结构向不平行于基本投影面的平面投射所得到的视图,如图 6-5 所示。通常用来表达物体倾斜结构表面的实形。画斜视图要注意以下 4 点。

(1) 为反映倾斜结构的实形,新投影面的设置应平行于该倾斜结构的表面,同时垂直于原基本投影面。

(2) 斜视图通常按向视图形式配置,并进行标注。

(3) 斜视图只表达倾斜表面的真实形状,其余部分可用波浪线断开不画。

(4) 斜视图通常按投影关系配置,如图 6-6(a)所示。为画图方便,在不致引起误解的情况下,允许将图形旋转配置画出,这时应在表示该视图名称的大写拉丁字母旁边标注旋转符号,其字母应靠近旋转符号的箭头端,如图 6-6(b)所示,也允许将旋转角度注在字母之后。

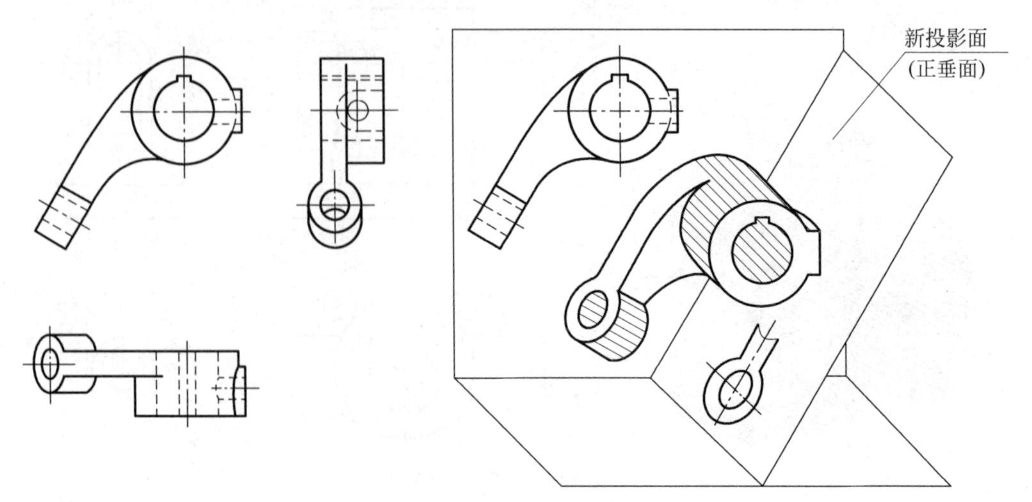

图 6-5　斜视图的形成

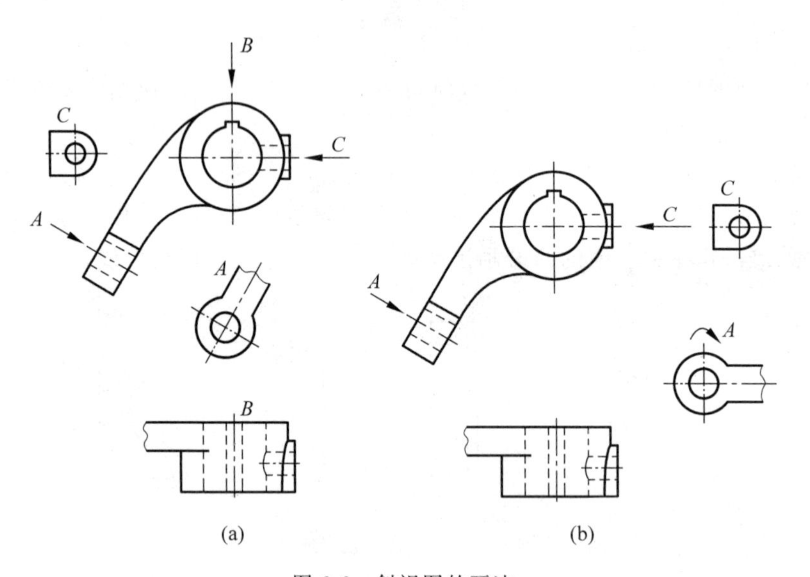

图 6-6　斜视图的画法

6.1.5　第三角投影简介

我国现行的制图标准优先采用世界上大多数国家所采用的第一角画法,必要时(如按合同规定)才允许使用第三角画法。但国际上部分国家如美、日等国家是采用第三角画法,为便于技术交流,本节对第三角投影法作一简介。

互相垂直的 3 个投影面将空间分成 8 个分角,如图 6-7(a)所示。若将形体置于第 I 分角进行正投影得到的视图称为第一角画法;若将物体置于第Ⅲ分角进行正投影得到的视图称为第三角画法。

因第三角处于观察者的后下部,因此投影面处于观察者与物体之间。设想投影面为

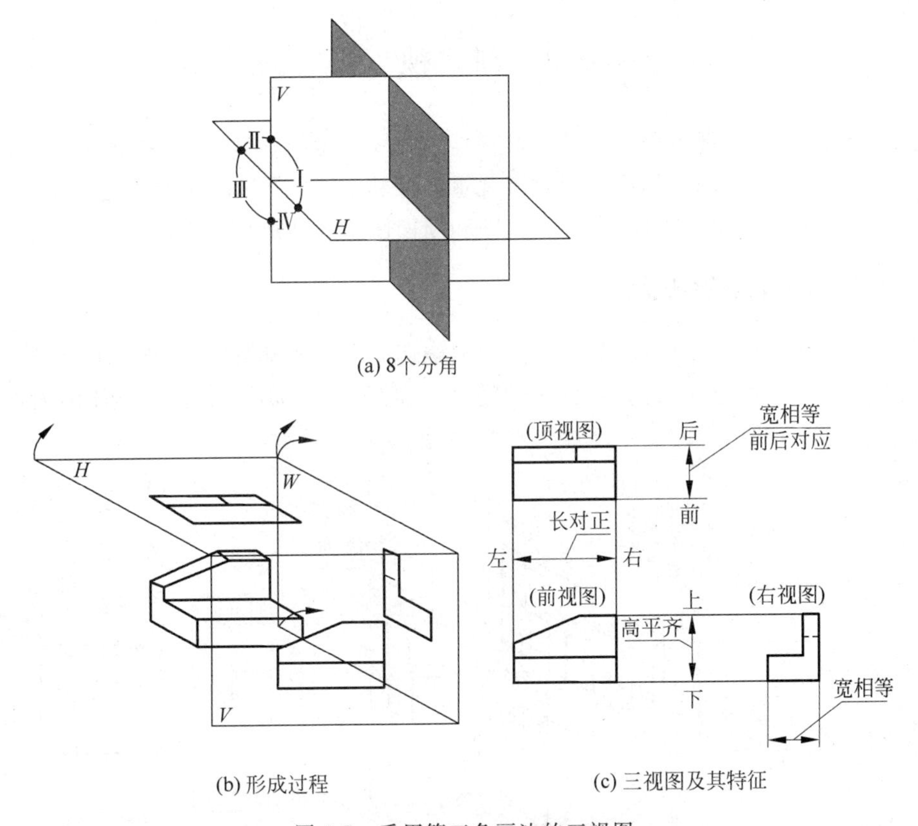

(b) 形成过程　(c) 三视图及其特征

图 6-7　采用第三角画法的三视图

透明的平板玻璃，那么观察者通过玻璃所看到的形状就是该玻璃投影面得到的视图。

第三角画法的要点如下。

(1) 形体在 V、H、W 3 个基本投影面上得到的视图分别称为前视图、顶视图和右视图，其展开方法如图 6-7(b)所示，展开后得到的 3 个基本视图配置及投影关系，如图 6-7(c)所示。

(2) 第三角画法中视图之间的投影联系仍符合“长对正、高平齐、宽相等”的规律。由于第三角画法中物体的前后、左右、上下关系符合人们观察习惯，因此也比较容易和空间形体建立对应关系。

(3) 当采用第三角画法时，应在图纸的左上角标注第三角画法的识别符号。采用第一角画法时，一般不标注其符号，必要时才标注。其规定符号如图 6-8 所示。

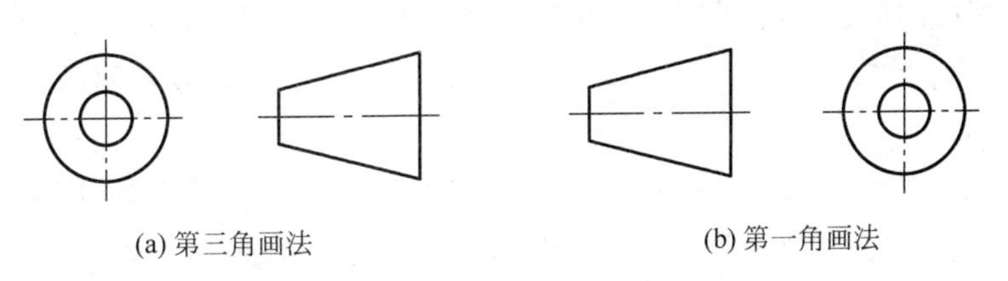

(a) 第三角画法　(b) 第一角画法

图 6-8　第三角和第一角画法的识别符号

6.2 剖 视 图

画视图时,物体内部不可见的结构形状是用虚线表示的,如图 6-9(a)所示。当物体内部结构很复杂时,在视图中的虚线就会出现重叠交错,给看图和标注尺寸带来困难,甚至影响表达。为此,国家标准规定可用剖视图和断面图来表达形体内部的结构形状。

6.2.1 剖视图的概念

假想用剖切面剖开物体,将处于观察者和剖切面之间的部分移去,而将其余部分向投影面投射所得到的图形称为剖视图(简称剖视),如图 6-9(b)所示。这时物体的内部结构形状就显示出来,视图中的虚线就成为实线,如图 6-9(c)所示。

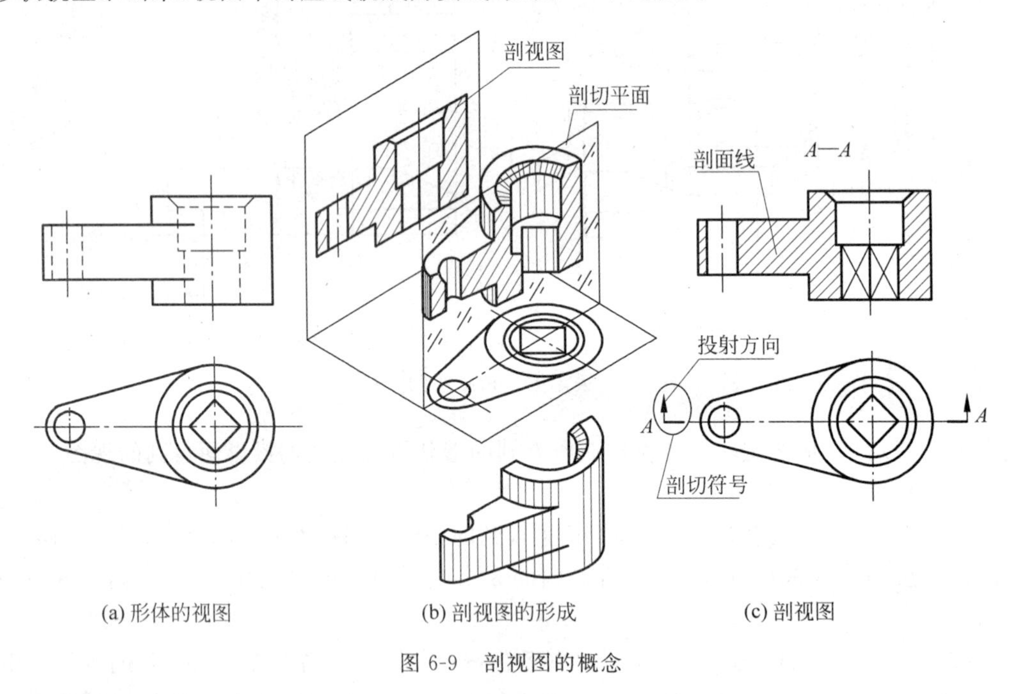

(a) 形体的视图　　(b) 剖视图的形成　　(c) 剖视图

图 6-9 剖视图的概念

6.2.2 剖视图的画法

绘制剖视图一般按以下步骤进行。

(1) 分析物体结构形状,确定剖切位置和投射方向,通常剖切面位置的选择应通过物体的对称面或孔、槽的轴心线。当在基本视图上作剖视时,其投射方向已很明确,不需要再标注箭头。

(2) 画剖视图时,可先画出切口断面(剖切面与物体相接触的部分)的形状,并在断面范围内画上剖面符号,然后再画出剖切面后面所有可见的轮廓线。国家标准规定的常用剖面符号见表 6-1 所示。若不需在剖面区域中表示材料类别时,可采用通用剖面线表示,如图 6-10 所示,其符号与金属材料剖面符号相同。

表 6-1 剖面符号[1]

金属材料 （已有规定剖面符号者除外）		木质胶合板 （不分层数）	
线圈绕组元件		基础周围的泥土	
转子、电枢、变压器和电抗器等的叠钢片[2]		混凝土	
非金属材料（已有规定剖面符号者除外）		钢筋混凝土	
型砂、填砂、粉末冶金、砂轮、陶瓷刀片、硬质合金刀片等		砖	
玻璃及供观察用的其他透明材料		格网（筛网、过滤网等）	
木材 纵剖面		液体[3]	
木材 横剖面			

注：① 剖面符号仅表示材料的类别，材料的名称和代号必须另行注明。

② 叠钢片的剖面线方向，应与束装中叠钢片的方向一致。

③ 液面用细实线绘制。

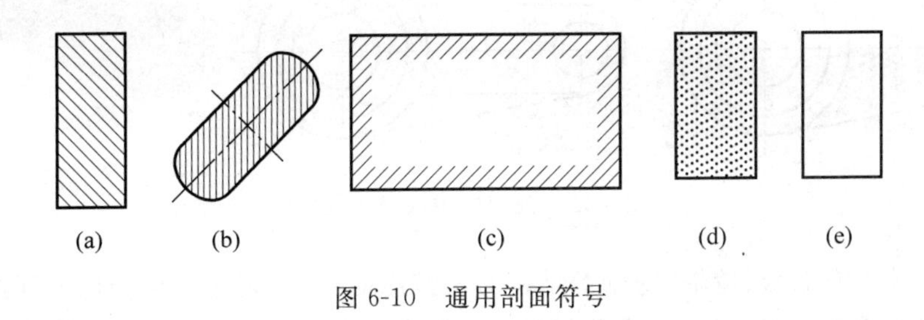

图 6-10 通用剖面符号

(3) 剖视图的标注，如前面的图 6-9(c)所示，标注剖视图有 3 个要素：剖切位置线、投射方向和字母。

① 剖切线：表示剖切位置的线，用细点画线表示，其两端加剖切符号；表示剖切面的

起、止和转折位置,用短粗线表示。短粗线不要和图形相交。

② 投射方向:在剖切符号两端垂直画出细实线并画上箭头。

③ 字母:用以表示剖视图的名称,用大写拉丁字母注写在剖视图的上方,并在剖切符号附近注上相同的字母,以便于对照。

6.2.3 画剖视图应注意的几个问题

剖视是一种假想的表达方法,它只对所剖切的视图起作用,画成了剖视图,而不能影响其他视图的完整性。同样,其他视图也可作剖视图而不影响该剖视图的形状。

画剖视图时要特别注意剖切面后面可见轮廓的投影不要遗漏,如图 6-11 所示。

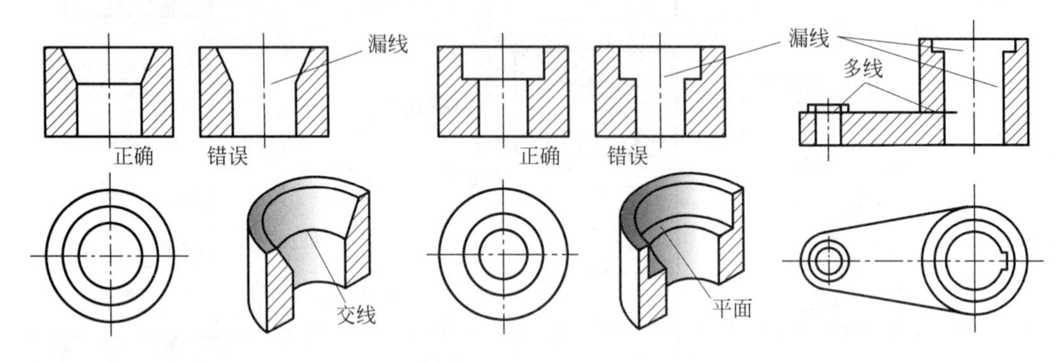

图 6-11 剖视图中漏线、多线的示例

画剖视图时,在表达清楚的原则下一般的虚线应省略不画。当不画此虚线而产生形状不定时,则此虚线不可省略,如图 6-12 所示。

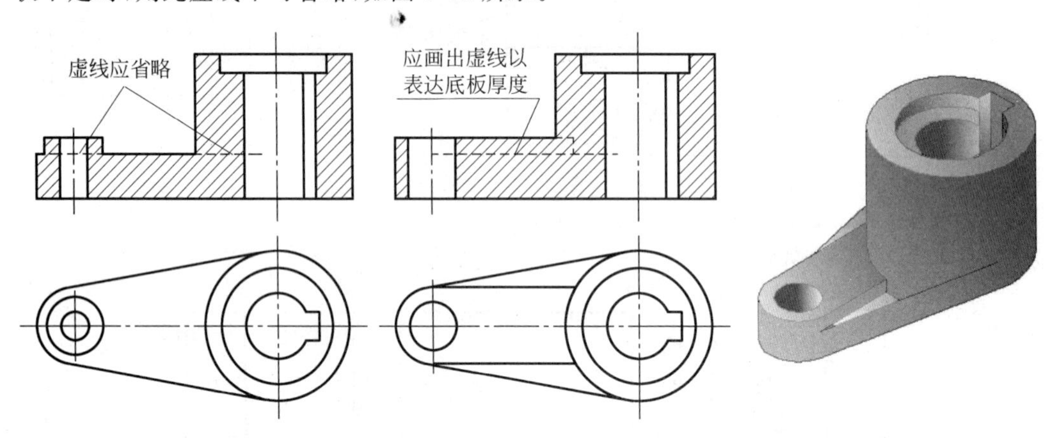

图 6-12 剖视图中虚线的处理

工程形体上有肋板、轮辐、薄壁等结构时若按纵向剖切,则这些结构均不画剖面符号,而用粗实线与它邻接部分分开,这是制图标准作出的规定画法,如图 6-13 所示。

当剖视图的剖切位置很明确且按投影关系配置,中间又没有图形隔开时,可以省略标注,如图 6-14 所示。

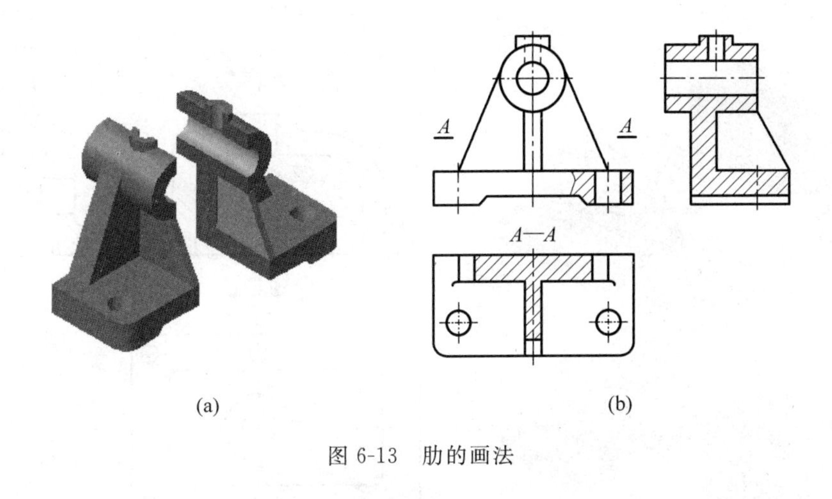

图 6-13　肋的画法

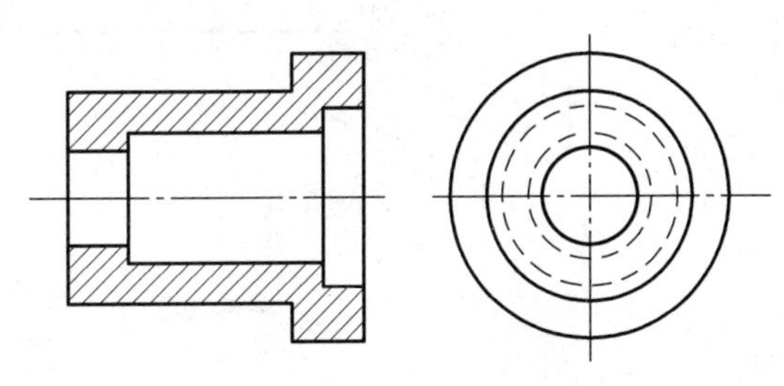

图 6-14　省略标注

6.2.4　剖视图的分类

按国家标准规定，剖视图按剖切范围可分为全剖视图、半剖视图和局部剖视图 3 类。

1. 全剖视图

用剖切面完全地剖开物体所得到的剖视图称为全剖视图（简称全剖）。前面的剖视图例子都是全剖视图。全剖视图主要用于表达内部结构较复杂而外形简单且不对称的形体，如图 6-12、图 6-14 所示；或外形简单的迴转体，如图 6-11、图 6-14 所示。有的物体需要在 2 个以上的视图中取剖视，如图 6-15 所示的主视图和左视图都采用了全剖视图。

2. 半剖视图

当物体具有对称平面时，向垂直于对称平面的投影面上投射所得到的图形，以对称中心线为界，一半画成剖视图，另一半画成视图，这样的图形称为半剖视图（简称半剖），如图 6-16 所示。

半剖视图最大的特点是兼顾了物体的内外结构形状的表达，因此它适用于内外结构都需要表达且又具有对称平面的物体。根据国家标准规定，当物体的形状接近对称，而且不对称部分已在其他视图中表达清楚时，也可以画成半剖视图，如图 6-17 所示。

画半剖视图时要注意以下 3 点。

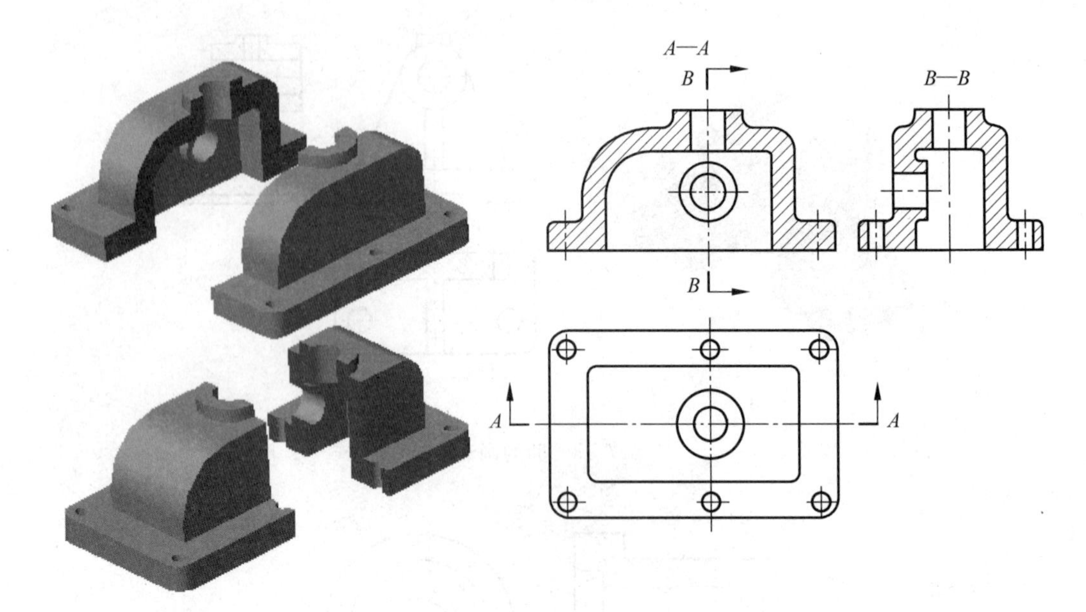

图 6-15　全剖视图

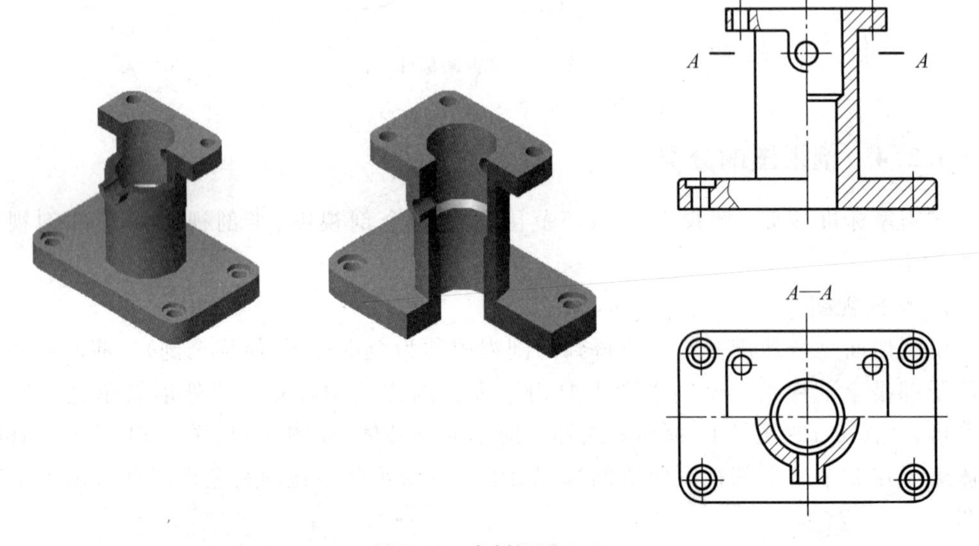

图 6-16　半剖视图(一)

(1) 半个视图和半个剖视图的中间分界线是细点划线,不能画成粗实线。

(2) 当物体上有内外轮廓线与对称中心线重合,则不宜采用半剖视图。

(3) 由于对称的物体内剖形状已在半个剖视图中表示清楚,因此另一半的视图中不再画出虚线。

3. 局部剖视图

用剖切面局部地剖开物体所得到的剖视图称为局部剖视图(简称局部剖),如图 6-18

所示。局部剖是一种较为灵活的表达内部结构形状的方法，只要将需要表示的内部孔、槽结构剖开，用波浪线（或双折线）与视图区分开即可，适用于物体上只有局部内形需要表达，又不宜用全剖或半剖的情况。

画局部剖视图要注意以下两点。

(1) 波浪线是假想的断裂线，其起、止都在物体的边界轮廓线上，不能超出视图的轮廓线，也不能穿过视图中孔、槽等空心结构。一般情况下波浪线不能与视图上其他图线重合或画在轮廓线的延长线上，如图 6-19 所示。

(2) 当物体的内部（或外部）轮廓正好与对称中心线重合，不能采用半剖视图时，可以采用如图 6-20 所示的局部剖视图。

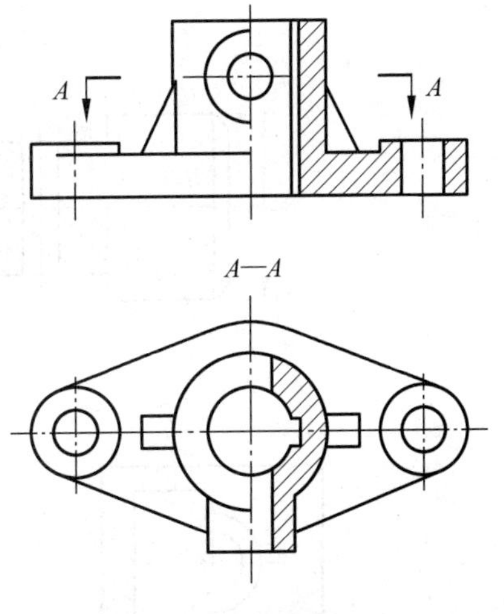

图 6-17　半剖视图（二）

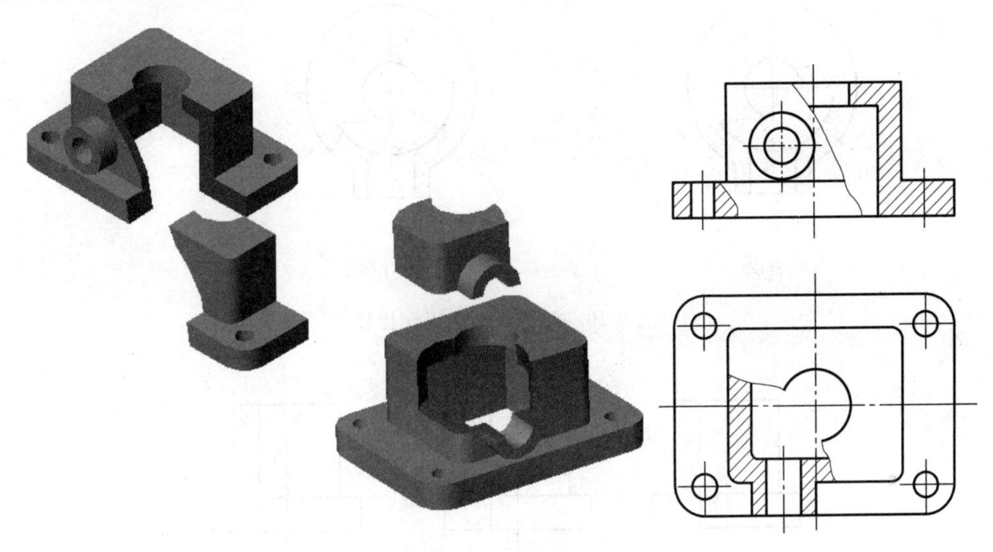

图 6-18　局部剖视图

6.2.5　剖视图的剖切面

画剖视图时首先要选择剖切位置和剖切面形式。为了能充分清晰地表达物体内部结构形状，国家标准规定了若干种剖切面形式供画剖视图选用。

1. 单一剖切面

仅用一个剖切面剖开物体称单一剖切面。单一剖切面又分以下两种情况。

(1) 平行于基本投影面的单一剖切面。前面介绍的全剖视图、半剖视图和局部剖视图例子都属于这一类型，这也是剖视图中最常用的形式。

(2) 不平行于任何基本投影面的剖切面，如图 6-21(a)所示。由于有倾斜结构的内形

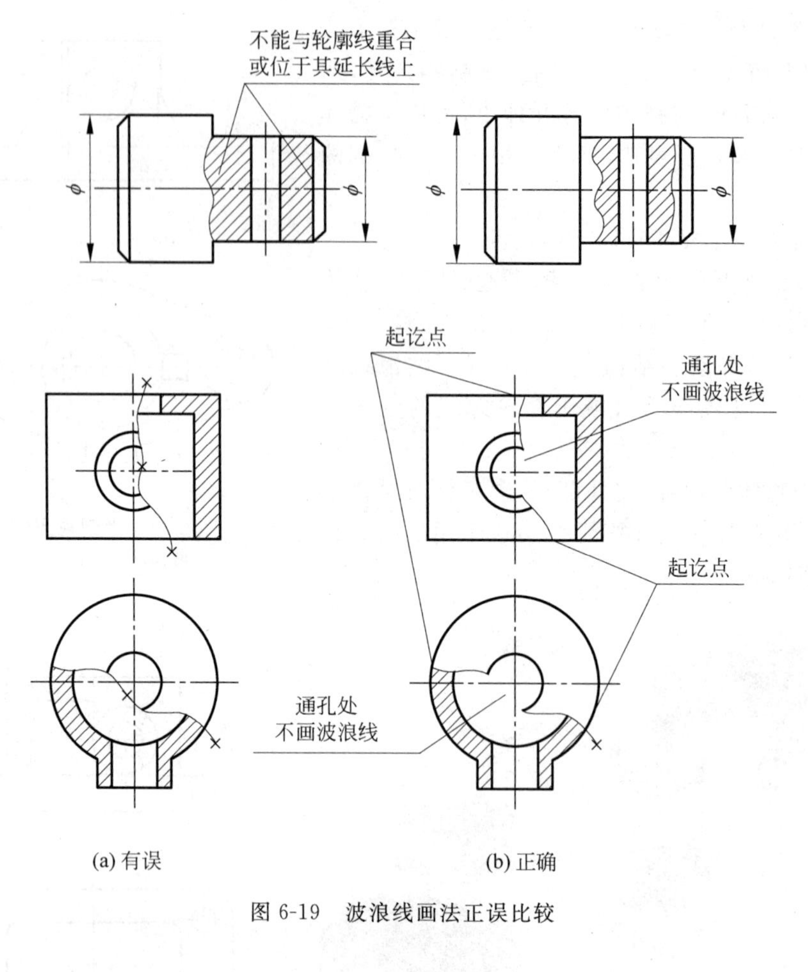

(a) 有误　　(b) 正确

图 6-19　波浪线画法正误比较

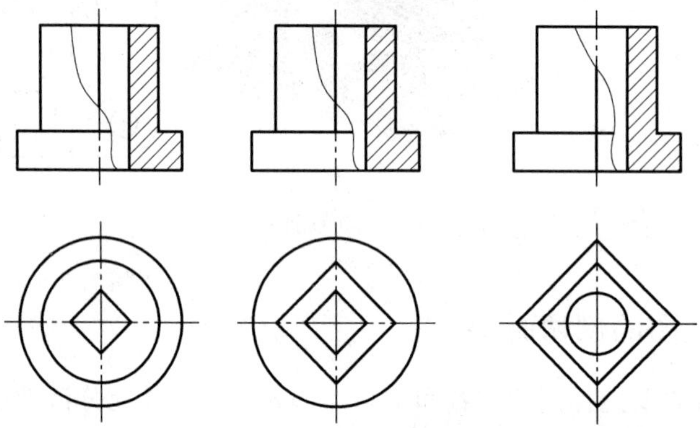

图 6-20　对称面上有轮廓线的形体的局部剖视图

需要表达,因此采用了 $A—A$ 位置的斜剖全剖视图,表示弯管这部分通孔的实形。斜剖视图一般配置在对应的投影方向位置上,如图 6-21(b)所示,必要时允许平移到所需位置上,其标注方法如图 6-21(c)所示。为作图方便,也可将图形转正,标注时要加"⌒"符号,如图 6-21(d)所示。

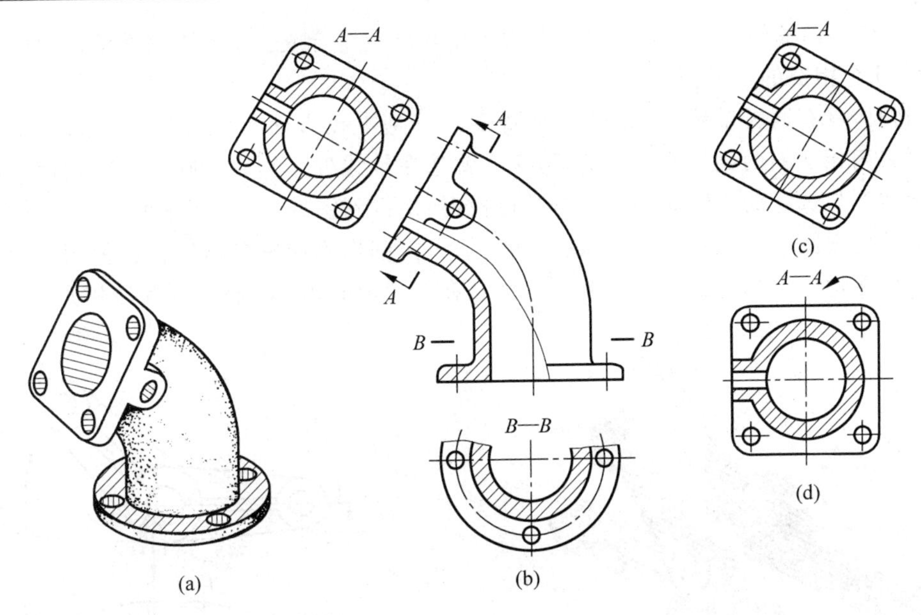

图 6-21　斜剖视图

2. 几个平行的剖切面

当物体内剖结构层次较多,无法用单一剖切面剖出其内形,可用几个相互平行的剖切面同时剖切,然后向同一基本投影面投射,这样就在一个剖视图上把物体上几个孔、槽内形都表达出来了,如图 6-22(a)所示。这种用一组平行的剖切面剖开物体,画出的剖视图称为阶梯剖视图(简称阶梯剖)。阶梯剖视图必须要标注,如图 6-22(b)所示的 $A—A$。注意在平行剖切面转折处都要标注相同的字母。

画阶梯剖时要注意以下两点。

(1) 因为剖切是假想的,所以在剖视图上剖切面转折处不应画出分界轮廓线,如图 6-22(c)所示。

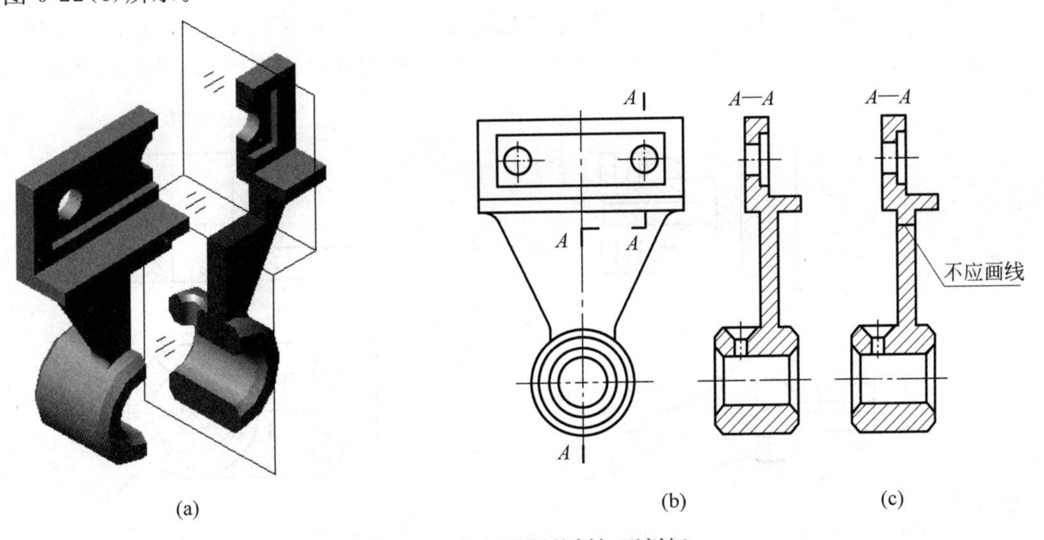

图 6-22　几个平行的剖切面剖切

（2）剖切面的转折处不应选择在与视图中轮廓线重合或会剖出不完整结构的位置。

3. 几个相交的剖切面

当物体具有回转轴线，且该轴线垂直于某一基本投影面时（如图 6-23(a)所示的连杆），可采用相交的两剖切面将其剖开，交线就选在轴线处。然后将倾斜的剖切面连同其结构旋转到与选定的投影面平行后再进行投射，便得到图 6-23(b)所示的 *A—A* 剖视图，称为旋转剖视图（简称旋转剖），注意其连接板纵向剖切不应画剖面线。这种剖视图也必须进行标注，其标注方法见图 6-23(b)。注意在剖切面的相交转折处要标注相同的字母。

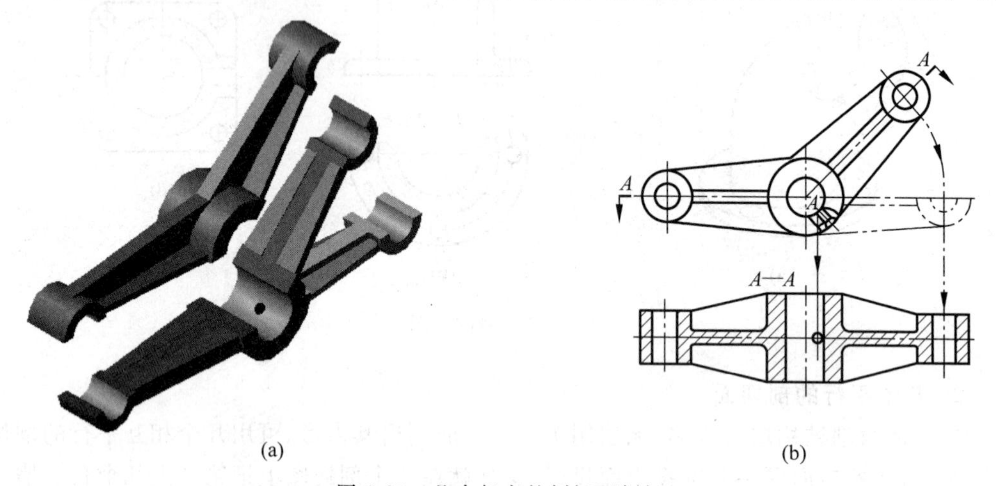

图 6-23　几个相交的剖切面剖切

画旋转剖时要注意以下 4 点。

（1）被旋转的结构在投射后，视图之间的长、宽、高有可能不直接相等。

（2）因为剖切是假想的，所以相交剖切面的交线不应画出。

（3）剖切面后面的结构不能和剖切面一同旋转，仍按原来位置进行投影，如图 6-23(b)中的油孔。

（4）当剖切后会产生不完整要素时，应将此结构按不剖处理，如图 6-24 所示的中间臂。

上述平行、相交的剖切面还可以结合在一起使用，称为复合剖视图，如图 6-25 所示。

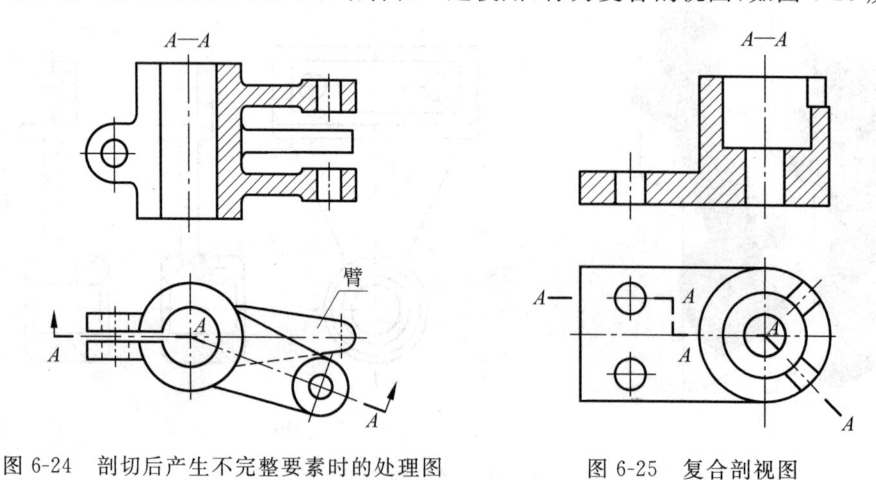

图 6-24　剖切后产生不完整要素时的处理图　　图 6-25　复合剖视图

6.3 断　面　图

6.3.1 断面图的概念

假想用剖切面将形体切断,仅画出剖切面与形体接触部分的图形,称为断面图(简称断面),如图 6-26(a)所示。

断面图与剖视图的主要区别是:断面图只画出切口断面形状,是面的投影,如图 6-26(b)所示;剖视图是将剩余部分包括剖切面之后的结构都画出来,是体的投影,如图 6-26(c)所示。

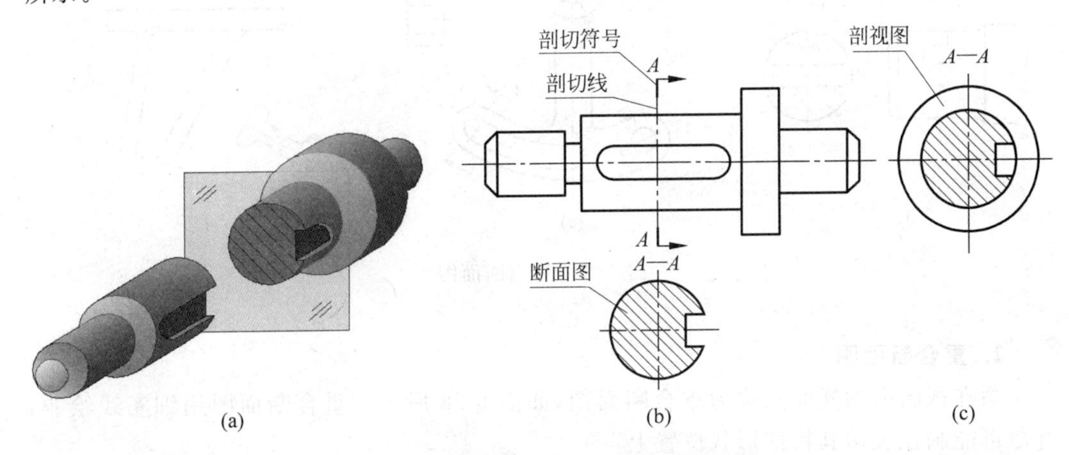

图 6-26　断面图的形成及与剖视图的区别

6.3.2 断面图的分类

断面图可分为移出断面图和重合断面图两种。

1. 移出断面图

画在视图之外的断面图,称为移出断面图,如图 6-27 所示。移出断面图用粗实线绘制,并尽可能画在剖切线的延长线上。

画移出断面图时要注意以下 5 点。

(1) 移出断面一般需要标注,如图 6-27(b)所示,断面图画在剖切面延长线上则可省略字母,如图 6-27(a)所示,若断面图形又对称则可省略箭头。

(2) 当断面图形对称时,可画在视图的中断处,省略标注,如图 6-27(c)所示。

(3) 当剖切面通过回转面形成的孔或凹坑的轴线时,应按剖视图绘制,如图 6-27(d)所示。

(4) 当剖切面通过非圆孔,会导致出现分离的两个断面时,也应按剖视图绘制,如图 6-27(e)所示。

(5) 由两个或多个相交的剖切面切出的断面图,可集中在一起画出,其中间应用波浪线断开,如图 6-27(f)所示。

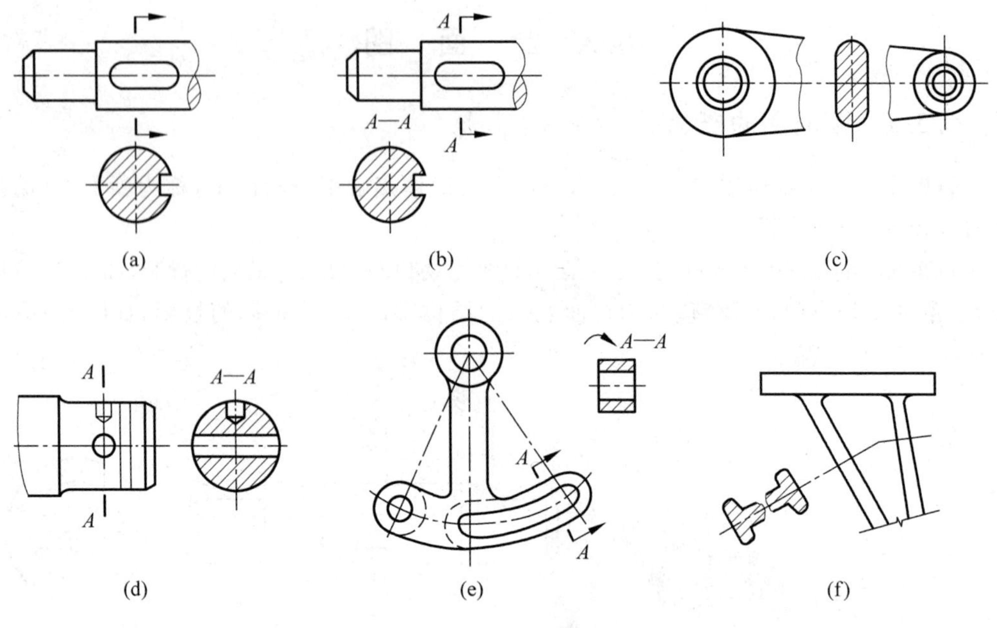

图 6-27　移出断面图

2. 重合断面图

画在视图内的断面图称为重合断面图，如图 6-28 所示。重合断面图用细实线绘制，并尽可能画在表达其特征形状位置上。

画重合断面图时要注意以下两点。

(1) 当视图中轮廓线与重合断面的图形重叠时，视图中的轮廓线仍应连续画出，如图 6-28(b)所示。

(2) 由于重合断面图直接画在视图内的剖切位置处，故图形对称时可以省略标注，如图 6-28(a)、(c)所示；当图形不对称时要画出投射方向的箭头，字母可省略，如图 6-28(b)所示。

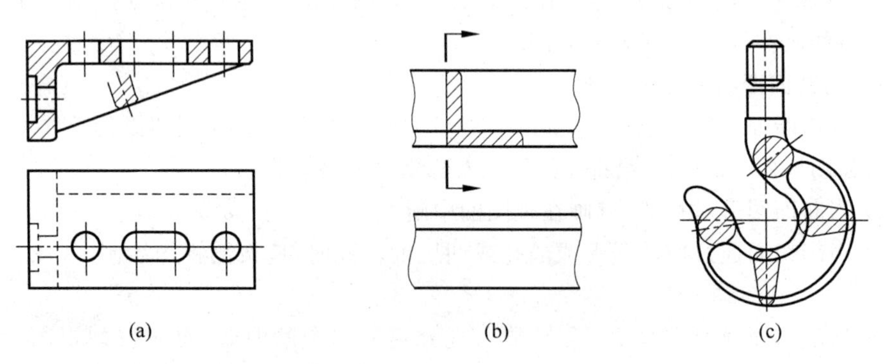

图 6-28　重合断面图

6.4　其他常用表达方法

6.4.1　局部放大图

当物体上有局部的细小结构，在原图上表达不清楚或难在此标注尺寸时，可以将这些结构采用大于原图比例画出。这种图形称为局部放大图，如图 6-29、图 6-30 所示。

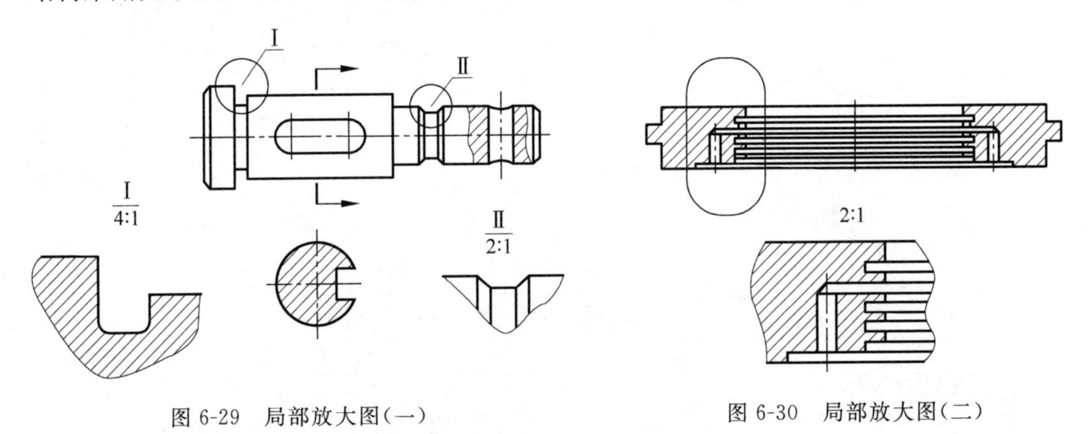

图 6-29　局部放大图(一)　　图 6-30　局部放大图(二)

画局部放大图要注意以下 4 点。

(1) 局部放大图可以画成视图、剖视图或断面图，与被放大部分的原表达方式无关。

(2) 画局部放大图时，应用细实线的圆，圈出被放大部位。局部放大图的断开处用波浪线绘制，尽量配置在被放大部位的附近，并在其上方注出比例。这比例是该图形与实物的线性尺寸之比，而与原视图采用的比例无关。

(3) 当同一物体上有几处被放大时，必须用罗马数字依次标明被放大的部位，并在局部放大图上方，注出相应的罗马数字和所采用的比例，如图 6-29 所示。

(4) 画局部放大剖视图或断面图时，应注意其剖面符号与原图中的剖面符号完全一致。

6.4.2　常用的规定画法和简化画法

当回转体上均匀分布的肋、轮辐、孔等结构不处在剖切面上，可以将这些结构旋转至剖切面上画出，如图 6-31 和图 6-32 所示。

相同结构的简化画法：如齿、槽、孔按一定规律分布时，只需画出一个或几个完整结构即可，如图 6-33 所示；网状物、编织物或滚花可在轮廓线附近用细实线局部示意画出，如图 6-34 所示；圆柱形法兰和类似机件上均匀分布的孔，可按图 6-35 所示形式画出。

与投影面倾斜角度小于或等于 30°的圆或圆弧，其投影可用圆或圆弧代替，如图 6-36 所示。

当图形不能充分表达平面时，可用相交两条细实线的平面符号来表示平面，如图 6-37 所示。

在不致引起误解的情况下，允许省略移出断面的剖面线，如图 6-38 所示。

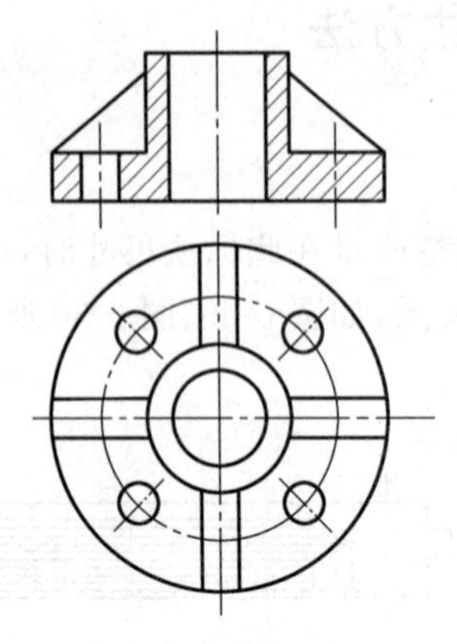

图 6-31 均布孔肋的简化画法(一)

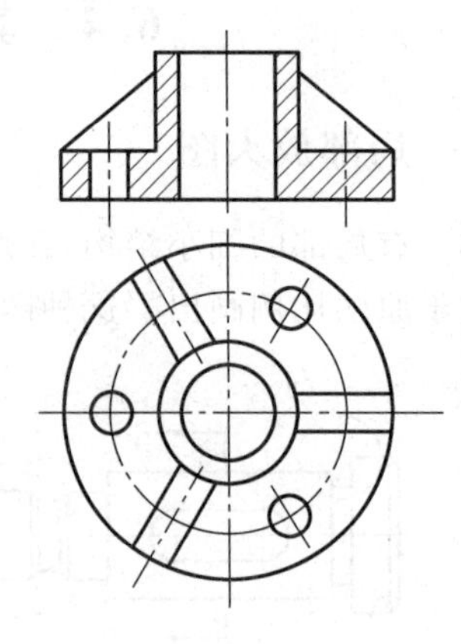

图 6-32 均布孔肋的简化画法(二)

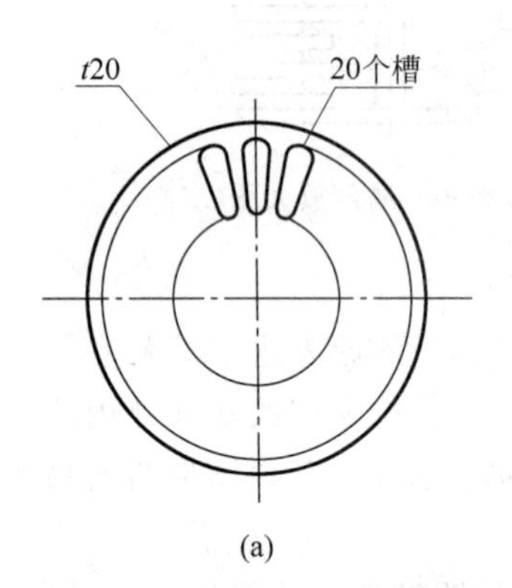

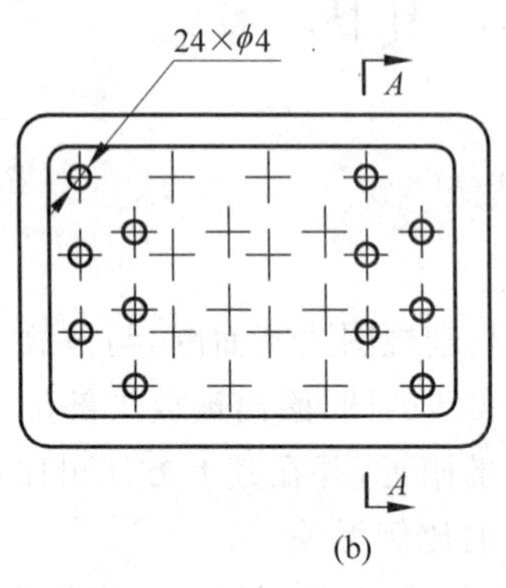

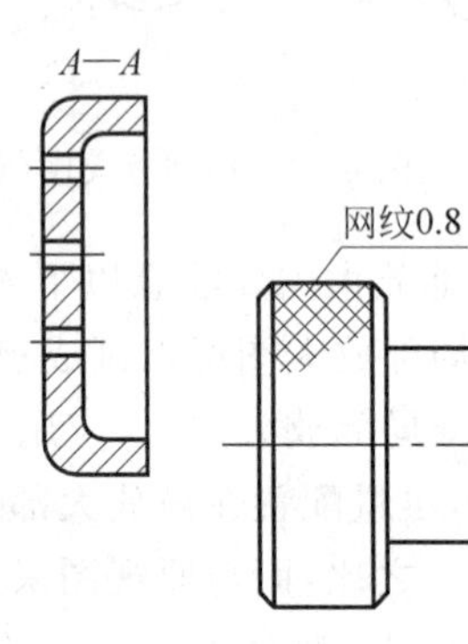

图 6-33 相同结构要素的简化画法

图 6-34 滚花的简化画法

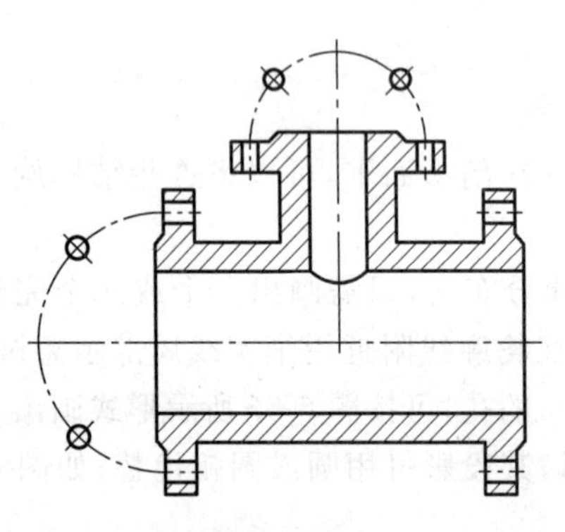

图 6-35 圆柱形法兰盘上均匀分布的孔

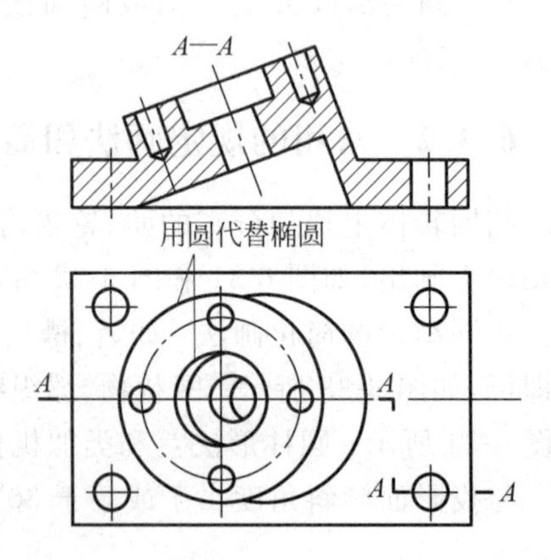

图 6-36 较小倾斜圆的简化画法

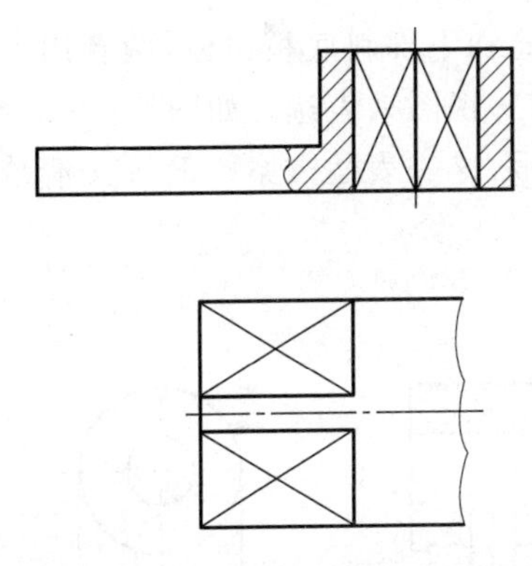

图 6-37　用符号表示平面

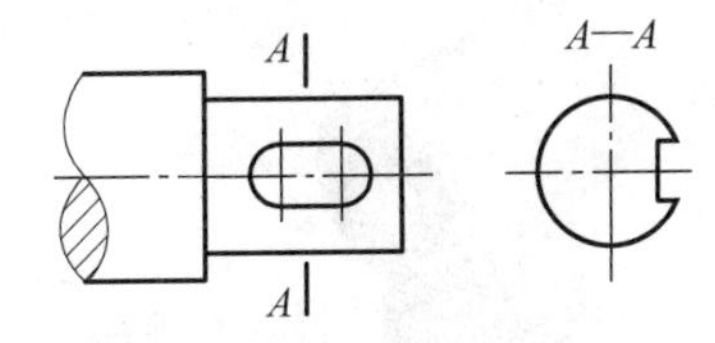

图 6-38　省略剖面线的断面图

较长的形体(轴、杆、型材、连杆等),沿长度方向的形状一致或按一定的规律变化时,可以断开后缩短绘制,但要标注实际尺寸,如图 6-39 所示。

在不致引起误解时,物体上的小圆角、锐边小倒角或 45°小倒角,允许省略不画,但必须注明尺寸或在技术要求中加以说明,如图 6-40 所示。

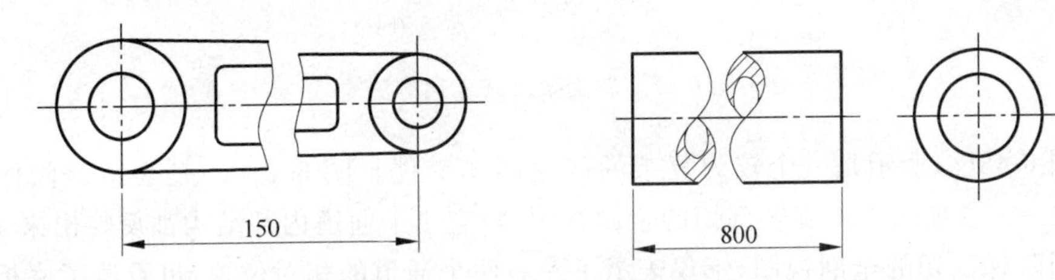

图 6-39　长机件的断开画法

在需要表示物体剖切掉(已不存在)的结构时,可用细双点画线绘制假想轮廓线的投影,如图 6-41 所示。

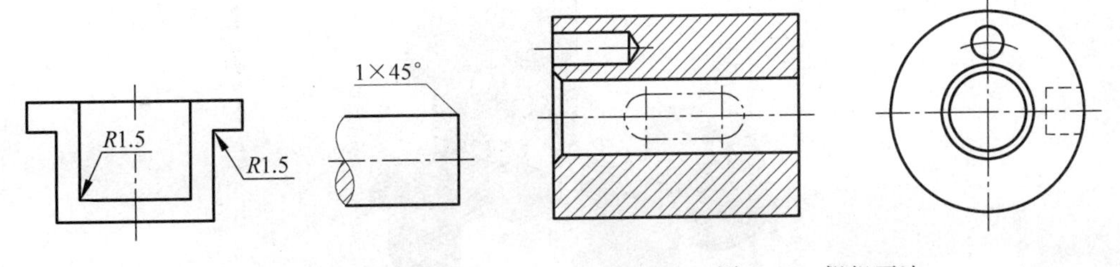

图 6-40　小圆角、小倒角的简化画法

图 6-41　假想画法

6.5　表达方法综合举例

本章介绍了视图、剖视图、断面图以及各种常用的规定画法和简化画法。机械电子产品中的各种零件形状是千变万化的,对于各种不同的机件,在表达时要针对其结构形状的特点来选用不同的方法。其原则是:在方便看图的前提下,用最简练的图形能清晰地表达其内、外结构形状。

如图 6-42(a)所示是一个斜支架,它由上部圆筒和下部斜底板组成,两者用十字肋板连接。对于这样有倾斜结构的形体,不能简单地用三视图来表达。如图 6-42(b)所示,用一个主视图配合两个辅助视图和一个断面图来表示,这一表达方案既简练又清楚地表达了它的内、外结构形状。

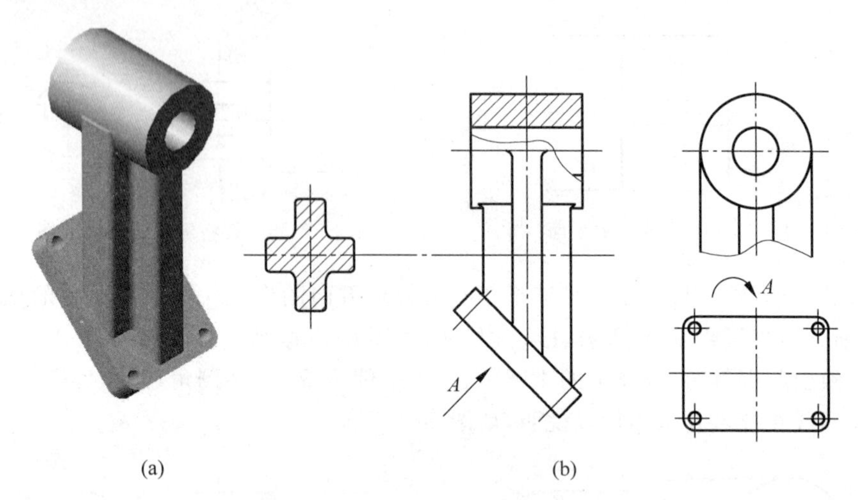

(a) (b)

图 6-42 斜支架及其表达方法

如图 6-43(a)所示是一个较为复杂的四通阀体零件。图 6-43(b)是表达该阀体零件的方案之一:主视图采用旋转剖切的全剖视图,将它 4 个通道内部结构都反映出来了;俯视图采用阶梯剖切的全剖视图,不仅表示了左右两个通道的相对位置,也看清了底板的轮廓形状;D 向视图表达了顶板的轮廓形状;$C—C$ 剖视反映了左侧通道连接板的形状;$E—E$ 剖视反映了右侧通道连接板的形状。每个视图都有其表达重点,又比较完整地将它们联系起来,清晰地表达了内外结构形状,这样使看图感到很方便有条理。

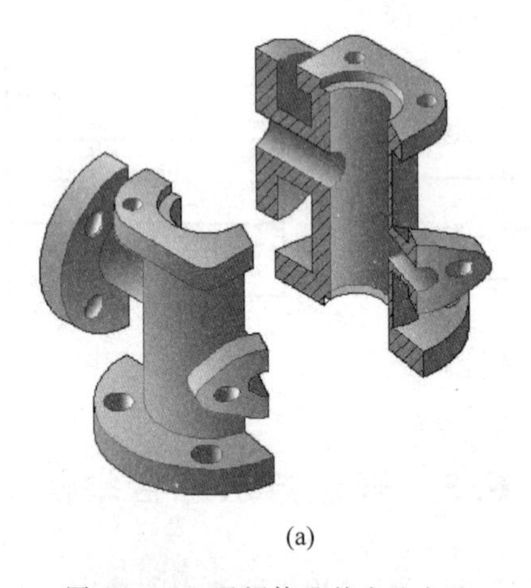

(a)

图 6-43 四通阀体及其表达方法

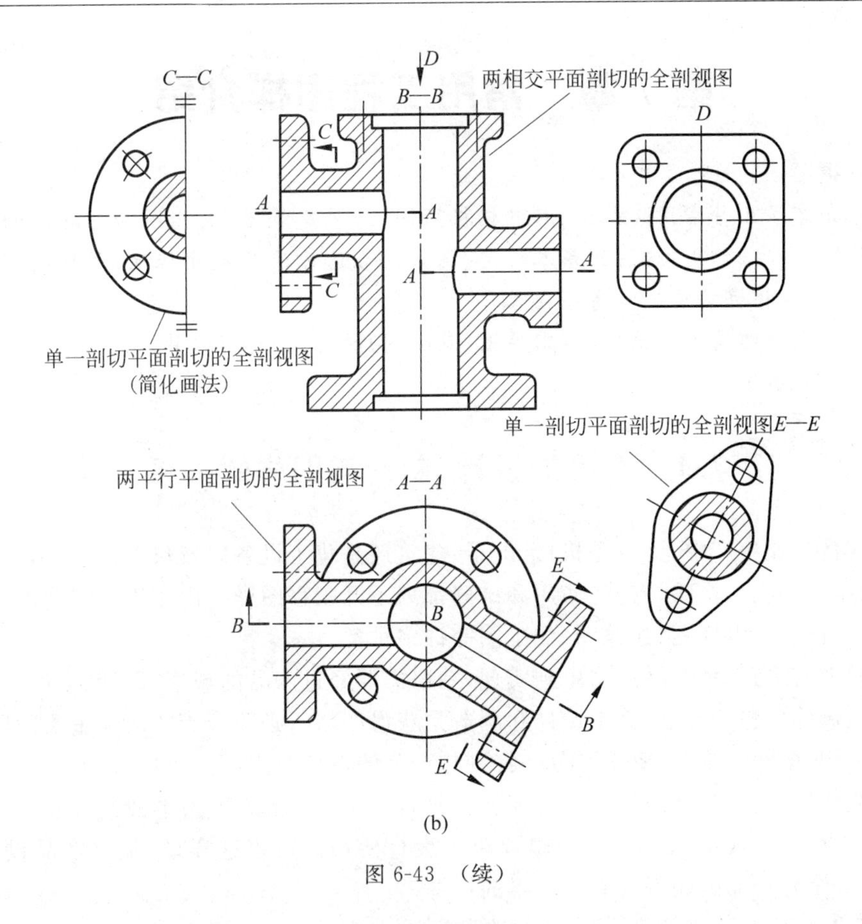

(b)

图 6-43 （续）

复习思考题

1. 视图有哪几种？它们各适用于什么情况？
2. 视图和剖视图的表达重点有何不同？
3. 剖视图是怎样形成的？其标注有哪些规则？
4. 按剖切范围不同，剖视图可分为哪几种形式？
5. 按剖切面和剖切方法不同，剖视图又可怎样区分？
6. 画剖视图在选择剖切面位置时，要注意哪些问题？
7. 什么叫断面图？它和剖视图有何区别？
8. 画移出断面图有哪些特殊的规定画法？
9. 当剖切面通过机件上的肋板时，在什么情况下不画剖面线？
10. 在综合应用这些表达方法表达各种机件时，要考虑什么原则？

第7章　常用工程图样介绍

内容提要

本章介绍了几种常用工程图样，包括机械图、房屋建筑图、电气图和焊接图的基础知识，如图样的内容、作用、绘图的基本规定、图样的表达方法及尺寸标注、图样的阅读方法等，各专业可以根据需要选学有关内容。

本章重点介绍简单机械图样（零件图、装配图）的绘制和阅读，并以阅读为主。其他工程图样只作一般了解。

7.1　产品的设计、制造与图样的关系

在现代工业生产中，无论是机械、电子、建筑还是化工设备以及仪器仪表等，各种产品的设计、制造、施工、检验、安装、使用和维修都离不开工程图样。由于工程专业的不同，工程图样有机械图、电气图、建筑图、化工图等许多种类。

工程上，任何一种产品从构思到实现，一般需要经过产品的规划、设计、生产、销售、报废、回收、循环再造等环节，其中设计和制造是获得产品所必须经历的两个重要阶段，它们的性质不同，但相互影响、密不可分。特别是产品的设计对产品的质量、性能、成本起着至关重要的作用。据有关资料统计，对于机械产品而言，产品的质量事故约50%是设计阶段造成的，产品的成本60%～70%也取决于设计阶段。可以这样说，把好产品设计这一关，对于一个好产品的获得就有了一半的把握。

表7-1所示为机械产品的设计、制造过程的一般流程，从中可以看出机械产品的设计过程主要包括功能原理方案设计、结构总体方案设计和技术设计3个阶段；产品的制造包括零（部）件和整机的制造。

机械产品设计过程的成果主要通过机械图样来体现，而图样上所表示出的大量信息为产品的生产、检验、使用和维修等提供依据，并经过制造过程最终转化为产品。

表7-1　机械产品的设计、制造的一般流程

阶　段		主要任务	阶段目标
设计	产品规划	市场需求调查 提出开发计划	设计任务书
	方案设计	功能分析 寻求解决方案 拟订总体布局 机械运动方案设计	原理方案图
	技术设计	主要尺寸参数、运动参数、动力参数的设计 总体结构设计 零部件结构设计	装配图 零件图 设计计算说明书

续表

阶　段	主 要 任 务	阶 段 目 标
生产、施工	加工、装配工艺设计，工艺流程及零(部)件检验标准的制定 加工、装配时所用的工具、夹具、量具、模具及工艺设备或装置的设计 样机试制、鉴定，改进设计 批量生产	工艺流程卡 工装设计图 基础安装图 使用说明书 申报投产报告、经济评价报告等
售后服务	提出产品性能的新要求 为新一代产品的推出作准备	造型改进报告 防污染改进报告等

7.2 机　械　图

7.2.1 机械图概述

机械是机器和机构的总称。机器是执行机械运动的系统，用来变换或传递能量、物料与信息。机构是机器的组成部分，它是由构件(机械中运动单元)组成的、用来传递运动和力的装置。一部机器包含一个机构或若干个机构，零件是机器中最小的组成单元。

机械图是在机械产品的设计、制造、检验、安装、使用和维修中，用于表达机械产品的形状、结构、尺寸和技术要求的图样。根据其功能的不同，机械图主要可分为装配图和零件图。

表达零件的图样称为零件图。零件图用以表达设计者对零件形状结构的设计意图，是制造和检验零件的依据。

装配图是表达产品(机器或部件)的组成、工作原理、连接方式、装配关系的图样。

在机械产品的设计阶段，一般要先画出装配图，然后根据装配图设计绘制出零件图。在生产阶段，工人先按零件图进行加工，再将制好的零件进行装配，并依据装配图的要求对产品进行调试、检验和安装。在使用时，装配图能帮助人们了解产品的组成、结构、工作原理及性能。因此，装配图是进行零件装配和性能测试的主要依据。

7.2.2 零件图

1. 零件图的内容

图 7-1(a)为一壳体的零件图，从图中可以看出，一张完整的零件图应包含以下内容。

(1) 一组视图。零件图上应有能完整、清晰地表达零件内外结构和形状特征的一组视图，它是零件图最基本的内容。

(2) 全部尺寸。零件图应包含制造、检验该零件所需的全部尺寸，它是制造零件各部分大小的依据。

(3) 技术要求。在零件图上，常用一些规定的符号、代号、数字和文字表明零件在制造和检验时应达到的质量要求，如该零件的材料、表面粗糙度、尺寸公差、形位公差、表面热处理要求等，它是零件质量的保证。

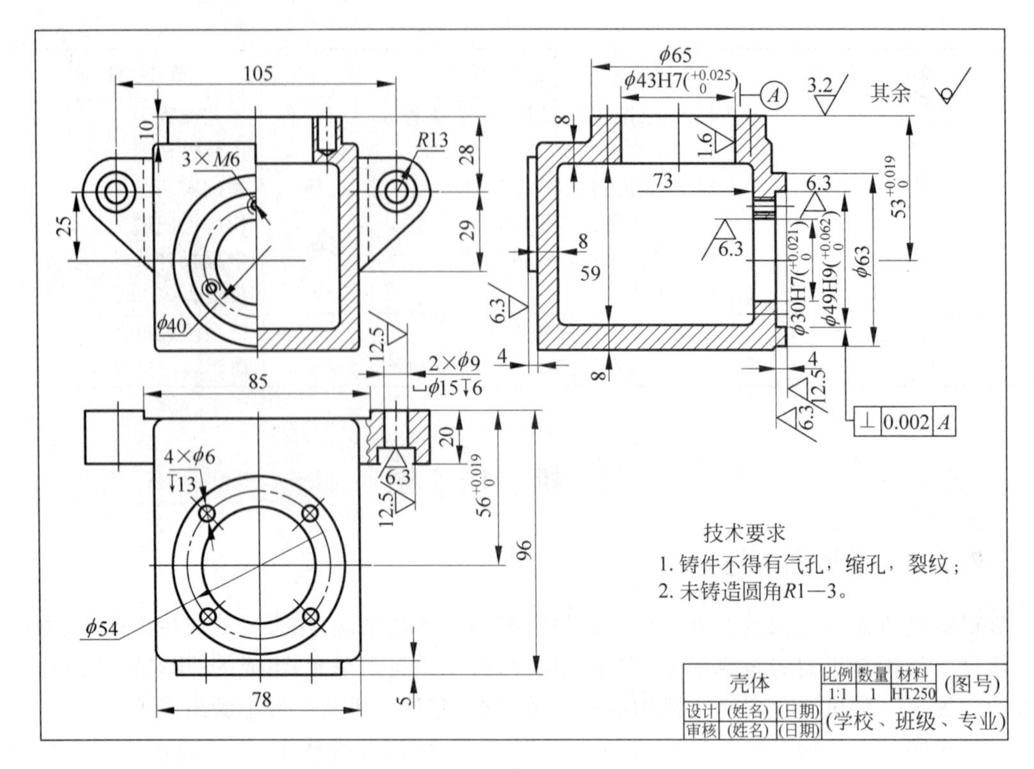

(a) 壳体的零件图

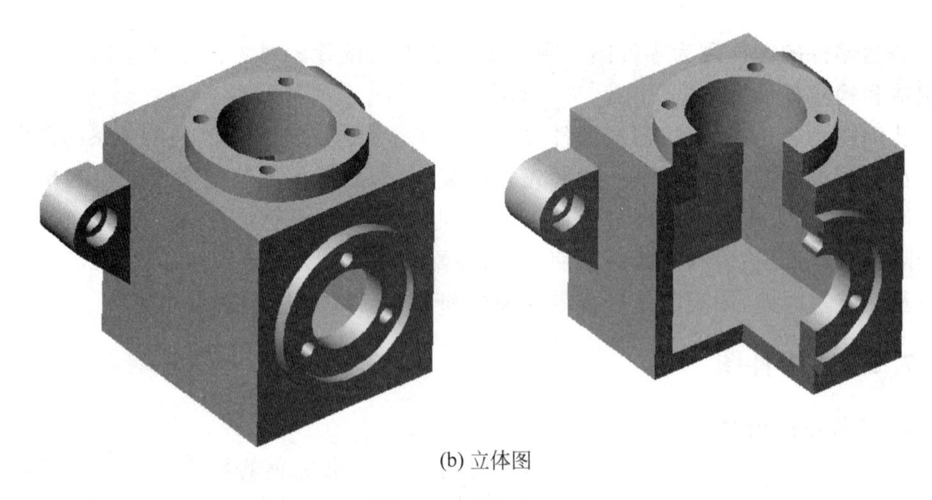

(b) 立体图

图 7-1　壳体零件

（4）标题栏。标题栏中应填写设计、绘图责任人的签名以及零件的名称、材料、数量、图样比例等内容，它是组织生产的管理信息。

2. 典型零件的零件图

1）零件的分类

按在部件中所起作用的不同，零件大致可分为两类：

(1) 一般零件。这类零件包括轴、盘、盖、叉架、箱体等，它们的结构形状、尺寸大小和技术要求等，都要根据其在部件中所起的作用、与相邻零件的关系以及制造工艺等来确定。

(2) 标准件。常用的标准件有螺栓、螺柱、螺钉、螺母、垫圈、键、销和滚动轴承等，这类标准件都有规定标记和各种尺寸规格。

2) 确定零件图的表达方案和进行零件图尺寸标注的一般原则

零件图表达方案包括视图、剖视图、断面图以及其他表达方法的选择和视图数量的确定，其原则是：根据零件的结构特点，选用恰当的表达方法，在正确、完整、清晰地表达零件各部分的内外结构形状，便于看图的前提下，力求使画图简便。

零件的大小是由零件图中所标注的尺寸来决定的。零件图的尺寸标注应遵循正确、完整、清晰和合理的原则。前3项要求在前面的章节中已有介绍，不再重复；后1项要求因涉及到许多专业知识和生产实际经验，在此作简单介绍。所谓合理是指标注的尺寸既要满足设计要求，保证部件的使用性能，又要便于加工、测量和检验。

零件图上尺寸可分为主要尺寸(又称功能尺寸，如直接影响零件工作性能及精度的尺寸、有配合要求表面的尺寸、确定零件在部件中准确位置的尺寸、连接尺寸、安装尺寸等)和非主要尺寸(如外轮廓尺寸、非配合要求的尺寸、用来满足零件的机械性能及工艺要求等方面的一些非功能尺寸)。在标注尺寸时，还要合理地选择长、宽、高3个方向的尺寸基准(一般为零件的轴心线、底面、对称面)，并以此为起点注出尺寸。主要尺寸一般都有公差精度要求，应直接注出，不能换算；非主要尺寸可以从加工、测量方便出发进行标注。

3) 典型零件的视图和尺寸分析

(1) 轴套类零件

轴套类零件常用来支撑传动零件(带轮、链轮、齿轮等)进行运动或动力的传递，它的主要结构是由回转体组成，同时为了与传动零件很好地连接起来以及加工需要，轴、套上常有键槽、销孔、螺纹、退刀槽、砂轮越程槽等结构。轴套类零件主要是在车床和磨床上加工，为了加工时方便看图，一般选择将轴按轴线水平放置(保持与加工位置一致)、键槽(或销孔)朝前(反映其形状特征)来画主视图，并配上断面图、局部剖视图来表达轴上键槽(或销孔)的深度，而且还可以用局部放大图来表达退刀槽、砂轮越程槽等细小结构的形状和大小。

轴套类零件的尺寸分为径向尺寸和轴向尺寸，径向尺寸的主要基准是轴心线，轴向尺寸的主要基准是定位端面。

如图7-2所示为一电机主轴的零件图，其主视图选择水平方向画出，轴上的一些结构也都表示出来了。由图可知，电机主轴主要由4段直径不同的同轴圆柱体构成，它的最左端开有键槽，键槽的宽度和深度尺寸在断面图上表达。主视图的正上方的两个局部放大图表示出轴上两处砂轮越程槽，尺寸2×1表示砂轮越程槽的宽度和深度。轴上的直径$\phi25^{+0.024}_{+0.015}$和$\phi20^{+0.005}_{-0.004}$，以及轴向尺寸$97^{+0.10}_{-0.40}$为该轴的最主要尺寸。其余的轴向尺寸是综合考虑加工顺序和便于测量注出来的。

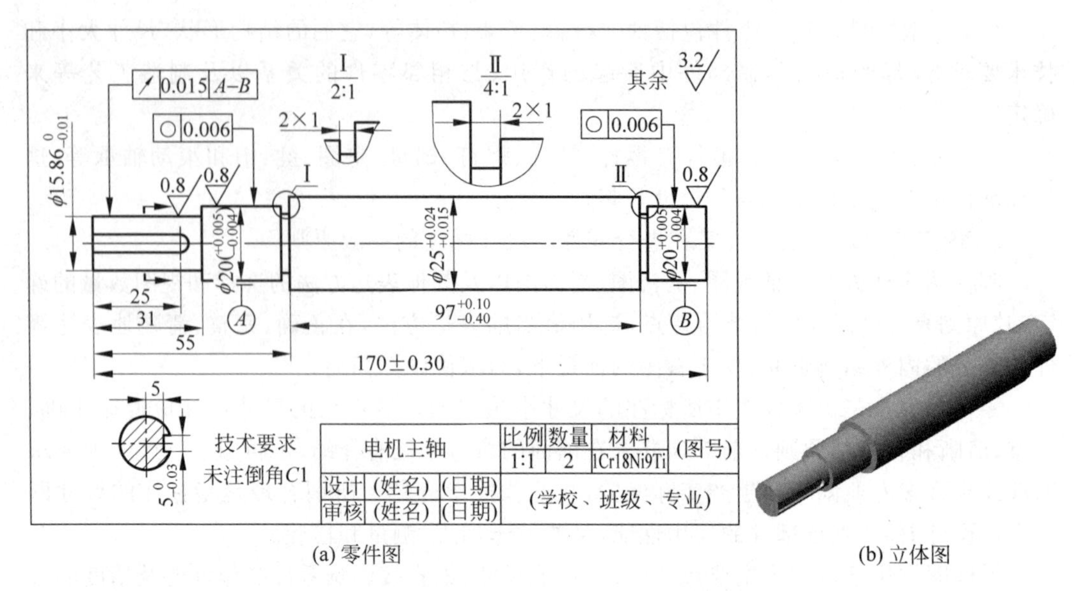

(a) 零件图　　　　(b) 立体图

图 7-2　电机主轴

(2) 盘盖类零件

如图 7-3 所示的是齿轮泵的端盖，它的主要形体为回转体，且呈扁平状(径向尺寸一般大于轴向尺寸)。它和法兰盘、手轮等都属于盘盖类零件，此类零件的主视图多按加工位置(以车削加工为主，轴线水平)绘制。根据它的形状特征，主视图大多选用剖视图(结构对称时可作半剖；不对称时可作全剖或局部剖)来表达其内部结构。左视图用来补充表达零件的外形轮廓和孔、肋板、轮辐等的分布位置，还可用断面图来表达肋板、轮辐等结构的形状。

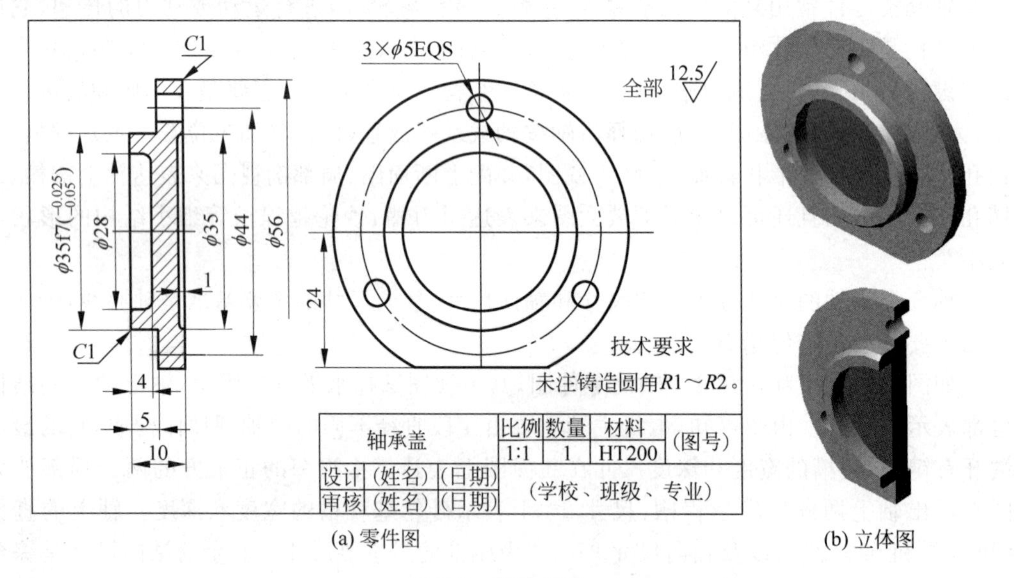

(a) 零件图　　　　(b) 立体图

图 7-3　轴承端盖

由图 7-3(a)可知，轴承端盖的主视图取了全剖视，剖切平面通过零件的前后对称面。其形状为带一个凸台和凹槽的圆盘(直径为 $\phi 56$)。凸台和凹槽的径向尺寸以圆盘轴线为基准标出为 $\phi 35(^{+0.024}_{+0.015})$、$\phi 28$，其轴向尺寸分别为 5 和 4，主要基准为端盖的左端面。左视图补充表达了端盖的外形轮廓，其下端有一切口，3 个孔径为 $\phi 5$ 的小孔均匀分布在 $\phi 44$ 的圆周上(EQS 为均匀分布的意思)。

(3) 叉架类零件

拨叉、支架、支座、连杆等零件可归纳为叉架类零件。这类零件，多数形状不规则，外形结构比内腔复杂，且工作位置和加工位置多变。绘制零件图时，通常是根据其工作位置，选择反映零件主要结构形状、特征的视图为主视图，并用斜视图、局部视图、断面图等来达零件上的局部细节，如弯曲、倾斜结构和肋板等。

如图 7-4 所示为车床床头箱的拨叉的零件图。

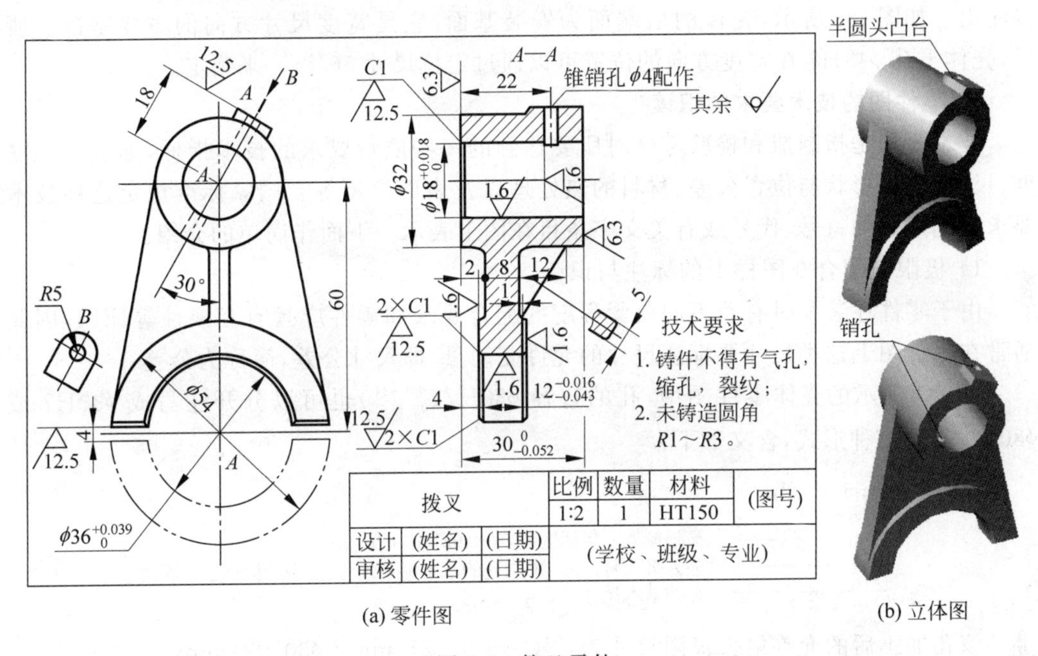

(a) 零件图　　(b) 立体图

图 7-4　拨叉零件

该拨叉是由圆筒、梯形支撑板、三角形肋板和半圆筒组成，它是用来拨动变速齿轮的。主视图下方用双点画线表示出零件下部原是一个完整的圆柱，加工完 $\phi 36_{0}^{+0.039}$ 孔和两端面后，切去了该圆柱下半部分，因此标注尺寸时是用 ϕ 而不能用 R。左视图 A—A 采用了旋转剖，两个相交的剖切平面通过锥销孔和两个轴孔(直径分别为 $\phi 18$、$\phi 36$)的中心。斜视图 B 表明零件右上方凸台的形状一头是半圆形的；A—A 剖视图右下方的断面图表明了肋板的断面形状，图上尺寸 5 表示其厚度。

叉架类零件的主要尺寸基准一般为主要孔的轴线、对称面或需加工的大底面。此类零件的定位尺寸较多，一般要注出孔之间的中心距或孔的轴线到基准面的距离、平面到基准面(或基准线)的距离等。如图 7-4 所示，主视图中的 60 即为两个轴孔的中心距，而 18 则是凸台上端面的定位尺寸。从左视图可看出，后端面为宽度方向的主要尺寸基准，锥销孔的定位尺寸为22，下部连接板到基准面的距离为4，拨叉的总宽为30。

（4）箱体类零件

阀体、泵体、壳体等零件属于箱体类零件。如图7-1所示，箱体类零件一般起支承和包容作用，它的结构形状较复杂，其上常有薄壁的空腔、轴孔、螺孔、凸台、肋板等结构。由于此类零件要经过多道工序加工而成，故其主视图通常是根据主要形状特征和零件的工作位置来确定，常与其在装配图中的位置相同，这样可直接和装配图对照，以便于校核零件形状和尺寸的正确性。视图的表达方案和数量，应根据箱体零件的特征和结构形状的复杂程度而定。

在标注尺寸时，一般选择箱体类零件上的主要孔的轴线、对称面或较大的加工面作为长、宽、高三个方向的主要尺寸基准。复杂的箱体类零件的定位尺寸较多，各孔之间的中心距或孔的轴线到基准面的距离、平面到基准面（或基准线）的距离等都是主要尺寸应直接注出。如图7-1所示，壳体的后端面为安装基面，它是宽度尺寸方向的主要基准。所以，壳体上孔ϕ43H7在宽度方向的位置可以通过定位尺寸$56_{0}^{+0.019}$来确定。

3. 零件图的技术要求的识读

技术要求是指制造和检验零件时所要达到的一些质量要求的技术指标，如表面粗糙度、尺寸公差、形状与位置公差、材料的热处理以及表面涂覆等。国家标准规定这些技术要求常用规定的符号、代号或有关文字条目在图上表示。下面作简单的介绍。

1）极限与配合在图样上的标注与识读

由于零件在装配时有着不同松紧程度的配合要求和零件应具有互换性等原因，因此通常在零件图上这类尺寸要标注尺寸的允许变动量，即尺寸公差，简称为公差。

图7-1所示的壳体零件图中，孔的直径ϕ30H7($_{0}^{+0.021}$)也可以分开注写成ϕ30H7或$\phi 30_{0}^{+0.021}$，共3种形式，含义如下：

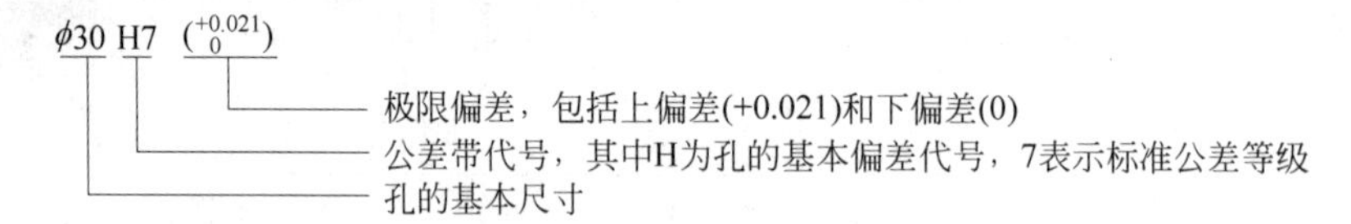

该孔加工后的允许最大极限尺寸为：ϕ(30+0.021)mm=ϕ30.021mm。

允许最小极限尺寸为：ϕ(30+0)mm=ϕ30mm。

最大极限尺寸减去最小极限尺寸（或上偏差减下偏差）为尺寸公差。如尺寸ϕ30H7($_{0}^{+0.021}$)的公差为：[+0.021−(0)]mm=0.021mm。

公差限定了被加工零件的实际尺寸允许的变动范围，经检测若尺寸超出了允许的变动范围，就视为不合格。偏差值可以为正、为负、为零，而公差值只能为正。

为了减少测量工具的数量，国家标准规定了标准公差等级和基本偏差代号的总数。标准公差等级共分20级，由IT01、IT0、IT1、IT2、…、IT18组成，其中IT01精度等级最高，依次降低，IT18的精度等级最低。

孔和轴各有28个基本偏差符号。孔由大写字母A、B、C、CD、D、E、EF、F、FG、G、H、J、JS、K、M、N、P、R、S、T、U、V、X、Y、Z、ZA、ZB、ZC表示，轴有对应的小写拉丁字母a、b、c、cd、d、e、ef、f、fg、g、h、j、js、k、m、n、p、r、s、t、u、v、x、y、z、za、zb、zc表示。

有了尺寸公差要求，零件之间的装配质量才能得到保证。

由于零件之间的装配会有松紧程度不同的要求，因此，国家标准将轴与孔的配合[①]分为 3 种类型：①间隙配合：具有间隙的配合；②过盈配合：具有过盈的配合；③过渡配合：可能具有间隙或者过盈的一种配合。每一种配合又可按松紧程度要求的不同分为若干种，用控制孔和轴的尺寸公差的方法来达到。

国家标准规定了两种基准制：基孔制、基轴制。基孔制中的基准孔的基本偏差代号为 H；基轴制中的基准轴的基本偏差代号为 h。

在装配图上要进行配合代号标注，配合代号的标注形式一般是在孔和轴的基本尺寸后注出孔与轴的公差带代号，例如 $\phi30\ \frac{H7}{f6}$ 或 $\phi30H7/f6$。它的含义是孔和轴的基本尺寸是 $\phi30$，基孔制的基准孔公差等级为 7 级；轴的基本偏差代号是 f，公差等级为 6 级。它属于间隙配合（$\phi30H7$ 孔的最大极限尺寸为 $\phi30.021$mm，最小极限尺寸为 $\phi30$mm；$\phi30f6$ 轴的最大极限尺寸为 $\phi29.98$mm，最小极限尺寸为 $\phi29.67$mm）。

2）表面粗糙度的概念及标注

（1）表面粗糙度的概念

经过加工的零件表面，用肉眼看起来很光滑，但将它们放到显微镜下观察，就会发现其加工表面上仍存在高低不平的较小的凸峰和凹谷，如图 7-5 所示。这种零件表面上具有的较小间距和峰谷所组成的特性，称为表面粗糙度。它与加工方法和加工环境等因素有关，并直接影响零件的配合质量，及其密封性、耐磨性、抗腐蚀性和抗疲劳的能力。

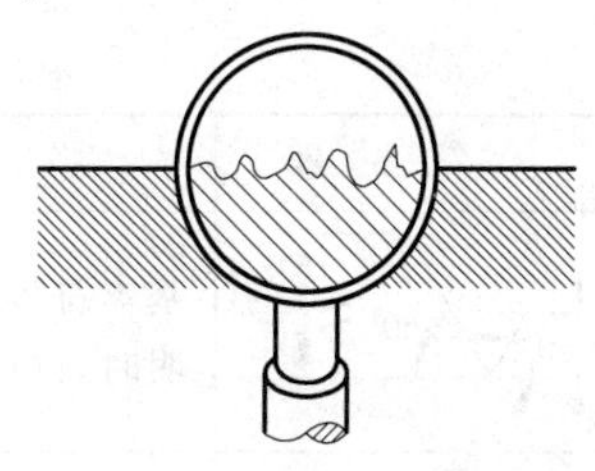

图 7-5　加工表面的微观不平情况

（2）表面粗糙度的评定及选用

目前生产中用来评定零件表面粗糙程度的主要参数是高度特征参数：轮廓算术平均偏差 Ra。

Ra 值愈小，表明零件表面愈平整、光滑，加工要求愈高。在不影响产品的使用性能的前提下，应尽量选用较大的表面粗糙度值，以降低生产成本。

国家标准规定的轮廓算术平均偏差（单位 μm）数值有：100、50、25、12.5、6.3、3.2、1.6、0.8、0.4、0.2、0.1、0.05、0.025、0.012 等。

表 7-2 为部分表面粗糙度 Ra 值与加工方法之间的关系及应用举例。

表 7-2　表面粗糙度获得的方法及应用

表面粗糙度		表面外观情况	加工方法	应用举例
Ra	名称			
100	毛面	除净毛口	铸、锻、轧制等	无需的加工表面，如机床床身等
50	粗面	明显可见刀痕	毛粗车、粗刨、粗铣	不接触表面
25		可见刀痕		不重要表面的接触表面
12.5		微见刀痕		如钻孔和倒角等

① 配合：基本尺寸相同相互结合的孔和轴公差带之间的关系。

续表

表面粗糙度		表面外观情况	加工方法	应用举例
Ra	名称			
6.3	半光面	可见加工痕迹	精车、精刨、精铣、刮研和粗磨	静止配合面
3.2		微见加工痕迹		零件间相对速度不高的接触表面
1.6		看不见加工痕迹		重要零件的非工作表面
0.8	光面	可辨加工痕迹方向	金刚石车刀精车、精铰、拉刀和压刀加工、精磨、珩磨、研磨、抛光	要求密合性很好的接触面
0.4		微辨加工痕迹方向		相对速度较高的接触面
0.2		不可辨加工痕迹方向		高精度的配合面 精密量具表面

(3) 表面粗糙度符号及含义

表面粗糙度符号的画法及意义如表 7-3 所示。表中符号的线宽 $d=h/10$，符号 $H_1=1.4h$，$H_2=3h$，h 为图样中的字高。

表 7-3　表面粗糙度符号及其意义

符　　号	意　　义
H_1 60° 60° H_2	基本符号，表示该表面可用任何方法获得。当不加注粗糙度参数值或有关说明时，仅用于简化代号标注
	基本符号上加一短划线，表示表面特征是用去除材料的方法获得。如：车、铣、钻、磨、抛光、腐蚀、电火花加工等
	基本符号上加一小圆，表示表面特征是用不去除材料的方法获得。如：铸、锻、冲压、热轧、冷轧、粉末冶金等；或是用于保持原供应状况的表面

(4) 表面粗糙度的标注方法

① 表面粗糙度代号（在表面粗糙度符号中加注表面粗糙度参数或其他有关要求）应注在可见轮廓线或尺寸界线上，并尽可能靠近有关的尺寸线。粗糙度符号的尖端必须从材料外指向表面，如图 7-6(a)所示。

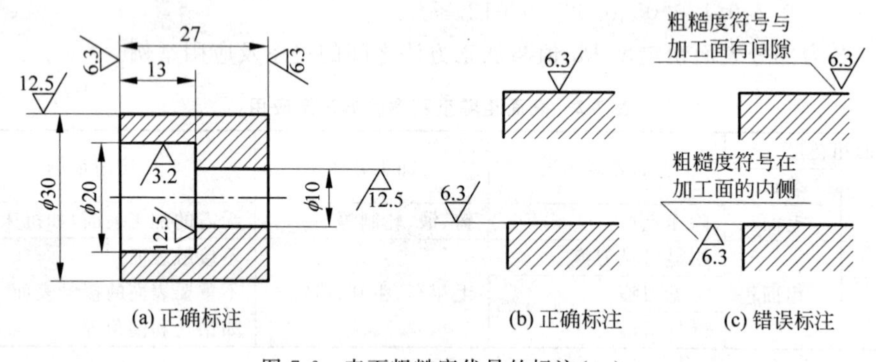

(a) 正确标注　　(b) 正确标注　　(c) 错误标注

图 7-6　表面粗糙度代号的标注(一)

② 零件表面具有不同粗糙度要求时，在零件图中应分别标出其粗糙度代号；当零件大部分表面具有相同的表面粗糙度要求时，对其中使用最多的一种可以在图样的右上角统一标注，并加注"其余"2 字，如图 7-7(a)所示。当零件所有表面的粗糙度要求完全一样时，可在图样右上角统一标注，如图 7-7(b)所示。

③ 同一图样上，每一表面一般只标注一次表面粗糙度代号。零件上连续表面及重复要素(孔、槽、齿等)的表面，只标注一次，如图 7-8(a)所示。对不连续的同一表面可用细实线相连，也只标注一次，如图 7-8(b)所示。

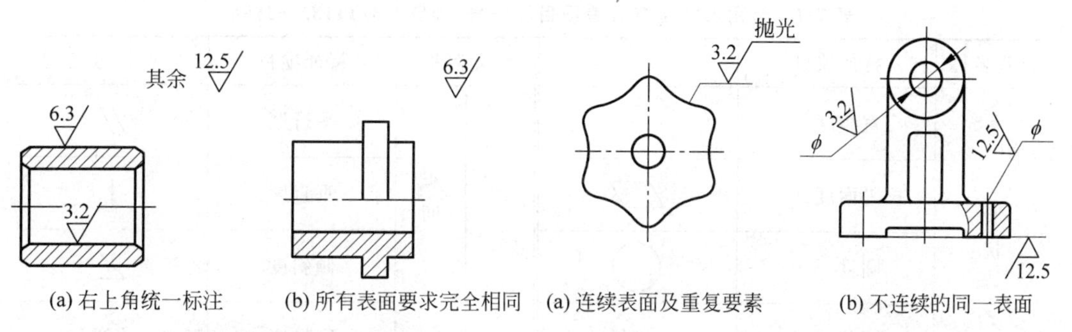

(a) 右上角统一标注　(b) 所有表面要求完全相同　(a) 连续表面及重复要素　(b) 不连续的同一表面

图 7-7　表面粗糙度代号的标注(二)　　图 7-8　表面粗糙度代号的标注(三)

3）形状位置公差在图样上的标注与识读

形状与位置误差是零件表面的宏观几何形状误差，它也会直接影响零件之间的装配质量。

限制零件几何要素的形状和位置的变动量称为形状和位置公差，简称为形位公差。国家标准规定了形位公差项目名称及相应的符号，见表 7-4。

零件图上一般用框格代号的形式标注形位公差，如图 7-9 所示。形位公差框格按水平方向从左到右由两格或多格组成。国家标准规定：第 1 格填写形位公差的特征项目符号，第 2 格填写形位公差的线性值及有关附加符号，第 3 格及其后各格填写基准字母及其附加符号。

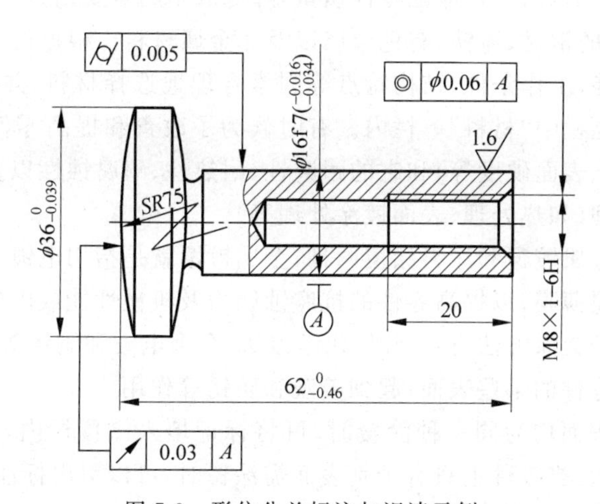

图 7-9　形位公差标注与识读示例

基准代号由基准符号(粗短划线,其宽度为 $2d$,长度约为 5～10mm),细实线的圆圈、指引线和相应字母组成。当短划对齐有关尺寸线时,表示基准部位是轴线或对称平面,如图 7-9 中的 A 基准代号。标注时,用带箭头的指引线将形位公差框格与被测要素相连。

图 7-9 中的三项形位公差含义为:[⌭|0.005]是指 $\phi16f7(^{-0.016}_{-0.034})$ 圆柱体的表面其圆柱度公差为 0.005;[◎|ϕ0.06|A]是指 M8×1-6H 螺孔的轴线对 $\phi16f7(^{-0.016}_{-0.034})$ 轴线为基准的同轴度公差为 ϕ0.06;[↗|0.03|A]是指 $SR75$ 球面对 $\phi16f7(^{-0.016}_{-0.034})$ 轴线为基准的圆跳动公差为 0.03。

表 7-4　常用形状位置公差项目和符号(摘自 GB/T1182—1996)

公差名称	特征项目	符号	公差名称		特征项目	符号
形状	直线度	—	位置	定向	平行度	//
	平面度	▱			垂直度	⊥
	圆度	○			倾斜度	∠
	圆柱度	⌭		定位	同轴度	◎
形状或位置	线轮廓度	⌒			对称度	⌯
					位置度	⌖
	面轮廓度	⌓		跳动	圆跳动	↗
					全跳动	⌰

4) 零件的常用材料及表面处理

恰当地选择零件的材料,是保证零件质量,降低成本的重要因素。制造零件的材料种类很多,有各种各样的钢材、铸铁、有色金属以及非金属材料。根据设计要求,在设计零件时应考虑零件的功能、工作条件、结构特点等因素合理地选择材料,并将选好的材料牌号填写在其零件图标题栏中"材料"一栏内。有时候为了改善和提高零件的机械性能(如强度、刚度、塑性、韧性、表面硬度等)和它的耐磨性、耐热性、耐腐蚀性以及表面美观等,零件常需要进行各种处理(如热处理、表面镀涂处理等)。

表面镀涂分为金属镀覆和涂料涂覆两种,金属镀覆就是指用电镀或化学等方法,使零件表面具有一层金属薄膜,以提高零件的抗腐蚀能力及机械性能或电气性能,改善零件的焊接性能等。常用的镀涂方法有:电镀、化学镀法、合金电镀和刷镀等。涂料涂覆是用涂料(油漆等)覆盖在零件的某些表面,起到美观和防锈等作用。

当零件的全部表面均为同一种涂覆时,可将标记填入涂覆栏内,或在技术要求中写明,图中不必再标注。当零件上只有个别表面需涂覆时,可以引出标注。标注的方法是在符号$\sqrt{}$的横线上方注写涂覆标记,如图 7-10 所示。其含义是:铜材,电镀含锡铅合金

15μm 以上，热熔。在需要表示镀涂或其他表面处理的要求时，可将加工方法标注在横线的上方。如图 7-11(a)、(b)表示了零件表面镀铬后的粗糙度值和镀铬前的粗糙度值，也可同时表达镀铬前及镀铬后的表面粗糙度值，如图 7-11(c)所示，并用粗点画线表示出局部处理的范围。

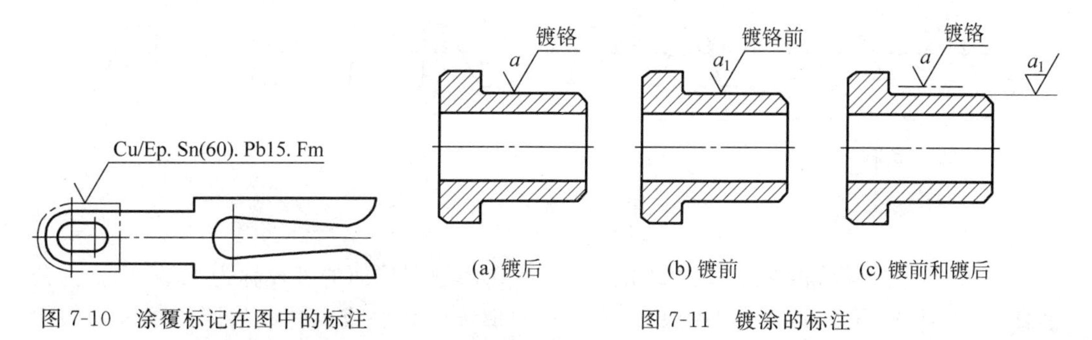

图 7-10　涂覆标记在图中的标注

图 7-11　镀涂的标注

4. 零件上常见的工艺结构

零件的结构形状，主要是根据它在部件或机器中的功能来确定的，同时还要考虑制造、装配方便。因此零件在某些结构上就会出现螺纹、键槽以及一些常见的工艺结构，如圆角、倒角、退刀槽、凸台、凹坑等。

1）螺纹

(1) 螺纹的形成

某一平面图形(三角形、矩形、梯形和锯齿形等)与一回转面(圆柱或圆锥)的轴线共面，且绕着其轴线作螺旋运动，就形成了 1 个圆柱(或圆锥)螺旋体，该螺旋体称为螺纹。

螺纹一般是通过车削加工出来的，如图 7-12 所示是在车床上车制螺纹的情况。加工时，工件绕着轴线作匀速转动，刀具同时沿着轴线作匀速直线运动的，当刀具沿径向切入工件一定的深度时，即可加工出螺纹来。在外表面上加工出来的螺纹叫做外螺纹，在内表面加工出来的螺纹叫做内螺纹。对于直径较小的螺纹，还可以用图 7-13 所示的板牙套制(外螺纹)和用丝锥攻制(内螺纹)。

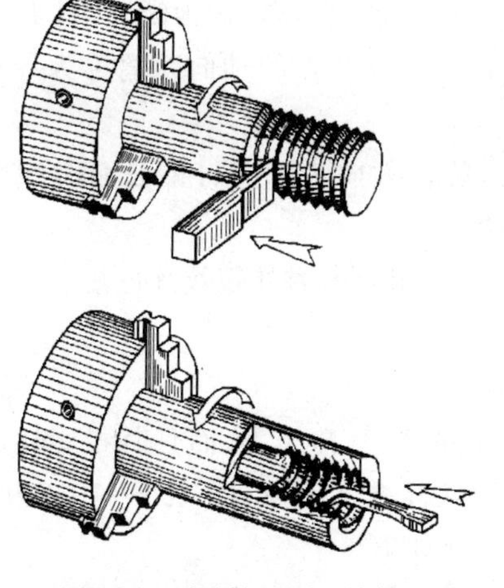

图 7-12　车削加工内、外螺纹

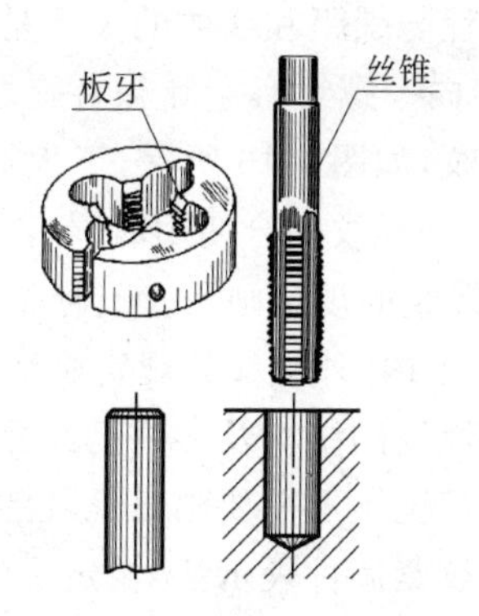

图 7-13　小直径螺纹加工

(2) 螺纹的基本要素

① 牙型。如图 7-14 所示，在通过螺纹轴线的断面上，螺纹牙齿的轮廓形状称为牙型，其左右轮廓线的夹角称为牙型角。螺纹的牙型有：三角形、梯形、锯齿形、矩形等。牙型角为 60°的三角形螺纹最常用，称为普通螺纹。

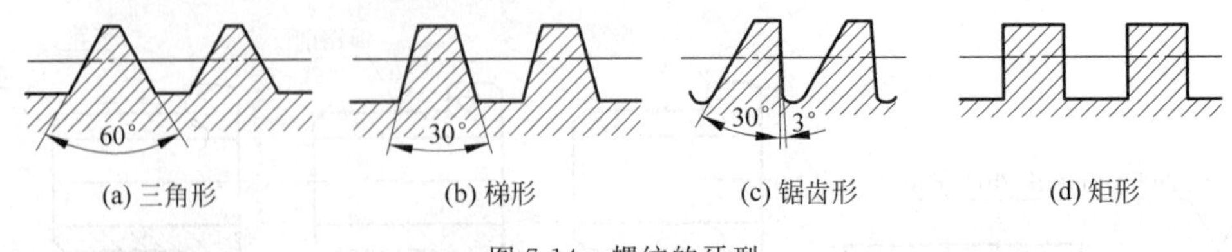

图 7-14　螺纹的牙型

② 直径。外螺纹的牙顶和内螺纹的牙底所在假想圆柱面的直径称为大径，也称为公称直径，用 d(外螺纹)或 D(内螺纹)表示；与外螺纹的牙底或内螺纹的牙顶重合的假想圆柱面的直径称为小径，用 d_1(外螺纹)或 D_1(内螺纹)表示，如图 7-15 所示。中径是指一个假想圆柱的直径，该圆柱的母线通过牙型上沟槽和凸起宽度相等的地方，以 d_2(D_2)表示。

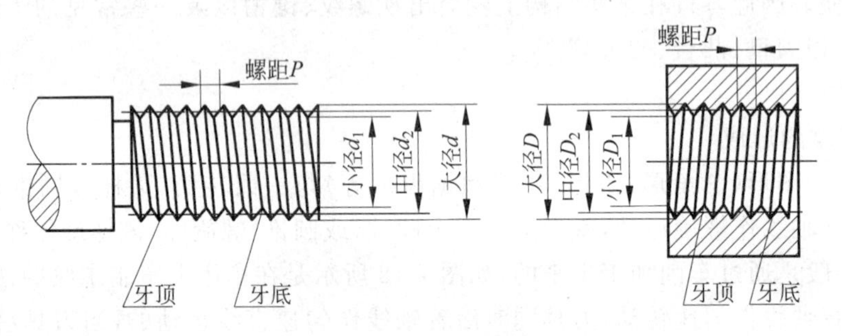

图 7-15　螺纹结构要素(一)

③ 线数。零件上形成螺纹的螺旋线数目称为线数，如只有一条，就称为单线螺纹；如有 2 条或 2 条以上，就称为双线或多线螺纹。线数又俗称为头数，通常用 n 表示。

④ 螺距和导程。相邻 2 牙在中径线上对应 2 点的轴向距离，称为螺距，以 P 表示，如图 7-15 所示；同一螺旋线上的相邻 2 牙在中径线上对应 2 点的轴向距离称为导程，以 L 表示。导程与螺距和线数的关系是：$L=nP$。

⑤ 旋向。螺纹有左旋和右旋之分。旋进时，旋转方向为顺时针的是右旋螺纹，反之为左旋螺纹，如图 7-16 所示，工程上常用的是右旋螺纹。

当内、外螺纹配合使用时只有上述基本要素完全相同的内外螺纹才能旋合。

(3) 螺纹的规定画法及其标记

① 单个内、外螺纹的规定画法

由于螺纹的结构及参数已经标准化，通常采用成形刀具加工，而且其投影比较复杂，因此一般情况下不需要画出螺纹的真实投影。国家标准《GB/T 4459.1—1995 机械制图 螺纹及螺纹紧固件表示法》规定了螺纹的画法，简介如下。

• 在平行于螺纹轴线的视图或剖视图上，螺纹的大、小径按"螺纹顶径画粗实线，螺

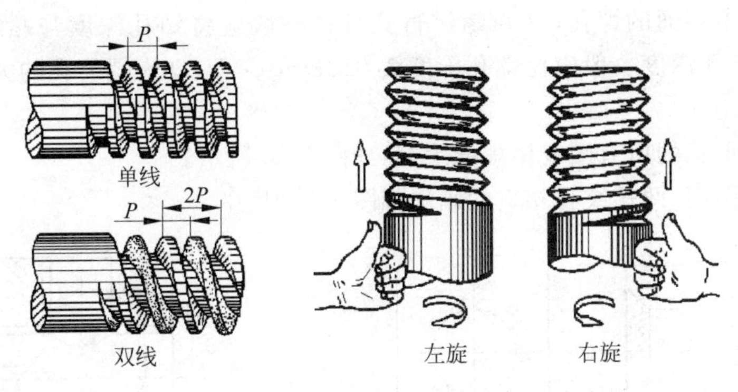

图 7-16　螺纹结构要素(二)

纹底径画细实线”规律绘制。即外螺纹：大径 d(顶径)用粗实线表示，小径 d_1(底径)用细实线表示，如图 7-17(a)所示。内螺纹：大径 D(底径)用细实线表示，小径 D_1(顶径)用粗实线表示，如图 7-17(b)所示。在垂直于螺纹轴线的投影面的视图中，表示螺纹底径的细实线圆只画约 3/4 圈。

- 螺纹的终止线用粗实线表示，如图 7-17 所示。
- 螺纹有倒角时，在垂直于螺纹轴线的投影面的视图中，倒角圆投影不应画出，如图 7-17 所示。

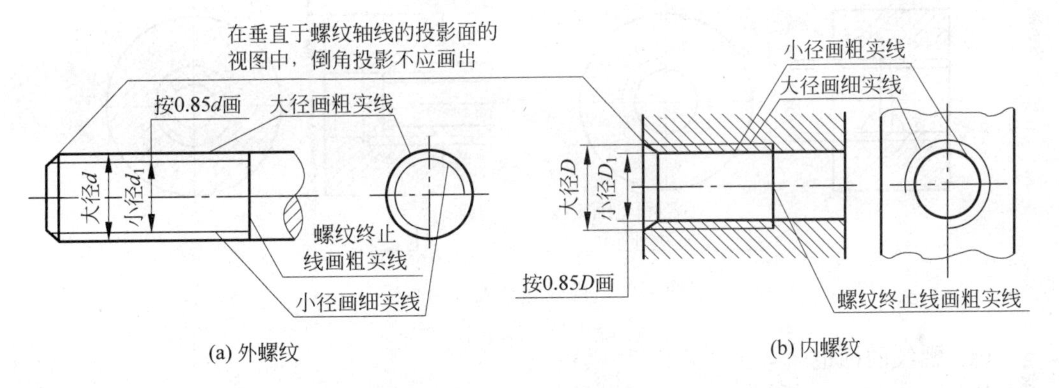

图 7-17　内、外螺纹的画法

- 在剖视图中，剖面线都要画到粗实线为止，如图 7-18、图 7-19 所示。

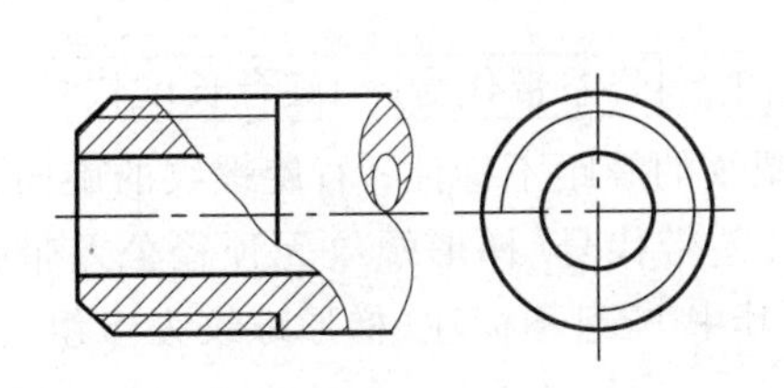

图7-18　管螺纹(牙型角 55°的三角形螺纹)的画法

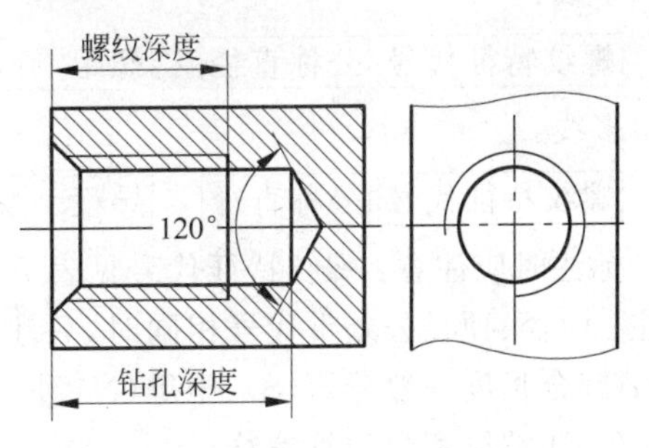

图 7-19　螺纹剖视图的画法

- 在绘制不穿通的螺孔(又叫螺纹盲孔)时,一般应将钻孔深度与螺纹深度分别画出,且钻孔深度一般应比螺孔深度大 $0.2D \sim 0.5D$,D 为螺纹孔的大径,如图 7-19 所示。
- 螺纹不可见的所有图线用虚线绘制,如图 7-20 所示。
- 在剖视图中,两螺纹孔相贯的画法如图 7-21 所示。

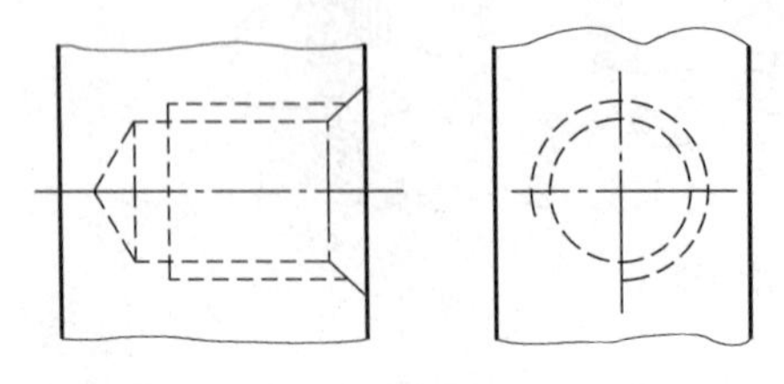
图 7-20　不可见螺孔的画法

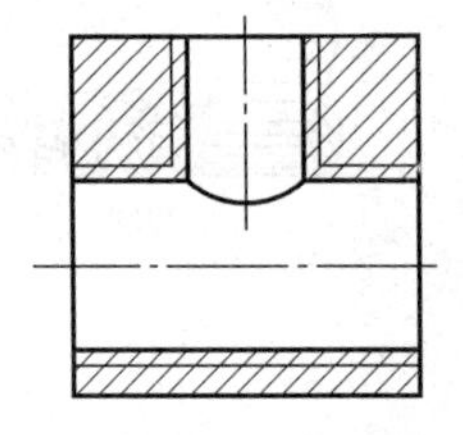
图 7-21　螺孔相贯的画法

② 内外螺纹旋合画法

以剖视图表示内、外螺纹的连接时,其旋合部分应按外螺纹的规定画法画出,其余部分仍按各自的规定画法表示,注意内、外螺纹相应的大、小径必须对齐,如图 7-22 所示。

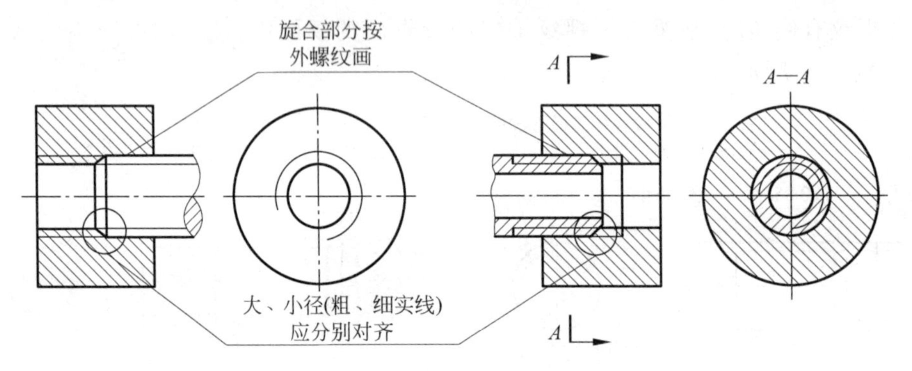

图 7-22　内外螺纹旋合的画法

(4) 螺纹的标记

螺纹的种类、公称直径、螺距、线数、旋向等需由规定的标注来说明,其标注格式如下。

① 普通螺纹、梯形螺纹、锯齿形螺纹

单线:

[螺纹特征代号][公称直径]×[螺距][旋向]－[公差带代号]－[旋合长度代号]

多线:

[螺纹特征代号][公称直径]×[导程][(螺距)] [旋向]－[公差带代号]－[旋合长度代号]

标注时应注意:螺纹特征代号见表 7-5;粗牙螺纹的螺距不标注;右旋螺纹的旋向不标注;中径、顶径公差带代号相同时,只注写一个公差带代号(梯形螺纹无顶径公差带代号);旋合长度一般分短(S)、中等(N)、长(L)3 组,其中 N 组不标注(梯形螺纹无 S 组)。

② 非螺纹密封的管螺纹

[螺纹特征代号][尺寸代号][公差等级代号]－[旋向]

管螺纹特征代号为G；尺寸代号表示管子的孔径大小，用英制尺寸表示，因此它只能用指引线进行标注；公差等级代号中只有外螺纹分A、B两级标注，内螺纹不用标注。

常用标准螺纹的种类、标注示例及其含义如表7-5所示。

表7-5 常用标准螺纹的标注示例

用途	种类	特征代号	标注示例	代号含义
连接螺纹	粗牙普通螺纹	M	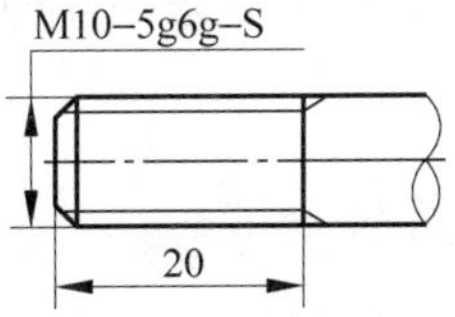 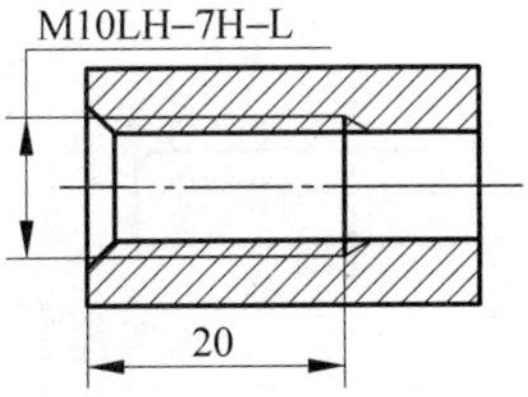 M10-5g6g-S 20 M10LH-7H-L 20	M10－5g6g－S 短旋合长度(中等旋合长度不标N) 顶径公差带代号 中径公差带代号 公称直径 M10LH－7H－L 中径和顶径具有相同公差带代号 旋向为左旋(右旋不注)
	细牙普通螺纹		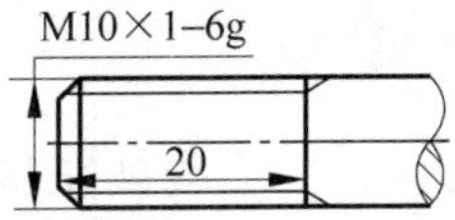 M10×1-6g 20	M10×1－6g 螺距(粗牙不注) 特征代号
	非螺纹密封的管螺纹	G	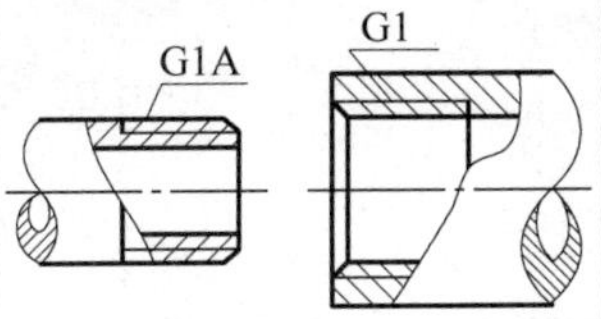 G1A G1	G1A 公差等级(内螺纹不标) 尺寸代号(管口通径为1，螺纹尺寸须查表)
传动螺纹	单线梯形螺纹	Tr	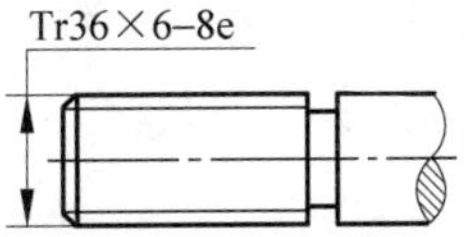 Tr36×6-8e	Tr36×6－8e 公差带代号 螺距 公称直径
	多线梯形螺纹		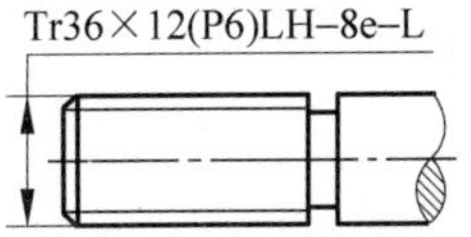 Tr36×12(P6)LH-8e-L	Tr36×12(P6)LH－8e－L 长旋合长度 左旋 螺距 导程
	锯齿形螺纹	B	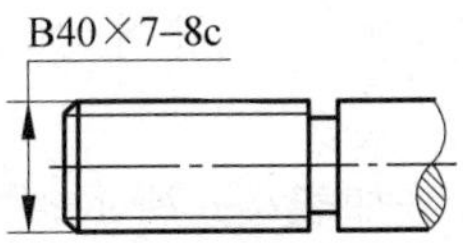 B40×7-8c	B40×7－8c 螺距 特征代号

2）铸件工艺结构

（1）启模斜度和铸造圆角

在铸件浇注中为了方便模样顺利地从砂型中拔出，模样上沿拔模方向有一定的斜度，称为启模斜度，通常为 1°～3°。同时为了防止砂型尖角处落砂和浇注时熔液冲坏砂型，避免铸件冷却收缩时在尖角处开裂或产生缩孔，要求铸件在表面相交处应设计成圆角，如图 7-23 所示。半径相同的圆角，可统一在技术要求中注明。

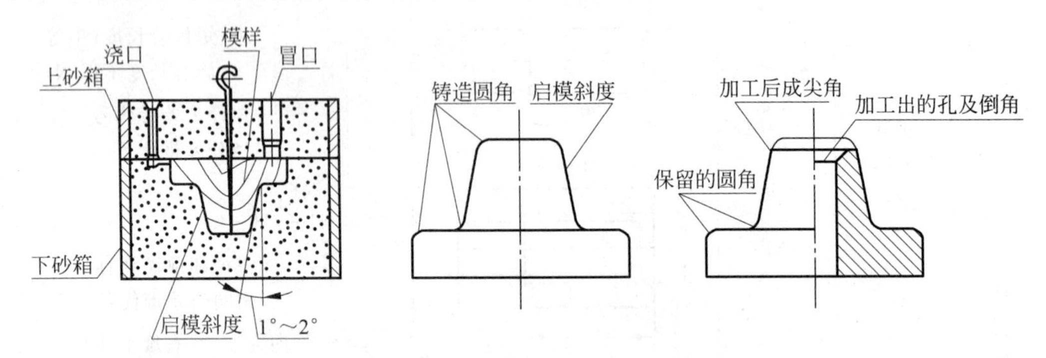

图 7-23 启模斜度和铸造圆角

（2）过渡线

由于存在铸造圆角的缘故，铸件表面上的交线就变得不明显了。如图 7-24 所示，为了在看图时能区分不同形体的表面，在原来表面的理论位置上将交线画成两端与轮廓线脱开的细实线，该线称为过渡线。

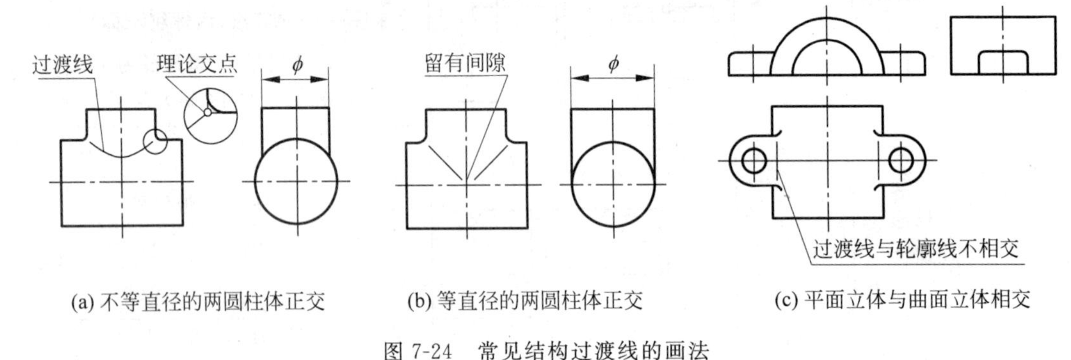

(a) 不等直径的两圆柱体正交　(b) 等直径的两圆柱体正交　(c) 平面立体与曲面立体相交

图 7-24 常见结构过渡线的画法

3）机械加工工艺结构

（1）倒角、倒圆和退刀槽

为了装配方便和操作安全，常将轴端或孔口加工成 45°倒角或倒圆，如图 7-25 所示。为了方便加工，应在零件待加工表面的根部留有退刀槽、砂轮越程槽、工艺孔等，如图 7-26 所示。

倒角、倒圆和退刀槽的尺寸标注方法如表 7-6 所示。

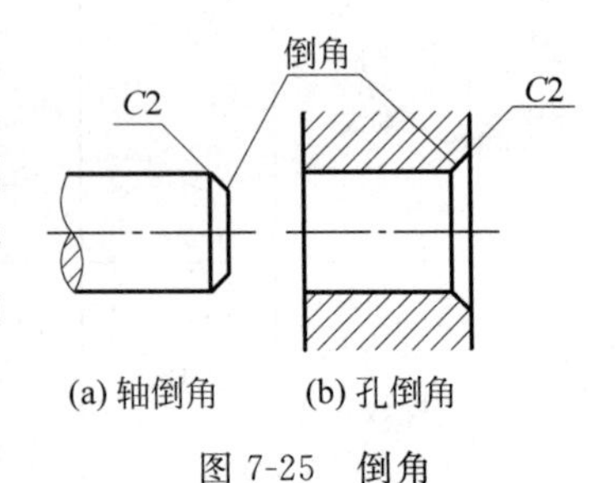

(a) 轴倒角　(b) 孔倒角

图 7-25 倒角

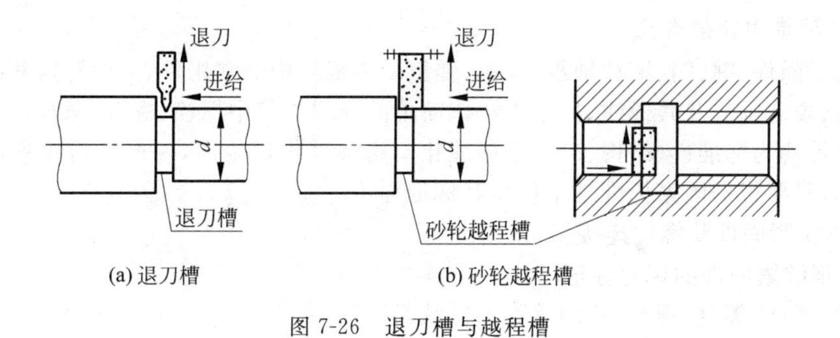

(a) 退刀槽　　(b) 砂轮越程槽

图 7-26　退刀槽与越程槽

表 7-6　倒角、退刀槽的尺寸标注

结构名称	尺寸标注方法	说　明
倒角	C2　C2　30°　2　30°　2　C2	一般 45°倒角按“C 倒角宽度”注出。30°或 60°倒角应分别注出倒角宽度和角度
倒圆	倒圆　R1.5　ϕ12　ϕ8　R1.5	相同的倒圆半径只标注一个,不同的倒圆半径要分别标注
退刀槽	2×ϕ8　2×1	一般按“槽宽×直径”或“槽宽×槽深”注出

(2) 凸台、凹槽和沉孔

为了减少加工面积,保证零件间的接触性能,应设计凸台、凹槽、沉孔等,如图 7-27 所示。

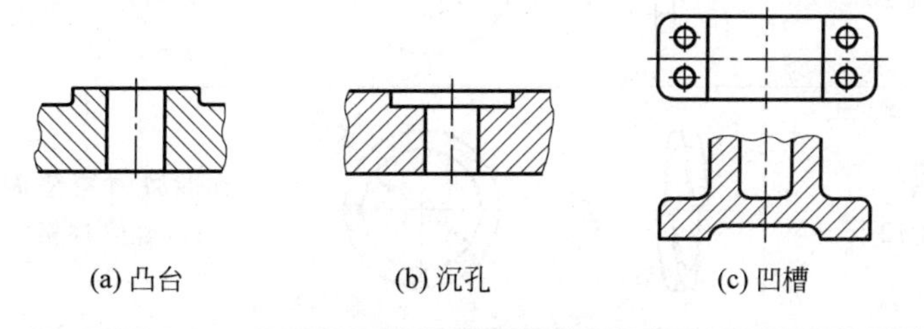

(a) 凸台　　(b) 沉孔　　(c) 凹槽

图 7-27　零件接触表面的设计

5. 几种常用件的介绍

螺纹紧固件、键、销、滚动轴承、齿轮、弹簧均为机器中的常用件，下面对这些常用件的图形表达、规定画法及其标注、标记方法作简单的介绍。其中螺栓、螺钉、螺母以及键、销、滚动轴承等均为标准件(结构、尺寸已标准化)，由标准件厂生产，一般无需单独画标准件的零件图，只要根据国家标准规定作出其标记即可。

1) 螺纹紧固件及螺纹连接

(1) 螺纹紧固件的规定标记

螺栓、螺柱、螺钉、螺母、垫圈等称为螺纹紧固件，其标记方法如表 7-7 所示。

表 7-7 常用的螺纹紧固件及其标记方法(GB/T 1236—2000)

标记格式	图例	说明
六角头螺栓 GB/T 5782—① M8×35②	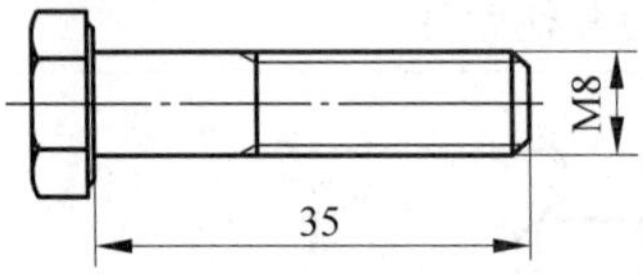 M8; 35	A 级六角头螺栓，螺纹规格 $d=$M8，公称长度② $L=35$
双头螺柱 GB/T 898—M10×35	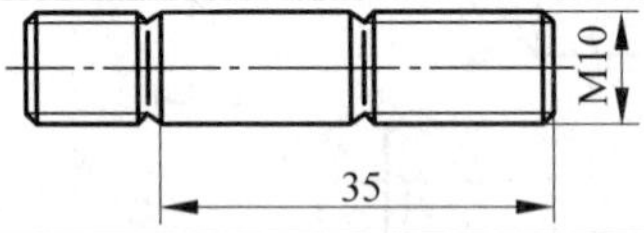 M10; 35	A 型 $bm=1.25d$ 的双头螺柱，螺纹规格 $d=$M10，公称长度 $L=35$，旋入机体一端长 $bm=12.5$
开槽圆柱头螺钉 GB/T 65—M10×50	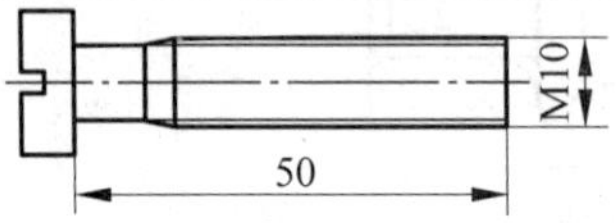 M10; 50	螺纹规格 $d=$M10，公称长度 $L=50$ 的开槽圆柱头螺钉
开槽沉头螺钉 GB/T 68—M10×60	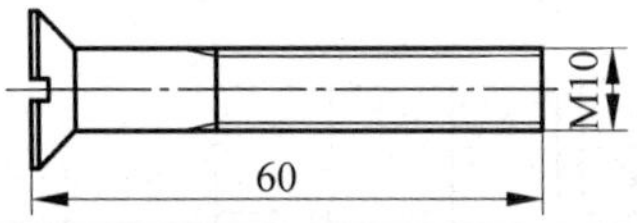 M10; 60	螺纹规格 $d=$M10，公称长度 $L=60$ 的开槽沉头螺钉
开槽长圆柱端紧定螺钉 GB/T 75—M10×30	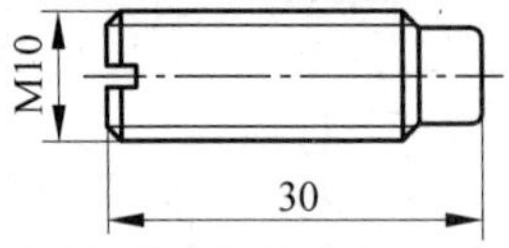 M10; 30	螺纹规格 $d=$M10，公称长度 $L=30$ 的开槽长圆柱端紧定螺钉
六角螺母 GB/T 6170—M10	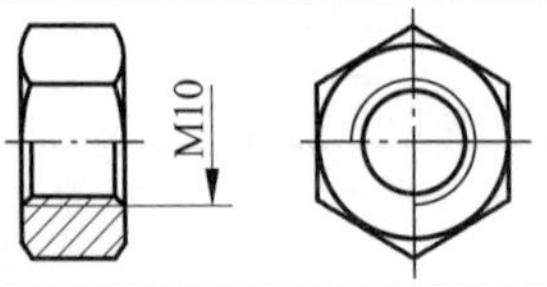 M10	A 级 Ⅰ 型六角螺母，螺纹规格 $d=$M10
平垫圈 GB/T 97.1 10	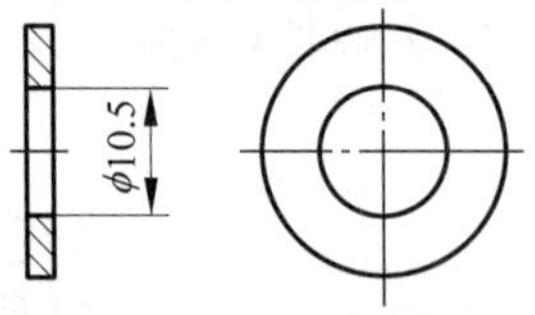 $\phi10.5$	A 级平垫圈，公称尺寸 $d=10$(螺纹规格)
弹簧垫圈 GB/T 93 12	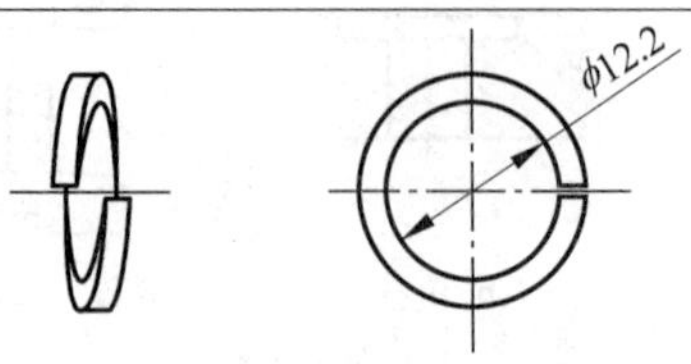 $\phi12.2$	标准型弹簧垫圈，公称尺寸 $d=$M12(螺纹规格)

注：①螺纹紧固件标记中标准的年代号允许省略；②标准件长度符合标准规定时的长度称为公称长度。

(2) 螺纹连接的画法

螺纹连接分为螺栓连接、螺柱连接和螺钉连接，其画法应遵守表7-8所示的规定。

表7-8　螺纹连接的画法

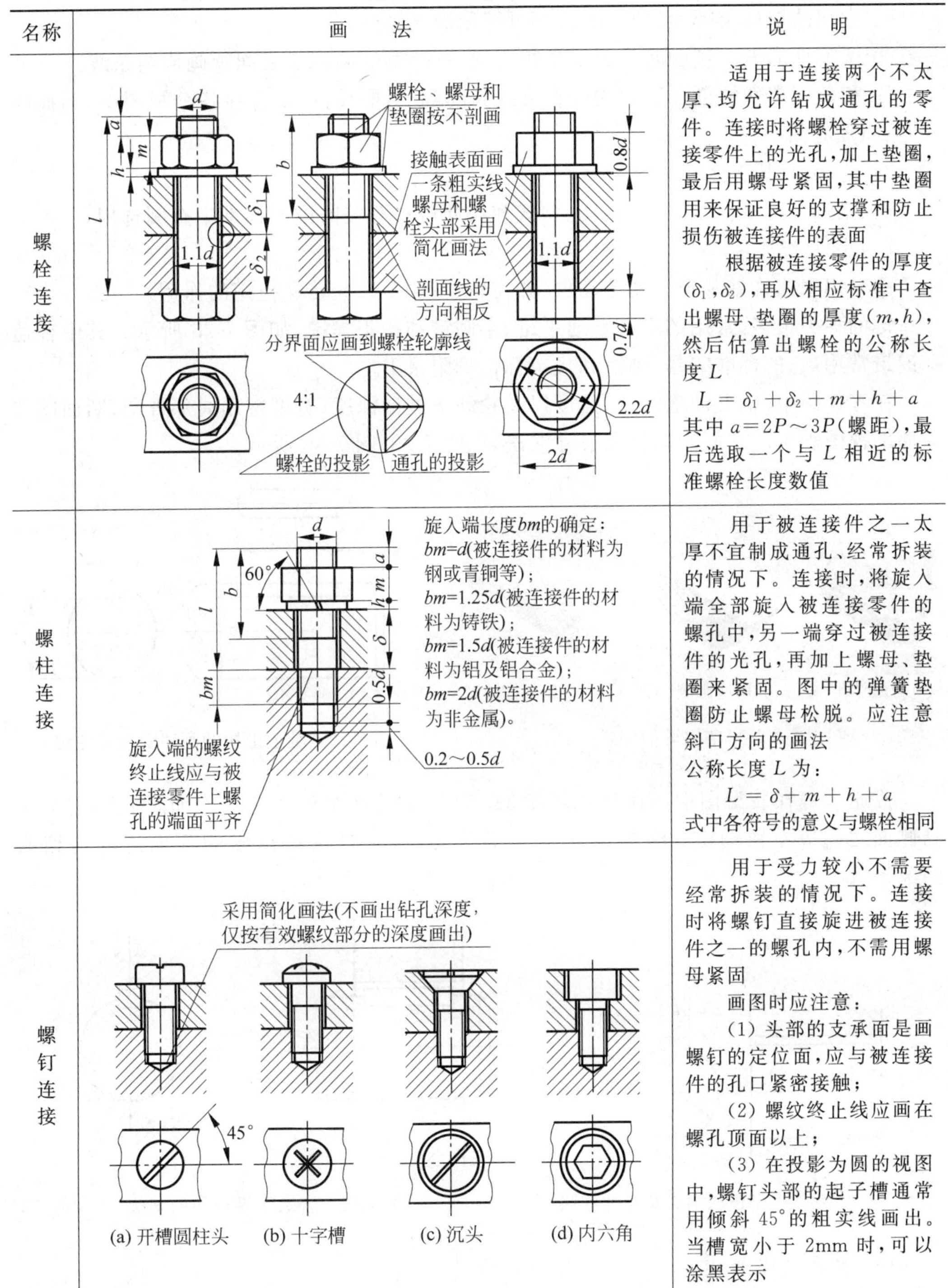

名称	画　法	说　明
螺栓连接		适用于连接两个不太厚、均允许钻成通孔的零件。连接时将螺栓穿过被连接零件上的光孔，加上垫圈，最后用螺母紧固，其中垫圈用来保证良好的支撑和防止损伤被连接件的表面 根据被连接零件的厚度(δ_1,δ_2)，再从相应标准中查出螺母、垫圈的厚度(m,h)，然后估算出螺栓的公称长度L $L=\delta_1+\delta_2+m+h+a$ 其中$a=2P\sim3P$(螺距)，最后选取一个与L相近的标准螺栓长度数值
螺柱连接		用于被连接件之一太厚不宜制成通孔、经常拆装的情况下。连接时，将旋入端全部旋入被连接零件的螺孔中，另一端穿过被连接件的光孔，再加上螺母、垫圈来紧固。图中的弹簧垫圈防止螺母松脱。应注意斜口方向的画法 公称长度L为： $L=\delta+m+h+a$ 式中各符号的意义与螺栓相同
螺钉连接	(a) 开槽圆柱头　(b) 十字槽　(c) 沉头　(d) 内六角	用于受力较小不需要经常拆装的情况下。连接时将螺钉直接旋进被连接件之一的螺孔内，不需用螺母紧固 画图时应注意： (1) 头部的支承面是画螺钉的定位面，应与被连接件的孔口紧密接触； (2) 螺纹终止线应画在螺孔顶面以上； (3) 在投影为圆的视图中，螺钉头部的起子槽通常用倾斜45°的粗实线画出。当槽宽小于2mm时，可以涂黑表示

① 当剖切平面通过螺纹紧固件(如螺栓、螺柱、螺钉、螺母等)的轴线纵向剖切时,均按不剖绘制。若必须剖开,可在该处取局部剖。

② 不穿通的螺孔可以简化不画出钻孔深度,仅按有效螺纹部分的深度画出。

③ 常用的螺母及螺栓、螺钉的头部可采用简化画法。

④ 两零件的表面接触时只画一条粗实线,不接触的两表面之间须画成两条线。

⑤ 相邻两零件的剖面线方向应相反或其间隔不同;同一零件在各个视图中,剖面线方向、间隔必须一致。

2) 键、销及其连接

键、销都是标准件,它们的结构、型式和尺寸可从有关的国家标准中查阅选用。

(1) 键及键连接

键是用来连接轴及轴上的传动件(如齿轮、带轮等),起传递扭矩的作用。

键的种类很多,常用的键有普通平键、半圆键和钩头楔键,如图 7-28 所示。其中普通平键最常用,它的标准编号、画法和规定标记见附录 B。

在零件图中,轴上键槽深度、宽度以及轮毂上键槽深度、宽度常用局部视图、断面图和局部剖视图表示。它们的画法和尺寸注法,如图 7-29、图 7-30 所示。

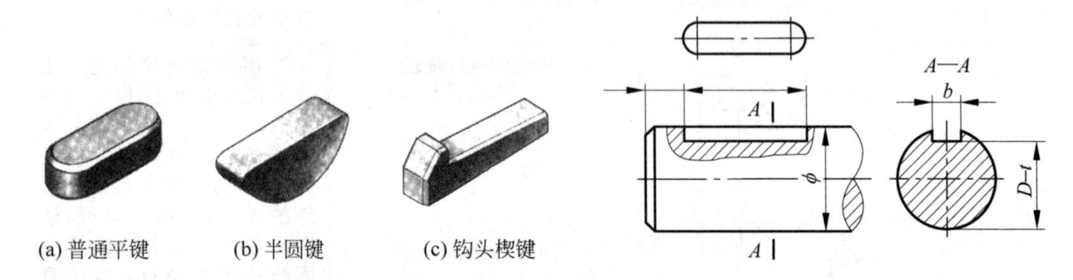

图 7-28　常用键的型式　　图 7-29　轴上键槽的画法和尺寸注法

普通平键在装配图中的画法如图 7-31 所示,键的两个侧面是工作面,因此,它与键槽侧面之间应不留间隙;键的顶面是非工作表面,它与轮毂键槽的顶面之间应留有间隙。

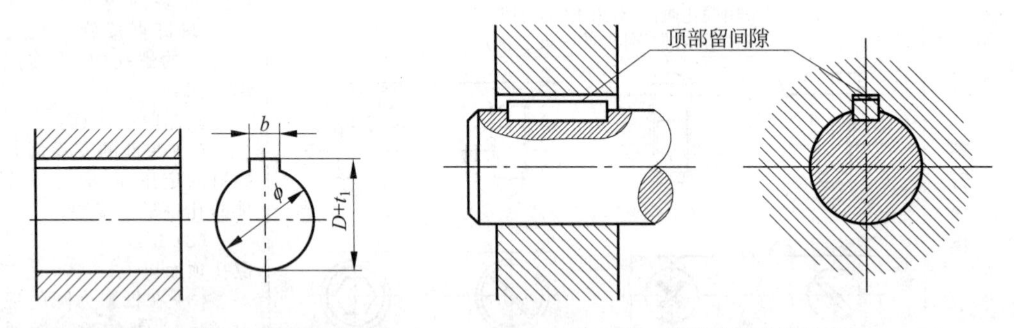

图 7-30　轮毂上键槽的画法和尺寸注法　　图 7-31　普通平键连接的画法

(2) 销及其连接

常用的销有圆柱销、圆锥销和开口销等,如图 7-32 所示。用圆柱销和圆锥销连接或定位的两个零件上的销孔一般须一起加工，并在零件图上注写“装配时作”或“与××件配作”，如图 7-33 所示。圆锥销的公称尺寸是指小端直径。

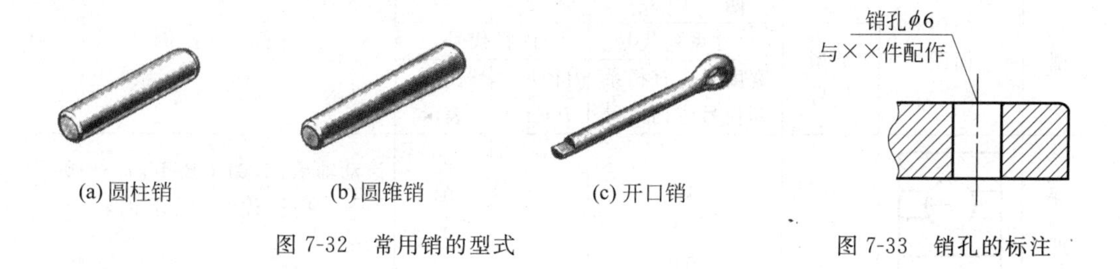

(a) 圆柱销　(b) 圆锥销　(c) 开口销

图 7-32　常用销的型式

图 7-33　销孔的标注

常用销的标准编号、画法和规定标记可查阅有关资料和标准。圆柱销、圆锥销和开口销的连接画法如图 7-34 所示。

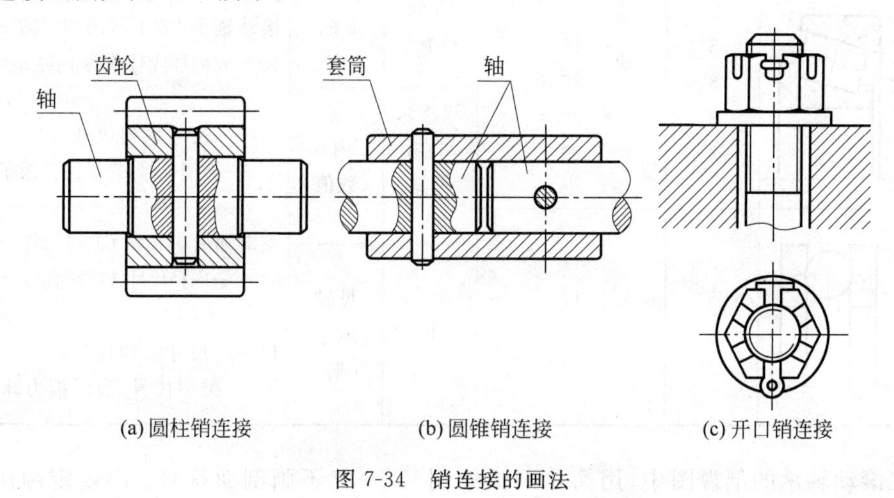

(a) 圆柱销连接　(b) 圆锥销连接　(c) 开口销连接

图 7-34　销连接的画法

3）滚动轴承的画法

滚动轴承是支承旋转轴的标准组件，它一般由外圈、内圈、滚动体和保持架等零件组成，具有结构紧凑、摩擦阻力小、旋转灵活、效率高等特点，故在机器、仪表等产品中应用广泛。

滚动轴承按受力方向的不同可以分为 3 类：①向心轴承——主要承受径向力；②推力轴承——只承受轴向力；③向心推力轴承——能同时承受径向和轴向力。

国家标准《GB/T 272—1993 滚动轴承代号方法》规定了滚动轴承的形式、结构特点和内径等使用的代号，表 7-9 所示的是常用轴承的类型及其标记示例。需要时可根据要求确定型号选购，无须画出零件图，所以只是在画装配图时要根据其外径 D、内径 d 和宽度 B 等几个主要尺寸按比例画出即可，但要在装配图的明细栏中注明其规定代号。

《GB/T 4459.7—1998 机械制图滚动轴承表示法》规定了滚动轴承的画法，它可分为简化画法和规定画法。简化画法又分为通用画法和特征画法两种，但在同一图样中一般只采用其中 1 种画法。表 7-10 所示是常用滚动轴承的画法。

表 7-9　常用滚动轴承的类型、基本代号及其标记示例

<table>
<tr><th rowspan="4">类型</th><th rowspan="4">结构简图</th><th colspan="5">基本代号</th><th rowspan="4">标记示例</th></tr>
<tr><th>五</th><th>四</th><th>三</th><th>二</th><th>一</th></tr>
<tr><th rowspan="2">类型代号</th><th colspan="2">尺寸系列代号</th><th colspan="2">内径代号</th></tr>
<tr><th>宽度系列代号</th><th>直径系列代号</th><th>内径尺寸 d(mm)</th><th>代号表示</th></tr>
<tr><td rowspan="2">深沟球轴承</td><td rowspan="2"></td><td rowspan="2">6
6
16
6</td><td colspan="2" rowspan="2">18
19
(0)0
(1)0</td><td>10
12
15
17</td><td>00
01
02
03</td><td rowspan="2">滚动轴承 61801 GB/T 276－1994
01——内径代号，轴承内径 d＝12mm。
18——尺寸系列代号。
6——类型代号，表示深沟球轴承。</td></tr>
<tr><td rowspan="2">20～480（5的倍数）</td><td rowspan="2">内径除以5的商</td></tr>
<tr><td rowspan="2">圆锥滚子轴承</td><td rowspan="2"></td><td rowspan="2">3
3
3
3</td><td colspan="2" rowspan="2">13
20
22
23</td><td rowspan="2">滚动轴承 32015 GB/T 297－1994
15——内径代号，轴承内径 d=15×5＝75mm。
20——尺寸系列代号。
3——类型代号，表示圆锥滚子轴承。</td></tr>
<tr><td rowspan="2">22、28、32以及≥500</td><td rowspan="2">/内径（数值）</td></tr>
<tr><td rowspan="2">推力球轴承（单向）</td><td rowspan="2"></td><td rowspan="2">5
5
5
5</td><td colspan="2" rowspan="2">11
12
13
14</td><td rowspan="2">滚动轴承 511024 GB/T 301—1995
04——内径代号，轴承内径 d=04×5＝20mm。
11——尺寸系列代号。
5——类型代号，表示推力球轴承。</td></tr>
<tr><td>d<10mm</td><td>见轴承手册</td></tr>
</table>

在滚动轴承的剖视图中，用简化画法绘制时，一律不画剖面符号；用规定画法绘制时，轴承的滚动体不画剖面线，其余各套圈可画成方向和间隔相同的剖面线；在不致引起误解时，允许省略剖面线。

4）齿轮的画法

齿轮是一种常用的传动件，用来传递机械中任意两轴间的动力、运动或改变转速的大小和方向。如图 7-35 所示是常见齿轮传动的 3 种形式：圆柱齿轮传动（平行轴间的传动）、圆锥齿轮传动（交轴之间的传动）、蜗轮蜗杆传动（交叉轴之间的传动）。最常用的齿轮是渐开线直齿圆柱齿轮。

（1）直齿圆柱齿轮的主要参数和尺寸计算

图 7-35(a)所示的是一对渐开线标准直齿圆柱齿轮，其各部分名称如图 7-36 所示。

齿顶圆：通过轮齿顶部所作的圆称为齿顶圆，直径以 d_a 表示。

齿根圆：通过轮齿根部所作的圆称为齿根圆，直径以 d_f 表示。

节圆、分度圆：齿轮啮合时，轮齿接触点 C 将齿轮连心线 O_1O_2 分为 O_1C、O_2C 两段，以 O_1C、O_2C 为半径分别画出的圆称为两齿轮的节圆，直径以 d' 表示。对于单个齿轮而言，为了便于齿轮各部分尺寸的计算，在齿轮上选择一个圆作为计算的基准，该圆称为分度圆，直径以 d 表示。

表 7-10　常用滚动轴承特征画法及规定画法的尺寸比例 GB/T 4459.7—1998

名称和代号	结构形式	通用画法	特征画法	规定画法
深沟球轴承 (轴承 6000) 主要参数： d、D、B				
圆锥滚子轴承 (轴承 30000) 主要参数： d、D、T、B、C				
推力球轴承 (轴承 51000) 主要参数： $d(d_1)$、D、T				

注：表中的尺寸 A 是由查得的数据计算出来的。

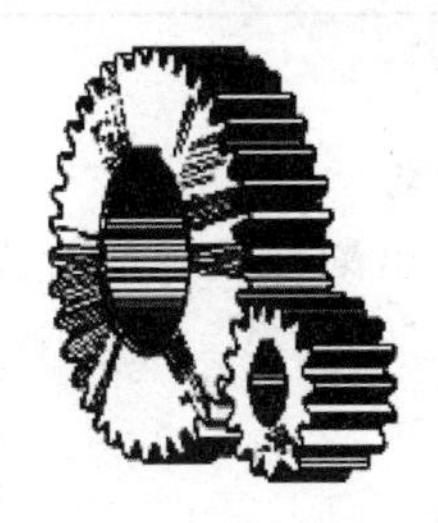
(a) 直齿圆柱齿轮传动

(b) 圆锥齿轮传动

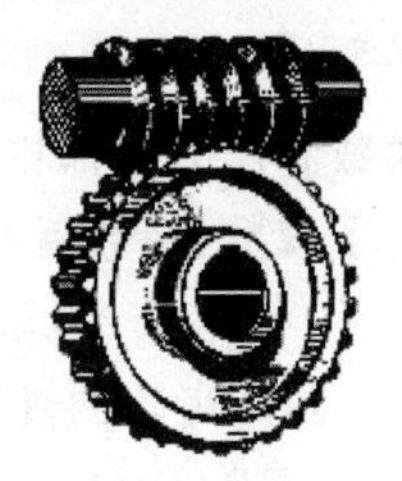
(c) 蜗杆传动

图 7-35　常用的齿轮传动类型

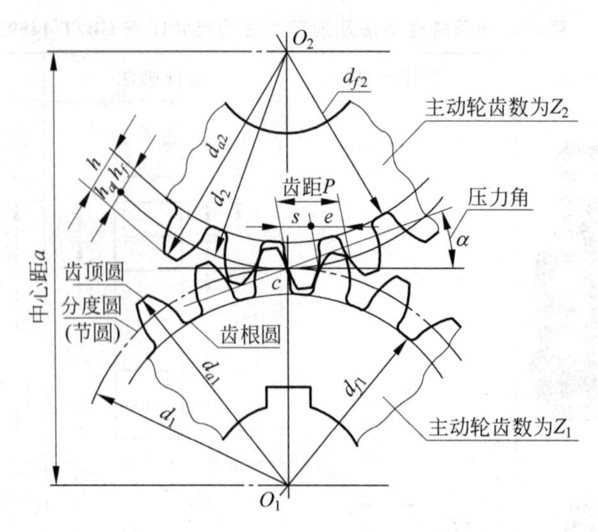

图 7-36　圆柱齿轮的各部分名称

齿高：齿根圆到齿顶圆的径向距离称为齿高。分度圆将轮齿分为 2 个不相等的部分，从分度圆到齿顶圆的径向距离，称为齿顶高，以 h_a 表示；从分度圆到齿根圆的径向距离，称为齿根高，以 h_f 表示，即 $h=h_a+h_f$。

齿距、齿厚、齿间：在分度圆上，相邻两齿同侧齿廓的对应点之间的弧长称为齿距，以 p 表示；轮齿齿廓间的弧长称齿厚，以 s 表示；齿槽齿廓间的弧长称为齿间，以 e 表示。在标准齿轮中 $s=e$，$p=s+e$。

压力角：两个相啮合的轮齿齿廓在接触点 p 处的所受正压力方向(即接触点公法线方向)与受力点运动方向(即分度圆公切线方向)所夹的锐角，称为分度圆压力角(简称压力角)，以 α 表示。我国国家标准规定标准齿轮的压力角为 $\alpha=20°$。

模数：齿轮的模数是齿轮设计、制造和检测中的一个重要参数，以 m 表示，即 $m=p/\pi$。由此可见，模数 m 与齿距 p 成正比。模数愈大，齿轮能承受的载荷也愈大。模数已标准化，其值如表 7-11 所示。

表 7-11　渐开线圆柱齿轮模数系列(摘自 GB 1357—1987)

第一系列	1,1.25,1.5,2,2.5,3,4,5,6,8,10,12,16,20,25,32,40,50
第二系列	1.75,2.25,2.75,(3.25),3.5,(3.75),4.5,5.5,(6.5),7,9,(11),14,18,22,28,36,45

注：优先选用第一系列，括号内的模数尽可能不用。

只有模数和压力角都相同的齿轮才能相互啮合，进行传动。

在确定了模数、齿数后，可根据表 7-12 所示的公式计算出渐开线标准直齿圆柱齿轮的各部分尺寸。

(2) 单个圆柱齿轮的规定画法

国家标准(GB/T 4459.2—2003)规定了圆柱齿轮的画法。

① 齿顶圆和齿顶线用粗实线表示；分度圆和分度线用细点画线表示；齿根圆和齿根线用细实线表示或省略不画，如图 7-37(b)所示。

表7-12　渐开线标准直齿圆柱齿轮的几何尺寸计算公式

各部分名称	代　号	计算公式
分度圆直径	d	$d=mz$
齿顶高	h_a	$h_a=m$
齿根高	h_f	$h_f=1.25m$
齿顶圆直径	d_a	$d_a=m(z+2)$
齿根圆直径	d_f	$d_m=m(z-2.5)$
齿距	p	$p=\pi m$
齿厚	s	$s=p/2=\pi m/2$
中心距	a	$a=(d_1+d_2)/2=m(z_1+z_2)/2$

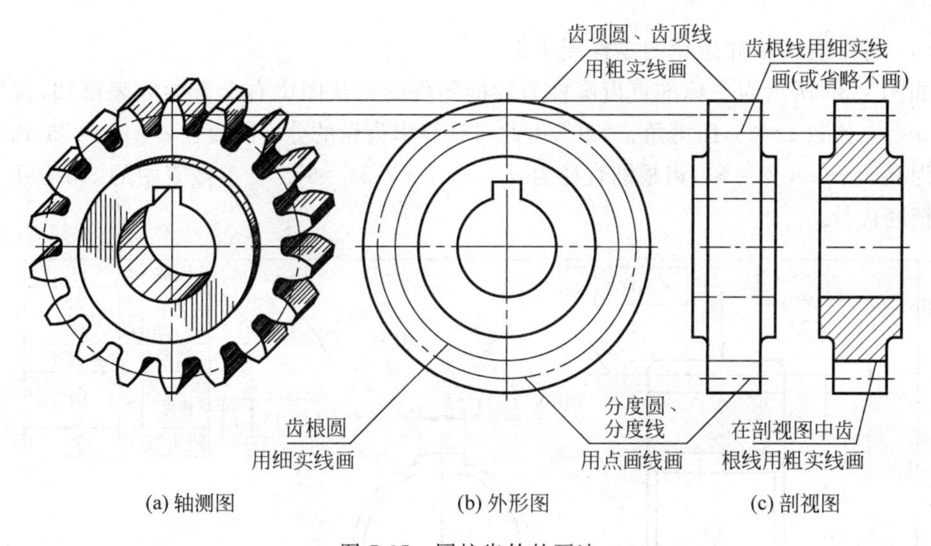

图7-37　圆柱齿轮的画法

② 在剖视图中,当剖切平面通过齿轮的轴线时,轮齿一律按不剖处理,齿根线用粗实线绘制,如图7-37(c)所示。

(3) 圆柱齿轮副啮合的画法

两标准齿轮正确安装相互啮合时,分度圆与节圆重合,此时两轮的分度圆处于相切位置。啮合部分的规定画法如图7-38所示。

① 在剖视图中,当剖切平面通过两啮合齿轮的轴线时,轮齿部分一律按不剖绘制。在啮合区内,将一个齿轮的轮齿用粗实线绘制;另一个齿轮的轮齿被遮挡的部分用细虚线绘制,如图7-38(a)所示。

② 在端视图中,两齿轮的节圆相切,啮合区内的齿顶圆用粗实线绘制或省略不画,如图7-38(b)所示。

③ 在非圆的外形视图中,啮合区内的齿顶线不需画出,节线用粗实线绘制,如图7-38(c)所示。

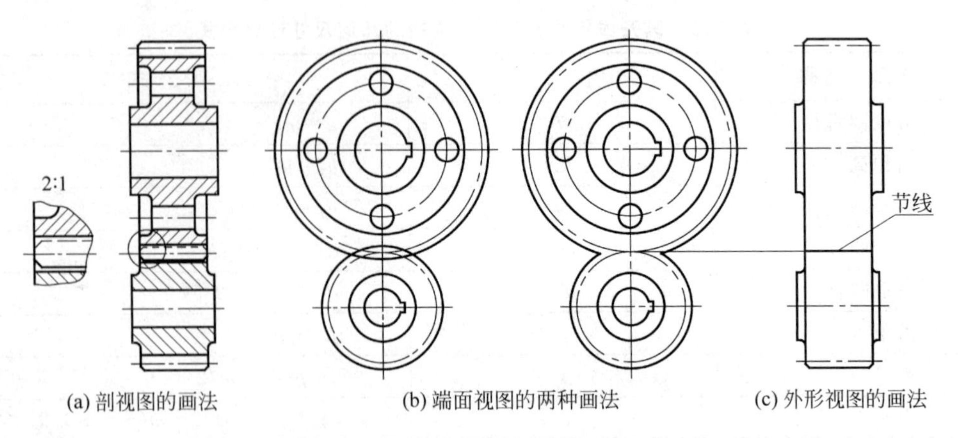

图 7-38　圆柱齿轮啮合时的画法

（4）标准直齿圆柱齿轮的零件图举例

如图 7-39 所示为一标准直齿圆柱齿轮的零件图。从图中右上方参数表可知，齿轮的模数 $m=3$、齿数 $z=25$，压力角 $\alpha=20°$，由此可计算出齿轮的分度圆直径 $d=mz=75$，齿顶圆直径为 $d_a=m(z+2)=81$，齿根圆直径为 $d_f=m(z-2.5)=67.5$。参数表中的 8-8-7GJ 为齿轮的精度代号。

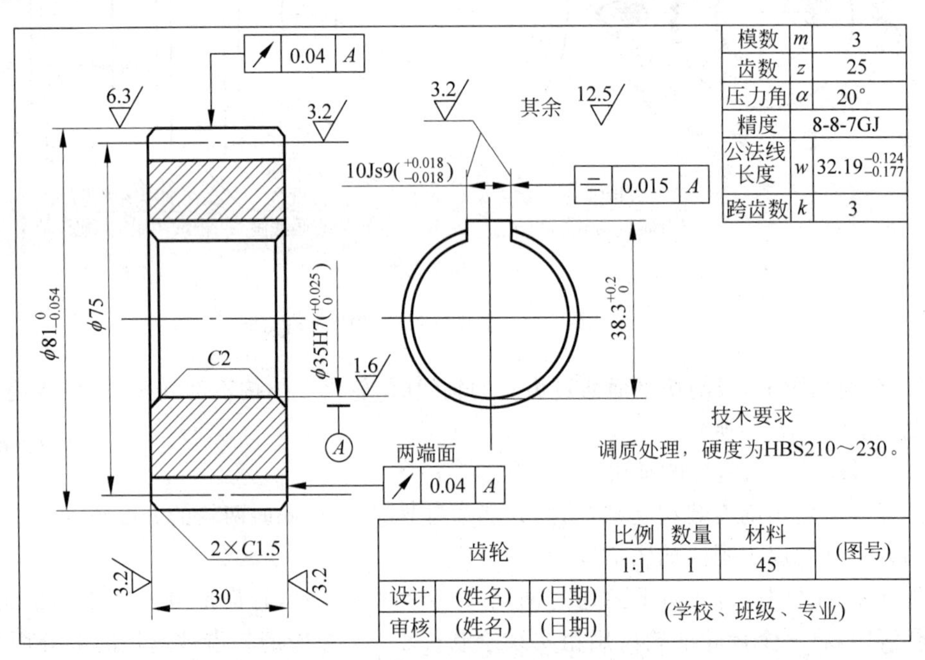

图 7-39　标准直齿圆柱齿轮的零件图

5）弹簧的画法

弹簧也是一种常用零件，它的作用是减震、夹紧、储能、测力等。弹簧的类型很多，常见的有螺旋压缩（或拉伸）弹簧、扭转弹簧、涡卷弹簧、板弹簧等，如图 7-40 所示。这里只介绍圆柱螺旋压缩弹簧的画法，其他种类的弹簧的画法请查阅 GB 4459.4—2003 中的有关规定。

(a) 压缩弹簧

(b) 拉伸弹簧

(c) 扭转弹簧

(d) 涡卷弹簧

(e) 板弹簧

图 7-40　常用弹簧的种类

(1) 圆柱弹簧的参数

圆柱螺旋压缩弹簧的各部分名称及尺寸关系，如图 7-41 所示。

① 簧丝直径 d：制造弹簧的钢丝直径。

② 弹簧外径 D：弹簧的最大直径。

③ 弹簧内径 D_1：弹簧的最小直径，$D_1=D-2d$。

④ 弹簧中径 D_2：弹簧的平均直径，$D_2=D-d$。

⑤ 节距 t：除支承圈外，相邻两圈的轴向距离。

⑥ 有效圈数 n：保持等节距的圈数，即 A、B 之间的圈数。

⑦ 支撑圈数 n_0：两端贴紧磨平的圈数，包括磨平圈，即 A 以上和 B 以下的圈数，通常 $n_0=1.5\sim2.5$ 圈。

⑧ 总圈数 n_1：$n_1=n+n_0$。

⑨ 自由高度 H_0：弹簧在不受外力时的高度，$H_0=nt+(n_0-0.5)d$。

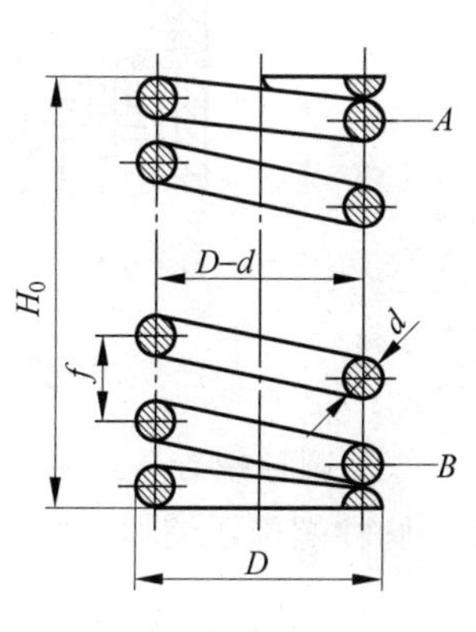

图 7-41　弹簧参数

⑩ 弹簧的展开长度 L（制造时坯料的长度）：$L\approx n_1\sqrt{(\pi D_2)^2+t^2}$。

(2) 圆柱螺旋压缩弹簧的规定画法

① 在平行于轴线的投影面的视图中，各圈的轮廓线画成直线。

② 螺旋弹簧均画成右旋，但左旋弹簧一律要加注“左”字。

③ 有效圈数在 4 圈以上时，可只画两端的 1～2 圈，中间各圈可省略不画，同时可适当缩短图形的长度画出，其真实长度可用尺寸注出，画法如图 7-42 所示。

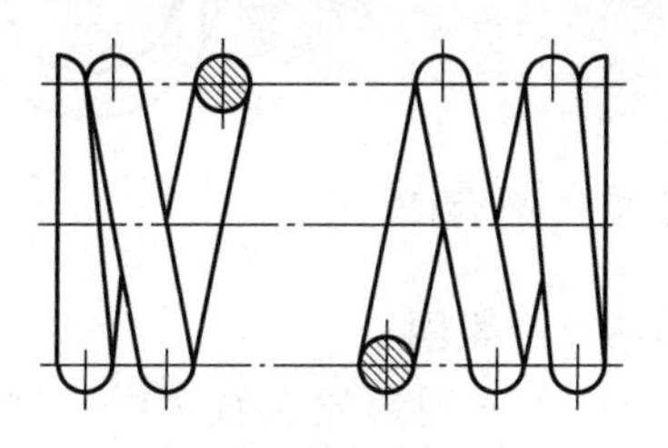
(a) 外形视图的画法

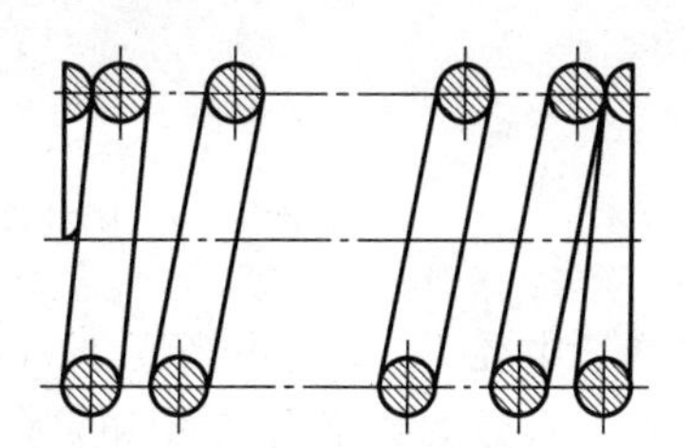
(b) 剖视图的画法

图 7-42　弹簧的一般画法

④ 不论支承圈的数量多少或末端贴紧状况如何，均可按图 7-42 所示的形式来绘制，即取 $n_0=2.5$。

⑤ 在装配图中，被弹簧挡住的结构按不可见处理，可见轮廓线只画到弹簧钢丝的剖视轮廓线或中心线上，如图 7-43(a)所示。簧丝直径小于或等于 2mm 时，其剖面可全部涂黑，轮廓线不画出，如图 7-43(b)所示，也可采用示意形式绘制，如图 7-43(c)所示。

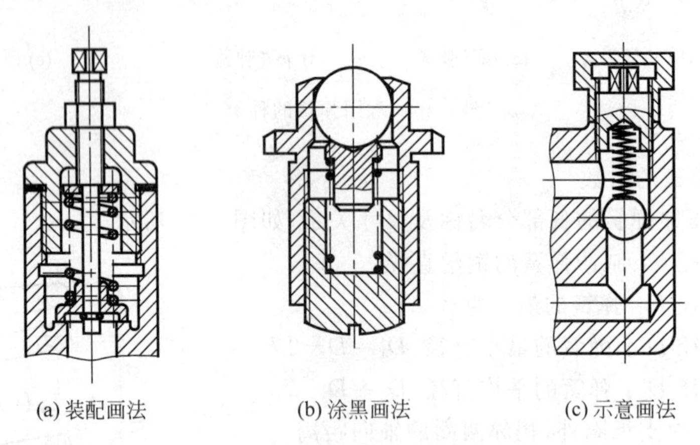

(a) 装配画法　(b) 涂黑画法　(c) 示意画法

图 7-43　弹簧在装配图中的画法

(3) 圆柱螺旋压缩弹簧的画图步骤

圆柱螺旋压缩弹簧的画图步骤如图 7-44 所示。

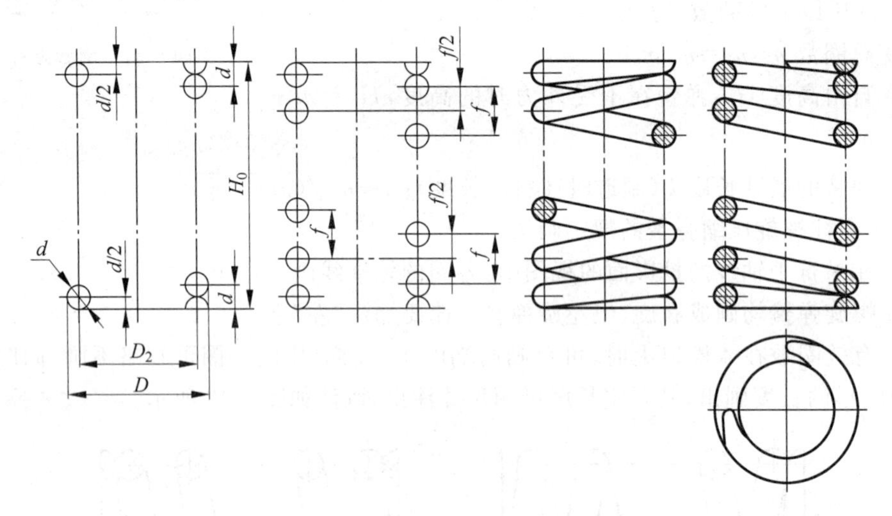

图 7-44　圆柱螺旋压缩弹簧的画法

① 算出弹簧中径 D_2 及自由高度 H_0，画出两端贴紧圈。

② 画出若干有效圈数部分直径和簧丝直径相等的圆。先在右边中心线处以节距 t 画两个圆，再以 $t/2$ 在左边画两个圆。

③ 按右旋方向作相应圆的公切线，完成全图。

④ 必要时，可画成剖视图或画出俯视图。

(4) 圆柱螺旋压缩弹簧的零件图举例

如图 7-46 所示是一张圆柱螺旋压缩弹簧(如图 7-45 所示)的零件图。在绘制零件图时应注意以下几点。

① 弹簧的参数应直接标注在图形上,当直接标注有困难时,可在"技术要求"中说明。

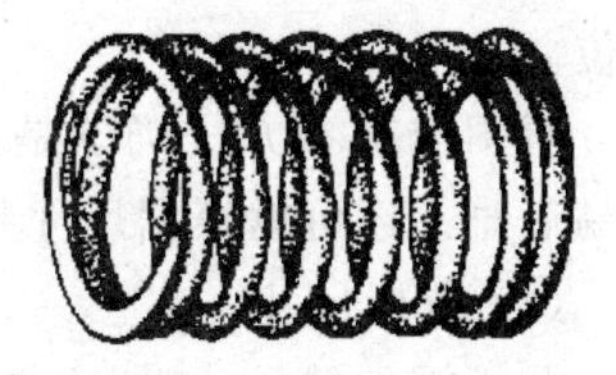

图 7-45　圆柱螺旋压缩弹簧

② 弹簧特性一般用图解方式表示。圆柱螺旋压缩弹簧的机械性能曲线,均简化成直线画在对应的主视图上方,其中: F_1——弹簧的工作负荷,F_2——弹簧的最大负荷,F_j——弹簧的允许极限负荷。当弹簧轴向受力为 292N 时,弹簧高度为 55mm,当弹簧轴向受力为 409N 时,弹簧高度为 47mm,当弹簧轴向受力为 525N 时,弹簧高度为 39mm,当外力取消时,弹簧复原到自由高度尺寸。

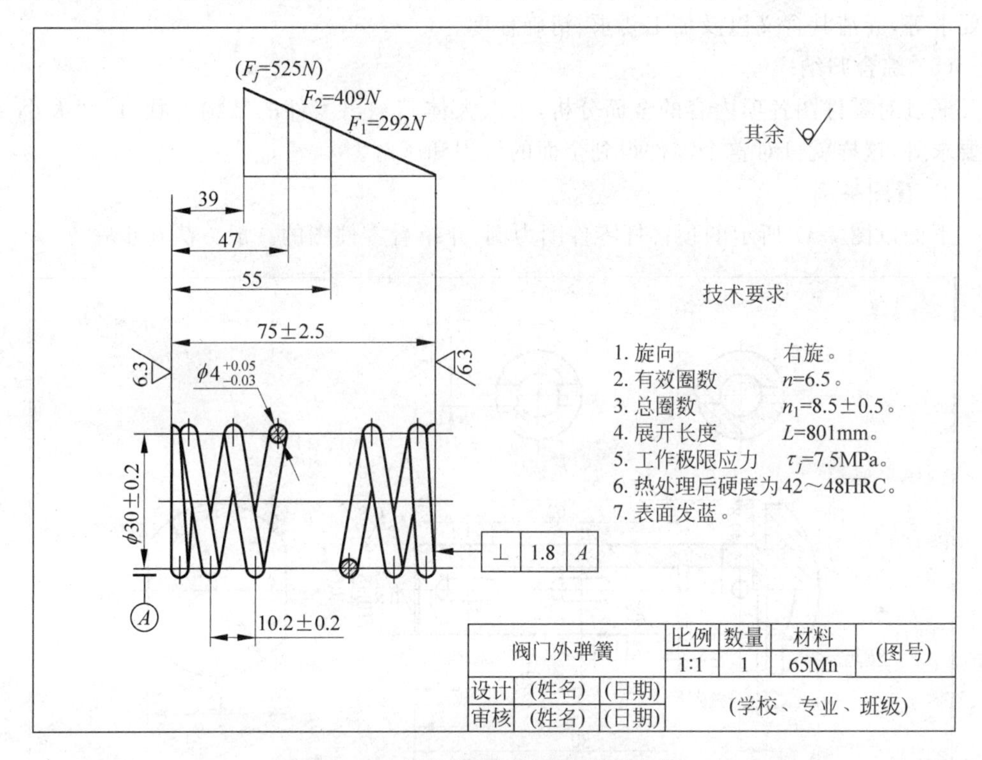

图 7-46　圆柱螺旋压缩弹簧的零件图

6. 看零件图

零件图是用来指导零件生产加工和检验的图样。在生产过程中,要根据零件图注明的材料和数量进行备料,并根据零件图图示的形状、尺寸和技术要求来加工制造和检验。所以看零件图是生产实践中一项经常性的、重要的工作。

1) 看零件图的方法和步骤

(1) 看标题栏

看零件图首先应从标题栏入手。了解零件的名称、材料、绘图比例等内容。粗略了解零件的结构特点、零件的用途、大致的加工方法。

(2) 分析视图,想象零件的结构形状

根据视图的配置和标注,分清各视图间的投影关系以及各视图的表达方法和投射部位。

看图的基本方法仍然是形体分析,先看主要结构,再看次要结构;先整体,再细节;先易后难。还可以根据尺寸判断、想象形状和结构。

(3) 分析尺寸

分析零件的尺寸时,应先找出其主要基准,再按形体分析法,找到定位、定形尺寸,进一步了解零件的形状特征,特别要注意有精度要求的尺寸,并了解其具体要求。

(4) 分析技术要求

分析技术要求时,应根据图中标注出的表面粗糙度、尺寸公差、形位公差以及其他技术要求等,弄清其含义以及加工要求、精确程度。

(5) 综合归纳

通过对零件图各项内容的全面分析,可以大体归纳出零件的结构形状、尺寸大小、制造要求等,这样就可对整个零件得到全面的认识和了解。

2) 看图举例

下面以图 7-47 所示的顶冒杆零件图为例,介绍看零件图的一般方法和步骤。

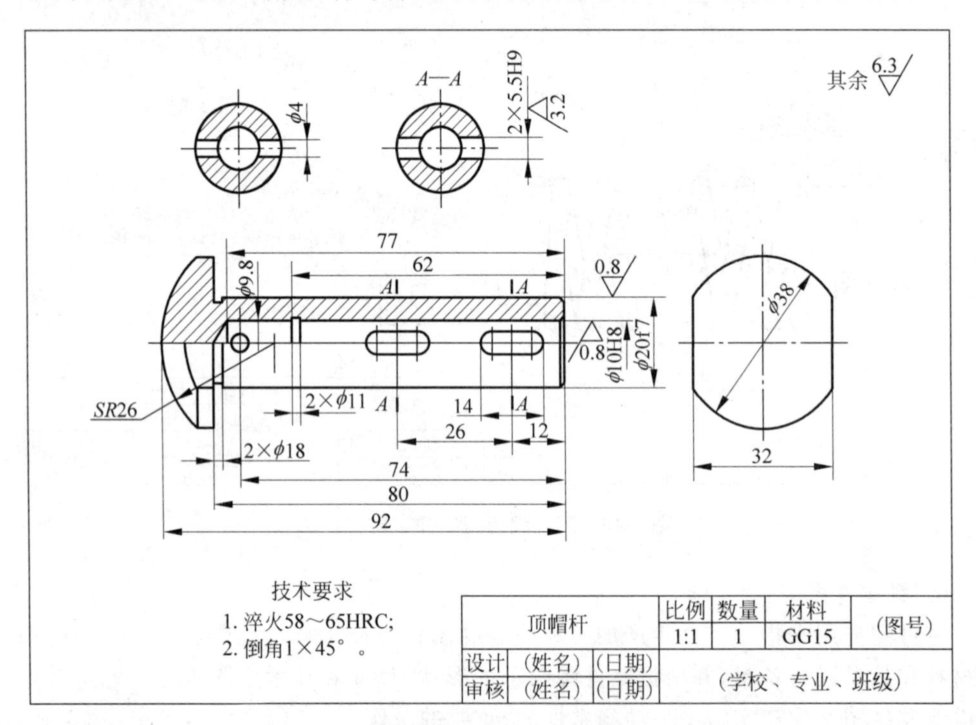

图 7-47　顶冒杆的零件图

从图 7-47 中标题栏可知,零件的名称为顶冒杆,属于轴套类零件。

分析视图可知,顶冒杆是以主、左两个基本视图为主,并辅以两个断面图来表达的。

由于顶冒杆的结构具有对称性，所以主视图采用半剖视图，这样既表达了零件的外形，又表明了其不同方向上的开孔情况(各孔的形状及其相对位置)。左视图为外形图，表达了顶冒杆头部的外形。断面图表达了零件上沿直径方向所开 3 个孔的大小(ϕ4 的圆柱孔和 2×5.5 的腰形孔)和深度。

顶冒杆的主要尺寸基准为轴心线，总长为 92，其结构主要分为左、右两个部分，左端由一球冠(球的半径为 *SR*26)和 1 个圆柱(直径为 ϕ38)组成；右端为一圆筒，圆筒的外径为 ϕ20f7，内孔直径分别为 ϕ9.8(左端)和 ϕ10H8(右端)。顶冒杆内外表面上两处开有砂轮越程槽，尺寸为 2×ϕ11 和 2×ϕ18，表示砂轮越程槽的宽度和深度。顶冒杆最右端的内、外圆柱均有倒角 1×45°，便于零件的装、拆。

通过以上分析，可以想象出的顶冒杆结构和形状，如图 7-48 所示。

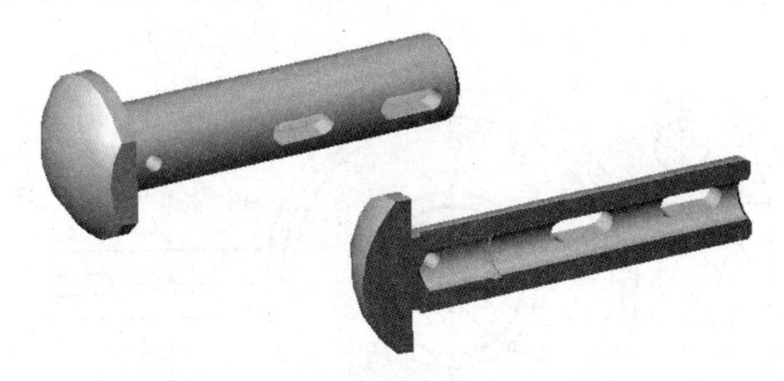

图 7-48　顶冒杆的立体图

该零件上外圆面 ϕ20f7 和圆筒右端内孔表面是用除去材料的方法(车削和磨削)获得的，表面要求最高，其 *Ra* 的上限值均为 0.8；其余各表面均用除去材料的方法获得，且 *Ra* 的上限值除两处腰形孔为 3.2 外，其余均为 6.3。

从技术要求的文字说明中可知，该零件还需进行淬火处理，表面硬度值应达到 58～65HRC。

7.2.3　装配图

1. 装配图的作用和内容

如图 7-49 所示为一微调瓷介电容器的装配图，电容器由定片、铆钉焊片、动片、转轴、锡片、接触簧片及垫圈组成。它的工作原理为：利用陶瓷的绝缘性作为电容的介质，在陶瓷定片的一面部分涂银，在陶瓷动片的对应面也部分涂银，将动片、定片、接触簧片、锡片套在转轴上并铆接起来，然后把动片与转轴焊牢，再在定片上铆上焊片。转动转轴，动片就跟着旋转，从而达到增减电容量的目的。

由图可知，一张完整的装配图应包含下列内容。

1) 一组视图

用以表达产品的工作原理，各组成部分(零件)的主要结构形状、零件之间的相对位置、连接方式及装配关系等。

2) 几类尺寸

装配图一般只标注反映机器或部件的性能、安装和零件间装配关系的必要尺寸等。

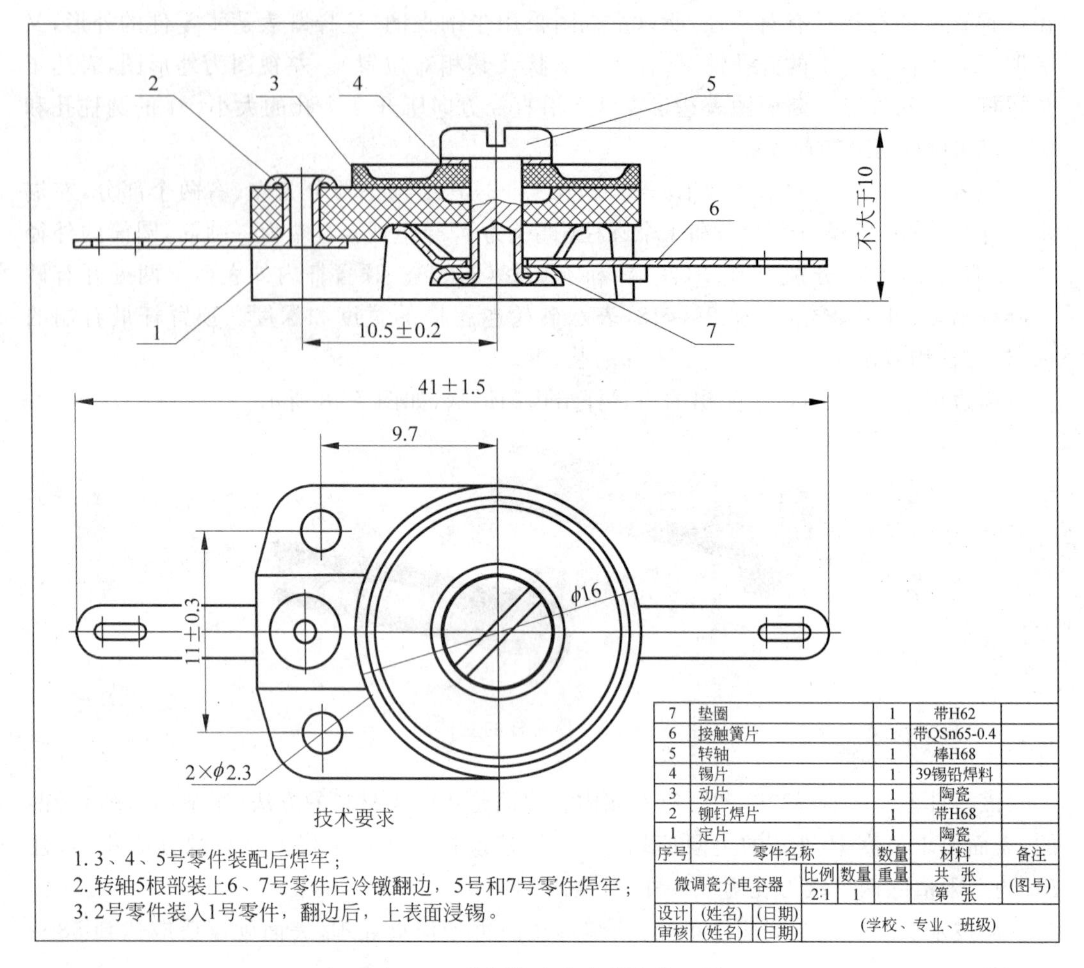

序号	零件名称	数量	材料	备注
7	垫圈	1	带H62	
6	接触簧片	1	带QSn65-0.4	
5	转轴	1	棒H68	
4	锡片	1	39锡铅焊料	
3	动片	1	陶瓷	
2	铆钉焊片	1	带H68	
1	定片	1	陶瓷	

图 7-49　微调瓷介电容器的装配图

(1) 规格尺寸。表示部件或机器性能、规格的尺寸，它是设计和选用产品的依据，如扬声器的直径；电视机荧光屏对角线的长度；减速器的中心距；虎钳的钳口大小；微波元器件中波导管的公称尺寸等均属于此类尺寸。图 7-49 中的陶瓷动片的直径尺寸 $\phi16$ 为微调电容器的规格的尺寸，它直接控制电容量调节范围的大小。

(2) 装配尺寸。表示部件内零件之间(或零件与部件之间)装配关系的尺寸，用来保证部件工作精度和性能要求，主要是：

① 配合尺寸：表示零件间配合性质的尺寸，一般注有配合代号。

② 位置尺寸：表示零件间(或零件与部件间)相互位置的尺寸。例如中心距；轴线对基准面的距离；影响装配性能的间隙以及连接螺钉和定位销等的定位尺寸。如图 7-49 所示的 10.5±0.2。

(3) 安装尺寸。表示部件安装在机器上或安装在其他基础上所需的尺寸，即部件对外连接的尺寸，如图 7-49 所示的 $2\times\phi2.3$、11±0.3 和 9.7。

(4) 外形尺寸。表示部件或机器总体的长、宽、高尺寸，它是包装、运输和厂房设计布置的依据。如图 7-49 所示的高 10、宽 16、长 41±1.5，它表示装配体所占有的空间大小。此外，外部运动件活动的极限位置尺寸也属于此类。

(5) 其他重要尺寸。如设计中经过计算而确定必须保证的尺寸或影响部件功能实现的重要结构尺寸。

3) 技术要求

装配图中的技术要求通常是指机器或部件在装配、安装、检验和试车时所必须达到的指标和某些质量、外观上的要求等。它包括以下几个方面的内容。

(1) 装配要求。即对装配方法、装配时所要达到的精度等要求的说明。

(2) 检验要求。检验、试车的方法、条件及必须达到的技术指标等。

(3) 使用要求。包装、运输、安装、维护及用户使用注意事项等。

如图 7-49 所示用文字注明的 3、4、5 号零件装配后焊牢；转轴根部采用冷镦工艺；铆钉焊片装配后翻边，在上表面浸锡等，都是装配微调瓷介电容器时应满足的要求。

4) 零件序号、明细栏和标题栏

说明组成部件的各零件的编号、名称、规格、数量、材料以及部件的名称、重量、设计和生产管理方面相关信息等内容。

2. 装配图的画法

装配图的表达方法和零件图基本相同，都是按投影原理画出的。表达零件结构所采用的各种视图、剖视图和断面图及其他表达方法都适用于装配图。但装配图重点表达的是零件之间的装配关系、传动关系及其工作原理，同时还要表达零件的主要结构形状。因此，它还有下列的规定画法和特殊表达方法。

1) 规定画法

为了在装配图中分清零件与零件之间的相对位置和装配关系，国家标准《机械制图》对装配图的画法有以下规定。

(1) 接触面和配合面的画法

在视图或剖视图中，相邻两个零件的接触表面或具有相同的基本尺寸的配合表面之间(无论其实际间隙大小如何)只画一条粗实线，如图 7-50 中 a 处所示；而非接触表面、非配合表面之间(无论其实际间隙有多小)，都必须画成两条粗实线，如图 7-50 中 b 处所示。

(2) 剖面线的画法

在装配图中，为区别相邻两个金属零件，其剖面线的方向应相反或间隔不同，如图 7-51 所示。但同一个零件的剖面线在各个剖视图和断面图中的方向和间距均应保持一致，如图 7-52 所示，零件 3 和零件 4 在主视图和左视图中的剖面线是完全一致的。当零件壁厚较薄(厚度小于或等于 2mm)时，其剖面符号可用涂黑的方式来代替。

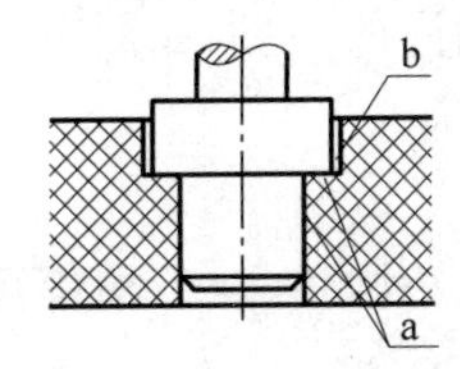

图 7-50　零件之间两表面的画法

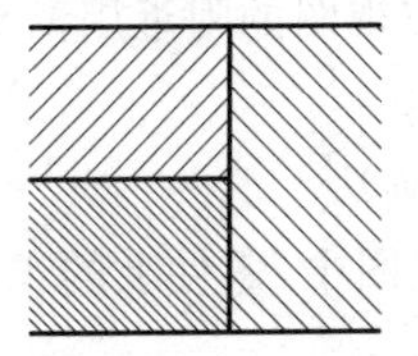

图 7-51　相邻金属零件的剖面线的画法

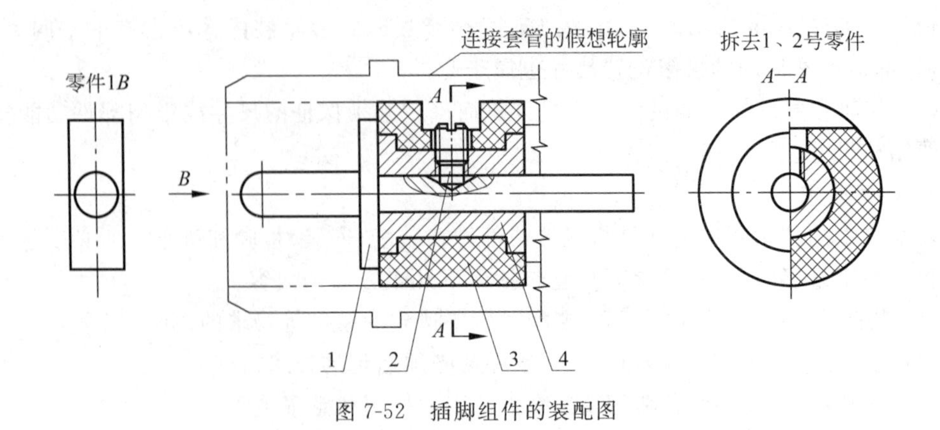

图 7-52　插脚组件的装配图

(3) 实心零件和标准件的画法

在装配图中，当剖切平面通过实心杆件(传动轴、手柄等)和标准件(螺纹紧固件、键、销等)的轴线或对称面时，实心零件和标准件的剖视图均按不剖绘制，如图 7-52 主视图中的零件 1、2。但当剖切平面垂直于这些零件的轴线横向剖切时，则应画出剖面线。

2) 特殊画法

(1) 假想画法

在装配图中可用双点画线画出机件的假想投影用来表示装配体与相邻部件或零件的装配、连接关系(如图 7-52 所示插脚组件的连接管套的轮廓)或部件中运动零件的极限位置等。

(2) 拆卸画法

为了使被遮挡部分能表达清楚，可假想地拆去某些零件再投影，这样既能增加图示的清晰度，又能减少绘图工作量。但应在图中注明“拆去××零件”或“拆去×号零件”，如图 7-52 所示左视图上方注明“拆去 1、2 号零件”。

(3) 夸大画法

对于不接触表面和非配合面的细微间隙、薄垫片、小直径的弹簧等，可以不按实际尺寸而适当夸大(如把薄垫片加厚、细微间隙加大等)画出，这样图示更清楚，有利于读图。

(4) 单个零件画法

当某一零件的结构形状在装配图各个视图中都未表示清楚，但又必须表达时，可以单独画出该零件的视图(或剖视图、断面图)，但必须在所画视图的上方注出“零件 X”及其视图名称，在相应视图的附近用箭头指明投射方向，并注上相同的字母，如图 7-52 中零件 1 的 B 向视图。

(5) 简化画法

① 在装配图中，零件上的工艺结构如启模斜度、倒角、小圆角、退刀槽等可以省略不画出。

② 在能够清楚表达产品特征和装配关系的条件下，或不需表达其内部结构的情况

下，装配图可仅画出其简化后的轮廓，如图 7-53 所示。

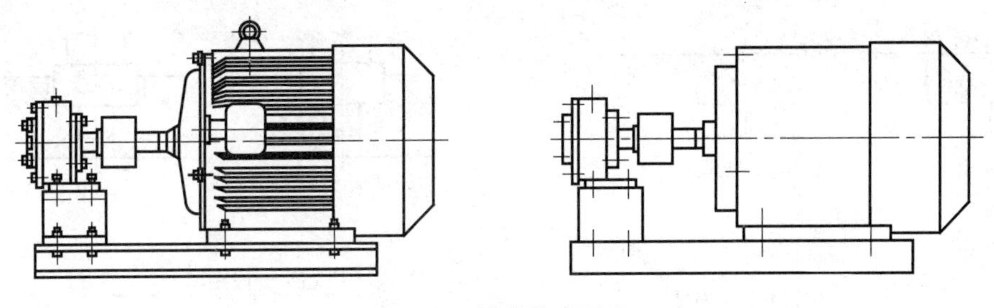

图 7-53　简化轮廓画法

③ 对于装配图中若干相同的单元(如相同的螺栓、螺钉连接等)，允许只详细画出一组或几组，其余则以点画线表示出连接处的中心位置，如图 7-54 所示。

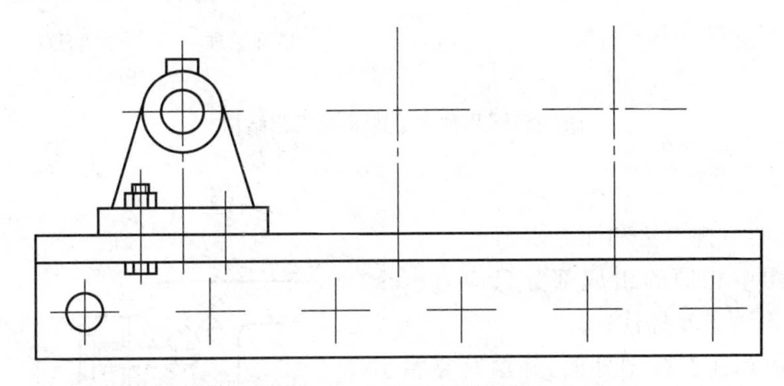

图 7-54　相同单元的画法

3. 常见的装配工艺结构

为了降低制造成本，并且使产品具有良好的装配、质量和性能，设计时应考虑采用合理的装配工艺结构。

(1) 两个零件装配时，为了避免给零件制造、装配等工作带来困难，同一方向只能有一对接触面，如图 7-55(a)、(b)所示。

(2) 为了去除孔或轴端的锐角、毛刺，便于将轴装入基本尺寸相同的孔中，应在轴和孔的端部倒角，如图 7-55(c)所示。

(3) 两圆锥面配合时，圆锥体的端面与圆锥孔的底部之间应留空隙，即 $L_1>L_2$，如图 7-55(d)所示。否则可能达不到锥面的配合要求或增加零件制造的困难。

4. 装配图的零部件序号、明细栏

1) 零(部)件序号

(1) 一般规定

为了方便图样管理、组织生产以及便于阅读装配图，装配图上的所有零件、部件都要分别编上序号。形状、尺寸完全相同的零件可只编一个序号，并在明细栏内写明数量即可。形状相同、尺寸不同的零件，须分别编号。滚动轴承、电机等标准部件只需编一个序号。编号的总的要求是完整、清晰和醒目易找。同时还要按零件序号顺序编写明细栏，最

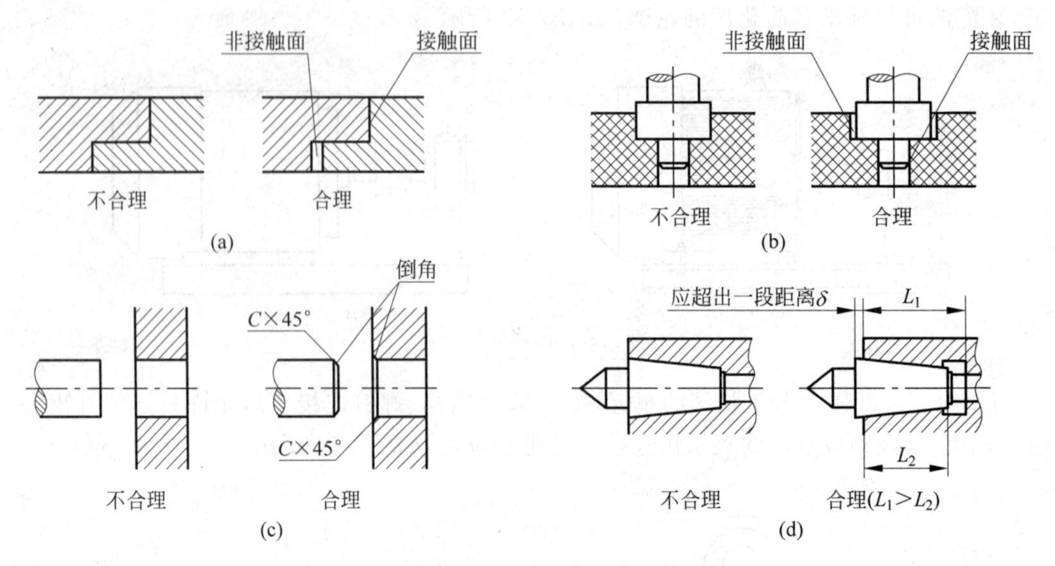

图 7-55 几种常见的装配工艺结构

后填写标题栏。

(2) 序号的编排方法和注意事项

① 装配图中相同的组成部分只应有一个序号,必要时也可重复标注。

② 序号应标注在视图外面,并填写在指引线一端的水平线(细实线)上或圆(细实线)内,或直接注写在指引线一端的附近。序号的数字应比图中尺寸数字大一号或两号。指引线应从所指零(部)件的可见轮廓内画一小圆点处引出,如图 7-56 所示。

如果所指部分为很薄的零件或涂黑的断面,不宜画圆点时,可在指引线末端画出箭头,并指向该零件的轮廓,如图 7-56 中零件 3 所示。

③ 指引线互不相交。当指引线通过剖面线区域时,不应与剖面线平行。必要时指引线可画成折线,但只能折一次,如图 7-57 所示。

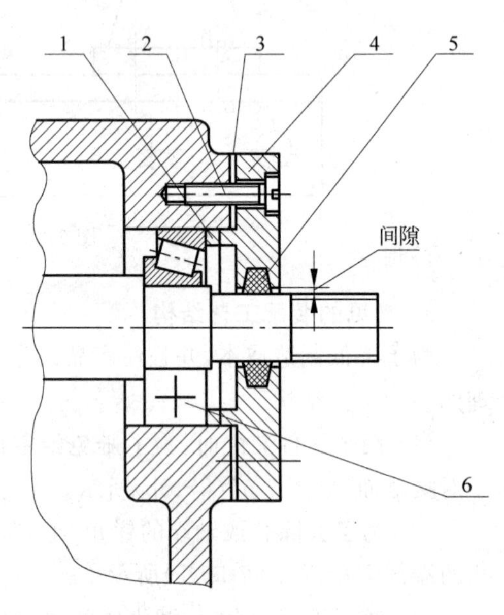

图 7-56 视图中序号的标注

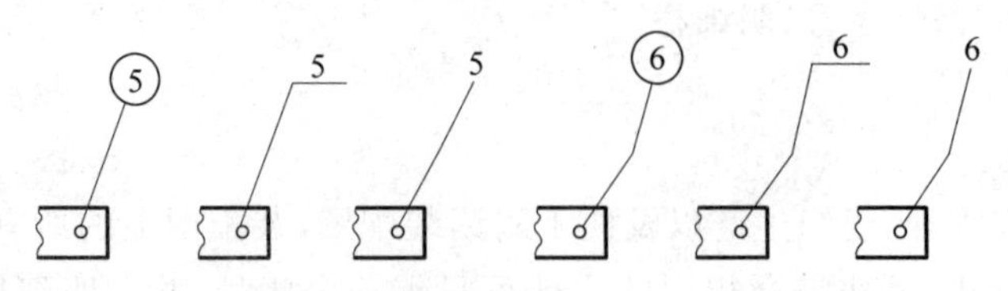

图 7-57 装配图中零件序号的标注方法

④ 一组紧固件以及装配关系清楚的零件组，可以采用公共指引线，如图 7-58 所示。

⑤ 序号在图样上应按水平或垂直方向排列整齐，并依照顺时针或逆时针方向依次排列，如图 7-56 所示。在整个图上无法连续时，可只在每个水平或垂直方向顺次排列。

⑥ 同一张装配图中编注序号的形式应一致，如图 7-58 所示。

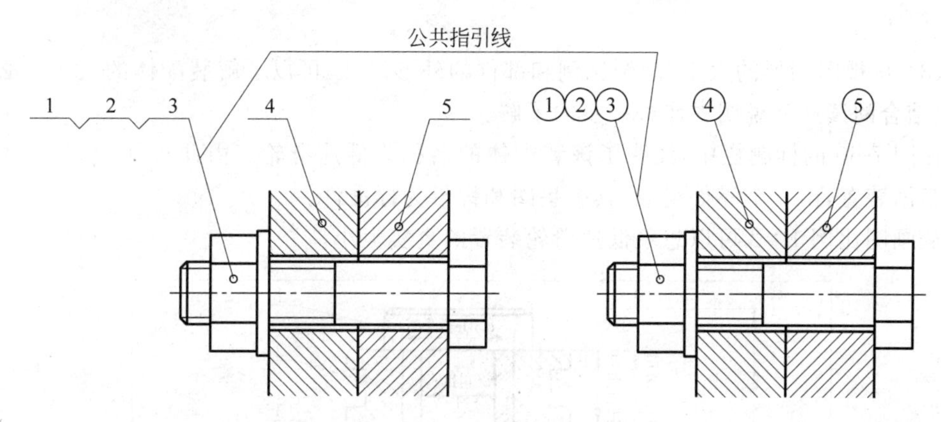

图 7-58　同一装配图上序号标注形式应统一

2）明细栏

从管理和组织生产的需要出发，每一个产品(或部件)的装配图应设置明细栏，用来说明各零件的名称、序号、代号、件数、材料等。明细栏应配置在装配图中标题栏上方，按自下而上顺序填写，当标题栏上方空位不够时，可在标题栏左侧自下而上延续，也可将明细栏制成表格单独成册。明细栏的格式和编制，国家标准作了具体规定，也可按照不同行业各个单位的具体要求制出。在此，介绍学校在教学中作练习时常用的明细栏画法，其格式如图 7-59 所示。

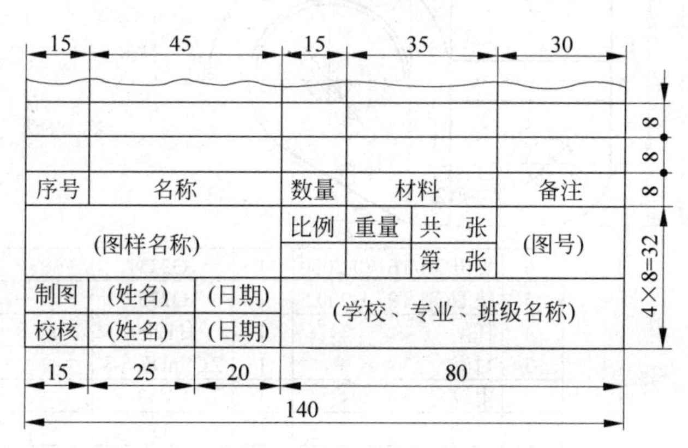

图 7-59　装配图的标题栏及明细栏

5. 看装配图

在工业生产中，从产品的设计到制造，或进行技术交流，或使用及维修机器设备，都要用到装配图。因此，对从事工程技术的工作人员来说，掌握看机器或部件的装配图的方法是很有必要的。

下面以阅读如图 7-60 所示低速滑轮的装配图为例简单介绍看装配图的方法和步骤。

1) 概括了解

(1) 从标题栏入手了解装配体的名称、主要用途和性能。

(2) 从明细栏中可知组成装配体的零件的种类、名称和数量,进而了解其组成及复杂程度。

(3) 从视图图形的大小、画图比例和部件的外形尺寸,可以了解装配体的大小。必要时,应结合阅读产品说明书作进一步的了解。

在图 7-60 的标题栏中,注明了该装配体的名称为低速滑轮。由此可知,它是一种简单的起吊装置,由 6 个零件组成,其中垫圈和螺母为标准件。

从画图比例 1∶2 可以想象低速滑轮装置的真实大小。

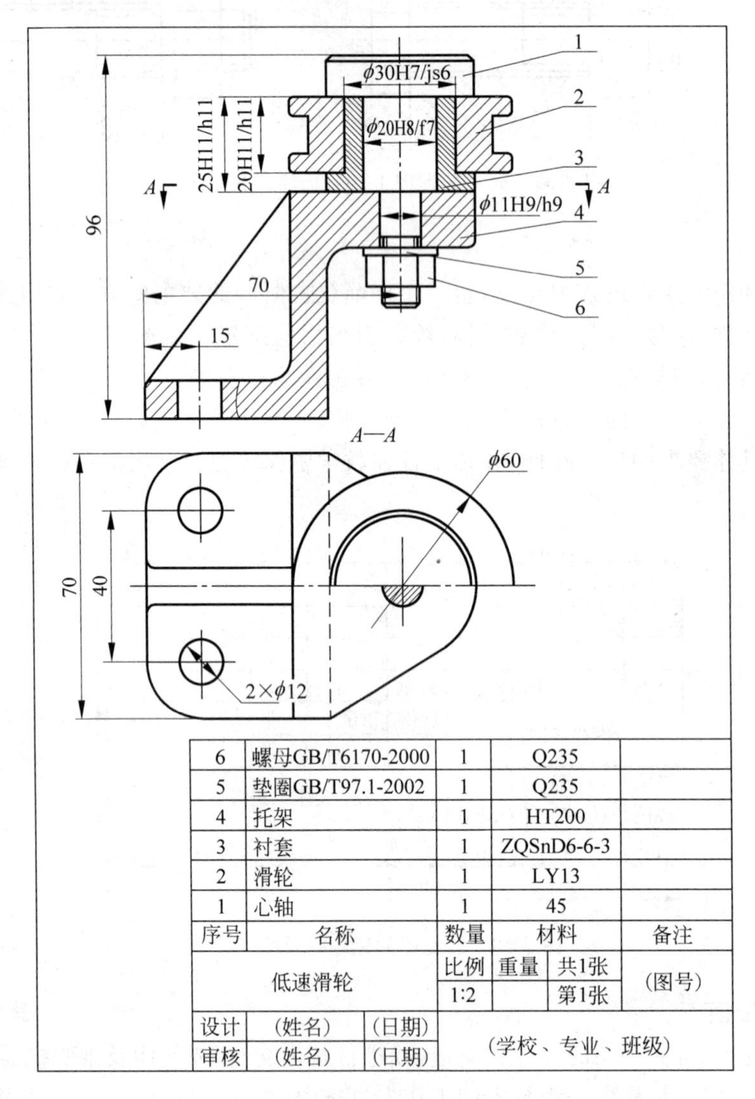

序号	名称	数量	材料	备注
6	螺母GB/T6170-2000	1	Q235	
5	垫圈GB/T97.1-2002	1	Q235	
4	托架	1	HT200	
3	衬套	1	ZQSnD6-6-3	
2	滑轮	1	LY13	
1	心轴	1	45	

低速滑轮		比例	重量	共1张	(图号)
		1:2		第1张	
设计	(姓名)	(日期)	(学校、专业、班级)		
审核	(姓名)	(日期)			

图 7-60　低速滑轮的装配图

2）分析视图、分析零件

（1）根据视图配置，看懂各个视图之间的投影关系。

（2）对于剖视图，要找到剖切的位置，知道其表达方法、意图及重点内容。

（3）从反映主要装配关系的视图开始分析，弄清楚各零件在装配图中的位置和作用及其主要结构形状、相互之间的定位、连接方式和装配关系、密封方法，并进一步了解运动零件与非运动零件的相对运动关系，以及是如何达到顺利装拆零件的要求的等问题。如图 7-60 所示，低速滑轮是用主、俯视图来表达的。主视图为全剖视图，用以表达滑轮装置的装配关系和工作原理，俯视图为半剖视图，主要用来表达滑轮和托架的外形。

从主视图中可看出：衬套装在滑轮上的通孔中，心轴穿过衬套，由托架支撑并用螺母紧固。托架的底板上有两个安装孔，用于将低速滑轮固定在所需的位置。滑轮（及衬套）可以相对心轴转动，从而达到起吊重物的目的。

3）看尺寸和技术要求

通过图中的尺寸及配合代号，可以看出零件间的配合要求；由技术要求可以明确机器或部件的装配要点以及装配后应达到的性能指标、试验、包装、运输、安装、使用和维护等要求。

在滑轮装置中，为使滑轮与衬套一起旋转，滑轮内孔与衬套采取过渡配合（ϕ30H7/js6）。同时，为了保证滑轮能灵活转动，心轴、衬套、托架与滑轮的接触表面之间都有适当的配合要求，如图 7-60 中的尺寸 ϕ20H8/f7、ϕ11H9/h9、25H11/h11、20H11/h11 均表示了不同程度的间隙配合。

滑轮的直径 ϕ60 为规格尺寸；高 96、宽 70 和长 100（70＋ϕ60/2）为滑轮装置的总体尺寸；15、40、2×ϕ12 等为安装尺寸。

4）综合归纳

在详细分析各零件之后，可综合想象出装配体的整体结构和零件之间装配连接关系，并弄清楚装配体的工作原理，从而完全了解该装配体。

产品是多种多样的，表达产品的装配图的图示方法也各不相同，读者只有广泛接触各类图样，深入分析其各种表达方法及其特点，才能增强看图能力。

7.3　其他工程图样

7.3.1　房屋建筑图

1. 概述

1）房屋的组成及其作用

房屋是供人们生活、生产、工作、学习和娱乐的场所，它与人们的日常活动有着密切的联系。

房屋建筑的种类很多，根据其使用功能的不同分为：民用建筑、工业建筑（如厂房、仓库、动力间等）和农业建筑（粮仓、饲养场、泵站等）3 大类。其中民用建筑还可细分为居住建筑（如住宅、宿舍、公寓等）和公共建筑（办公楼、商场、学校、医院、旅馆、电影院等）。

尽管各种房屋在使用要求、空间组合、外形、结构形式等方面各不相同，但它们的构成基本上是一样的，一般都是由许多构件、配件和装修构造等组成，如基础、墙（或柱）、楼（地）面、楼梯、屋顶和门窗等。有些房屋包括一些其他组成构件，如台阶、雨篷、阳台、雨水管、散水等。

在房屋中基础、墙、柱、梁等起着支撑和传递风、雪、人、物和房屋自重等载荷的作用；屋面、雨篷、外墙等起着防止风、沙、雨、雪和阳光的侵蚀和干扰的作用；门、走廊、楼梯、台阶等起着沟通房屋内外和上下交通的作用；雨水管、散水、明沟等起着排水作用。图 7-61 为某 3 层住宅楼的轴测图、住宅楼的各组成部分的名称及其位置。

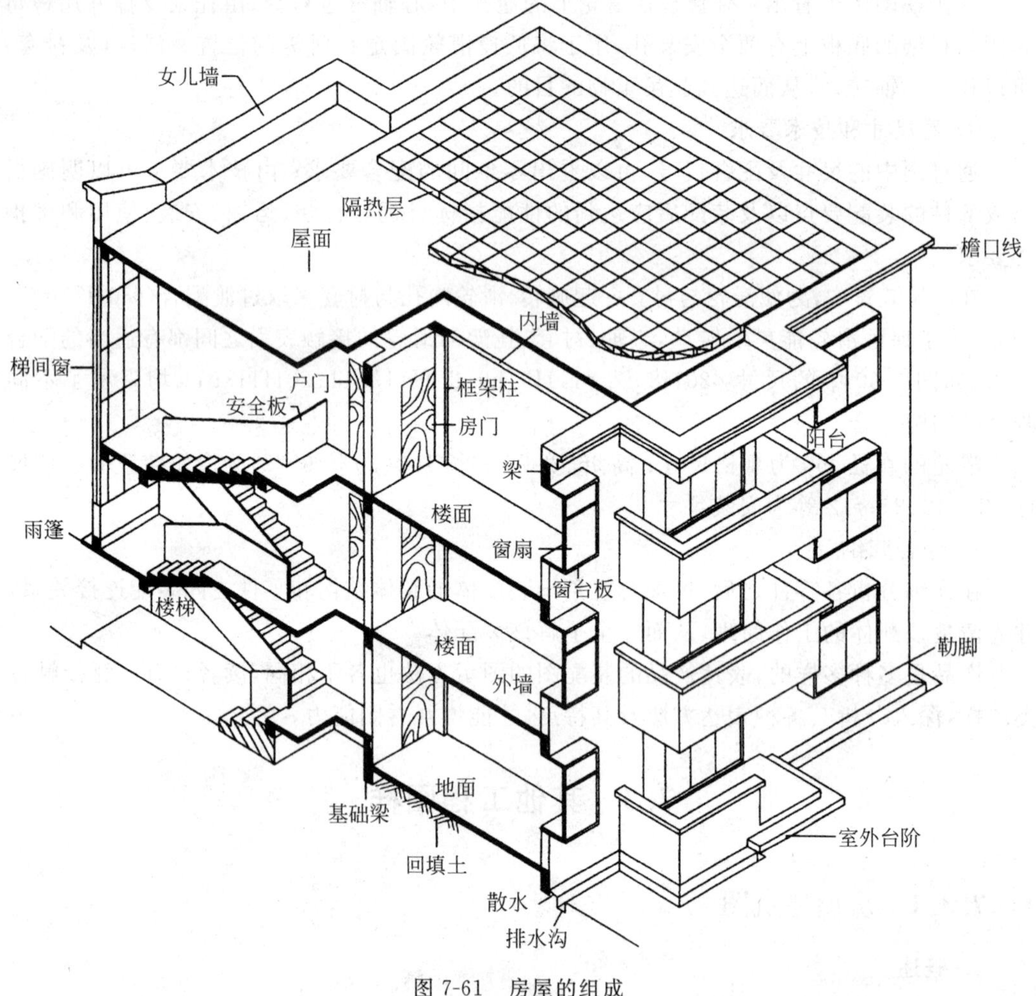

图 7-61　房屋的组成

2）房屋建筑图及其分类

房屋建造要经过两个过程：设计和施工。建筑设计过程的最终成果就是“房屋建筑图”，而房屋建筑图则是指导建筑施工过程的重要依据之一。

房屋建筑图又称为施工图，根据其图样内容与作用的不同，它还可分为建筑施工图、结构施工图、设备施工图。

建筑施工图(简称“建施图”)为房屋设计主要内容的体现,它是其他各种施工图的基础。平面图、立面图和剖面图(简称“平、立、剖”)是建筑施工图中最重要的图样。

识读“建施图”,应首先了解图样的表达方法及其图示特点,熟悉常用的图例和符号。看图时,应按先整体后局部,先文字说明后图样,先图形后尺寸的顺序依次仔细阅读。要先看总平面图,再看平、立、剖面图和建筑详图,最后还要将各种图配合起来进行分析,才能全面正确地掌握建筑施工图所要表达的内容。

2. 建筑施工图的表达方法及其图示特点

1) 图名与配置

房屋建筑施工图与机械图的投影方法和表达方法基本一致,主要都是采用正投影的方法绘制的。通常,在 H 面上作平面图,在 V 面上作正、背立面图,在 W 面上作剖面图或侧立面图,所以说建筑施工图是多面正投影图。

如图 7-62 所示,在图幅大小允许的情况下,可将平、立、剖面 3 个图样按投影关系,放在同一张图上。但是,因为房屋较大,为了便于施工时在现场阅读,常常将平、立、剖面图分开绘制,且尽量少用零号图纸。

建筑施工图的每个视图都应在其下方注明图名和绘图比例,并在图名下面画一条粗横线。

由于建筑施工图所采用的国家标准与机械图不同,所以其图名与配置和机械图不同,具体区别见表 7-13。

表 7-13 施工图与机械图的视图名称对照

房屋建筑图	正立面图	平面图	侧立面图	背立面图	剖面图	建筑详图
机械图	主视图	全剖俯视图	左视图或右视图	后视图	剖视图	局部放大图

2) 比例

因房屋形体较大,故建筑施工图一般都用缩小比例绘制。当较小比例的平、立、剖面图无法清楚地表达房屋内部的复杂构造时,还需要配置大量较大比例的详图加以补充说明。绘图时,比例应注写在图名的右侧,且字号比图名小 1 号或 2 号。

绘制建筑施工图的常用比例见表 7-14。

表 7-14 建筑施工图的常用比例

图 名	比 例					
总平面图	1∶500	1∶1000	1∶2000			
平、立、剖面图	1∶50	1∶100	1∶200			
详图	1∶1	1∶2	1∶5	1∶10	1∶20	1∶50

3) 图线

建筑施工图中使用的图线,应符合国家标准对线型的规定,其线宽有粗、中、细之分,3 种线宽的比率为,粗线∶中粗线∶细线=4∶2∶1。图线的线宽 b 应按图样的类型、尺寸大小及图的复杂程度在下列数系中选择

0.13mm,0.18mm,0.25mm,0.35mm,0.50mm,0.70mm,1.00mm,1.40mm,2.00mm

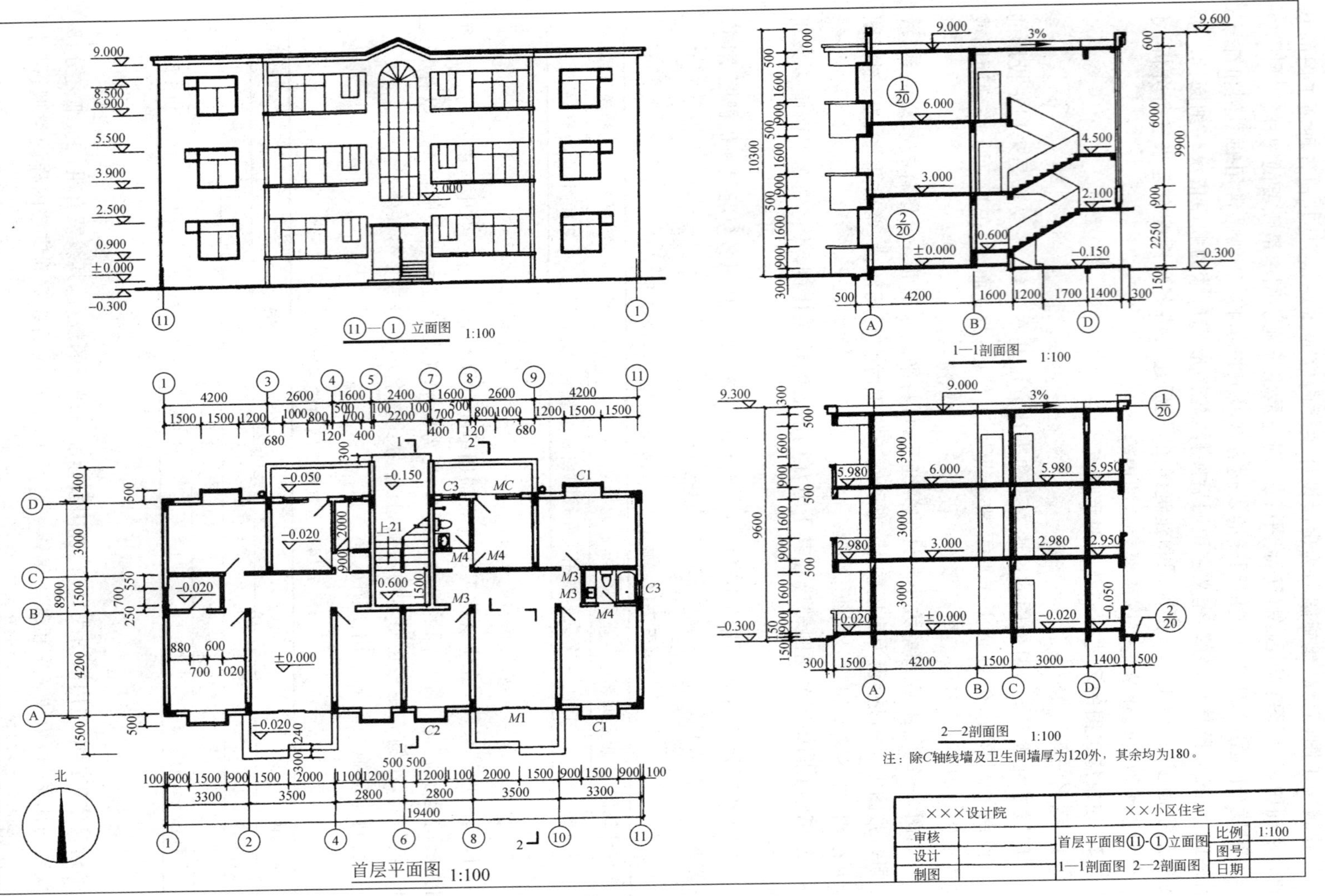

图 7-62 住宅建筑施工图示例

不同类型、不同专业的图样，其线型的规定也不相同，如需要可查阅相关的建筑制图国家标准。

4）定位轴线及编号

建筑施工图中的定位轴线是施工定位、放线的重要依据。凡承重构件如墙、柱等都应画出定位轴线并予以编号。

如图 7-62 所示，定位轴线用细点画线绘制，轴线端部画出细实线圆，其圆心应在定位轴线的延长线上或延长线的折线上。轴线编号圆的直径为 8～10mm（详图上为 10mm）。圆圈内写上编号，横向编号用阿拉伯数字从左至右编写（如图中定位轴线①～⑪）；纵向编号用大写拉丁字母（I、O、Z 除外）自下向上注写（如图中定位轴线Ⓐ～Ⓓ）。

5）尺寸标注

国家标准规定，建筑图中标注的尺寸，除标高和总平面图以米（m）为单位外，其余一律以毫米（mm）为单位，图上尺寸数字之后不必注写单位。

尺寸的起止符号一般用中粗短斜线画出，其倾斜方向应与尺寸界线成顺时针 45°角，长度约为 2～3mm。标注半径、直径和角度时，尺寸的起止符号不再用 45°短斜线，而用箭头表示。尺寸标注示例如图 7-63 所示。

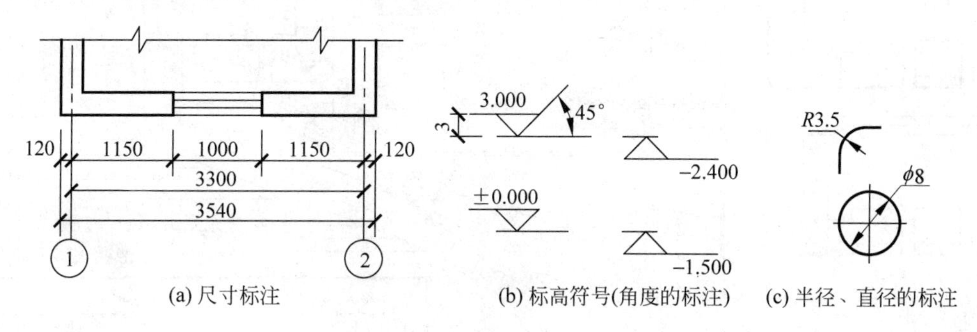

图 7-63　尺寸标注示例

标高尺寸应注写到小数点后第 3 位。零点标高的注写形式为±0.000；零点标高以上为“正”，标高数字前不必注写“+”号；零点标高以下为“负”，标高数字前应注写“－”号。

6）图例

由于房屋的构、配件和材料种类较多，为作图简便起见，“国家标准”规定了一系列的图形符号来表示建筑构配件、卫生设备、建筑材料等，这些图形符号称为“图例”。为读图方便，国家标准还规定了许多标注符号。所以，建筑图上会大量出现各种图例、代和符号（详见附录 E、F）。

常用的建筑材料图例如附录 E 中表 E-1 所示。

3. 建筑施工图的识读

1）总平面图

（1）总平面图及其图示内容

总平面图是绘制在“地形图”上的一种图样，它反映了新建房屋所在范围内的地形、地貌、道路、建筑物、构筑物的水平投影。总平面图用来表达新建房屋的平面形状、位置、朝向、高程以及与周围环境，如原有的建筑物、道路、绿化等之间的关系。

(2) 总平面图的识读

现以图 7-64 为例，说明阅读总平面图时应注意的几个问题。

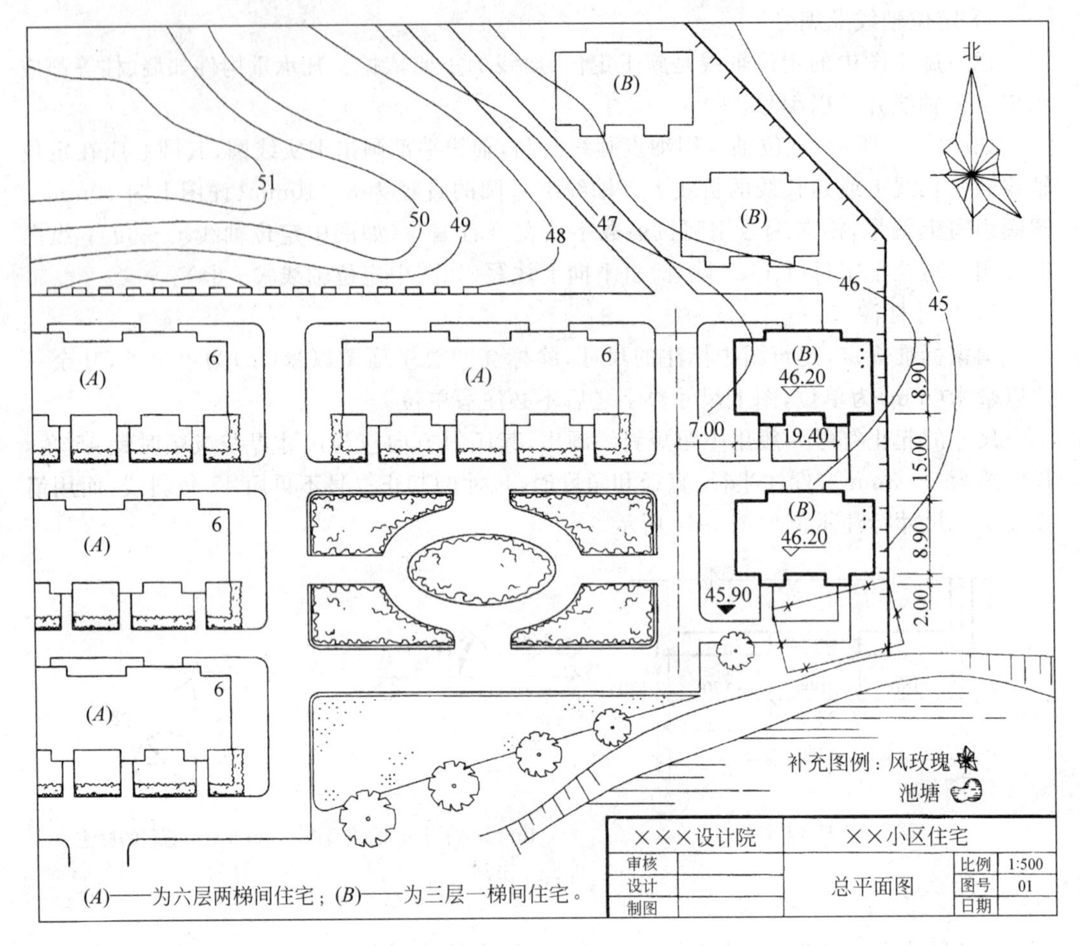

图 7-64 总平面图

① 先看图样的比例、图例及有关的文字说明

由于总平面图表示的建筑场地范围较大，所以总平面图通常采取缩小比例画图，如 1∶500、1∶1000、1∶2000 等。

总平面图中所标注的坐标、标高和距离等尺寸一律以“米”为单位，并保留小数点后 2 位，不足时以“0”补齐。

总平面图中通常较多地使用图例来表示新建筑物、构筑物的形状，道路、绿化、地物等。国家标准中规定的常用图例，详见附录 E 中表 E-2。若采用自设的图例，应在图中加以注明。

② 了解工程的性质、用地范围和地形地貌和周围环境情况

从图名和图中房屋的名称可知拟建工程是某小区内的两幢相同的住宅(三层一梯间住宅)。用小黑点的数量表示房屋的层数。

由于地形较为复杂，图中用等高线表示了地形的高低起伏变化情况。从等高线所注的

标高数值的大小可知，小区的地势为自西北向东南倾斜，由此也可判断雨水排泄方向。

图中所注标高均为绝对标高。所谓绝对标高，是指以我国青岛市外黄海的平均海平面作为零点而测定的高度尺寸。室外绝对标高用完全涂黑的三角形表示，如图中所示的▼ 45.90。

③ 明确新建房屋的位置和朝向

房屋的位置可用定位尺寸(与原建筑物或道路中心线的联系尺寸)即图中尺寸 7.00、15.00 等来确定。

在图中可画上指北针(指北针用细实线绘制，其外圆直径为 24mm，指针尾端宽 3mm，尖端注有"北"字或字母"N")或风向频率图(简称风玫瑰图)，表明建筑物的朝向和该地常年风向频率(一般用 16 个方向的长短线来表示)。从图中所画的风向频率玫瑰图可以确定房屋的朝向，且知图示地区的全年最大的风向频率为北风。

④ 了解该地区内道路、绿化布置等情况

从图中可以看到，新建筑的南边有一池塘，池塘的西、北边有一护坡。建筑物东边有一围墙，西边是 1 条道路，东南角有一待拆的建筑，周围还有写有名称的原有的或拟建的房屋、道路等。

2) 建筑平面图

(1) 平面图及其图示内容

假想用一水平剖切平面经门、窗洞将房屋剖开，将剖切平面以下部分从上向下投射所得到的图形，即为建筑平面图，简称平面图，它是施工图中最基本的图样之一。

建筑平面图反映房屋的平面形状、大小和房间布置，墙或柱的位置、大小、厚度和材料，门窗的类型和位置等情况。

通常建筑物有不同构造形式的平面就应分别画出其平面图，相同构造形式的平面只要画出一层(中间层)作代表，并在图的下方注明相应的图名，如首层平面图、二层平面图、中间层平面图等。此外还有屋面平面图，即房屋顶面的水平投影，一般可适当缩小比例绘制(较简单的房屋可以不画)。习惯上，如上下各层的房间数量、大小和布置都一样时，则相同的楼层可用一个平面图表示，称为标准层平面图。

平面图中的线型要宽度分明，凡是被水平剖切平面剖到的墙、柱(通常不画剖面线)等截面轮廓线用粗实线绘制；门的开启线用 45°的中实线绘制；其他可见轮廓和尺寸线等用细实线绘制。

平面图中的门、窗、楼梯都用图例表示。门的代号为 M，根据其宽度和高度的不同分别用 M1、M2 等来表示；窗的代号为 C，根据其宽度和高度的不同分别用 C1、C2 等来表示。卫生间的设施、洗脸盆、浴盆、坐式大便器、污水池等均可用图例表示。在附录 E 表 E-3 中列出了部分构、配件的图例。

平面图中应标注该楼层地坪的标高、门窗编号、楼梯的起步和上下方向等。

底层平面图还应该包括指北方向、建筑剖面图的剖切位置、室内外地坪标高等。

(2) 平面图的识读

平面图的阅读应按以下顺序进行，即先底层，后上层；先墙外，后墙内；由粗到细。下面以图 7-65 所示的底层平面图为例，具体说明建筑平面图的阅读方法和步骤。

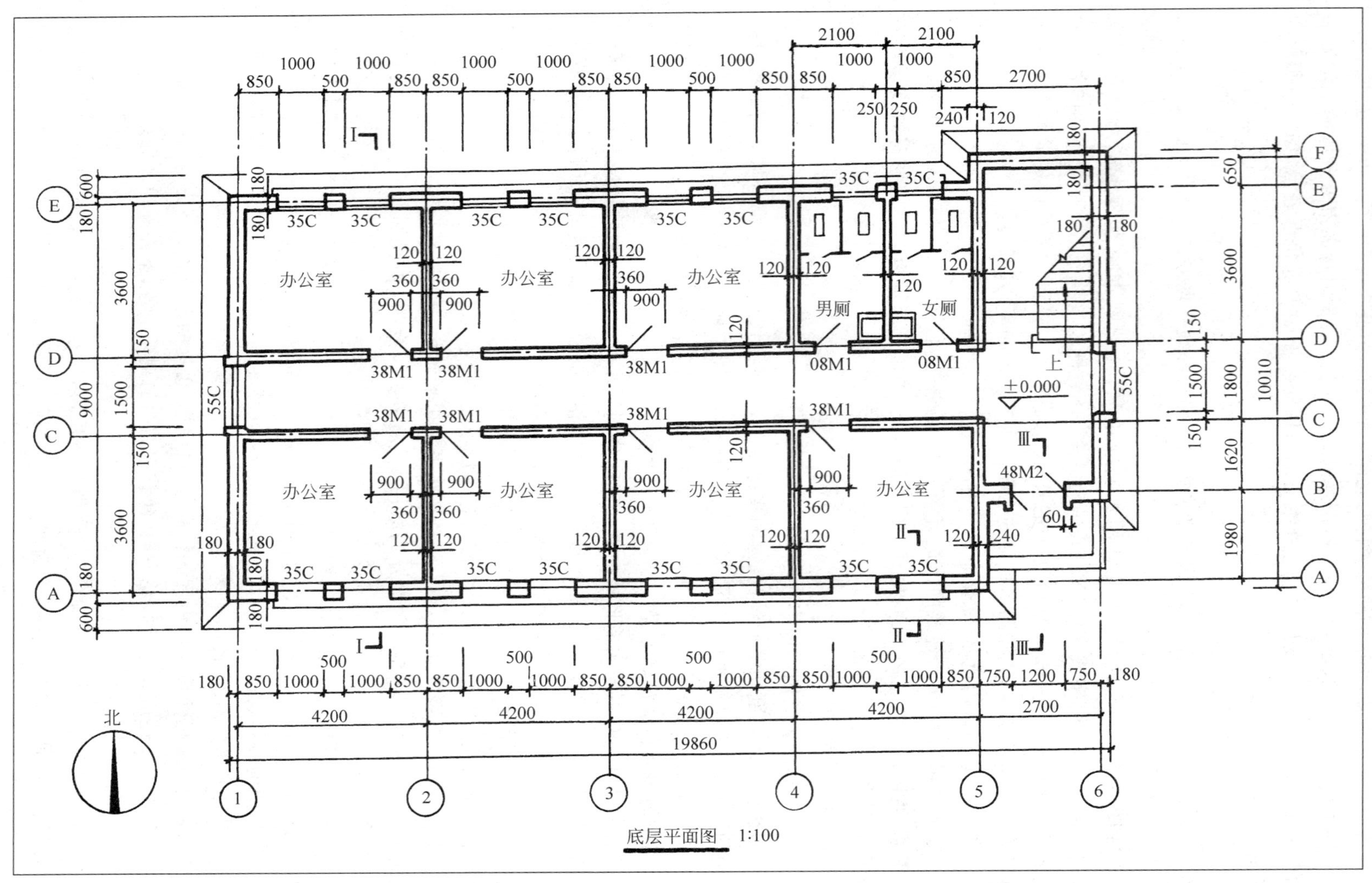

图 7-65　底层平面图

① 看图名、比例和朝向

该平面图是某办公楼的底层平面图，比例为 1∶100。根据图中的指北针(圆的直径为 24mm，指针尾部宽 3mm)可知该办公楼坐北朝南。

② 看平面形状、总体尺寸，分析房屋的用地面积

该办公楼的总长为 19.86m，总宽为 10.01m，并可由此计算出房屋的用地面积为 198.7986m^2。

③ 分析图中墙的情况和房屋的名称，了解各房间的配置、用途、数量及其相互间的联系情况。

从图中可以看出，房屋的主要入口设置在办公楼的东边南侧，由入口进入门厅后，可从中间的走廊进入各个房间。垂直方向的交通由设置在东边的楼梯承担。楼梯的走向由箭头指明，其被剖段用 45°折线表示。

底层共有 7 间办公室，其中 4 间朝南，3 间朝北。东北角紧靠楼梯处有男、女两个厕所。

④ 看定位轴线及其编号，了解各承重构件的位置及房间的大小

如图所示，办公楼有 6 道横向轴线(1～6 号)，4 道纵向轴线(即 A、C、D、E)。底层 7 间办公室的大小相同(尺寸均相同)。

⑤ 看外部尺寸、内部尺寸，了解各房间的开间及进深尺寸

在平面图上沿纵横外墙注写的外部尺寸有 3 道标注：第 1 道尺寸为表示房屋外轮廓的总体尺寸；第 2 道尺寸为轴间距，用以说明表示房屋间的开间及进深；第 3 道尺寸为表示房屋细部位置及大小的尺寸，如表示门窗洞宽和位置、墙柱的大小和位置的尺寸。

平面图的内部尺寸即说明房间的净空大小和室内的门窗洞、孔洞、墙厚和固定设施的大小及位置尺寸等。

如图所示，办公室的开间及进深尺寸分别为 4.2m、3.6m；楼梯间的开间及进深尺寸分别为 2.7m、4.25m(3.6m ＋0.65m)。

⑥ 看细部结构，了解其配置和位置情况

从图中门窗的图例和编号可以了解门窗的类型、数量和位置，如底层有类型不同的门共 10 扇；共有 18 扇相同类型的窗。从图中还可看出，男、女厕所内有便池和洗涤池。

⑦ 看剖面图剖切符号的位置，以便与剖面图对照查阅

该办公楼的底层平面图上有 3 处注有剖切符号(即Ⅰ-Ⅰ、Ⅱ-Ⅱ和Ⅲ-Ⅲ)，表示用 3 个剖面图来反映该建筑物的竖向内部构造和分层情况。

3) 建筑立面图

将房屋向与其立面平行的投影面投射即得到立面图。立面图主要反映房屋的外貌和立面装修的一般做法。如图 7-66 所示，建筑立面图通常包括以下内容。

(1) 图名和比例

立面图有 3 种命名方法，第 1 种是国标推荐的以定位轴线编号来命名，如图总平面图 7-62 中的⑪－①立面图；其次是利用建筑物的朝向命名，如图 7-66 所示的南立面图(也可命名为①－⑨立面图)；此外，还可以建筑物出入口所在位置来命名。

立面图一般采用与平面图一样的比例(图 7-66 为 1∶100)。

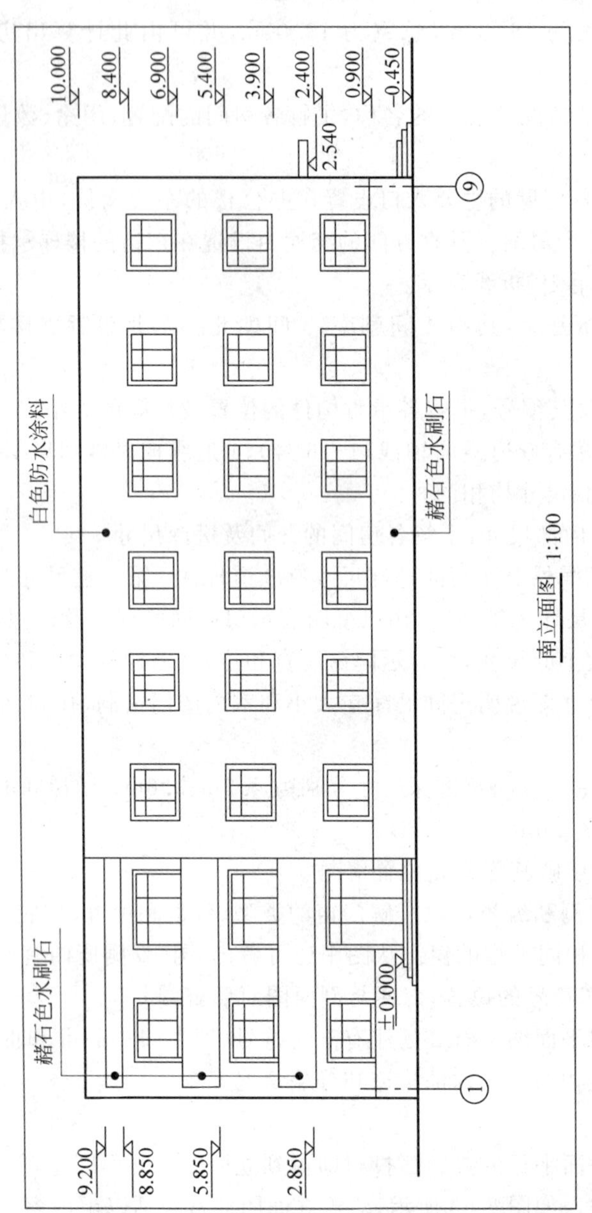
10.000
8.400
6.900
5.400
3.900
2.400
0.900
−0.450
2.540
白色防水涂料
赭石色水刷石
赭石色水刷石
±0.000
9.200
8.850
5.850
2.850
1
9
南立面图 1:100

图 7-66 南立面图

(2) 外貌和装饰

从立面图可以看出建筑物的外貌，也可了解门窗、雨篷、阳台、台阶、屋面即勒脚等细部的形式和位置。外墙所用材料及饰面的风格，也可用文字说明注写在图中（如图中文字"白色防水涂料"及"赭石色水刷石"）。

(3) 尺寸标注

立面图中应注出外墙各主要部位，如室外地面、台阶、窗台、门窗顶、阳台、雨篷、檐口、屋顶等处完成面的标高，并且只标注相对标高（所谓相对标高，即以底层室内主要地坪标高定为相对标高的零点，再由当地附近的水准点来测定拟建建筑物底层地面的标高）。

4) 建筑剖面图

如图 7-62 中所示的 1-1 和 2-2，假想用一平行于某墙面的铅垂剖切平面将房屋从屋顶到基础全部剖开，把需表达的部分投射到与剖切平面平行的投影面上而成。剖面图表示房间内部的结构或构造形式、分层情况和各部位的联系、材料及其高度等。

剖切平面应选择剖到房屋内部较复杂的部位，可横剖、纵剖或阶梯剖。剖面图的图名应与底层平面图中标注的剖切符号数字一致。

图 7-62 中的 1-1 剖面图是一个剖切平面通过楼梯间，剖切后向左进行投射所得的横剖面图。从图中画出房屋地面至屋顶的结构形式和构造内容，可知此房屋垂直方向承重构件（柱）和水平方向承重构件（梁和板）使用钢筋混凝土构成的，所以它是属于框架结构的形式。图中标高都表示为与±0.000 的相对尺寸。如三层楼面标高是从底层地面算起为 6.00m，而它与二层楼面的高差（层高）仍为 3.00m。而且，从图中标注的屋面坡度可知，该处为一单向排水屋面，其坡度为 3%。

7.3.2　电气图

1. 概述

1) 电气图及其分类

电气图是用来表示电气工作原理和元器件连接关系的图样。电气图的种类很多，如：按表达对象的不同分为军用、民用、电力系统（发输变配电）用、船用、邮电通信用图；按表达方式的不同分为概略图类型图和详细图类型图；按负荷性质的不同分为动力用图、照明用图等。

概略图类型的电气图是体现设计人员对电气项目的初步构思、设想，表示理论或理想的电路简图，它不涉及具体的实现方式，主要有系统图或框图、功能图、等效电路图、逻辑图等。详细图类型的电气图是将概略图具体化，即将设计理论、理想变为实现和实施的电气技术文件，主要有电路图、接线图等。

2) 电气图的主要特点

电气图与机械图、建筑图、地形图或其他的专业技术图样相比，具有以下主要特点。

(1) 简图是电气图的主要表达形式

除了必须表明实物形状、位置、安装尺寸的图（如电气设备布置平面图、立面图等）外，大量的电气图是简图，即仅表示电路中各设备、装置、元器件等的功能及连接关系的图，如图 7-67、图 7-68 所示。

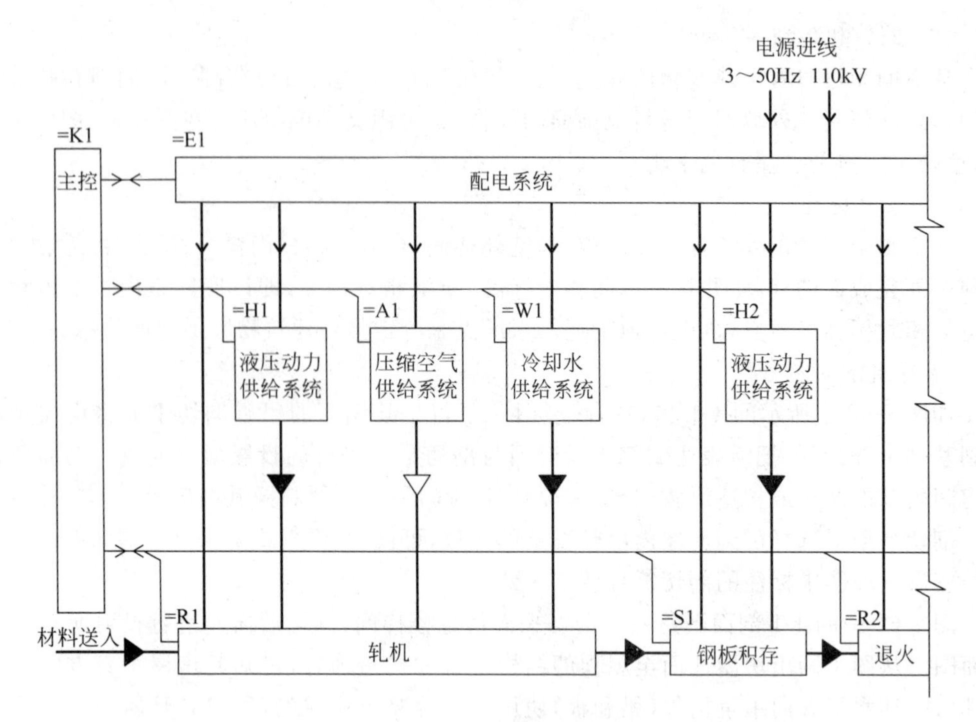

图 7-67　轧钢厂的总系统图

(2) 元件和连接线是电气图的主要表达内容

电路通常是由电源、负载、控制元件和连接导线组成的。如果将电源设备、负载设备和控制设备都看成元件,则各种电气元件和连接线就构成了电路,也即元件和连接线是电气图的主要表达内容。

(3) 图形符号、文字符号是组成电气图的主要要素

电气简图主要是用国家标准规定的图形符号和文字符号表达绘制出来的,因此,图形

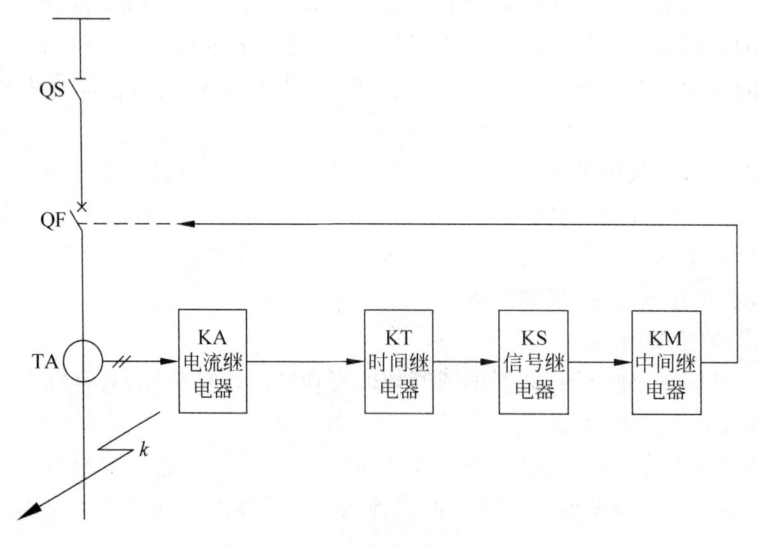

图 7-68　过电流保护装置框图

符号和文字符号大大地简化了绘图,它是电气图的主要组成成分和表达要素。

常用的电气图用符号如附录F表F-1、表F-2和表F-3所示。

2. 概略图和框图

1) 概略图和框图的概念

概略图和框图用来表示电气工程中系统、分系统、设备、装置、部件、软件等(例如无线电接收机、电子电话交换机或电站)的总体概况、简要工作原理及其主要组成部分之间关系和连接,它可用作进一步设计、编制详细的简图(功能图和电路图等)的依据。

概略图是用图形符号、带注释文字的框以及连接线来绘制的,主要采用方框符号绘制出来的概略图称为框图。概略图和框图原则上无区别,在实际使用时,概略图多用于系统或成套设备,而框图则用于分系统或单个设备。

如图7-67所示为某轧钢厂的系统概略图。

如图7-68所示为过电流保护装置框图,它表示了过电流保护的工作原理,即当线路上发生短路故障时,起动用的电流继电器KA瞬时动作,使时间继电器KT启动,经一定的时限后,接通信号继电器KS和中间继电器KM。KM则接通断路器QF的跳闸回路,作用于QF跳闸。该图用以说明电流保护系统的基本组成、相互关系及主要特征的简图,而并没有具体表示各元件及其连接关系。

2) 框图的绘制

框图应按照电气制图国家标准《GB/T 6988.1—1997电气技术用文件的编制第1部分:一般要求》和《GB/T 6988.2—1997电气技术用文件的编制第2部分:功能性简图》中有关规定绘制,通常采用单线表示法,即两根或多根连接线只用一条线表示。

(1) 方框符号

由图7-67、图7-68可知,框图中的方框用细实线绘制,方框及框内的注释组成的方框符号可归纳为3种形式,如图7-69所示。方框符号的连接用细实线,并在连线上用箭头表明作用过程和方向。连线交叉和折弯处应成直角。

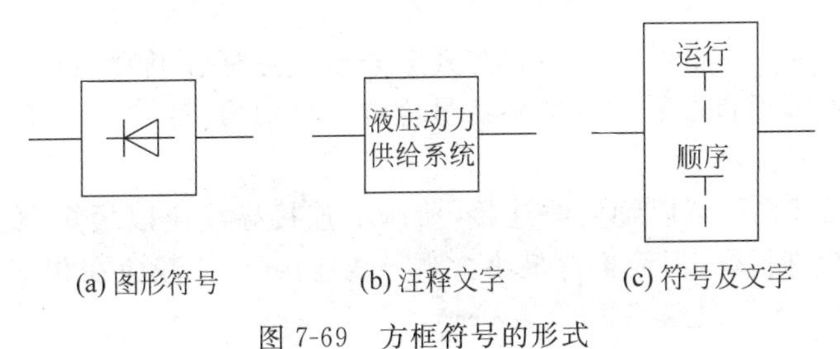

图7-69　方框符号的形式

(2) 框图的布局

框图的布局要求清晰、匀称,应根据各组成部分的作用、功能、相对位置和连接关系,按强调过程或信号流以及功能关系的原则,从左向右排成一行或自上而下按列布置。

3. 电路图

1) 基本概念

电路图是采用电气制图国家标准规定的图形符号,按功能布局绘制的,详细表示系统、设备的组成和连接关系的简图。它为产品的装配、编制工艺提供信息,用于电气设备的设计、生产、测试和寻找故障。它还可作为绘制接线图、印制板图及其他功能图的依据。电路图应详细表示电路的工作原理、特征和技术性能指标，而无须表达各元器件的实际形状、尺寸或位置。如图7-70所示为一高频振荡式晶体接近开关的电路图。接近开关是一种不需接触，依靠接近而感应起作用的开关，它具有寿命长、工作可靠、反应灵敏、定位精确、防爆性能好等特点，广泛应用于机械设备的定位、自动控制、检测等领域。

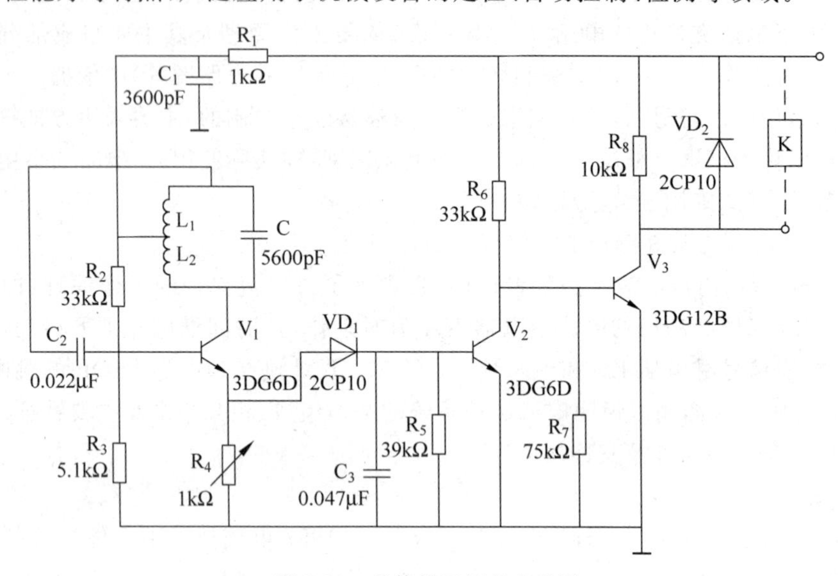

图7-70　晶体接近开关电路图

2）电路图的绘制

(1) 绘制电路图时应遵循国家标准《GB/T 6988—1997 电气技术用文件的编制》的规定，采用国家标准《GB/T 4728 电气简图用图形符号》中的图形符号(该图形符号表示的基本件、部件、组件、功能单元等都称为项目，如电阻器、继电器、电源装置、开关设备等)来表示各元器件。

(2) 电路图上每一个图形符号都要在其上方或左方标注其项目代号，需要时还可注出其主要技术参数。项目代号中的文字符号应遵守《GB/T 7159—1987 电气技术中文字符号制定通则》的规定。

(3) 图中各元件之间应以细实线连接，所画的连接导线应以最短、交叉最少、横平竖直为原则。导线允许折弯，但应折弯最小。当导线连接时，一般应在相交处画一黑点；若导线不连接，相交处不画黑点。

(4) 导线过长时，可采用中断线的表示法，但要作标记，指明去向。

(5) 电路图应做到布局合理、排列均匀、图面清晰、方便看图，一般输入端在左、输出端在右，按工作原理从左到右、从上到下，应尽量将元件按横竖平齐画出。

4. 印制板图

1）基本概念

将电路图复印在一块表面覆以铜箔的绝缘薄板上，然后进行蚀制，腐蚀掉线路外的铜箔，留下的铜箔作为导线和安装元件的连接点，即制成印制板，又称印刷电路板。它具有支撑元器件和连接电路的作用。将电路的所有元器件插装在印刷电路板上，经焊接、涂覆就形成了印制电路装配板。

2）印制板图的绘制

印制板图分为印制板零件图和印制板装配图，它们都是采用正投影法和符号法结合起来表达，采用尺寸线法和坐标网格法标注尺寸。

(1) 印制板零件图

印制板零件图是用于表示导电图形、结构要素、标记符号、技术要求和有关说明的图样。

根据生产需要，可在绝缘薄板的单面或双面上加工成印刷电路板，它们的图样是采用视图方法绘制的。单面印制板一般用一个视图表示，将面向导电图形的一面按比例画出即可。双面印制板一般用两个视图表示，即主视图和后视图，并在后视图的上方加注“后视”字样。

印制板导电图形、引线孔和其他结构要素的位置尺寸应遵循国家标准《GB/T 4458.4—2003 机械制图 尺寸标注》有关规定采用尺寸线法标注。导电图形图一般应绘制在具有直角坐标网格的图纸上，采用直角坐标网格法标注尺寸时，应标出网格线数码，数码间距由设计者根据图形的密度和比例确定。对于圆形的导电图形，尺寸也可根据极坐标系的坐标网间距，用角度和直径来确定。在一张图上可同时采用尺寸线法和坐标网格法标注尺寸，即混合法，如图 7-71 所示。

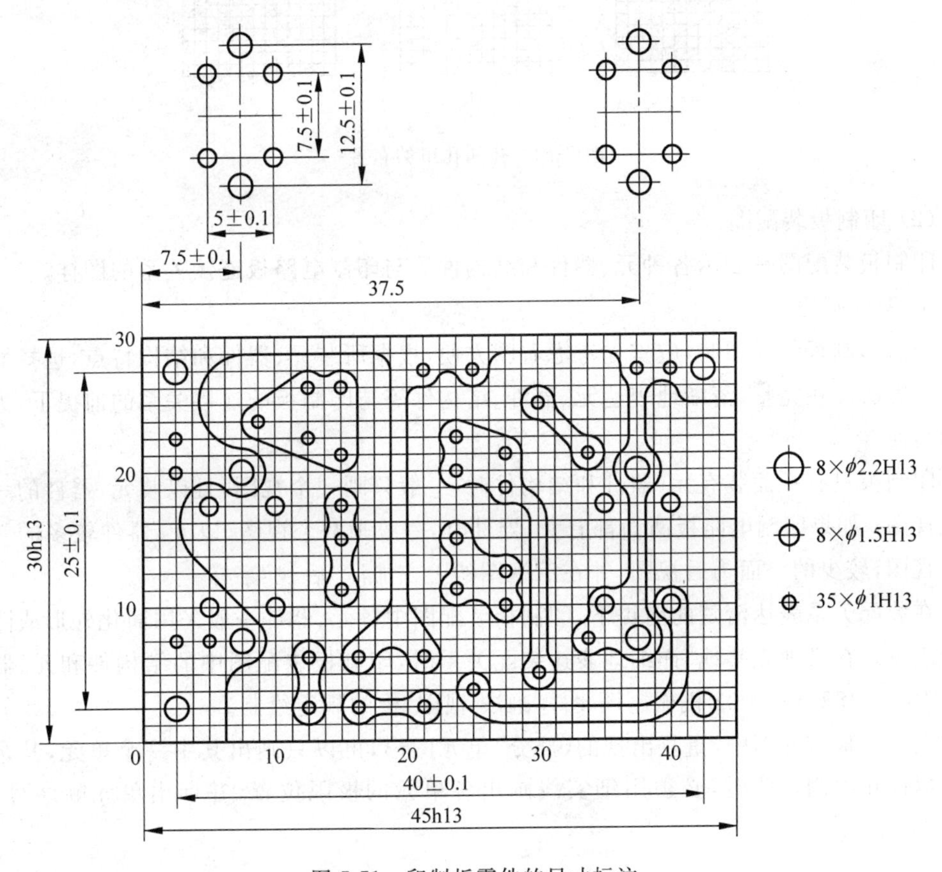

图 7-71　印制板零件的尺寸标注

导电图形一般用双线轮廓绘制，也可在双线轮廓内涂色或画剖面线，如图 7-72(a)～(c)所示。

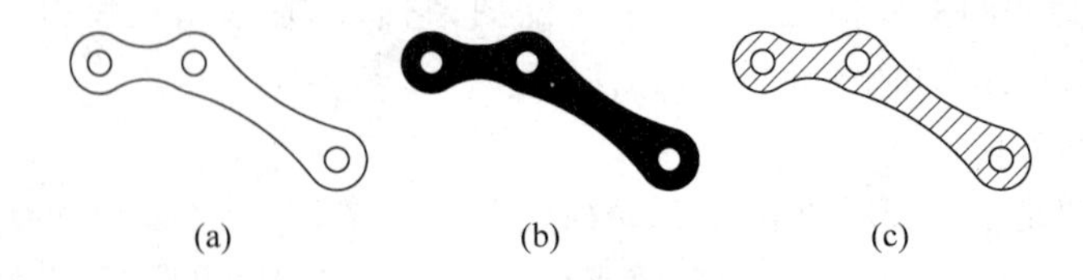

(a) (b) (c)

图 7-72 导电图形的形式

印制板上安装孔和榫接孔的中心必须在坐标网格线的交点上，如图 7-73(a)所示；作圆形排列的孔组的公共中心点必须在坐标网格线的交点上，并且其他孔至少有一个孔的中心位于上述交点的同一坐标网格线上；作非圆形排列的孔组中至少有一个孔的中心必须在坐标网格线的交点上，其他孔至少有一个孔的中心位于上述交点的同一坐标网格线上位于，如图 7-73(b)、(c)所示。

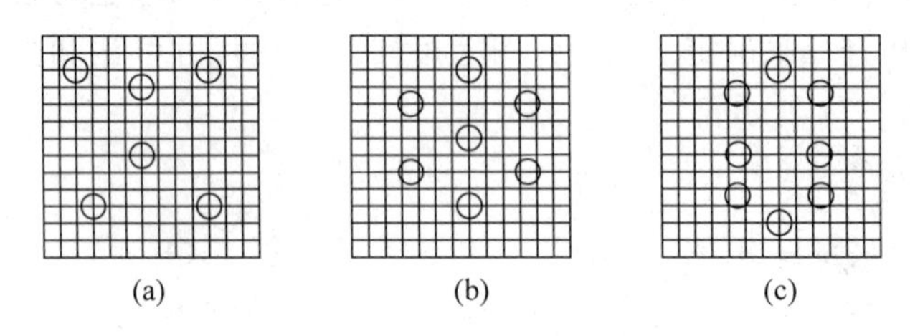

(a) (b) (c)

图 7-73 孔和孔组的布置

(2) 印制板装配图

印制板装配图是表示各种元、器件和结构件等与印制电路板连接关系的图样。

① 图样画法

绘制印制板装配图时，应首先考虑看图方便，根据所装元、器件和结构特点，选择恰当的表示方法。在完整、清晰地表达元、器件、结构件等与印制板的连接关系的前提下，力求制图简便。

印制板只有一面装有元、器件和结构件时，一般只画一个视图，且以装元、器件的一面为主视图；如果印制电路板两面都有元、器件时，一般画两个视图，以元、器件较多的一面为主视图，较少的一面为后视图，并在后视图的上方加注“后视”字样。

在装配关系表达清楚的前提下，印制板装配图中各元、器件一般采用简化外形或图形符号表示。在必须完整地、详细地表达装配关系时，印制板装配图中的结构件和元、器件按《GB/T 4458.1—2002 机械制图 图样画法 视图》中的规定绘制。

在印制板装配图中，重复出现的(部分)单元图形，可以只画出其中一个单元，其余单元可以简化绘制。此时，必须用细实线画出各单元的极限位置，并标出单元顺序号，如图 7-74 所示。

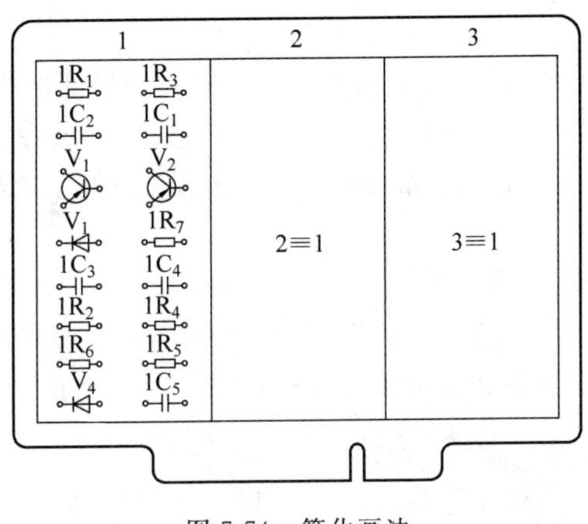

图 7-74 简化画法

② 标注

印制板装配图中应标注必要的外形尺寸、安装尺寸以及与其他产品的连接位置尺寸。印制板装配图中应有必要的技术要求和说明。

图 7-75 所示为一印制板装配图示例。

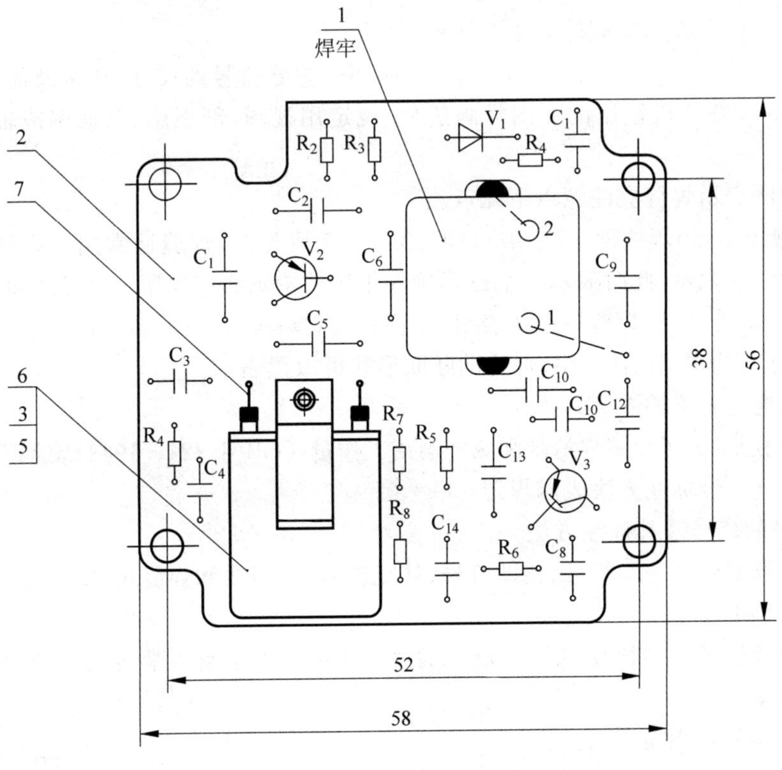

图 7-75 印制板装配图示例

7.3.3 焊接图

将两个需要连接的金属零件，经电弧或火焰在连接处局部加热到熔化或半熔化状态，同时采用填充熔化金属或加压等方法使其熔合在一起，这一过程称为焊接。焊接是一种不可拆的连接，它工艺简单、连接可靠，而且结构重量轻，因此广泛应用于造船、机械、电子、化工、建筑等行业。

焊接的方法很多，常用的有电弧焊、气焊、氩焊等。

焊接而成的零件和部件统称为焊接件，其焊接熔合处即为焊缝。常见的焊接接头有对接接头、角接接头、T形接头和搭接接头4种，如图7-76所示。

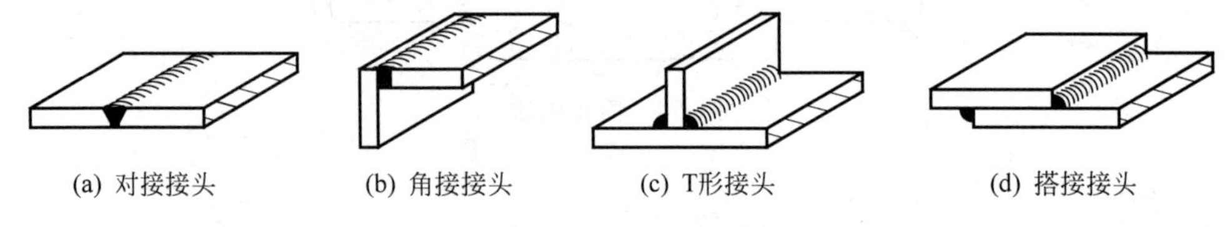

(a) 对接接头　(b) 角接接头　(c) T形接头　(d) 搭接接头

图7-76　常见的焊接接头型式

1. 焊缝的画法、代号及其标注方法

1）焊缝的画法

在工程图样中表示焊缝的方法有两种。

（1）图示法：《GB/T 12212—1990 技术制图　焊缝符号的尺寸、比例及简化画法》和《GB/T 4458—2002 机械制图　图样画法》中规定用视图、剖视图、断面图或轴测图表示焊缝的方法。

用图示法表示焊缝应注意以下几点。

① 在视图中，当焊缝面（或带坡口的一面）处于可见时，焊缝通常用一系列与轮廓线相垂直的细实线表示，此时表示两个被焊接件相接的轮廓线应保留；当焊缝面（或带坡口的一面）处于不可见时，焊缝用虚线表示，而且通常省略虚线不画。

② 在剖视图（或断面图）中，焊缝的断面形状可涂黑表示。

焊缝的规定画法如图7-77所示。

（2）标注法：为了使图样清晰和减轻绘图工作量，《GB/T 324—1988 焊缝符号表示法》中规定了焊缝符号标注方法表示焊缝。

2）焊缝的代号及其标注方法

焊缝代号主要由基本符号、辅助符号、补充符号、指引线和焊缝尺寸符号组成。

（1）基本符号

基本符号是表示焊缝横剖面形状的符号，用粗实线绘制。常用的焊缝基本符号如表7-15所示。

（2）辅助符号、补充符号

辅助符号是表示焊缝表面形状特征的符号，用粗实线绘制。不需要确切说明焊缝的表面形状时，可不用辅助符号。

补充符号是为了补充说明焊缝的某些特征（如焊接方法等）而采用的符号。

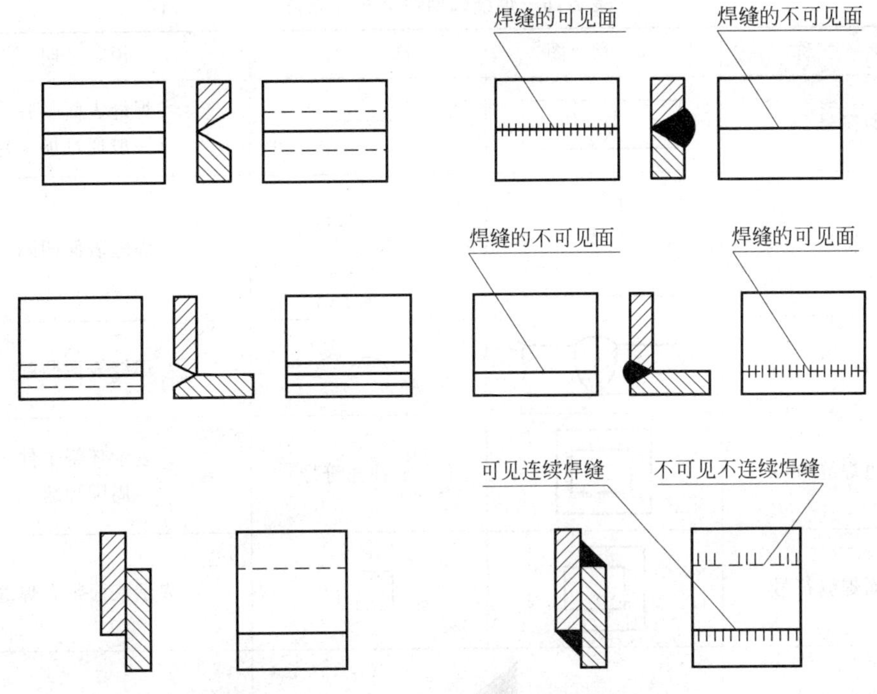

图 7-77　焊缝的规定画法

表 7-15　常用的焊缝基本符号(GB/T 324—1988)

焊缝名称	示意图	符号	焊缝名称	示意图	符号
I 形		ǁ	带钝边 U 形		Ų
V 形		V	点焊		○
单边 V 形		V	角焊		◺
带钝边 V 形		Y	堆焊		⌓

常用的焊缝辅助符号、补充符号如表 7-16 所示。

(3) 指引线

如图 7-78 所示，指引线一般由箭头线和两条基准线(一条为实线、另一条为虚线)两部分组成，必要时可加上两条成 90°夹角的细实线构成的尾部，作为其他补充说明(如注出相同焊缝数量 N)。

表 7-16　焊缝辅助符号与补充符号

名　称	示 意 图	符　号	说　明
平面符号			焊缝表面平齐 （一般通过加工）
凹面符号			焊缝表面凹陷
凸面符号			焊缝表面凸起
周边焊缝符号		（补充符号）	表示环绕工件 周围焊缝
三面焊缝符号			表示三面带有焊缝
现场符号			表示在现场或工地进行焊接

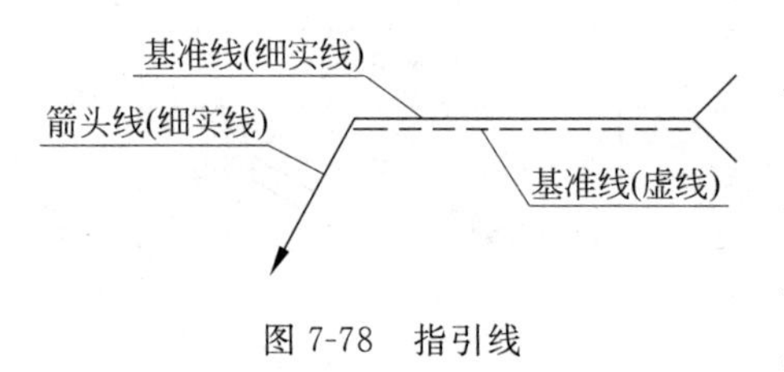

图 7-78　指引线

箭头线相对焊缝的位置一般没有特殊要求，可以指在焊缝的正面或反面。必要时，箭头线可以弯折一次。

基准线的虚线可以画在基准线实线的上侧或下侧。基准线一般与图样的底边平行，特殊时亦可与底边垂直。

如果焊缝在接头的箭头侧，则将基本符号标注在基准线的实线一侧；如果焊缝在接头的非箭头侧，则将基本符号标注在基准线的虚线一侧；标注对称焊缝及双面焊缝时可不加虚线。

（4）焊缝尺寸符号

焊缝尺寸一般不标注，如若需要，可用焊缝尺寸符号来表示对焊缝的尺寸要求。常用的焊缝尺寸符号如表 7-17 所示。

焊缝尺寸的标注原则如图 7-79 所示，若焊缝在接头的箭头侧，基本符号注在基准线的实线侧；若焊缝在非箭头侧则注在虚线一侧。尺寸符号的注写为：焊缝的横截面上的尺寸标注在基本符号的左侧；焊缝长度方向尺寸标注在基本符号的右侧；坡口角度、根部间隙等尺寸标注在基本符号的上侧或下侧。

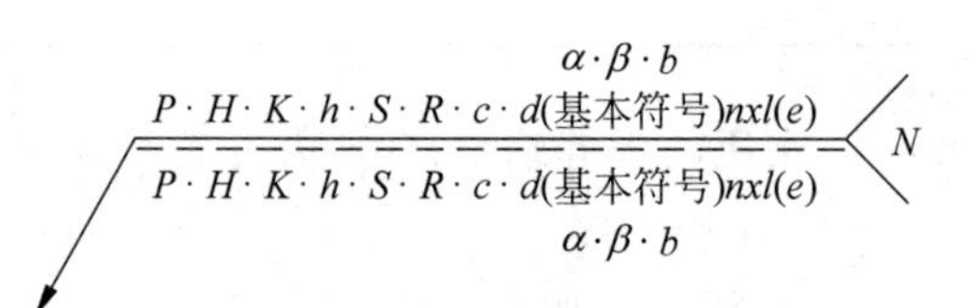

图 7-79　焊缝尺寸的标注原则

表 7-17　常用的焊缝尺寸符号

名称、符号	示意图	名称、符号	示意图
坡口角度(α) 坡口深度(H) 根部间隙(b) 钝边(p)		焊角尺寸(K) 相同焊缝 数量符号(N)	N=3
工件厚度(δ) 焊缝宽度(c) 根部半径(R) 焊缝有效厚度(S) 余高(h)		焊缝长度(l) 焊缝段数(n) 焊缝间距(e)	
		熔核直径(d)	

图 7-80 所示为一焊缝的图示法和标注法示例。

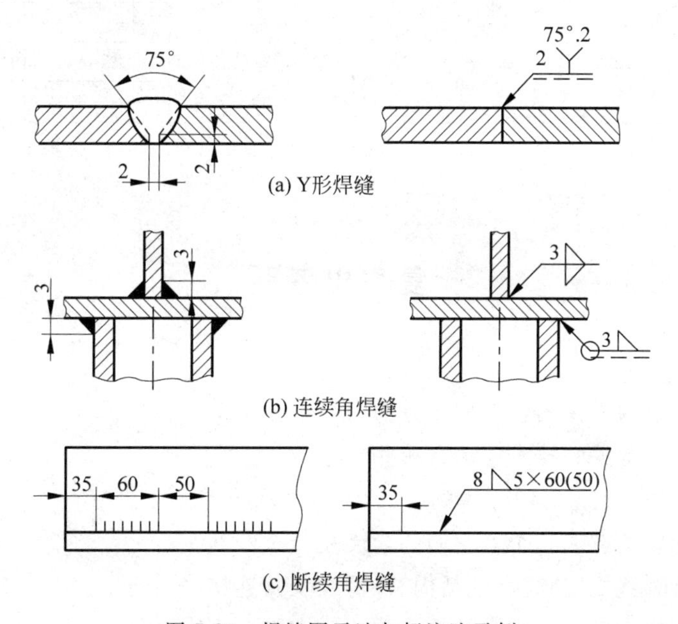

(a) Y形焊缝

(b) 连续角焊缝

(c) 断续角焊缝

图 7-80　焊缝图示法与标注法示例

2. 焊接图应用举例

如图 7-81 所示为 1 个 90°弯管接头的焊接图，从图中可知组成弯管的 3 个构件通过焊接而连接起来，采用的是 I 形焊缝，且焊缝根部间隙为 2mm。

焊接图实际上是装配图，但对于简单的焊接构件，一般不单画各构件的零件图，而在焊接图上标出各组成构件的全部尺寸，如图 7-81 所示。

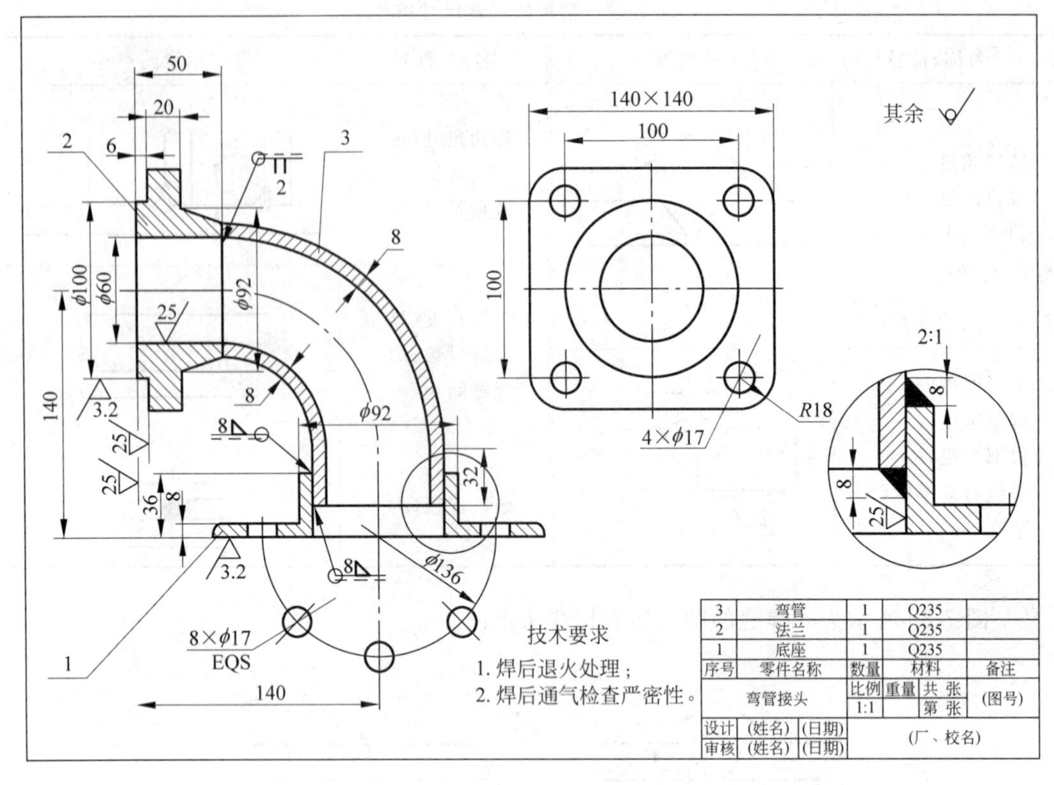

图 7-81　焊接图的应用示例

复习思考题

1. 机械图

(1) 一张完整的零件图包括哪 4 方面内容？

(2) 零件图中常见的技术要求有哪些？

(3) 试分别说明尺寸 $\phi16^{-0.016}_{-0.034}$ 的含义，该尺寸的公差是多少？

(4) 螺纹的要素有哪几个？它们的含义是什么？

(5) 螺纹有哪些规定画法(包括内、外螺纹及其连接)？

(6) 试述圆柱齿轮及其啮合的规定画法。在啮合区内，画图时应注意什么？

(7) 装配图在生产中起什么作用？它应该包括哪些内容？

(8) 装配图有哪些特殊的表达方法？

(9) 看装配图的目的是什么？看装配图时要求读懂部件的哪些内容？

2. 房屋建筑图

(1) 常用的房屋建筑图有哪些种类？各有何作用？

(2) 总平面图的作用如何？怎样看总平面图？

(3) 建筑施工图中的平面图是如何形成的，其图示内容和特点是什么？

3. 电气图

(1) 常用的电气工程图样有哪些?

(2) 与机械图、建筑图或其他的专业技术图样相比,电气图表达的主要特点是什么?

(3) 电路图的作用是什么?

4. 焊接图

(1) 常见的焊缝形式有哪几种? 在图样中如何表达焊缝?

(2) 在焊接图上表示焊缝有哪两种方法? 各有何特点?

第8章　AutoCAD 绘图

内容提要

本章介绍计算机绘图软件的基本知识和使用方法。计算机绘图技术在各行各业得到广泛应用，是工程技术人员必须了解和掌握的重要技能。计算机绘图软件的更新速度非常快，新版本不断出现，本章主要介绍 AutoCAD 绘图软件的常用功能和绘图方法。

8.1　AutoCAD 概述

AutoCAD 是美国 AutoDesk 公司推出的专门用于计算机绘图的软件，它功能强大，使用方便，操作方法具有代表性，在机械、轻工、电子、建筑、水利等工程设计领域有着广泛的应用。

8.1.1　启动 AutoCAD

启动 AutoCAD 最简便的方法有以下两种。

(1) 用鼠标器直接双击桌面上的 AutoCAD 图标，启动 AutoCAD。

(2) 执行"开始"→"程序"→"AutoCAD"子菜单中相应命令，启动 AutoCAD。

8.1.2　AutoCAD 的用户工作界面

AutoCAD 启动后，进入其工作界面，如图 8-1 所示。这是默认设置，包含了标题栏、下拉菜单、标准工具栏、对象特性工具栏、工具条、命令窗口、绘图窗口与十字光标、状态栏等几个部分，具体介绍如下。

1. 标题栏。标题栏位于屏幕的最上一行，用于显示目前使用的应用软件名称及当前绘图窗口中图形文件的名称。

2. 下拉菜单。下拉菜单位于标题栏的下方，共有"文件"、"编辑"、"视图"等 12 个菜单栏，其中包含了 AutoCAD 绝大部分的命令功能。

当鼠标单击某一菜单栏，就会弹出下拉菜单，用鼠标在下拉菜单中单击所需的命令选项，系统就执行该命令项。在使用下拉菜单时，应注意有的命令选项右边跟一个实心三角形▶或 3 个点"…"，前者表示单击该命令选项后还会弹出下一级菜单供用户选取；而后者表示单击该命令选项后会弹出一个对话框，供选取或输入相应参数。

3. 标准工具栏。标准工具栏位于下拉菜单的下方，包含用于 AutoCAD 和其他 Windows 应用程序间数据的传递和共享的命令，以及画面缩放、平移等常用命令。为方便了解每个图形按钮的功用，当鼠标指向某一图形按钮时，图形按钮的右下方就会显示其命令名称提示，并在状态栏上描述其功能说明，冒号后面为对应的 AutoCAD 命令。

4. 对象特性工具栏。对象特性工具栏紧贴于标准工具栏的下方，它可以快捷地控制图形对象的图层、颜色、线型等特性。

5. 工具条。工具条是一种通过单击图形按钮来代替其他命令输入方式的简便工具。

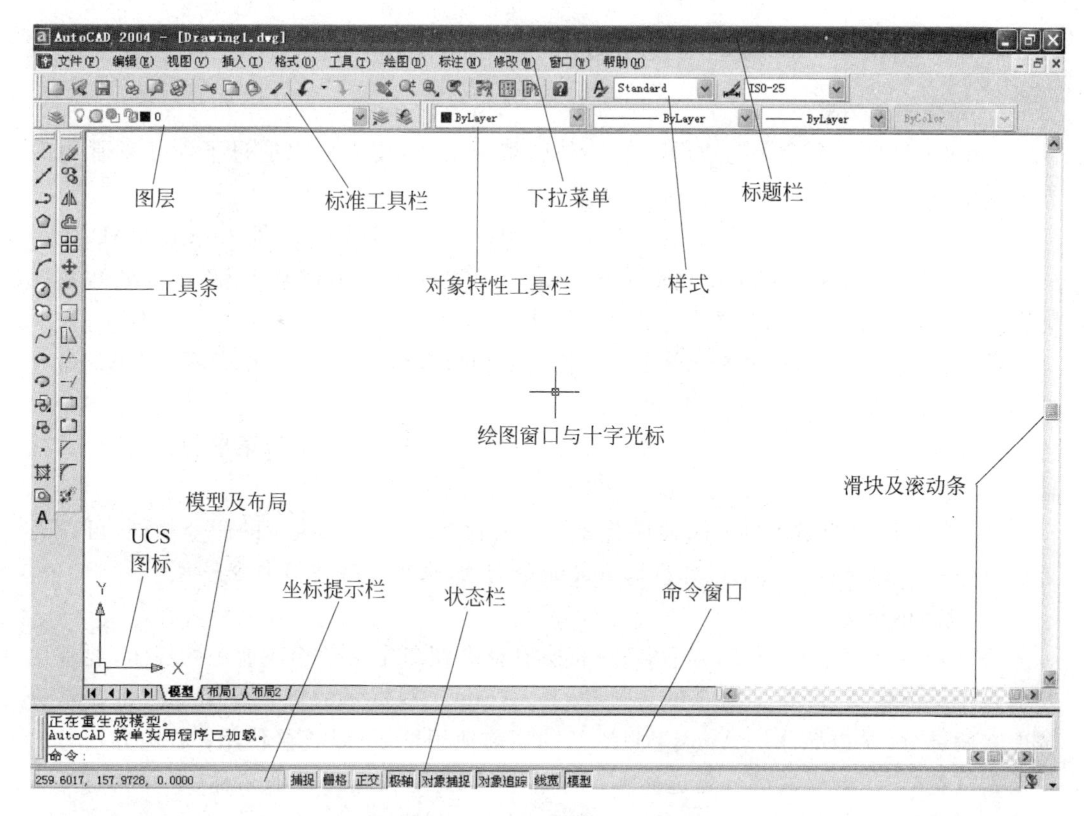

图 8-1　AutoCAD 的工作界面

系统共提供了 30 个工具条，可以根据需要打开、关闭、移动工具条或改变其形状。在系统的初始环境设置中，绘图工具条和编辑工具条垂直放置于绘图窗口的左边。

6. 命令窗口。命令窗口位于绘图窗口的下方，是通过键盘输入 AutoCAD 命令和参数以及显示系统提示信息的区域。命令窗口的提示符为“命令：”，表示系统等待输入命令。

7. 绘图窗口与十字光标。绘图窗口位于屏幕的中央，它占据了大部分的屏幕空间，是用户绘制和编辑图形的工作窗口。鼠标在绘图窗口中变成了一个十字光标，在输入绘图命令以后，移动鼠标就能改变十字光标在绘图窗口中的坐标位置，单击鼠标就完成了十字光标所在位置点的坐标值的输入；在输入编辑命令以后，十字光标以选取框“□”的形式出现，移动鼠标至所需选取的图形上，单击鼠标便完成了对图形的选取操作，被选取的图形随即以虚线形式显示；另外，在没有输入命令的状态下，十字光标中的小方框也能选取屏幕上的图形，完成选取图形的操作。

8. 状态栏。状态栏位于命令窗口的下方，用于显示十字光标当前所处位置的坐标值(X,Y,Z)，还用于显示和控制捕捉、栅格、正交、极轴追踪、对象捕捉等辅助绘图功能的开关。可以通过单击状态栏右边的辅助绘图功能按钮，实现其功能的开关转换。当按钮呈现按下状态时为该功能的打开状态，反之为该功能的关闭状态。右击辅助绘图功能按钮，可以完成辅助绘图功能的打开、关闭及设置操作。

8.1.3 AutoCAD的基本使用方法

1. 命令输入方式

AutoCAD依靠命令来完成图形的绘制和编辑工作，用户可以通过下面几种常用的方法输入AutoCAD命令。

(1) 通过键盘输入命令。在命令窗口中出现“命令：”提示时，输入AutoCAD命令(或缩写形式)，按Enter键或空格键确认(在AutoCAD中Enter键与空格键等效)，系统随即在命令窗口中出现相应的命令提示。

(2) 通过工具栏输入命令。单击工具栏上的图形按钮，就实现了相应AutoCAD命令的输入，并在命令窗口出现相应的提示。

(3) 通过下拉菜单输入命令。单击命令所在的菜单栏，单击下拉菜单的命令选项，就输入了相应的AutoCAD命令。

(4) 重复命令的输入。如果紧接着要执行的命令与上一次执行的命令相同，可以通过按空格键、Enter键或右击鼠标选取重复命令选项，来重复执行该命令。

2. 提示的选取

所有的AutoCAD命令输入后，系统都会在命令窗口中出现相应命令的提示，要求用户输入相关的信息，以保证命令的正确执行。AutoCAD提示的规则是用“或”将提示分成左右两部分，左边部分是AutoCAD默认的当前使用项，可以直接使用；右边方括号内用反斜杠符号“/”分隔的部分是选择项，用户根据需要输入选择项的名称(中文状态下直接输入括号中的大写字母)，并按Enter键后才能使用其功能。

在AutoCAD命令输入后，右击鼠标会出现快捷菜单，用户可以通过单击执行所需选项，从而提高输入效率。快捷菜单会根据不同的命令出现不同的内容。

3. 坐标系和数据输入

1) 坐标系

AutoCAD采用的坐标系是直角坐标系，所有点的位置可以用X、Y、Z坐标值来确定。在系统默认设置情况下，AutoCAD提供了一个绝对坐标系(世界坐标系)。屏幕上坐标系图标中的W就是表示世界坐标系。该坐标系的原点在绘图窗口的左下角，X轴的正方向为水平向右，Y轴的正方向为垂直向上，Z轴的正方向为垂直于屏幕指向用户。如果坐标系的图标正好处在坐标系的原点位置，坐标系图标中的坐标轴相交位置就会出现一个“＋”，表示坐标系的原点位置。

2) 数据输入

当用户输入一个AutoCAD命令后，系统通常还要求用户输入与命令相关的附加信息，即命令的参数，以便能正确地执行已输入的命令。下面介绍AutoCAD中的几种数据输入方法。

(1) 坐标点。当在命令窗口中出现“指定……点”提示时，即表示要求输入绘制或编辑图形所需的某一点坐标值。

(2) 十字光标输入法。移动鼠标，当十字光标到达指定位置点后，单击鼠标就能完成光标所在位置点的坐标值输入操作。为了保证光标到达位置点的定位精度，一般通过打开捕捉功能并且设置好光标移动的间距,使十字光标精确地移动。

(3) 键盘数字输入法。有时为了得到较高的输入精度,可以直接从键盘输入数据。即在键盘上键入一组坐标值,然后按 Enter 键,该坐标值就被输入了。

点的坐标值在 AutoCAD 中常用以下 4 种形式表示,如表 8-1 所示。

表 8-1　AutoCAD 中点的坐标值输入法

坐标系	坐标方式	说　明	键盘输入格式
直角坐标	绝对坐标	以输入点相对于坐标原点的 X、Y 坐标值表示	X,Y
	相对坐标	以输入点相对于前一个输入点坐标值的增量坐标值 ΔX、ΔY 表示	@$\Delta X,\Delta Y$
极坐标	绝对坐标	以输入点相对于坐标原点的直线距离;与 X 轴正方向之间的夹角,角度的正方向为逆时针方向	距离<角度
	相对坐标	以输入点相对于前一个输入点坐标值的直线距离;与 X 轴正方向之间的夹角,角度的正方向为逆时针方向	@距离<角度

3) 数值

AutoCAD 在命令窗口中出现的许多提示是要求用户输入一个数。

4) 角度

当在命令窗口中出现"指定……角度"的提示时,表示要求输入角度,可直接从键盘输入。AutoCAD 一般用十进制度数表示角度。

4. 操作错误的纠正方法

在图形的绘制与编辑过程中,经常会发生一些操作上的错误,可以采取以下的纠正方法。

(1) "放弃"选项。在执行某些 AutoCAD 命令过程中,AutoCAD 的提示内会出现"放弃"选项,如果输入 U 并按 Enter 键,就可放弃刚刚完成的操作内容,重复输入 U 可以将该命令中所有操作全部放弃,回到该命令的开始状态。

(2) "放弃"命令。当执行完一条 AutoCAD 命令后,发现该命令的操作为误操作,可以在命令窗口中"命令:"提示下键入 U 并按 Enter 键,或单击标准工具条上的放弃按钮,放弃刚执行的命令操作。

(3) 恢复命令。恢复是相对于放弃而言的,当放弃了一个命令的操作后,又想恢复它,可以输入 Redo 并按 Enter 键,或单击标准工具条上的恢复按钮。注意"恢复"必须紧接着"放弃"后面执行才有效,否则无效。

(4) 取消(Esc)键。在 AutoCAD 执行一条命令过程中,用户如果想终止该命令的继续执行,可按 Esc 键取消该命令,命令窗口中的提示则回到"命令:"提示状态。

8.1.4　图形文件的保存、关闭及退出 AutoCAD

1. 图形文件保存

在图形的绘制与编辑过程中,需要及时保存,以免丢失。

(1) 图形文件保存的命令方式。

命令：SAVE。

命令输入后，显示"图形另存为"对话框（标准的文件选择对话框）。以当前文件名保存图形，或者输入另一文件名保存图形的副本。

SAVE 命令只能在命令行中使用。"文件"→"保存"命令或"标准"工具栏中的"保存"按钮对应命令为 QSAVE。如果图形已命名，使用 QSAVE 命令保存图形时不显示"图形另存为"对话框。如果图形未命名，则 AutoCAD 显示"图形另存为"对话框，输入文件名并保存图形。

(2) 下拉菜单："文件"→"保存"(QSAVE)。

(3) 工具栏：标准工具栏"保存"按钮。

2. 图形文件另存为新的文件名或文件类型

当用户打开一个图形文件后，想以另外一个图形文件名或另外一种保存类型保存所打开的图形文件时，可使用 SAVEAS 命令。

(1) 命令：SAVEAS。

(2) 下拉菜单："文件"→"另存为"。

显示"图形另存为"标准文件选择对话框。输入文件名和类型，将"另存为"选项设置为"AutoCAD 2004 图形"格式可优化保存性能。在"图形另存为"对话框中，执行"工具"→"选项"命令，显示"另存为选项"对话框，它控制各种 DWG 和 DXF 设置。AutoCAD 以指定的文件名保存文件。如果已经命名该图形，AutoCAD 以新的文件名保存图形。如果将文件保存为图形样板格式，AutoCAD 将显示"样板说明"对话框，可以在其中输入样板的说明并设置测量单位。

3. 退出 AutoCAD

用户结束绘图工作后，可以输入 QUIT 命令、EXIT 命令，执行下拉菜单"文件"→"退出"命令选项，或单击 AutoCAD 窗口右上角的关闭按钮"×"，退出 AutoCAD。

8.1.5 绘图工具

为了能方便地使用计算机绘图，AutoCAD 提供了一系列的工具来设定图纸的尺寸、绘图的精度、图线水平与垂直方向的控制等。在绘图前先做好合适的设置，是保证绘图准确性和提高效率的关键之一。

1. 绘图边界的设定

命令：LIMITS。

下拉菜单："格式"→"图形界限"。

在 AutoCAD 中，图形是按实际单位的尺寸来绘制的，对于图纸的边界尺寸同样指的是在以 1∶1 输出图纸时的实际边界尺寸。尺寸的单位只在输出图形时才赋予一定的实际单位。

LIMITS 命令（重新设置模型空间界限）的调用格式如下。

```
命令：.LIMITS
指定左下角点或[开(ON)/关(OFF)] <0.0000,0.0000>::
```

这里有 3 个选择项。

ON：打开边界检查功能。当它被打开时，遇到超出边界的输入点，则被拒绝。

OFF：关闭边界检查功能，也就是不进行边界检查，超出设定边界也可画图。

指定左下角点：定义图形边界矩形区域左下角点。默认值为〈0.0000，0.0000〉，这时，用户可输入一个点的坐标，或直接按 Enter 键来用默认值。输入了左下角坐标后，系统又会出现提示：

```
指定右上角点 <420.0000,297.0000>::
```

此时应输入矩形区域右上角点的坐标，这样就完成了绘图边界的设置。

2. 图形显示时的缩放和平移

1）缩放

命令：ZOOM(Z)。

下拉菜单："视图"→"缩放"。

工具栏：标准工具栏"缩放"按钮。

在绘图和编辑过程中，有时要将整张图纸显示在屏幕上观察总体布局；有时希望把某一部分放大来绘制细部结构。这时，就要使用缩放（ZOOM）命令来控制显示的比例和范围。该命令仅放大或缩小图形在屏幕上显示时的外观尺寸。命令调用格式为：

```
命令：ZOOM
指定窗口角点，输入比例因子(nX 或 nXP)，或
[全部(A)/中心点(C)/动态(D)/范围(E)/上一个(P)/比例(S)/窗口(W)] <实时>：
按 Esc 或 Enter 键退出，或单击右键显示快捷菜单。
```

该命令共有 7 个选项，下面介绍其中几个常用的选项。

(1) 全部(A)。用于显示由 LIMITS 命令设定的边界尺寸内的整个区域。在使用 LIMITS 命令设定边界尺寸以后，必须用一次 ZOOM(A)命令，使用户能看到边界改变后的图形全貌。

(2) 窗口(W)。该选项让用户输入矩形窗口的两个对角点的坐标来确定一个显示区域，并将该区域放大至全屏幕。

(3) 范围(E)。该选项以所画的图形决定显示的区域，最大限度地显示图形。

(4) 上一个(P)。该选项用于恢复当前视图的前一幅显示，最多可恢复 10 次。

(5) 比例(S)。该选项要求用户输入一个缩放的比例系数来对图形的显示进行缩放。输入方法有 3 种：仅输入一个数值；表示在当前视图的中心保持不变的情况下，相对于全图的边界尺寸按数值所表示的比例进行缩放；数值后跟随字母 x，表示相对于当前视图的范围按数值所表示的比例进行缩放；数值后跟字母 KP 表示相对于图纸空间缩放当前视区。

(6) 实时。该选项仅能用图标菜单操作，表示实时缩放。按住鼠标左键垂直向上拖动光标可以连续放大图形，垂直向下拖动光标可以连续缩小图形。

注意：在标准工具栏中有关显示比例控制的图标按钮仅 3 个，而其中一个按钮的右下角有一个小的黑三角，表示其中还可以扩展出级联按钮来。

2）平移

命令：PAN(P)。

下拉菜单："视图"→"平移"。

工具栏：标准工具栏"平移"按钮。

平移命令可以让用户在不改变显示大小的情况下来显示图纸中的各个不同部分。

执行平移命令最方便直观的方法是用工具条中实时平移的图标按钮，命令执行时光标变为一个手掌形状，这时在图形中单击并按住鼠标左键，可以直接拖动图纸向各个方向移动，移到需要的位置后，释放鼠标左键即可。

3. 捕捉按钮

命令：SNAP

下拉菜单："工具"→"草图设置"。

状态栏："捕捉"按钮。

用鼠标控制屏幕上十字光标的位置，输入点的坐标来进行作图时，为了保证坐标点位置的准确性和便于对齐，应该使光标能按指定的间距来移动，这种功能称为光标的捕捉功能。打开捕捉功能光标每一步的移动均按指定的间距进行；关闭捕捉功能光标随着鼠标器的运动作连续地移动。

设置捕捉功能的步骤如下。

（1）右击状态栏的"捕捉"按钮，然后选择设置即可打开"草图设置"对话框，如图 8-2 所示，选择其中的"捕捉和栅格"选项卡。

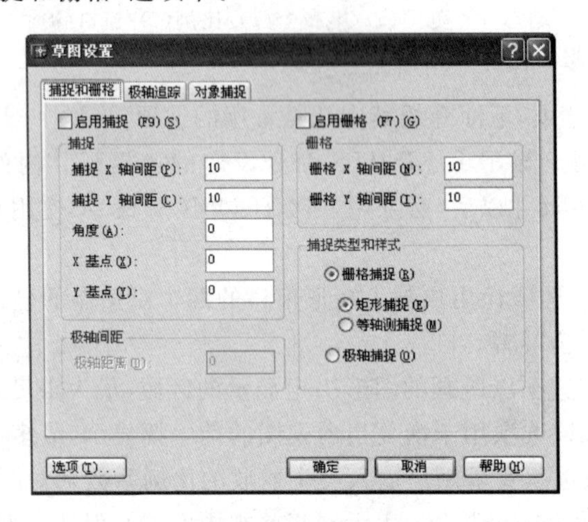

图 8-2 "草图设置"对话框用于设置捕捉和栅格间距

（2）选择"启用捕捉"复选框打开捕捉功能。

（3）在"捕捉 X 轴间距"及"捕捉 Y 轴间距"文本框中分别输入光标在水平和垂直方向移动的捕捉间距。

（4）在"捕捉类型和样式"选项区内应选择"栅格捕捉"单选按钮(默认值状态)。

（5）单击"确定"按钮关闭对话框，完成捕捉间距的设置。

间距一旦设定，即可在状态栏中单击"捕捉"按钮来操纵捕捉功能的打开与关闭。"捕捉”按钮按下为打开捕捉功能，再次单击该按钮使其弹出就可以关闭捕捉功能。

4. 栅格按钮

命令：GRID。

下拉菜单：“工具”→“草图设置”。

状态栏：“栅格”按钮。

为方便绘图，系统设有栅格功能，用来显示一个带有一定间距的点状栅格，配合捕捉功能使用。它在 LIMITS 命令设置的图形界限的范围内显示栅格，栅格不是图形的一部分，仅作为视觉上的参考。栅格的间距可以按需要设置，但通常要与捕捉设置的间距有一定的倍数关系。一旦栅格的间距设定以后，即可在状态栏中单击栅格按钮来操纵栅格的显示与否。

栅格功能可以和捕捉功能同时设置完成。

5. 对象捕捉

命令：OSNAP。

下拉菜单：“工具”→“草图设置”→“对象捕捉”。

工具条：对象捕捉工具条。

使用栅格命令可以设定光标移动的间距，使作图时大部分点的位置能精确地定位在栅格的格点上。但是图形中并非所有的点都正好位于栅格的格点上，在作图时要精确地找出一些线段的端点、交点、中点、圆心、垂足以及直线与圆的切点等特殊点的位置，为此设置了一种对象捕捉(OSNAP)的功能。使用时只要将光标套住包含特殊点的某个实体(必要时还需靠近被指定的点)，系统就会自动搜索出所需的特殊点。

1) 对象捕捉方式的分类

特殊点按其几何特征可分为以下 13 种。

- 端点(ENDpoint)：捕捉直线或圆弧中靠近光标的一个端点。
- 中点(MIDpoint)：捕捉直线或圆弧的中点。
- 交点(INTersection)：捕捉直线、圆和圆弧之间相交的交点。使用该方式时，两相交实体都必须穿过框形光标。
- 视在交点(APParent Intersect)：捕捉两个存在相交趋势而并没有相交的图形实体的交点，捕捉时先将光标移近一个实体，当出现捕捉标记时，按住左键拖至另一实体时，在屏幕中显示出的“×”符号即为交点，再按左键拾取即可(该方法仅能用在临时捕捉中)。
- 延伸点(EXTension)：用来捕捉直线或圆弧的延长线上的点。先将光标移动到要延长的实体上，停留一会后，该实体上会出现一个加号“+”，表明要延长的直线或圆弧已被选中；沿着要延长的方向移动光标，会显示一条辅助线(虚线)，可以在该辅助线上拾取需要的点。
- 圆心(CENter)：捕捉圆或圆弧的圆心。光标必须移至圆周或圆弧上，在其圆心处会出现一个圆心标记，表示圆心位置已找到。
- 象限点(QUAdrant)：捕捉圆或圆弧上与光标最近的象限点(即 0°、90°、180°、270°处的点)。只有可见的象限点才能捕捉到。

- 切点(TANgent)：捕捉圆或圆弧上的一个点(切点)，使得上一个输入点向该实体作一条切线。
- 垂足点(PERpendicular)：捕捉直线、圆或圆弧上的一个点(垂足)，使得上一个输入点向该实体作一条垂线。
- 平行线(PARallel)：用来绘制与捕捉的直线平行的直线段。在确定好需画直线的起点后，先将光标在要与其平行的直线上停留一会后，该直线上会出现一个平行线符号，表明已获取了该直线。然后移动光标，当光标与起点的连线与获取直线的方向平行时，会显示一条辅助线(虚线)。可在该辅助线上拾取需要的点绘制出与原直线平行的直线。
- 插入点(INSert)：捕捉字符串或图块等的插入点。
- 节点(NODe)：用来捕捉由 POINT 命令绘制的点或在直线、圆弧或圆周上测量点或等分点。
- 最近点(NEArest)：捕捉与框形光标相接触的直线、圆和圆弧中，离光标中心点最近的点。

2) 对象捕捉的使用

可以通过两种方法来使用对象捕捉：临时捕捉法和连续捕捉法。

(1) 临时捕捉法。在绘图或编辑等命令的执行过程中，当系统要求输入一个点时，用户可以根据需要临时选用一种对象捕捉方式来捕捉一个特殊点。所用的对象捕捉方式可用表示该方式名称的前 3 个字母来输入，捕捉方式输入后 AutoCAD 使用适当的介词(如 of 或 to)来提示，表明该方式已被接受，接着再用框形光标来选择对象。如要绘制两个圆或圆弧的公切线，就可以使用 LINE 命令并借助于对象捕捉中的切点(TAN)捕捉功能来完成。

(2) 连续捕捉法。要连续执行一系列相同的捕捉操作时可以用连续捕捉法。从执行"工具"→"草图设置"命令，在"草图设置"对话框中单击"对象捕捉"选项卡；也可以在状态栏上的"捕捉"或"对象捕捉"按钮上单击右键，然后选择"设置"选项进入"草图设置"对话框的"对象捕捉"选项卡。在对象捕捉方式列表中根据需要选择一种或几种对象捕捉的方式，然后单击"确定"按钮退出。这时所选择的对象捕捉方式将持续生效。注意：在连续捕捉使用结束后一般要关闭这些设置，否则会带来一些麻烦。

6. 正交按钮

命令：ORTHO。

状态栏："正交"按钮。

在用鼠标控制光标位置绘制直线时，"正交"按钮用于控制所画直线的方向。当"正交"按钮打开时，仅能画出水平方向或垂直方向的直线段，而只有正交按钮关闭时才能画出倾斜的直线来。

7. 极轴追踪按钮

下拉菜单："工具"→"草图设置"。

状态栏："极轴"按钮。

在绘制指定角度的斜线时，可以使用极轴追踪功能。极轴追踪功能要求预先设置好相应的角度增量，在确定了直线起点后，再移动光标，只要光标移动到接近指定的角度方向或以该角度为增量的角度方向时，就会在屏幕上显示出相应的辅助线来，帮助用户确定斜线的角度。可以通过单击状态栏上的“极轴”按钮来控制极轴追踪的打开或关闭。注意不能同时打开正交功能和极轴追踪功能。

设置时在状态栏的“极轴”按钮上单击右键，选择“设置”选项即可打开“草图设置”对话框，选择“极轴追踪”选项卡，进行极轴追踪的设置。

8. 坐标的显示

功能键：F6。

状态栏：单击状态栏。

为了观察的方便，系统在状态栏的左半部分显示出当前光标所在位置的(x,y,z)坐标值。坐标显示有 2 种类型：定点更新和随时更新。

(1) 定点更新。光标移动时不更新坐标值，只有在揿下鼠标的拾取键后，才显示被拾取到的点的坐标值。

(2) 随时更新。随着光标的移动不断更新坐标值的显示。随时更新的显示又可分为显示坐标的绝对值和相对值(状态栏显示当前光标所在位置相对于上一点的距离和角度，以“距离＜角度”的形式显示。)两种方式。

绘制图形时，用户可以随时切换这 3 种坐标显示方式。最方便的方法是用鼠标单击状态栏，每单击一下依次换一种显示方式；也可在状态栏单击右键，然后选择“绝对坐标”、“相对坐标”或“定点更新”。在状态栏中定点更新比随时更新显示的颜色要灰一些，以示区别。

9. 文本屏幕与图形屏幕的转换

功能键：F2。

为了查阅命令的执行情况，可用功能键 F2 来进行图形屏幕与文本屏幕的转换。有些命令在执行时会自动转到文本屏幕，阅后可按 F2 键回到图形屏幕。

8.1.6 图层

1. 图层的概念

图层是用来组织和管理图形的有效工具之一。一张图可以分成若干层，层数没有限制。每一层放置具有某一特性的实体，这样就可以方便地控制图层的状态和特性。每一个图层规定了一个图层名、一种线型和一种颜色，必要时再规定一种线宽。图层可以是可见的(On)，也可以是不可见的(Off)。图层只有在可见的状态下才能被显示和绘图。另外，还有冻结(Freeze)和解冻(Thaw)以及加锁(Lock)和解锁(Unlock)等特性，图层被冻结时该层上的实体既不被显示和绘图，而且在重生成图形时也不被重新计算；图层被加锁后可以看到该层上的实体，但是不能对它进行编辑。这些特性可以分别应用于不同的场合。

在开始绘一幅新图时，AutoCAD 自动创建一个层名为“0”的特定图层。并且 0 层被设置为默认特性：颜色为白色、线型为实线(Continuous)、图层为可见。0 层不能被删除或重命名。

当一张图中已经设置好若干个图层，在这些图层中只有一个图层是当前层。用户所画的每个新的实体都在当前层上。可以通过对图层的操作来改变当前层，在对象特性工具栏的“图层”下拉列表框里显示的即为当前层。

2. 图层的操作和管理

命令：LAYER。

下拉菜单：“格式”→“图层”。

工具栏：对象特性工具栏按钮。

执行该命令后，显示“图层特性管理器”对话框，如图 8-3 所示。对话框包括一个图层列表框、一个图层过滤器和几个按钮。图层列表框用于显示图形中设定的所有图层的层名、颜色、线型和当前状态。图层过滤器用于设定需要显示哪些图层，这仅在图层的数目较多时才会用到。几个按钮用于创建新的图层、删除图层、选择当前图层和显示图层的详细信息等。

1）创建新图层

单击“新建”按钮，AutoCAD 会创建一个名称为“图层 1”的新图层，也可将此层名改成其他需要的名称。如果在此之前没有选择任何层，则会根据 0 层的特性来生成新图层。如果之前已选择了某个层，则根据所选图层的特性来生成新图层。

2）设置图层的颜色

新建图层的颜色为白色，如果要重新设置该图层的颜色，可单击位于颜色列下该图层的颜色名，弹出“选择颜色”对话框，如图 8-4 所示，通过此对话框选择需用的颜色。

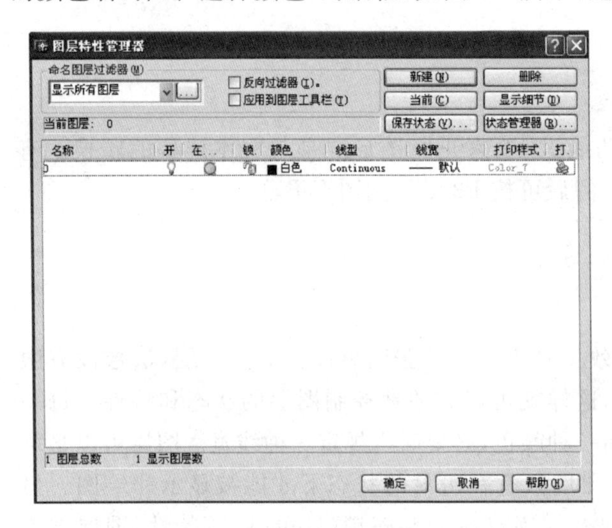

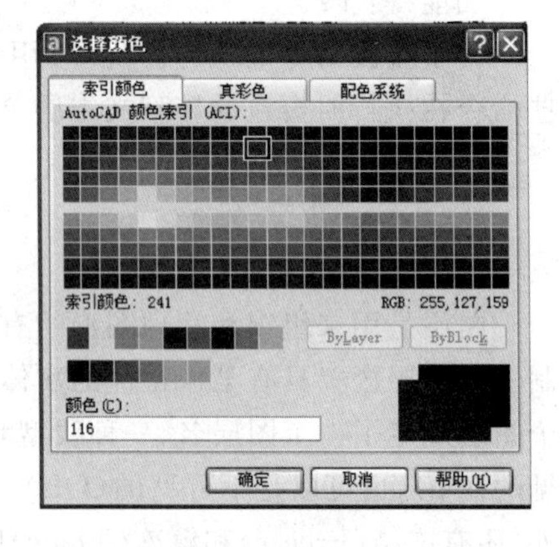

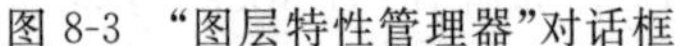
图 8-3 “图层特性管理器”对话框

图 8-4 “选择颜色”对话框

3）设置图层的线型

新建图层的线型为实线。如果要重新设置该图层的线型，可单击位于线型列下该图层的线型名，弹出如图 8-5 所示的“选择线型”对话框。通过此对话框，可以选择所需要的线型。如果需要的线型在此对话框中没有，则可以单击“加载”按钮，打开“加载或重载线型”对话框，如图 8-6 所示，列出默认的线型文件 acadiso. lin 中所有的线型。选择其中一种或数种需要的线型并单击 OK 按钮，所选的线型就加载入“选择线型”对话框中供用户选用。选定需要的线型后单击“确定”按钮返回，该线型就设置好了。

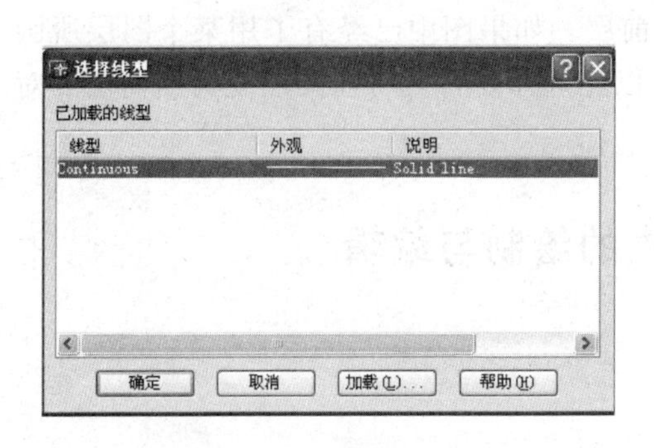

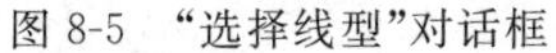
图 8-5 “选择线型”对话框

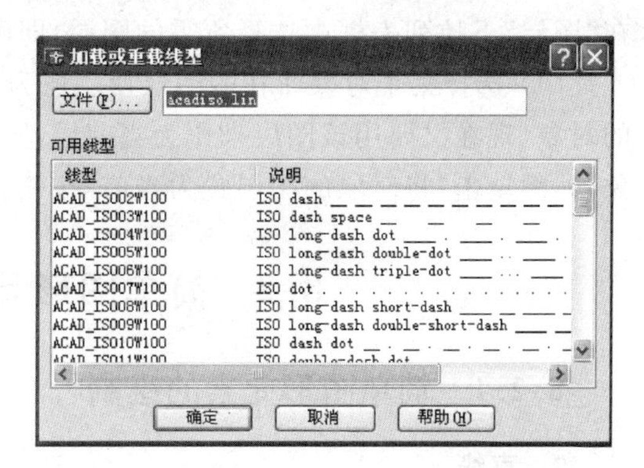

图 8-6 “加载或重载线型”对话框

为了统一图层特性设置，国家标准《GB/T 14665—1998 机械工程 CAD 制图规则》对图层、颜色和线型有一个规定，如 04-黄-虚线；05-蓝绿/浅蓝-细点画线；06-棕-粗点画线；07-粉红/橘红-双点画线；08-尺寸线、尺寸界限；10-剖面线。

4）选择当前图层

在层名列表框中选择一个图层名，然后单击对话框的“当前”按钮，就可以将该图层设置为当前层。当前层的图层名会出现在列表框的顶部。

5）删除图层

要删除不使用的图层（没有实体），先从列表框中选择一个或多个图层，然后单击“删除”按钮即可。但是 0 层和包含有实体的图层不能删除。

6）打开和关闭图层

新创建的图层开始为打开状态，可单击位于“开”列下该图层的灯泡图标来控制图层的打开或者关闭。

在“图层特性管理器”对话框中根据要求设置好各图层及其特性后，可单击“确定”按钮来确定各项设置。

3. 用对象特性工具栏来管理图层特性

对象特性工具栏，其用途主要是查看或修改对象的图层特性、颜色、线型和线宽等设置。一般情况下，当用某层作为当前层来画图时，所画对象的颜色、线型和线宽等特性均默认为该图层的特性。

用对象特性工具栏可以查看对象的特性，在图中选择了一个对象（用鼠标激活图中某一对象），列表框将显示被选定对象所在图层的名称和特性。对象特性工具栏还有几个常用的操作。

（1）选择当前层。在不选择任何对象的情况下，从“图层”下拉列表框中选择某一图层，该图层即转换为当前层。

（2）打开或关闭图层。在不选择任何对象的情况下，单击“图层”下拉列表框中某一图层的灯泡图标来控制该图层的打开或关闭。同样可以通过单击其他图标来修改图层的除图层颜色以外的特性。

(3) 改变对象的图层。先选择需要改变其所在图层的对象(可以同时选多个对象),在“图层”下拉列表框中选择所需的图层,即可使对象所在的图层改变成所选择的图层。

(4) 选择某个对象所在的图层使它成为当前层。如果图中已经有了用某个图层所画的对象,现在又要用该图层来作为当前层,则可以先选择要将其所在图层变为当前层的对象,然后单击“将对象的图层置为当前”按钮。

8.2 简单图形元素的绘制与编辑

8.2.1 简单图形元素的绘制

1. 直线

命令:LINE(L)。

下拉菜单:“绘图”→“直线”。

工具条:绘图工具条按钮。

该命令用于画直线,使用格式如下。

```
命令:LINE
指定第一点:{输入起点坐标}
指定下一点或[放弃(U)]:{输入下一点坐标}①
指定下一点或[放弃(U)]:空格键或按 Enter 键结束命令
```

输入 LINE 命令后,接着询问直线的两个端点坐标,可以直接输入坐标值,也可以用十字光标来确定点的位置;输入第 3 个点以后提示改为“指定下一点或[闭合(C)/放弃(U)]:”,重复输入点可以画出一条折线;完成后,按空格键或 Enter 键来结束该命令。要画封闭的折线,最后一条边可以按 C 键来回答“指定下一点或[闭合(C)/放弃(U)]:”的提示,折线自动封闭,直线命令结束。在提示后输入 U(Undo)则删除一段线。

在平面图形尺寸已经确定的情况下,一般用相对坐标来换算尺寸比较方便。

在执行 LINE 命令时,也可以在“指定下一点或[放弃(U)]:”提示时单击鼠标右键,AutoCAD 会弹出 LINE 命令的快捷菜单,从中选择所需的选项分别执行不同的操作。几乎每条命令都有其快捷菜单,对操作带来很大的方便。

2. 圆

命令:CIRCLE(C)。

下拉菜单:“绘图”→“圆”。

工具条:绘图工具条按钮。

该命令用于画圆,使用格式如下。

```
命令:CIRCLE
指定圆的圆心或[三点(3P)/两点(2P)/相切、相切、半径(T)]:
```

① “{}”中内容表示输入的参数。

用 CIRCLE 命令画圆随输入参数的不同有 5 种方法，画机械图常用以下 3 种方法。

（1）利用圆心和半径来画圆，这是 AutoCAD 的默认方式，命令格式如下。

```
命令：CIRCLE
指定圆的圆心或［三点(3P)/两点(2P)/相切、相切、半径(T)］：{输入圆心坐标}
指定圆的半径或［直径(D)］：{输入半径值}
```

在输入半径时也可以直接用十字光标来输入圆周上的任意一点，系统会自行计算出所给点到圆心的距离，并把此距离作为圆的半径画圆。

（2）利用圆心和直径来画圆，命令格式如下。

```
命令：CIRCLE
指定圆的圆心或［三点(3P)/两点(2P)/相切、相切、半径(T)］：{输入圆心坐标}
指定圆的半径或［直径(D)］：D
指定圆的直径：{输入直径值}
```

（3）用“相切、相切、半径”选项表示用两切点及半径来画圆，格式如下。

```
命令：CIRCLE
指定圆的圆心或［三点(3P)/两点(2P)/相切、相切、半径(T)］：T
指定对象与圆的第一个切点：{选定第一个对象}
指定对象与圆的第二个切点：{选定第二个对象}
指定圆的半径 <15.7321>：{输入半径值}
```

在用下拉菜单命令画圆时，有一个“相切、相切、相切”选项，表示绘制一个与选择的 3 个图形对象都相切的圆。

3. 圆弧

命令：ARC(A)。

下拉菜单：“绘图”→“圆弧”。

工具条：绘图工具条按钮。

利用 ARC 命令可以根据不同的已知条件来画圆弧。确定一条圆弧要有 3 个已知条件，ARC 命令分别按不同的已知条件提供 11 种画圆弧的方法：①三点画圆弧；②起始点，圆心点，终点；③起始点，圆心点，圆心角；④起始点，圆心点，弦的长度；⑤起始点，终点，圆心角；⑥起始点，终点，起始方向；⑦起始点，终点，半径；⑧圆心点，起始点，终点；⑨圆心点，起始点，圆心角；⑩圆心点，起始点，弦的长度；⑪上次的直线或圆弧的延续。具体介绍以下 3 种方法。

（1）根据已知三点画圆弧。三点画圆弧是画圆弧的默认方法，以第 1 点为起始点，经过第 2 点然后以第 3 点为终点画出一段圆弧。命令格式如下。

```
命令：ARC
指定圆弧的起点或［圆心(C)］：{输入起点}
指定圆弧的第二个点或［圆心(C)/端点(E)］：{输入第 2 点}
指定圆弧的端点：{输入端点}
```

（2）根据已知的起始点、圆心点、终点来画圆弧。这种方法规定以逆时针方向从始点到终点画圆弧。命令格式如下。

命令：ARC
指定圆弧的起点或［圆心(C)］：{输入起点}
指定圆弧的第二个点或［圆心(C)/端点(E)］：C
指定圆弧的圆心：{输入圆心}
指定圆弧的端点或［角度(A)/弦长(L)］：{输入端点}

以C回答提示符，表示选择圆心作为已知条件。最后输入的终点坐标仅用来决定圆弧的角度，圆弧本身不一定通过该点。

(3) 根据已知的圆心点、起始点、终点来画圆弧。有时先给出圆心坐标是比较方便的，命令格式如下。

命令：ARC
指定圆弧的起点或［圆心(C)］：C
指定圆弧的圆心：{输入圆心}
指定圆弧的起点：{输入起点}
指定圆弧的端点或［角度(A)/弦长(L)］：{输入端点}

圆弧的其他画法不一一叙述。在用命令输入时，关键是根据已知条件选择相应的选项；而在用下拉菜单命令时，可先从菜单中选择适当的方法后，再依次输入数据。注意使用圆心角来画圆弧，通常按逆时针方向由起始点开始画圆弧，但若圆心角用负值输入，则绘出的圆弧为顺时针方向。

4. 点

命令：POINT。

下拉菜单："绘图"→"点"→"单点、多点"。

工具条：绘图工具条按钮 。

POINT 命令用于在图纸上画出一个单点或多点。其命令调用格式如下。

命令：POINT
当前点模式：PDMODE = 0 PDSIZE = 0.0000
指定点：{输入点}

在绘制多个点时，当所画的点全部画好后，可按 Esc 键结束。

由于点显示在屏幕上并不明显，对定位和查找带来不便，用户可以自己设置点的标记形式和大小。操作步骤如下。

(1) 执行"格式"→"点样式"命令，打开"点样式"对话框，如图 8-7 所示。

图 8-7 "点样式"对话框

(2) 在对话框提供的 20 种标记形式中选择一种(修改 PDMODE 参数的值)。

(3) 在"点大小"文本框中，指定点的大小(修改 PDSIZE 参数的值)，并在下面指定是相对于屏幕尺寸的百分比还是相对于绝对单位设置，一般选用后者。

(4) 单击“确定”按钮关闭对话框。

5. 文字

命令：TEXT。

下拉菜单：“绘图”→“文字”→“多行文字、单行文字”。

工具条：绘图工具条按钮 A (_mtext)。

1) 输入文字

利用 TEXT 命令可以将文字输入到图中去，并可以选择不同的字体、排列方式、字高及旋转角度。命令调用格式如下。

```
命令：TEXT
当前文字样式：Standard 当前文字高度：2.5000
指定文字的起点或[对正(J)/样式(S)]：
指定高度 <2.5000>：
指定文字的旋转角度 <0>：
输入文字：
```

进入 TEXT 命令后有 3 个选择项，默认的是起点选择项。可用键盘或光标指定一个起始点，则文字自动在起始点向左对齐。也就是说，正文基线的左端定在该点上。接着，AutoCAD 还要求确定文字的高度、基线的旋转角等。

文字的高度规定了大写字母在基线上的高度，一般可按国标的规定取 2.5mm 或 3.5mm。若用户直接按 Enter 键，则将采用默认高度。旋转角规定文字基线相对于起点水平线的角度，一般水平填写的文字输入 0°。

需输入的文字或数字可直接用键盘输入。

2) 设置文字样式

要在图中输入文字，实际上首先要设置好文字的样式。国家标准规定图样中书写的汉字应采用长仿宋体，并对阿拉伯数字的书写也有一定的要求。执行“格式”→“文字样式”命令，打开“文字样式”对话框进行文字样式的设置，如图 8-8 所示，建立 GBSZ 来作为国标数字的文字样式名，建立 GBHZ 来作为汉字文字样式名，设置内容如图 8-8 所示。建立一种文字样式后，单击“应用”按钮使设置的样式成为可用的样式。

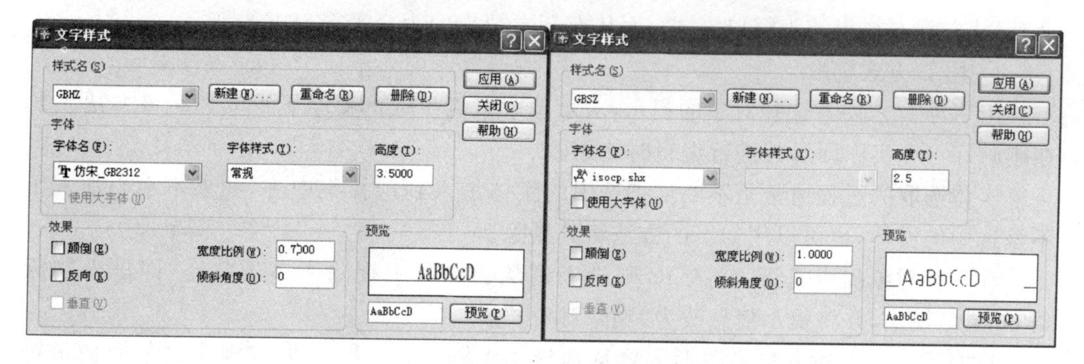

图 8-8　在“文字样式”对话框中设置符合国家标准的文字样式

注意：在设定样式时，在“高度”文本框中设定了文字的高度，那么在以后的文字输入时将不再提示用户输入字符的高度值。如果将高度值设为0，则每次使用TEXT命令，都要求用户输入高度值。

8.2.2 基本编辑命令

1. 图形实体的选择

在编辑图形时，可以对一个图形实体进行编辑，也可以对几个图形实体进行编辑。通常，先要从整个图形中选择被编辑的对象，然后才能进行编辑，这个选择的过程称为图形实体的选择。被选定的一组对象称为选择集。

大部分编辑命令首先提示“选择对象：”，可以根据需要用不同的方法来选择对象，凡被选中的实体其亮度和颜色会发生变化。简介如下。

1）用鼠标直接选取

默认的目标选择方式，移动鼠标，使框形光标指到要选取的对象后单击，该实体就会被选中，选中后，提示符“选择对象：”还会再次出现，以便进一步选取。

2）用矩形窗口选取

可以输入字母W来回答选择对象的提示，表示使用矩形窗口来选取实体，然后系统会要求拾取两点来定义矩形窗口的大小。

```
选择对象：W
指定第一个角点：{输入矩形窗口的第一个角点}
指定对角点：{输入矩形窗口的另一个角点}
```

在输入另一个角点时，系统会动态显示一个矩形光标，以便清楚地看到窗口与图形的关系，这时只有完全处于窗口之内的实体才被选中。若一个图形实体有一部分伸在窗口之外，则它将不被选中，也就不能进行编辑。

3）用交叉窗口选取

用户若以字母C来回答选择对象的提示，表示使用交叉窗口来选取实体。交叉窗口方式也是通过两个点定出窗口的大小来选取实体，但选择的条件更宽松。不仅能选到完全落在窗口内部的实体，而且与窗口相交的实体也被包括在选择集内。

更加方便的方法是直接用鼠标器在屏幕中拉出窗口来，并不需要输入字母W或C。这时，从左到右拉出的为窗口方式；而从右到左拉出的为交叉窗口方式。

4）用L方式选取

用字母L来回答选择对象的提示，表示选取最近生成的一个图形实体。该方法主要在刚画好一个实体即对其进行编辑时使用。

实体选取的过程通常是不断地把选中的实体加入到选择集中去，如果不小心加入了不该选中的实体，也可以用如下的方法将其剔除。

在选择对象提示符下，输入R，则进入到从选择集中剔除实体的状态，即进入删除(Remove)模式，并将提示信息改为“删除对象：”。

这时可以用上述方法将图形实体从选择集中剔除出去。如果在删除对象的提示符下，输入A(Add)，则又从删除模式切换到正常模式。

因为选择对象提示是反复出现的，当选择实体的过程结束时，可直接输入 Enter 键使编辑命令进入执行的过程。

2. 图形的编辑

1）移动

命令：MOVE(M)。

下拉菜单："修改"→"移动"。

工具条：修改工具条按钮。

MOVE 命令用于将图形上的一个（或一组）实体从一个位置平移到另一个位置。使用该命令时，在选取需要移动的实体后，可以先输入基点（或称位移的起点）坐标值，接着输入位移的终点坐标值来移动实体；也可以直接输入终点相对于起点的增量坐标值（ΔX，ΔY）来移动实体。命令使用方法如下。

```
命令：MOVE
选择对象：
指定基点或位移：
指定位移的第二点或 <用第一点作位移>：
```

2）旋转

命令：ROTATE。

下拉菜单："修改"→"旋转"。

工具条：修改工具条按钮。

ROTATE 命令是将选取的一个（或一组）实体围绕着指定的一个基点旋转一个角度。实体旋转的角度方向规定逆时针方向为正，顺时针方向为负。命令使用方法如下。

```
命令：ROTATE
UCS 当前的正角方向：ANGDIR = 逆时针　ANGBASE = 0
选择对象：{使用对象选择方法并在结束命令时按 Enter 键}
指定基点：{指定点}
指定旋转角度或 [参照(R)]：{指定角度、指定点或输入 r}
```

Rotate 命令中的"参照"选项，可以输入两个角度值（与 X 轴正方向之间的夹角），AutoCAD 会自动用第 2 个角度值减去第 1 个角度值的差作为旋转角度，旋转选取的实体。

3）复制

命令：COPY(CP)。

下拉菜单："修改"→"复制"。

工具条：修改工具条按钮。

COPY 命令是根据所选取的一个（或一组）实体，在新的位置处复制生成新的图形实体。COPY 命令输入位移的方法与 MOVE 命令相同。

若复制 1 个新的图形实体，称为单一复制；如果复制多个新的图形实体，称为多重复制。多重复制时在选取好实体后，要选择"重复"选项（输入 M 并按 Enter 键）。这样在完成基点指定后，会不断出现“指定位移的第二点或 ＜用第一点作位移＞：”的提示，用户每输入一次终点坐标值，就会在指定位置处复制出一个新的图形实体来，直到完成复制要求时，可按 Enter 键结束命令。命令的使用方法如下。

```
命令：COPY
选择对象：{选择对象并按 Enter 键}
指定基点或位移，或者 [重复(M)]：{为单一复制指定点或为多重复制输入 m}
指定位移的第二点或 ＜用第一点作位移＞：{指定点}
```

4）偏移

命令：OFFSET。

下拉菜单：“修改”→“偏移”。

工具条：修改工具条按钮。

OFFSET 命令用于平行复制直线、圆、圆弧或多义线。对于直线则复制出其平行线；而对于圆、圆弧则复制出与其同心的实体来。该命令在执行中可以输入一个距离值来决定平行线之间的距离；也可以输入一个偏移点，使要求复制的平行线通过该偏移点。命令格式如下。

```
命令：OFFSET
指定偏移距离或 [通过(T)] ＜通过＞：15
选择要偏移的对象或 ＜退出＞：
指定点以确定偏移所在一侧：
选择要偏移的对象或 ＜退出＞：
```

命令执行后的提示信息为请求输入距离或偏移点，提示的默认值与上次执行 OFFSET 命令时所选择的方式有关。若上一次使用偏移命令时用的是距离，则显示上一次输入的距离，若上次选择的是过某一个偏移点，则显示通过。回答提示信息的方法有以下两种。

（1）输入一个距离值，距离值可以直接用键盘输入，若默认值与需输入的距离值一致，可以直接按 Enter 键。接着选择需复制的原实体。因为可以在原实体的两侧来进行平行复制，所以会进一步提问复制应做在哪一侧，这时可用鼠标在需要复制的一侧点一下。可以继续选择复制的对象或结束。

（2）输入字母 T 表示用经过某一偏移点的方式来平行复制。若默认值显示为通过，也可以直接按 Enter 键。

5）阵列复制

命令：ARRAY。

下拉菜单：“修改”→“阵列”。

工具条：修改工具条按钮。

ARRAY 命令可以将选取的一个(或一组)实体按指定的矩形或环形阵列复制。所谓环形阵列是指阵列中的实体围绕某一中心点排列；所谓矩形阵列是指一个由若干行与若干列组成的方阵。执行“修改”→“阵列”命令，打开“阵列”对话框，如图 8-9 所示为环形阵列对话框，在其中进行选择对象、旋转中心的操作，注意“复制时旋转项目”选项的区别，图 8-9(b)为选择“旋转”的结果。如图 8-10 所示为矩形阵列对话框，在其中进行选择对象、行列数，偏移值的操作即可。

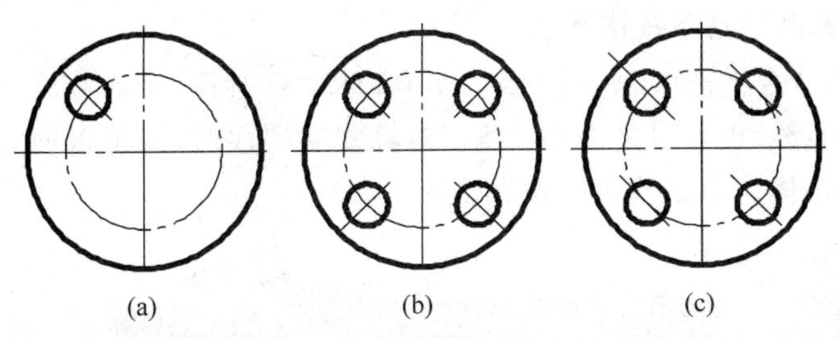

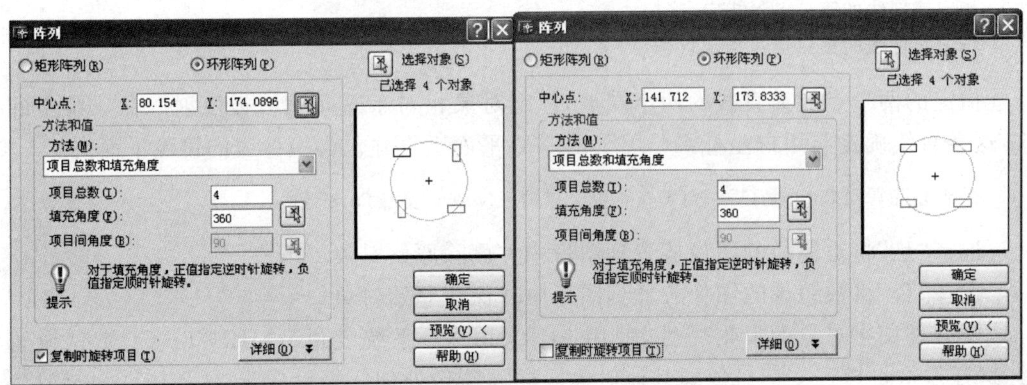

图 8-9　环形阵列((c)为没有选“复制时旋转项目”的结果)

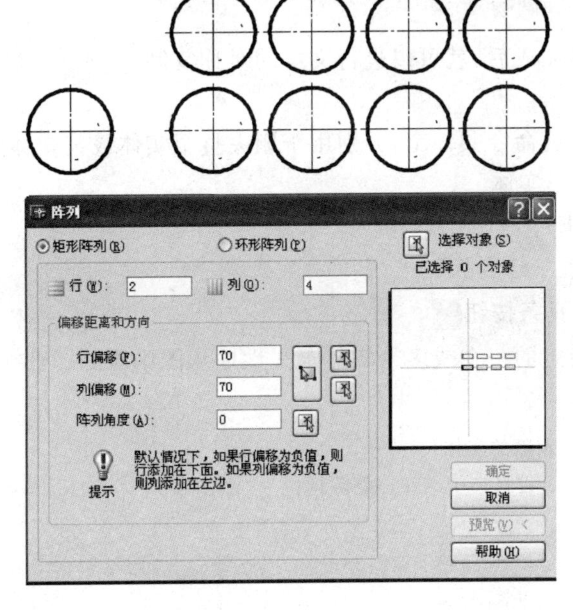

图 8-10　矩形阵列

6）对称复制

命令：MIRROR。

下拉菜单："修改"→"镜像"。

工具条：修改工具条按钮。

MIRROR 命令将选取的一个（或一组）实体进行对称（又称镜像）复制。对称线可以是水平线或垂直线，也可以是一条斜线。对称复制完成时，既可以删除原来的实体，也可以保留原来的实体。命令的使用方法如下。

```
命令：MIRROR
选择对象：{使用对象选择方式并按 Enter 键结束命令}
指定镜像线的第一点：{指定点(1)}
指定镜像线的第二点：{指定点(2)}
```

指定的两个点成为直线的两个端点，选定对象相对于这条直线被反射。在三维空间中，这条直线确定与用户坐标系（UCS）的 XY 平面垂直并包含镜像线的镜像平面。

```
是否删除源对象？[是(Y)/否(N)] <否>：{输入 y 或 n 或按 Enter 键}
```

选择"是"将被镜像的图像放置到图形中并删除原始对象。

选择"否"将被镜像的图像放置到图形中并保留原始对象。

要处理文字对象的反射特性，使用 MIRRTEXT 系统变量。MIRRTEXT 默认设置是 1（开），这将导致文字对象同其他对象一样被镜像处理。当设置为 0（关）时，文字对象不作镜像处理。系统变量 MIRRTEXT 的具体设置方法如下。

```
命令：MIRRTEXT
输入 MIRRTEXT 的新值 <1>：0
```

在系统变量设置完成后，就可以进行文本的对称复制。

7）删除

与删除实体有关的命令共 3 个，分别用于删去整个实体或某实体的一部分。

（1）删除整个图形实体

命令：ERASE(E)。

下拉菜单："修改"→"删除"。

工具条：修改工具条按钮。

该命令可以将指定的一个或多个实体永久性地从图中删除。命令格式如下。

```
命令：ERASE
选择对象：{选择要删除的实体}
选择对象：{按 Enter 键将选中的实体删除掉}
```

（2）部分删除

命令：BREAK。

下拉菜单："修改"→"打断"。

工具条：修改工具条按钮。

如果想要删除直线、圆及圆弧的一部分或者将一条直线或圆弧分成两段，就可以使用BREAK 命令。格式如下。

```
命令：BREAK
选择对象：{选择要切断的实体}
指定第二个打断点或［第一点(F)］：{选择被删除部分的第二个端点}
```

BREAK 命令只能用光标直接选取实体。为了操作的方便，假定实体的选取点即为被删除部分的第 1 个端点，这时只需再选取被删除部分的第 2 个端点，即能完成部分删除的操作。如果实体的选取点并非被删除部分的第 1 个端点，则应该输入 F 表示还需要选取第 1 个端点，系统便转为询问被删除部分的第 1 个端点和第 2 个端点。

BREAK 命令所产生的结果取决于被删除对象的种类。

① 直线。如果两个指定点都在直线上，则直线将被分成两段；如果一个点在直线上而另一个点在直线的端点外，则直线将被删去一部分。

② 圆。通过逆时针方向删去从第 1 点到第 2 点的一段圆弧，从而把圆变成一段圆弧。

③ 圆弧。同直线一样，只要两个指定点在圆弧上，圆弧被分成两段；如果有 1 个点在圆弧的端点之外，则圆弧将被删去一部分。

8）修剪

命令：TRIM。

下拉菜单："修改"→"修剪"。

工具条：修改工具条按钮。

在绘图时，有些图线在一开始并不能确定其长度，而需要等其他图线画好后，才能根据图线之间的相交关系来确定图线的长度，并且把多余的部分精确地从图线相交的交点处修剪掉，这时就要用修剪命令。在操作时需要先指定切割边，切割边可以是一条线也可以是几条线，然后再选取被修剪的部分。系统根据切割边和被修剪对象上拾取点的位置来决定哪一部分被修剪掉。调用格式如下。

```
命令：TRIM
当前设置：投影 = UCS，边 = 无
选择剪切边...
选择对象：{用任意一种实体选择方式来选定切割边}
选择要修剪的对象，或按住 Shift 键选择要延伸的对象，或
［投影(P)/边(E)/放弃(U)］：{鼠标来直接选取被删除的部分}
```

9）延伸

命令：EXTEND。

下拉菜单："修改"→"延伸"。

工具条：修改工具条按钮。

延伸命令可以把直线、圆弧和多义线等的端点延长到指定的边界，这些边界可以是直线、圆、圆弧或多义线等图形实体（这些边界必须能与被延伸的线相交）。在操作时一次可

以指定多个实体进行延伸。有时一个实体既可以作为边界,又可以作为被延伸的对象,也就是说该实体可能是另外一个实体延伸的边界,同时又要延长至与其他的实体相交。命令调用格式如下。

```
命令：EXTEND
当前设置：投影 = UCS,边 = 无
选择边界的边...
选择对象：{选择作为边界的实体}
选择对象：
选择要延伸的对象,或按住 Shift 键选择要修剪的对象,或
[投影(P)/边(E)/放弃(U)]：{选择被延伸的实体}
```

注意只能用鼠标直接选择实体,并且把选择点的位置指定在需要延伸的那一端。如果发现有错误可用 Undo 选项来取消最近一次的延伸。当选完所有的要延伸的实体后,按 Enter 键结束命令。

10) 恢复图形实体

(1) 恢复

命令：OOPS。

OOPS 命令用于恢复用 ERASE 命令误操作时删除的实体,或者恢复用 BLOCK 命令定义图块时(该命令将在以后介绍)被系统自动删除的图形。OOPS 命令只能恢复最近一次被删除的图形实体,以前删除的实体均不能恢复。如果退出图形编辑环境以后就不能再恢复被删除的图形实体。

(2) 重画

命令：REDRAW(R)。

下拉菜单："视图"→"重画"。

重画命令用于重画屏幕上所显示的图形。用户可使用该命令来清除绘图时留下的小"+"标记,也可以恢复在编辑过程中因删除重叠部分的对象后所消失的线条。命令调用格式如下。

```
命令：REDRAW
```

在多视窗作图时 REDRAW 命令只作用于当前视窗,而另有一个 REDRAW ALL 命令可作用于重画所有的视窗。

(3) 重新生成

命令：REGEN。

下拉菜单："视图"→"重生成"。

重新生成命令使系统重新计算当前画面上所有实体的坐标值后刷新画面,并且把显示不光滑的圆、圆弧、椭圆、曲线等进行光滑操作。命令调用格式如下。

```
命令：REGEN
```

11) 倒角和圆角的绘制

在绘图的过程中,经常需要绘制倒角和圆角。AutoCAD 提供了用来绘制倒角的

CHAMFER 命令和用来绘制圆角的 FILLET 命令，下面分别介绍这两个命令。

(1) 倒角的绘制

命令：CHAMFER。

下拉菜单："修改"→"倒角"。

工具条：修改工具条按钮。

CHAMFER 命令可用于把 2 条相交直线(或经延长后可以相交)作倒角。该命令有 6 个选项"多段线/距离/角度/修剪/方式/多个"，其含义如下。

① 多段线：对整个二维多段线倒角。

② 距离：设置倒角至选定边端点的距离。

```
指定第一个倒角距离 <当前>:
指定第二个倒角距离 <当前>:
```

③ 角度：用第 1 条线的倒角距离和第 2 条线的角度设置倒角距离。

```
指定第一条直线的倒角长度 <当前>:
指定第一条直线的倒角角度 <当前>:
```

④ 修剪：控制 AutoCAD 是否将选定边修剪到倒角线端点。输入 T 后提示为：

```
输入修剪模式选项[修剪(T)/不修剪(N)] <当前>:
```

⑤ 方式：控制 AutoCAD 使用两个距离还是一个距离和一个角度来创建倒角。输入 M 后提示为：

```
输入修剪方法[距离(D)/角度(A)] <当前>:
```

⑥ 多个：给多个对象集加倒角。AutoCAD 将重复显示主提示和"选择第二个对象"提示，直到按 Enter 键结束命令。

在使用 CHAMFER 命令绘制倒角时，首先必须进行倒角距离的设置。命令调用格式如下。

```
命令：CHAMFER
("修剪"模式)当前倒角距离 1 = 0.0000，距离 2 = 0.0000
选择第一条直线或 [多段线(P)/距离(D)
/角度(A)/修剪(T)/方式(M)/多个(U)]：{选择距离选项}
指定第一个倒角距离 <0.0000>：2
指定第二个倒角距离 <2.0000>：
选择第一条直线或 [多段线(P)/距离(D)
/角度(A)/修剪(T)/方式(M)/多个(U)]：{指定第一条线}
选择第二条直线：{指定第二条线}
```

(2) 圆角的绘制

命令：FILLET。

下拉菜单："修改"→"圆角"。

工具条：修改工具条按钮。

FILLET 命令用指定半径的圆弧连接两条直线、圆或圆弧，并自动调整原来直线或圆弧的长度，使它们与圆弧准确相连。该命令有 4 个选项"多段线/半径/修剪/多个"，其含义如下。

① 多段线：在二维多段线中两条线段相交的每个顶点处插入圆角弧。其后提示：

选择二维多段线：

② 半径：定义圆角弧的半径。其后提示：

输入圆角半径 ＜当前＞：{指定距离或按 Enter 键}

③ 修剪：控制 AutoCAD 是否修剪选定的边使其延伸到圆角弧的端点。其后提示：

输入修剪模式选项[修剪(T)/不修剪(N)] ＜当前＞：{输入选项或按 Enter 键}

选择"修剪"，修剪选定的边到圆角弧端点。

选择"不修剪"，不修剪选定边。

④ 多个：给多个对象集加圆角。AutoCAD 将重复显示主提示和"选择第二个对象"提示，直到用户按 Enter 键结束命令。

在使用 FILLET 命令绘制圆角时，首先必须进行圆角半径的设置(系统的初始值不一定是所需要的圆角半径)，然后才能选取对象绘制出圆角。命令调用格式如下。

命令：FILLET
当前设置：模式 = 当前，半径 = 当前
选择第一个对象或 [多段线(P)/半径(R)/修剪(T)/多个(U)]：R
输入圆角半径 ＜0.0000＞：5
选择第一个对象或 [多段线(P)/半径(R)/修剪(T)/多个(U)]：{指定第一个对象}
选择第二个对象：{指定第二个对象}

8.3 使用 AutoCAD 进行尺寸标注

8.3.1 标注样式设置

标注尺寸时，尺寸界线、尺寸线、尺寸终端、尺寸数字 4 个要素必须符合国家标准的规定。它们的形式、规格在计算机绘图中都是由一系列尺寸标注属性来控制的。通过标注样式管理器可以对这些属性能进行调整或修改，建立所需的尺寸标注样式，使标注的尺寸符合国家标准的要求。

1. 标注样式管理器

命令：DIMSTYLE 或 DDIM。

下拉菜单："格式"→"标注样式"。

工具条：标注工具条按钮。

当输入上述命令或执行上述菜单命令后，打开"标注样式管理器"对话框(图 8-11)。该对话框左侧的"样式"列表框列出了当前可用的尺寸标注样式，开始时只有一个名为

“ISO-25”的标准尺寸标注样式。“预览”图文区显示了当前尺寸标注样式预览结果。其他几个按钮的意义如下。

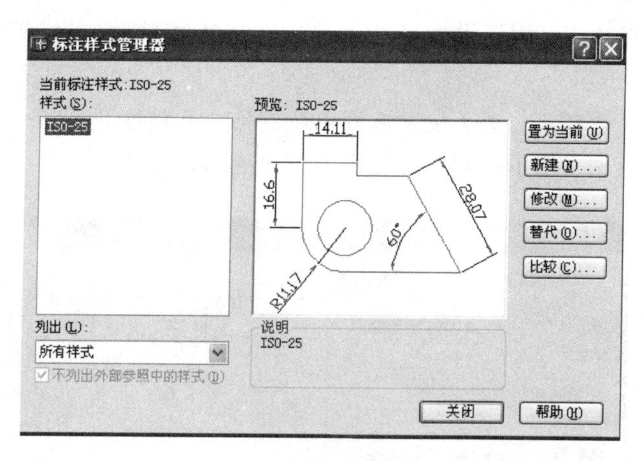

图 8-11 “标注样式管理器”对话框

置为当前：将选定尺寸标注样式设置为当前尺寸标注样式。

新建：创建新的尺寸标注样式。

修改：修改选定的尺寸标注样式。

替代：设置选定样式的替代样式。通常情况下，使用某种样式进行尺寸标注后，若标注样式改变，则使用该标注样式的相应尺寸标注也将修改。但是利用替代样式，用户可以为使用同一标注样式的尺寸设置不同的标注效果，也就是说，修改替代样式后，原来使用该替代样式标注的尺寸标注将不受影响。

比较：比较样式，单击该按钮将打开“比较标注样式”对话框，可利用该对话框对当前已创建的 2 种样式进行比较，并找出其区别。

2. 创建新标注样式

在“标注样式管理器”对话框中单击“新建”按钮，打开“创建新标注样式”对话框(图 8-12)，可在“新样式名”文本框中输入新标注样式的名称。一旦新的标注样式建立后，在“标注样式管理器”对话框左侧的“样式”列表框内将出现新标注样式名，以备使用。在“基础样式”下拉列表框中选择一种已有样式作为新样式的基础，只需修改与它不同的部分，使其成为另一种新样式。在“用于”下拉列表框中可确定新样式的使用范围。

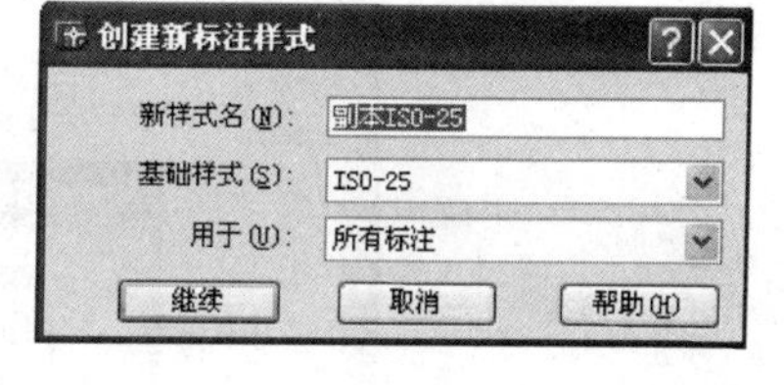

图 8-12 “创建新标注样式”对话框

单击“继续”按钮，打开“新建标注样式”对话框(图 8-13)。

“新建标注样式”对话框包括了“直线和箭头”、“文字”、“调整”、“主单位”、“换算单位”和“公差”6 个选项卡。

(1) “直线和箭头”选项卡：用于设置尺寸线、尺寸界线、箭头以及中心标记的属性，以控制尺寸标注的外观。

(2) “文字”选项卡：用于设置标注文本的格式、位置及对齐方式等特性。

(3)“调整”选项卡：用于当尺寸界线之间的空间受到限制时，AutoCAD 可以调整尺寸文本、箭头、引线和尺寸线的位置。

(4)“主单位”选项卡：用于设置尺寸主单位的格式和精度，并设置标注文字的前缀和后缀。

(5)“换算单位”选项卡：用于设置换算单位的格式和精度。

(6)“公差”选项卡：用于控制尺寸文本中公差的显示和格式。

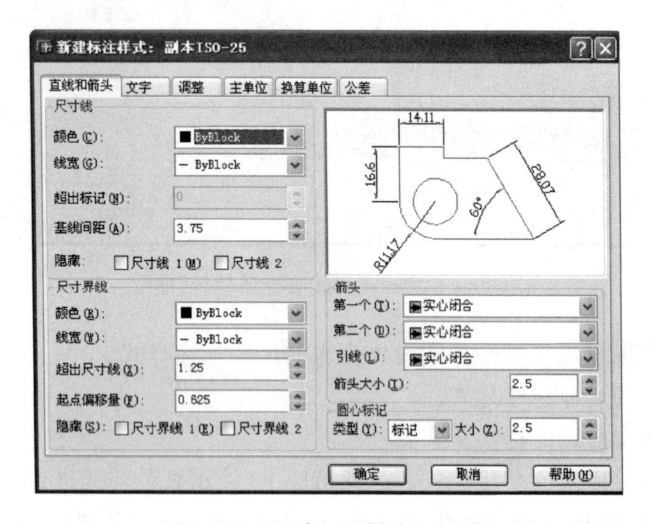

图 8-13 “新建标注样式”对话框

3. 创建符合国家标准规定的标注样式

在标注尺寸前，为了使所注尺寸符合国家标准的有关规定，可以创建一个名为 GB 的标注样式(图 8-14～图 8-17)。在 GB 标注样式的基础上分别对角度尺寸、直径和半径尺寸设置子样式。在标注尺寸时，只要选取了 GB 样式，AutoCAD 会根据标注对象的类型自动选择相应的子样式。具体设置步骤如图 8-14～图 8-22 所示。

图 8-14 创建 GB 标注样式

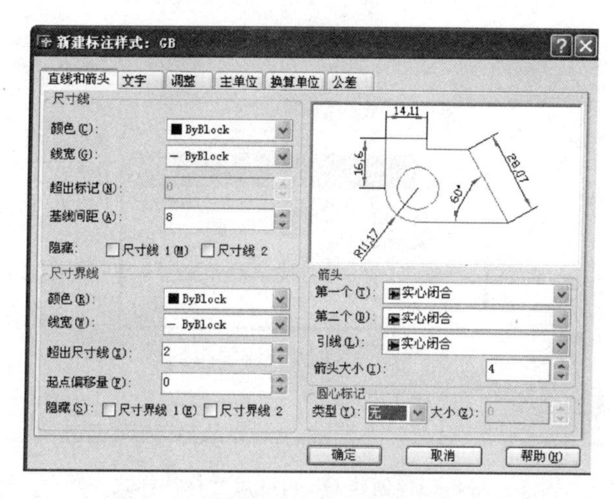

图 8-15　创建 GB 线性尺寸标注样式

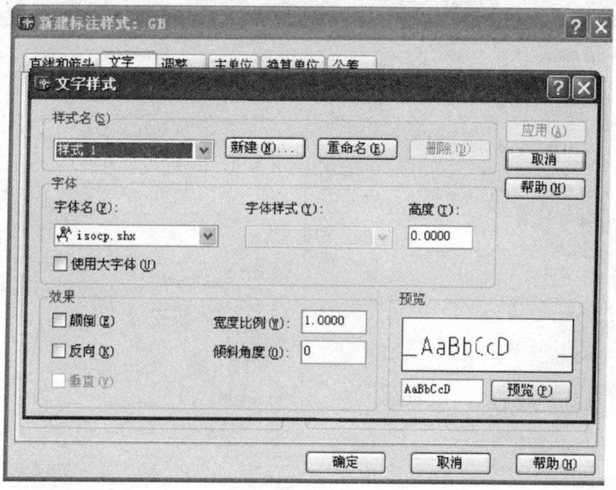

新建标注样式：GB
文字样式
样式名(S)
样式 1
新建(N)...
重命名(R)
删除(D)
应用(A)
取消
帮助(H)
字体
字体名(F):
isocp.shx
字体样式(Y):
高度(T):
0.0000
使用大字体(U)
效果
颠倒(E)
反向(K)
垂直(V)
宽度比例(W):
1.0000
倾斜角度(O):
0
预览
AaBbCcD
预览(P)
确定
取消
帮助(H)

图 8-16　选择尺寸文字标注样式

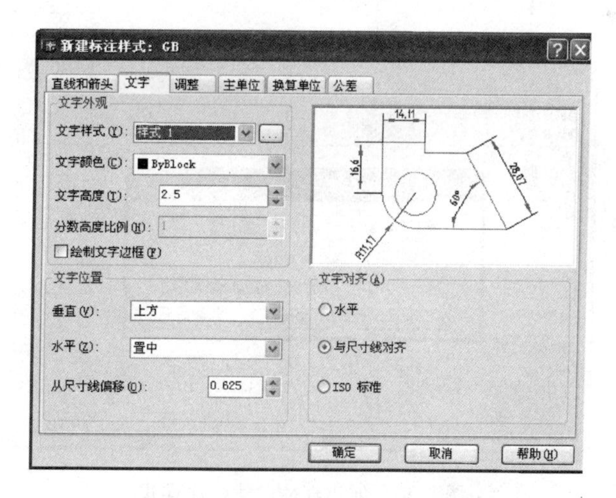

图 8-17　创建 GB 线性尺寸文字标注样式

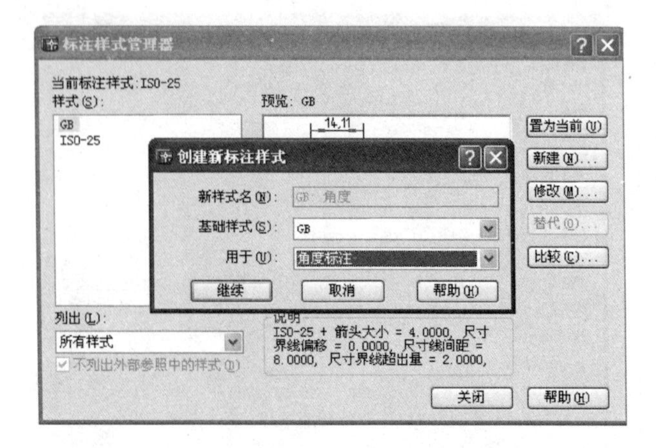

图 8-18　创建 GB 角度尺寸标注样式

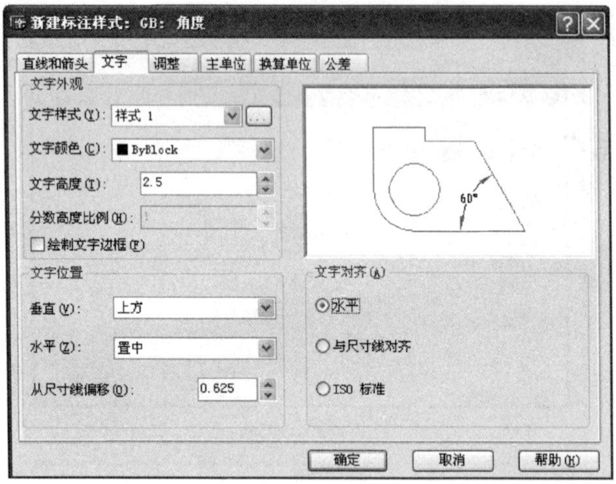

图 8-19　GB 角度尺寸标注文字选“水平”

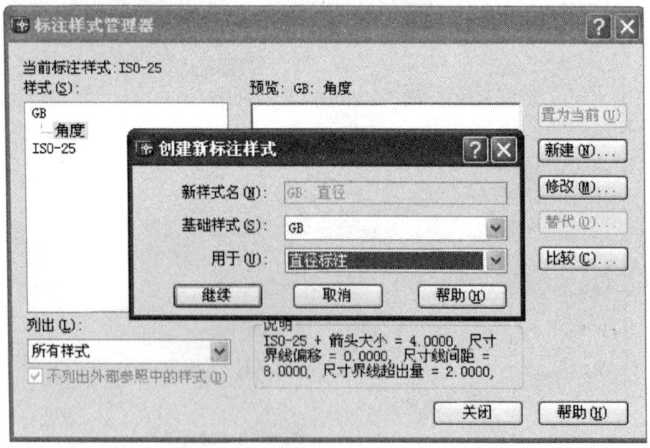

图 8-20　创建直径尺寸标注样式

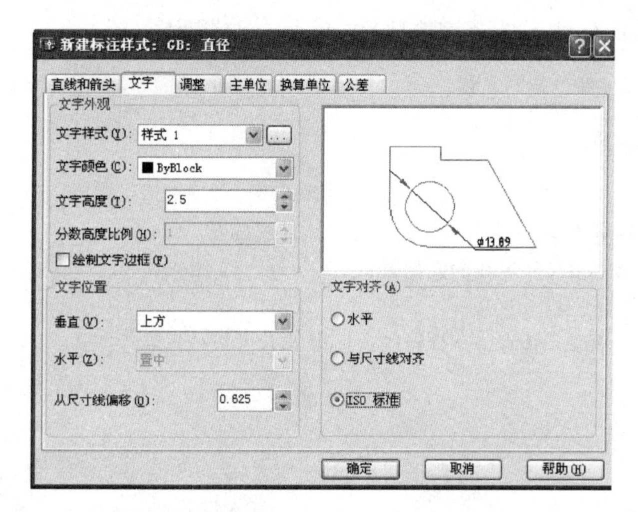

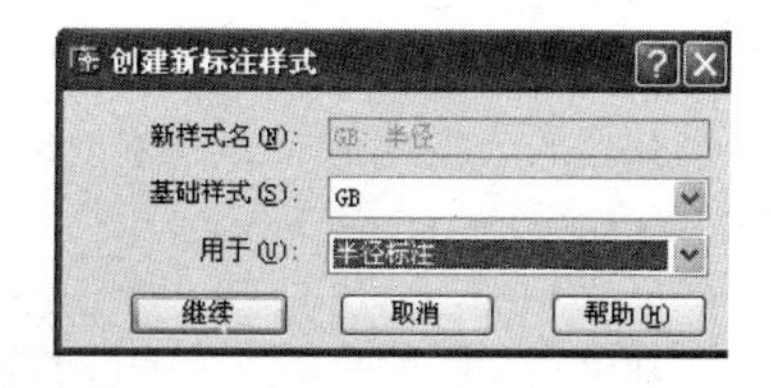

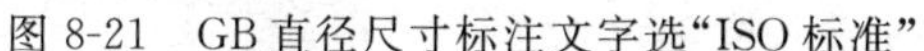

图 8-21　GB 直径尺寸标注文字选“ISO 标准”　　　　图 8-22　创建半径尺寸标注样式

8.3.2　标注尺寸

进行尺寸标注，一般应为尺寸标注创建一个独立的图层（国家标准规定为 08 层），使之与图形的其他信息分开。

1. 线性尺寸标注

线性尺寸标注包括线性、对齐、基线、连续等各项。

1）水平尺寸、垂直尺寸和按指定角度尺寸的标注

命令：DIMLINEAR。

下拉菜单：“标注”→“线性”。

工具条：标注工具条按钮。

该命令的提示有 2 个选项：①由用户给出第 1 条尺寸界线的起始点，接着提示输入第 2 条尺寸界线的起始点；②直接按 Enter 键，由 AutoCAD 自动寻找尺寸界线的起始点。移动鼠标，可以看到尺寸线的位置随鼠标移动，用于确定尺寸线的位置。也可以选择括号中的其他选项，它们的含义如下。

多行文字：多行文本。执行该选项后，AutoCAD 弹出多行文本编辑器，用户可以编辑尺寸文本，并设定其文本格式。

文字：输入尺寸文本。选择该选项，AutoCAD 提示“尺寸数字”。该选项的功能比多行文字要弱，只能在命令行输入尺寸文本，不能设定文本格式。

角度：设定尺寸文本的放置角度。选择该选项，AutoCAD 提示输入尺寸文本的旋转角度。

水平：标注水平尺寸。选择该选项后 AutoCAD 提示：

```
指定尺寸线位置或[多行文字(M)/文字(T)/角度(A)]:
```

在此提示下，可确定尺寸线的位置、尺寸文本和旋转角度。

垂直：标注垂直尺寸。执行该选项后的提示与执行“水平”选项相同。

旋转：尺寸线按指定角度旋转的标注。选择该选项后，AutoCAD 提示：

```
指定尺寸线的角度 ＜0＞：{输入尺寸线的旋转角度}
```

DIMLINEAR 命令调用格式如下。

```
命令：DIMLINEAR
指定第一条尺寸界线原点或 ＜选择对象＞：{给出第一条尺寸界线的起始点}
指定第二条尺寸界线原点：{给出第二条尺寸界线的起始点}
指定尺寸线位置或
[多行文字(M)/文字(T)/角度(A)/水平(H)/垂直(V)/旋转(R)]：{给出尺寸线位置}
标注文字 = 60.00：{尺寸数字}
```

或者

```
命令：DIMLINEAR
指定第一条尺寸界线原点或 ＜选择对象＞：{直接按 Enter 键}
选择标注对象：{选择要标注尺寸的直线段}
指定尺寸线位置或
[多行文字(M)/文字(T)/角度(A)/水平(H)/垂直(V)/旋转(R)]：{给出尺寸线位置}
标注文字 = 160.00：{尺寸数字}
```

2）对齐标注

命令：DIMALIGNED。

下拉菜单："标注"→"对齐"。

工具条：标注工具条按钮。

对齐标注的命令调用格式与标注水平尺寸或垂直尺寸的命令调用格式相类似。

3）基线标注

命令：DIMBASELINE。

下拉菜单："标注"→"基线"。

工具条：标注工具条按钮。

具体命令调用格式如下。

```
命令：DIMBASELINE
指定第二条尺寸界线原点或 [放弃(U)/选择(S)] ＜选择＞：
```

以上提示要求用户确定第 2 条尺寸界线的起点。使用基线标注之前必须先标注出一个尺寸，基线标注以先标注好的那个尺寸的第 1 条尺寸界线作为其第 1 条尺寸界线（基线），接着只要确定第 2 条尺寸界线的起点后，AutoCAD 即标注出该尺寸，并在命令行提示：

```
标注文字 = 尺寸值
指定第二条尺寸界线原点或 [放弃(U)/选择(S)] ＜选择＞：
```

此时可接着确定下一个尺寸的第 2 条尺寸界线，直至全部尺寸注完，然后按 Enter 键结束该命令。

提示中括号内的选项介绍如下。

(1) 选择：该选项用于选择第 1 条尺寸界线，执行该选项后，AutoCAD 提示：

```
选择基准标注：{选择尺寸界线或尺寸线}
```

注意：*若选择尺寸线，系统以该尺寸线上离选择点最近的一条尺寸界线作为第 1 条尺寸界线。*

(2) 放弃：该选项可放弃前一个基线标注。

4) 连续标注

命令：DIMCONTINUE。

下拉菜单："标注"→"连续"。

工具条：标注工具条按钮。

连续标注以先标注好的那个尺寸的第 2 条尺寸界线作为当前尺寸的第 1 条尺寸界线，其操作步骤与基线标注类似。

2. 角度尺寸标注

命令：DIMANGULAR。

下拉菜单："标注"→"角度"。

工具条：标注工具条按钮。

该命令用于标注两条直线或三个点之间的角度，也可以标注圆或圆弧两条半径之间的角度。具体命令调用格式如下。

```
命令：DIMANGULAR
选择圆弧、圆、直线或 <指定顶点>：{选择直线}
选择第二条直线：{指定第二条直线}
指定标注弧线位置或 [多行文字(M)/文字(T)/角度(A)]：
标注文字 = 角度数值
```

在此提示下，用户可以拾取圆弧、圆、直线或者直接按 Enter 键选择点。拾取对象不同，命令提示也有所不同，分别介绍如下。

(1) 拾取圆弧。拾取一段欲标注角度的圆弧，AutoCAD 接着提示：

```
指定标注弧线位置或 [多行文字(M)/文字(T)/角度(A)]：
```

确定尺寸线的位置或编辑设定尺寸文本。各选项的意义与线性尺寸中的相同。

(2) 拾取圆。在圆上拾取一点，AutoCAD 提示：

```
指定角的第二个端点：
```

在此提示下从圆上或圆外拾取一点，标注出此两点到圆心的连线所截取的圆弧的圆心角，后面的提示与(1)相同，略。

(3) 拾取线段。拾取一段直线，AutoCAD 提示：

```
选择第二条直线：{输入第二条直线}
```

后面的提示与(1)相同，略。

(4) 直接按 Enter 键。按 Enter 键后 AutoCAD 提示：

```
指定角的顶点：
指定角的第一个端点：
指定角的第二个端点：
```

其余提示与上面所讲的 3 种方式相同，略。

注意：角度数值右上角的“°”，当用户采用系统的测量值时，它被自动加上；当采用键盘输入数字时，符号“°”也需从键盘输入，这里用“%%d”代替“°”。

3. 直径和半径尺寸标注

1) 直径尺寸标注

用于标注圆或圆弧的直径。

命令：DIMDIAMETER。

下拉菜单：“标注”→“直径”。

工具条：标注工具条按钮。

具体命令调用格式如下。

```
命令：DIMDIAMETER
选择圆弧或圆：{拾取欲标注直径的圆或圆弧}
标注文字 = 测量的直径值
指定尺寸线位置或[多行文字(M)/文字(T)/角度(A)]：
```

确定尺寸线的位置或编辑设定尺寸文本，各选项的意义与线性尺寸中的相同。

2) 半径尺寸标注

用于标注圆弧的半径尺寸。

命令：DIMRADIUS。

下拉菜单：“标注”→“半径”。

工具条：标注工具条按钮。

DIMRADIUS 命令的标注方法类似于 DIMDIAMETER 命令。

8.4 填充与图块

8.4.1 画剖面线命令

命令：BHATCH、HATCH。

下拉菜单：“绘图”→“图案填充”。

工具条：绘图工具条按钮。

将剖面线层设置为当前层，执行命令，打开“边界图案填充”对话框，如图 8-23 所示。在“图案填充”选项卡中，有 4 个方面的功能。

1. 选择图案、确定角度、比例等参数

在“类型”下拉列表框中选择画剖面线图案的类型，可有如下 3 种选择。

(1) 预定义。用于选择预先定义好的标准图案。这时可以从“图案”下拉列表框选择图案的名称；或者单击浏览按钮选择图案。在选定某图案后，再在"角度"和"比例"下拉列表框中设定角度及比例的数值。

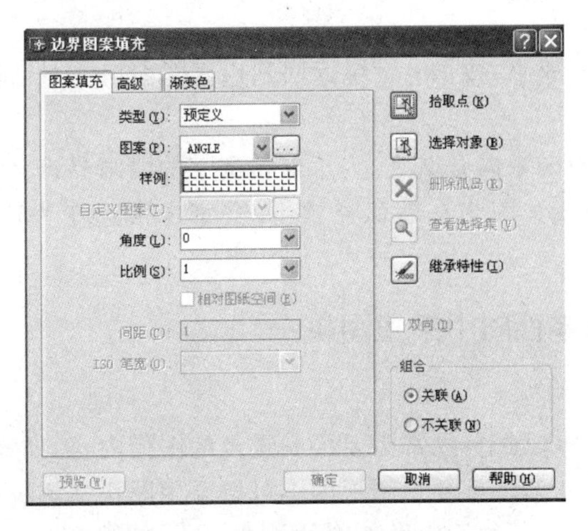

图 8-23　"边界图案填充"对话框

(2) 用户定义。即用平行线作为剖面线的图案。选用该项后，将角度设置为 45 或 135，间距根据图形的大小设定。建议采用该方法较好。

(3) 自定义。是在用户自己定义好的图案集中选择图案。

2. 定义画剖面线区域右上角的 2 个按钮"拾取点"和"选择对象"

分别用这两种方法来定义画剖面线区域的边界。

1) "拾取点"按钮

单击该按钮后，AutoCAD 退出对话框并在命令行显示如下的提示：

选择内部点：

要求在要画剖面线的区域内用光标指明一点，系统能自动分析出区域的边界，并用虚线把选定的边界显示。可以一次选择多个要画剖面线的区域，再按 Enter 键返回对话框。如果选择了一个不封闭的区域，AutoCAD 将显示警告信息，这时应该找出图形不封闭的原因，重新编辑图形后再做。

2) "选择对象"按钮

采用直接选取边界对象的方法来确定边界。单击该按钮后，AutoCAD 退出对话框，回到图形界面，可用光标直接选择作为剖面线边界的各个实体。构成剖面线区域的边界可以用直线、圆、圆弧及二维多义线等图形实体所组成。

注意：为了正确地画出剖面线，要求在绘图时严格使用"捕捉"和"目标捕捉"等绘图工具来画出各线段的端点，或者使用 TRIM 或 FILLET 等命令来精确地修剪出各线段的交点，使所绘图形依次连接而围成一个封闭图以符合要求。

边界实体选定后，按 Enter 键返回对话框，其他操作同上。

3. 所画剖面线与其边界的从属关系的选择

组合栏用于确定所画的剖面线与其边界是否关联。关联即当今后修改边界时剖面线的区域将自动更新，而不关联表示即使修改边界，剖面线的区域仍保持不变。系统的默认状态为关联填充。

4. “预览”按钮

预先观察剖面线的效果，按 Enter 键返回到边界图案填充对话框。单击“确定”按钮，完成画剖面线的命令。

如果在画剖面线的区域内有文字，为了保持文字的清晰易读，一般应该先写文字或标注尺寸，然后再画剖面线。因为在默认样式下，文字也被选作为边界，AutoCAD 不填充该文字。

8.4.2 在绘制零件图中采用图块

1. 图块的概念

在机械图样的绘制过程中，经常需要绘制重复的图形内容，如零件图中的某些结构或符号、装配图中的标准件等。重复的图形内容可以采用图块来解决。

图块是把需要重复绘制的一组图形实体组成一个整体，用一个图块名存储起来。在需要时再把它按给定的比例因子和旋转角度，插入到图样中指定的位置处。图块可以保存图形实体的图层、线型、颜色等信息。

2. 图块的定义与保存

1）定义存储在当前图形中的图块（内部图块）

命令 BLOCK(B)。

下拉菜单：“绘图”→“块”→“创建”。

工具条：绘图工具条按钮。

利用 BLOCK 命令可以把当前所画图形中的部分图形实体定义为一个图块，并存储在当前图形中。在一个图形中可以定义多个图块，但图块名之间不能同名。用 BLOCK 命令定义的图块只能在定义它的图形中进行插入操作，而不能在其他图形中进行插入操作，故又称作内部图块。输入 BLOCK 命令后会出现“块定义”对话框，如图 8-24 所示。对话框共有 6 个部分。

（1）名称框

为新建的图块输入图块名。

（2）基点选项组

用于在定义图块时输入基点的坐标值，以该点为基准确定图块中各图形实体的相对位置，使它们组成一个整体。可以直接在 X、Y、Z 文本框中输入，也可以单击“拾取点”按钮，在屏幕上指定，通常捕捉图块上的特征点。

（3）对象选项组

用于在屏幕上选取需要定义为图块的图形实体。单击“选择对象”按钮，对话框关闭，在命令窗口中出现选取对象的提示，选取的图形实体以虚线形式显示，按 Enter 键返回对话框。

在输入各项内容后，单击“确定”按钮，便完成了内部图块的定义。

2）定义作为图形文件共享的图块（外部图块）

命令：WBLOCK(W)。

利用 WBLOCK 命令可以把当前图形中已建立的内部图块以图形文件的形式写入磁盘，也可以在当前图形中选取部分(或全部)图形实体以图形文件形式写入磁盘，所定义的外部图块均单独以图形文件(dwg 文件)形式存储在磁盘上，因此可以在其他图形中进行插入操作，故又称作外部图块。输入 WBLOCK 命令后会打开“写块”对话框，如图 8-25 所示。对话框共有 4 个部分。

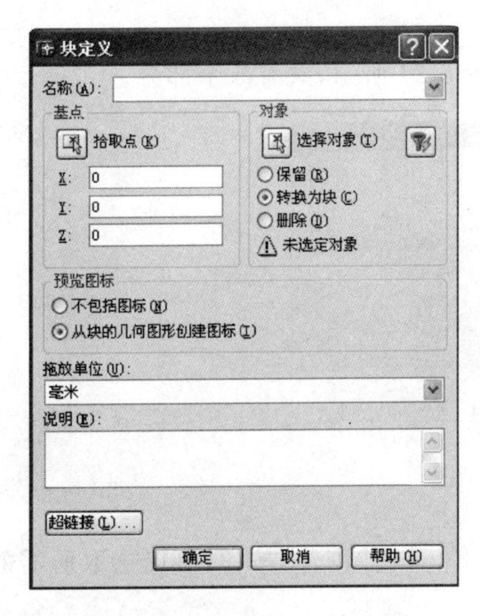

图 8-24　“块定义”对话框

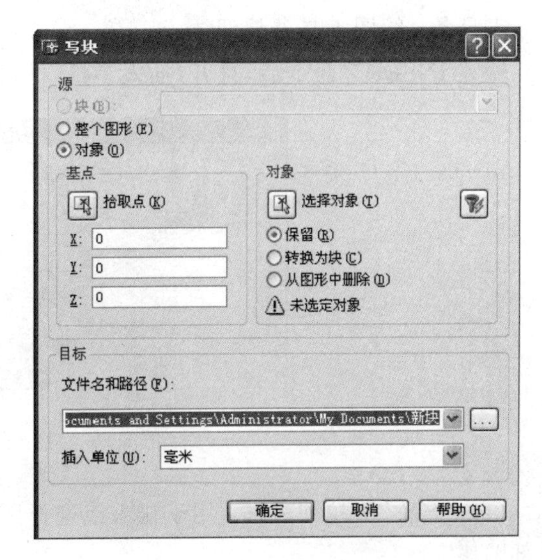

图 8-25　“写块”对话框

(1) 源选项组

位于上方的 3 个单选按钮，用于选择定义外部图块的方法。通过“块”下拉列表框，可以选取当前图形中已经定义的内部图块，将其定义成外部图块；选择“整个图形”单选按钮，可以将当前整个图形全部定义成外部图块；选择“对象”单选按钮，可以将在图形中选取的图形实体定义成外部图块。

“基点”和“对象”选项组与 BLOCK 命令中相同。

(2) 目标选项组

“文件名和路径”下拉列表框：用于输入外部图块的图形文件名及存储位置。

“插入单位”下拉列表框：与 BLOCK 命令中相同。

在输入各项内容后，单击“确定”按钮，便完成了对外部图块的定义。

8.4.3　图块的插入

使用 INSERT 命令可以将已定义好的图块插入到图形中的指定位置处，并可以设定不同的比例因子和旋转角度来满足各种需要。AutoCAD 把插入到图形中的图块作为单个实体来处理，如用 MOVE 和 ERASE 等命令对插入到图形中的图块编辑时，只要选取图块中的任一线段，整个图块就会被选中，操作起来非常方便。

由于定义图块时保存了图形实体的图层、线型、颜色等信息，在图块插入时，不论当前图层在哪一图层上，也不论该图块中图形实体所在的图层是否被打开，该图块中的每个图形实体还是画在与原图层同名的图层上。如果当前图形中没有同名图层，则系统会自动建立一个同名图层后再画上。但是，如果图块中有画在 0 层上的图形实体，在插入图块时该图形实体就被插入到当前图层上，而不是画在 0 层上。

命令：INSERT(I)。

下拉菜单："插入"→"块"。

工具条：绘图工具条按钮。

输入 INSERT 命令后，打开"插入"对话框，如图 8-26 所示，共有 5 个部分。

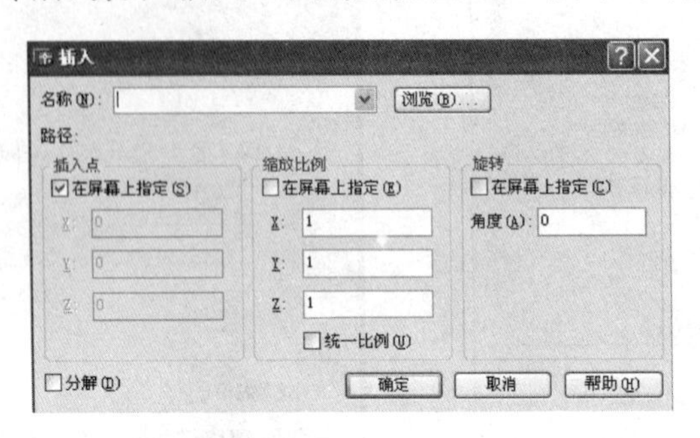

图 8-26　"插入"对话框

(1) "名称"下拉列表框：用于输入或选择图块名，单击"浏览"按钮，可以选取所需的外部图块。

(2) "插入点"选项组：用于输入插入点的坐标值。图块的插入点是指图块插入时的定位点。可以在文本框内，直接输入插入点的 X、Y、Z 坐标值，也可以选取在屏幕上指定选项，在屏幕上指定插入点的坐标值。

(3) "缩放比例"选项组：用于输入图块插入时的缩放比例因子。可以在文本框内，直接输入 X、Y、Z 3 个方向上的比例因子，也可以选取在屏幕上指定选项，在屏幕上指定图块插入时的缩放比例因子。如果选取统一比例选项，X、Y、Z 3 个方向上的缩放比例因子保持相同。

(4) "旋转"选项组：用于图块插入时绕插入点旋转的角度。可以在文本框内直接输入旋转角度，也可以选取在屏幕上指定选项，在屏幕上指定图块插入时绕插入点旋转的角度。

(5) "分解"复选框：选取该选项，可以使插入到图形的图块分解成各自独立的图形实体，一般情况下不选取该项。

在输入各项内容后，单击"确定"按钮，关闭对话框，完成插入图块的操作。

8.4.4　定义带有属性的图块

为了提高绘图效率，可以在图块(内部图块和外部图块)中加入一些文本内容，在插入图块时，输入相应的文本内容，这些文本内容就称为属性。

命令：ATTDEF。

下拉菜单："绘图"→"块"→"定义属性"。

图块中使用属性一般要经过以下 5 个操作步骤。

(1) 绘制好需要定义为图块的图形。

(2) 定义属性。

(3) 定义带有属性的图块。

(4) 将带有属性的图块插入到当前图形中。

(5) 输入属性文本内容。

定义属性，执行 ATTDEF 命令，出现“属性定义”对话框，以定义表面粗糙度符号为例，如图 8-27 所示。

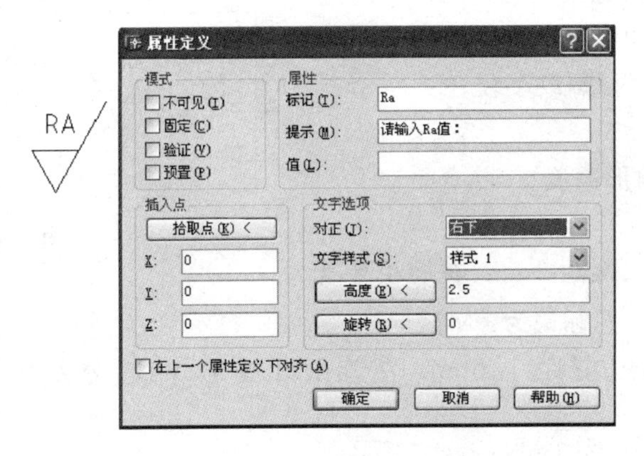

图 8-27　“属性定义”对话框

复习思考题

1. AutoCAD 绘图软件有哪些特点?
2. AutoCAD 命令有几种主要输入方式?
3. 本章介绍 AutoCAD 命令中的哪几类? 它们如何使用?
4. 什么是图层? 如何利用图层的操作设置工程图样所需的不同线型?
5. AutoCAD 常用的尺寸标注命令有哪些，怎样使用? 怎样进行标注样式的设置?

附录A　螺纹、螺纹紧固件

A.1　螺纹直径与螺距系列(摘自GB/T 196—2003)

1. 普通螺纹

如图A-1所示，其中

$d(D)$——外(内)螺纹大径，即公称直径；

$d_2(D_2)$——外(内)螺纹中径；

$d_1(D_1)$——外(内)螺纹小径；

P——螺距；

H——原始三角形高度。

图　A-1

标记示例：

公称直径24mm、螺距3mm、右旋粗牙普通螺纹、公差代号6g，其标记为：M24-6g。

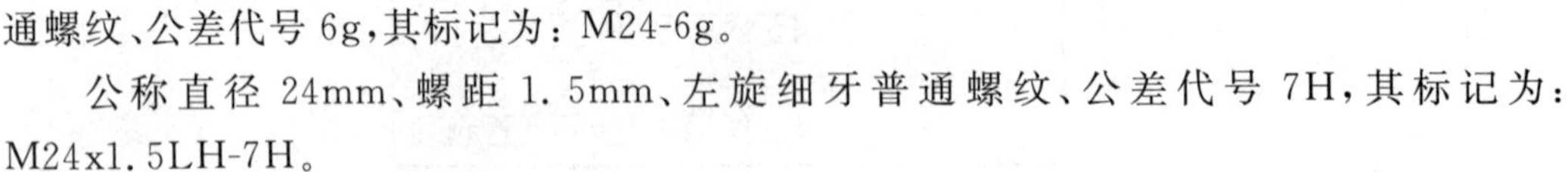

公称直径24mm、螺距1.5mm、左旋细牙普通螺纹、公差代号7H，其标记为：M24x1.5LH-7H。

内、外螺纹旋合的标记为：M16-7H/6g。

表A-1　普通螺纹基本尺寸(摘自GB/T 196—2003)　　(mm)

公称直径 D、d		螺距 P		粗牙小径 D_1、d_1	公称直径 D、d		螺距 P		粗牙小径 D_1、d_1
第一系列	第二系列	粗牙	细牙		第一系列	第二系列	粗牙	细牙	
3		0.5	0.35	2.459		22	2.5	2,1.5,1,(0.75),(0.5)	19.294
	3.5	(0.6)		2.850	24		3	2,1.5,1,(0.75)	20.751
4		0.7	0.5	3.242		27		2,1.5,1,(0.75)	23.752
	4.5	(0.75)		3.688	30		3.5	3,2,1.5,1,(0.75)	26.211
5		0.8		4.134		33		3,2,1.5,1,(0.75)	29.211
6		1	0.75,(0.5)	4.917	36		4	3,2,1.5,(1)	31.670
8		1.25	1,0.75,(0.5)	6.647		39			34.670
10		1.5	1.25,1,0.75,(0.5)	8.376	42		4.5	(4),3,2,1.5,(1)	37.129
12		1.75	1.5,1.25,1,(0.75),(0.5)	10.106		45			40.129
	14	2	1.5,1.25,1,(0.75),(0.5)	11.835	48		5		42.587
16			1.5,1,(0.75),(0.5)	13.835		52			46.587
	18	2.5	2,1.5,1,(0.75),(0.5)	15.294	56		5.5	4,3,2,1.5,(1)	50.046
20				17.294					

说明：1. 直径优先选用第一系列，其次选用第二系列。

2. 尽可能不用括号内的螺距。

3. 常用螺纹公差带代号：外螺纹有6e,6f,6g,8g,4h,6h,8h等，内螺纹有4H,5H,6H,7H,5G,6G,7G等。

2. 非螺纹密封管螺纹

如图 A-2 所示，其中

$d(D)$——外(内)螺纹大径；

$d_2(D_2)$——外(内)螺纹中径；

$d_1(D_1)$——外(内)螺纹小径；

$P=25.4/n$——螺距；

H——原始三角形高度；

$h=0.640327P$——牙高；

$r=0.137329P$——牙顶(根)圆角半径。

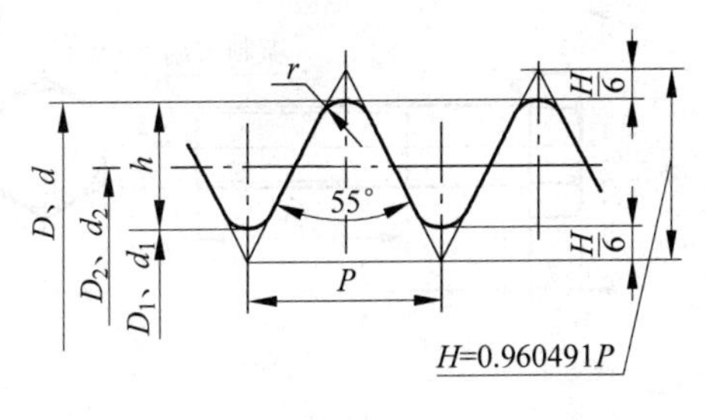

图 A-2

标记示例：

G1/4(尺寸代号为 1/4 的非螺纹密封管螺纹为内螺纹，右旋)。

G1/4-LH(尺寸代号为 1/4 的非螺纹密封管螺纹为内螺纹，左旋)。

G1/4A(尺寸代号为 1/4 的非螺纹密封管螺纹为外螺纹，右旋，公差等级为 A 级)。

表 A-2 非螺纹密封的管螺纹基本尺寸(摘自 GB/T 7307—2001) (mm)

尺寸代号(in)	每 25.4mm 内的牙数 n	螺距 P	基本直径			尺寸代号(in)	每 25.4mm 内的牙数 n	螺距 P	基本直径		
			大径 D、d	中径 D_2、d_2	小径 D_1、d_1				大径 D、d	中径 D_2、d_2	小径 D_1、d_1
1/16	28	0.907	7.723	7.142	6.561	11/3	11	2.309	37.897	36.418	34.939
1/8			9.728	9.147	8.566	11/2			41.910	40.431	38.952
1/4	19	1.337	13.157	12.301	11.445	12/3			47.803	46.324	44.845
3/8			16.662	15.806	14.950	13/4			53.746	52.267	50.788
1/2	14	1.814	20.955	19.793	18.631	2			59.614	58.135	56.656
5/8			22.911	21.749	20.587	21/4			65.710	64.231	62.752
3/4			26.441	25.279	24.117	21/2			75.184	73.705	72.226
7/8			30.201	29.039	27.877	23/4			81.534	80.055	78.576
1	11	2.309	33.249	31.770	30.291	3			87.884	86.405	84.926

说明：本标准适用于管接头、旋塞、阀门及其附件。

A.2 螺纹紧固件

1. 螺栓

六角头螺栓 C 级(GB/T 5780—2000)如图 A-3(a)所示，六角头螺栓 A、B 级(GB/T 5782—2000)如图 A-3(b)所示。

标记示例：

螺纹规格 d=M16、公称长度 $l=100$mm、性能等级为 4.8 级、不经表面处理、C 级的六角头螺栓，其标记为：螺栓 GB/T 5780 M16×100。

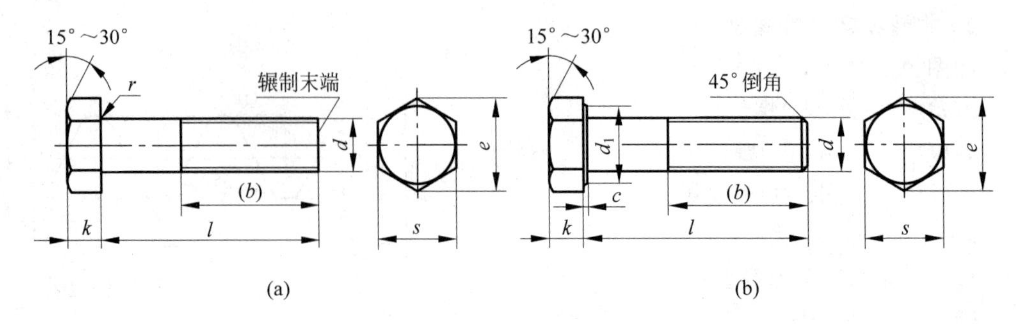

(a)　　　　(b)

图　A-3

表 A-3　螺栓各部分尺寸　　　　(mm)

螺纹规格 d			M3	M4	M5	M6	M8	M10	M12	M16	M20	M24	M30	M36	M42
b 参考	l≤125		12	14	16	18	22	26	30	38	46	54	66	—	—
	125<l≤200		18	20	22	24	28	32	36	44	52	60	72	84	96
	l>200		31	33	35	37	41	45	49	57	65	73	85	97	109
c			0.4		0.5		0.6			0.8					1
d_w	产品等级	A	4.6	5.9	6.9	8.9	11.6	14.6	16.6	22.5	28.2	33.6	—	—	—
		B、C	—	—	6.7	8.7	11.4	14.4	16.4	22	27.7	33.2	42.7	51.1	60.6
e	产品等级	A	6.07	7.66	8.79	11.05	14.38	17.77	20.03	26.75	33.53	39.98	—	—	—
		B、C	—	—	8.63	10.89	14.20	17.59	19.85	26.17	32.95	39.55	50.85	60.79	72.02
k 公称			2	2.8	3.5	4	5.3	6.4	7.5	10	12.5	15	18.7	22.5	26
r			0.1	0.2		0.25	0.4		0.6		0.8		1		1.2
s 公称			5.5	7	8	10	13	16	18	24	30	36	46	55	65
l(公称长度范围)			20～30	25～40	25～50	30～60	35～80	40～100	45～120	55～160	65～200	80～240	90～300	110～360	120～420
l 系列			12,16,20～50(按 5mm 递增),(55),60,(65),70～160(按 10mm 递增),180～500(按 20mm 递增)。												

说明：1. A 级用于 d≤24mm 和 l≤10d 或 l≤150mm 的螺栓；B 级用于 d>24mm 和 l>10d 或 l>150mm 的螺栓。

2. 螺纹规格 d 的范围：GB/T 5780 为 M5～M64、GB/T 5782 为 M1.6～M64。

3. 公称长度 l 的范围：GB/T 5780 为 25～500、GB/T 5782 为 12～500。

2. 螺母

Ⅰ型 A、B 级六角螺母(GB/T 6170—2000)、C 级六角螺母(GB/T 41—2000)、六角薄螺母(GB/T 6172.1—2000)分别如图 A-4(a)、(b)、(c)所示。

标记示例：

螺纹规格 D=M12、性能等级为 5 级、不经表面处理、C 级的六角螺母，其标记为：螺母 GB/T41 M12。

螺纹规格 D=M12、性能等级为 10 级、不经表面处理、A 级的Ⅰ型六角螺母，其标记为：螺母 GB/T 6170 M12。

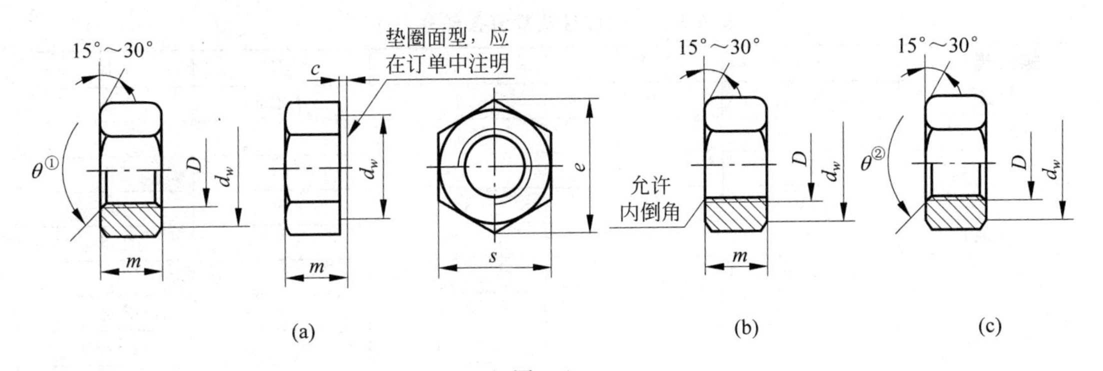

图　A-4

注：① θ=90°～120°，② θ=110°～120°。

表 A-4　螺母各部分尺寸　(mm)

螺纹规格 D		M3	M4	M5	M6	M10	M12	M16	M20	M24	M30	M36	M42
e	GB/T 41			8.63	10.89	17.59	19.85	26.17	32.95	39.55	50.85	60.79	72.02
	GB/T 6170	6.01	7.66	8.79	11.05	17.77	20.03	26.75	32.95	39.55	50.85	60.79	72.02
	GB/T 6172.1	6.01	7.66	8.79	11.05	17.77	20.03	26.75	32.95	39.55	50.85	60.79	72.02
s	GB/T 41			8	10	16	18	24	30	36	46	55	65
	GB/T 6170	5.5	7	8	10	16	18	24	30	36	46	55	65
	GB/T 6172.1	5.5	7	8	10	16	18	24	30	36	46	55	65
m	GB/T 41			5.6	6.1	9.5	12.2	15.9	18.7	22.3	26.4	31.5	34.9
	GB/T 6170	2.4	3.2	4.7	5.2	8.4	10.8	14.8	18	21.5	25.6	31	34
	GB/T 6172.1	1.8	2.2	2.7	3.2	5	6	8	10	12	15	18	21

说明：A 级用于 $D \leqslant 16$mm 的螺母；B 级用于 $D > 16$mm 的螺母。本表仅按商品规格和通用规格列出。

3. 螺钉

(1) 开槽圆柱头螺钉(GB/T 65—2000) 如图 A-5 所示。

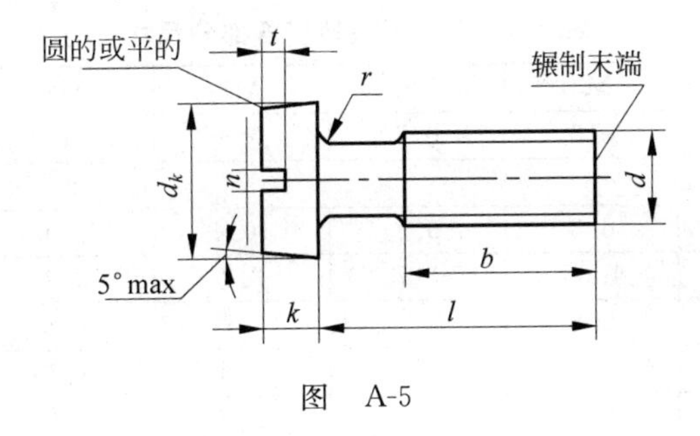

图　A-5

标记示例：

螺纹规格 d=M5、公称长度 l=20mm、性能等级为 4.8 级、不经表面处理的开槽圆柱头螺钉，其标记为：螺钉 GB/T65 M5×20。

表 A-5　开槽圆柱头螺钉各部分尺寸　(mm)

螺纹规格 d	M4	M5	M6	M8	M10
p(螺距)	0.7	0.8	1	1.25	1.5
b_{min}	38				
d_{kmax}	7	8.5	10	13	16
k_{max}	2.6	3.3	3.9	5	6
n(公称)	1.2		1.6	2	2.5
r_{min}	0.2		0.25	0.4	
t_{min}	1.1	1.3	1.6	2	2.4
公称长度 l	5～40	6～50	8～60	10～80	12～80
l 系列	5,6,8,10,12,(14),16,20,25,30,35,40,45,50,(55),60,(65),70,(75),80				

说明：1. 标准规定螺纹规格 d=M1.6～M10；

2. 尽可能不采用公称长度 l 系列中括号内的数值；

3. 无螺纹部分杆径≈中径或=螺纹大径；

4. 材料为钢的螺钉性能等级有 4.8、5.9 级，其中 4.8 级为常用。

(2) 开槽沉头螺钉(GB/T 68—2000) 如图 A-6 所示。

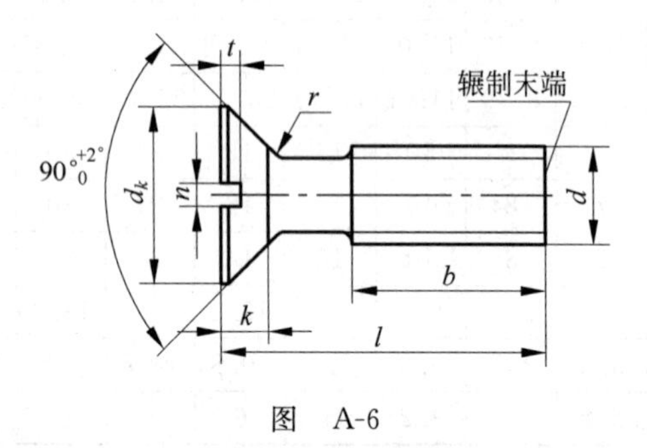

图　A-6

标记示例：

螺纹规格 d=M5、公称长度 l=20mm、性能等级为 4.8 级、不经表面处理、A 级开槽沉头螺钉，其标记为：螺钉 GB/T68 M5×20。

表 A-6　开槽沉头螺钉各部分尺寸　(mm)

螺纹规格 d	M2	M3	M4	M5	M6	M8	M10
p(螺距)	0.4	0.5	0.7	0.8	1	1.25	1.5
b_{min}	25		38				
d_{kmax}	4.4	6.3	9.4	10.4	12.6	17.3	20
k_{max}	1.2	1.65	2.7	2.7	3.3	4.65	5
n(公称)	0.5	0.8	1.2		1.6	2	2.5
r_{max}	0.5	0.8	1	1.3	1.5	2	2.5
t_{min}	0.6	0.6	1	1.1	1.2	1.8	2
公称长度 l	3～20	5～30	6～40	8～50	8～60	10～80	12～80
l 系列	2.5,3,4,5,6,8,10,12,(14),16,20,25,30,35,40,45,50,(55),60,(65),70,(75),80						

说明：1. 标准规定螺纹规格 d=M1.6～M10。

2. 尽可能不采用公称长度 l 系列中括号内的数值。

3. 无螺纹部分杆径≈中径或=螺纹大径。

4. 材料为钢的螺钉性能等级有 4.8、5.9 级，其中 4.8 级为常用。

(3) 内六角圆柱头螺钉(GB/T 70.1—2000)如图 A-7 所示。

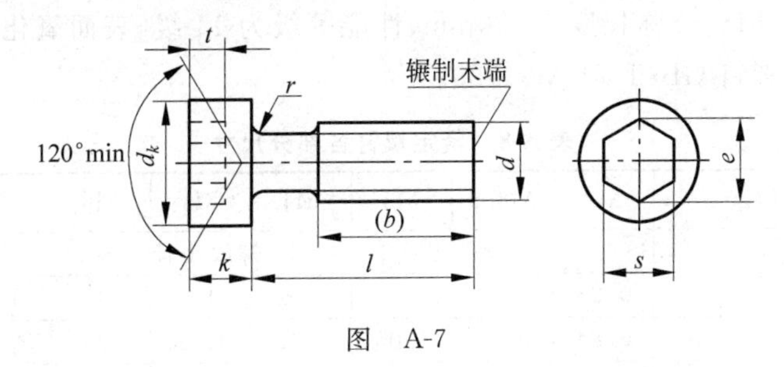

图　A-7

标记示例:

螺纹规格 d=M5、公称长度 l=20mm、性能等级为 8.8 级、表面氧化的内六角圆柱头螺钉,其标记为:螺钉 GB/T70.1 M5×20。

表 A-7　内六圆柱头螺钉各部分尺寸　(mm)

螺纹规格 d	M3	M4	M5	M6	M8	M10	M12	M14	M16	M20
p(螺距)	0.5	0.7	0.8	1	1.25	1.5	1.75	2	2	2.5
b 参考	18	20	22	24	28	32	36	40	44	52
d_k	5.5	7	8.5	10	13	16	18	21	24	30
k	3	4	5	6	8	10	12	14	16	20
t	1.3	2	2.5	3	4	5	6	7	8	10
s	2.5	3	4	5	6	8	10	12	14	17
e	2.87	3.44	4.58	5.72	6.86	9.15	11.43	13.72	16	29.44
r	0.1	0.2	0.2	0.25	0.4	0.4	0.6	0.6	0.6	0.8
公称长度 l	5～30	6～40	8～50	10～60	12～80	16～100	20～120	25～140	25～160	30～200
l≤表中数值时,制出全螺纹	20	25		30	35	40	45	55		65
l 系列	2.5,3,4,5,6,8,10,12,16,20,25,30,35,40,45,50,55,60,65,70,80,90,100,110,120,130,140,150,160,170,180,200,220,240,260,280,300									

说明:1. 标准规定螺纹规格 d=M1.6～M64。

2. 材料为钢的性能等级有 8.8、10.9、12.9 级,其中 8.8 级为常用。

(4) 紧定螺钉如图 A-8 所示。

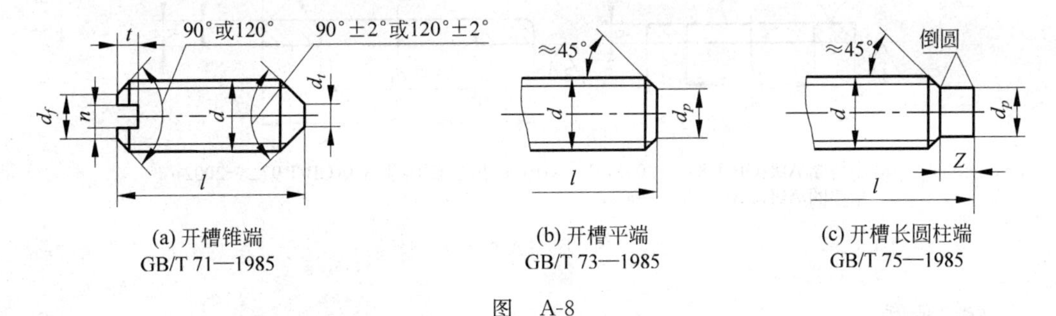

(a) 开槽锥端
GB/T 71—1985

(b) 开槽平端
GB/T 73—1985

(c) 开槽长圆柱端
GB/T 75—1985

图　A-8

标记示例：

螺纹规格 d＝M5、公称长度 l＝20mm、性能等级为 14 级、表面氧化的开槽锥端紧定螺钉，其标记为：螺钉 GB/T 71 M5×20。

表 A-8　紧定螺钉各部分尺寸　　(mm)

螺纹规格 d			M2	M2.5	M3	M4	M5	M6	M8	M10	M12
d_f			螺纹小径								
n			0.25	0.4		0.6	0.8	1	1.2	1.6	2
t	max		0.84	0.95	1.05	1.42	1.63	2	2.5	3	3.6
GB/T 71—1985	d_t max		0.2	0.25	0.3	0.4	0.5	1.5	2	2.5	3
	l	120°	—	3	—	—	—	—	—	—	—
		90°	3～10	4～12	4～16	6～20	8～25	8～30	10～40	12～50	14～60
GB/T 73—1985 GB/T 75—1985	d_p	max	1	1.5	2	2.5	3.5	4	5.5	7	8.5
GB/T 73—1985	l	120°	2～2.5	2.5～3	3	4	5	6	—	—	—
		90°	3～10	4～12	4～16	5～20	6～25	8～30	8～40	10～50	12～60
GB/T 75—1985	Z	max	1.25	1.5	1.75	2.25	2.75	3.25	4.3	5.3	6.3
	l	120°	3	4	5	6	8	8～10	10～14	12～16	14～20
		90°	4～10	5～12	6～16	8～20	10～25	12～30	16～40	20～50	25～60

说明：1. GB/T 71—1985 和 GB/T 73—1985 规定螺钉的螺纹规格 d＝M1.2～M12、公称长度 l＝2～60mm；GB/T 75—1985 规定螺钉的螺纹规格 d＝M1.6～M12、公称长度 l＝2.5～60mm。

2. 公称长度 l(系列)：2,2.5,3,4,5,6,8,10,12,(14),16,20,25,30,35,40,45,50,(55),60mm，尽可能不采用括号内的数值。

A.3　垫　　圈

1. 平垫圈

如图 A-9 所示。

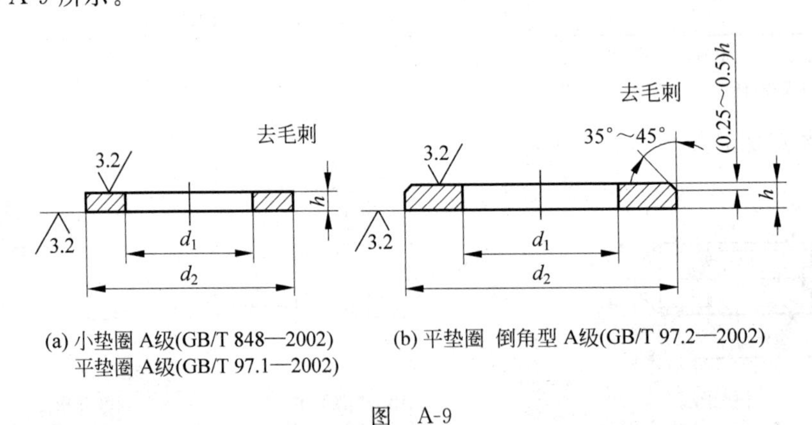

(a) 小垫圈 A级(GB/T 848—2002)
平垫圈 A级(GB/T 97.1—2002)

(b) 平垫圈 倒角型 A级(GB/T 97.2—2002)

图　A-9

标记示例：

标准系列、公称尺寸 d＝8mm、性能等级为 140HV 级、不经表面处理、倒角型平垫圈，其标记为：垫圈 GB/T 97.2 8。

表 A-9　平垫圈各部分尺寸　　(mm)

公称尺寸（螺纹规格）d		1.6	2	2.5	3	4	5	6	8	10	12	14	16	20	24	30	36
d_1	GB/T 848	1.7	2.2	2.7	3.2	4.3	5.3	6.4	8.4	10.5	13	15	17	21	25	31	37
	GB/T 97.1	1.7	2.2	2.7	3.2	4.3	5.3	6.4	8.4	10.5	13	15	17	21	25	31	37
	GB/T 97.2						5.3	6.4	8.4	10.5	13	15	17	21	25	31	37
d_2	GB/T 848	3.5	4.5	5	6	8	9	11	15	18	20	24	28	34	39	50	60
	GB/T 97.1	4	5	6	7	9	10	12	16	20	24	28	30	37	44	56	66
	GB/T 97.2						10	12	16	20	24	28	30	37	44	56	66
h	GB/T 848	0.3		0.5			1	1.6			2	2.5		3	4		5
	GB/T 97.1	0.3		0.5			1	1.6		2	2.5		3		4		5
	GB/T 97.2						1	1.6		2	2.5		3		4		5

说明：1. 性能等级有 140HV、200HV、300HV 级，其中 140HV 级为常用。140HV 级表示材料的硬度，HV 表示维氏硬度，140 为硬度值。

2. 产品等级是由产品质量和公差大小确定的，A 级的公差较小。

3. GB/T 848 主要用于带圆柱头的螺钉，其他用于标准六角的螺栓、螺钉和螺母。

2. 弹簧垫圈

标准型弹簧垫圈(GB/T 93—1987)如图 A-10 所示。

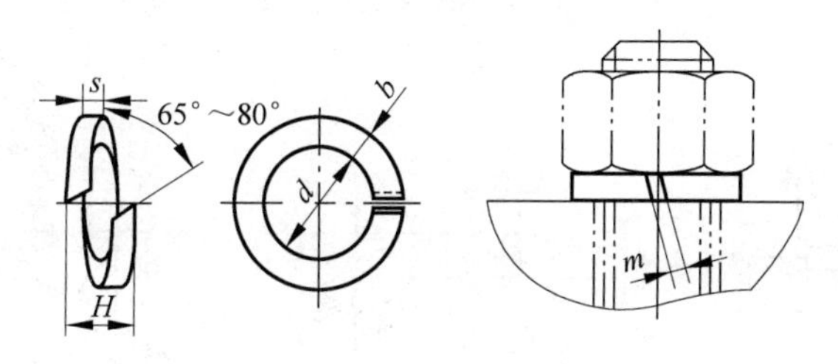

图　A-10

标记示例：

规格为 16mm、材料 65Mn、表面氧化的标准型弹簧垫圈，其标记为：垫圈 GB/T 93 16。

表 A-10　标准型弹簧垫圈各部分尺寸　　(mm)

规格(螺纹大径)		4	5	6	8	10	12	16	20	24	30
d		4.1	5.1	6.1	8.1	10.2	12.2	16.2	20.2	24.5	30.5
s(b)	GB/T 93	1.1	1.3	1.6	2.1	2.6	3.1	4.1	5	6	7.5
H	GB/T 93	2.2	2.6	3.2	4.2	5.2	6.2	8.2	10	12	15
	GB/T 859	1.6	2.2	2.6	3.2	4	5	6.4	8	10	12
$m\leqslant$	GB/T 93	0.55	0.65	0.8	1.05	1.3	1.55	2.5	2.5	3	3.75
	GB/T 859	0.4	0.55	0.65	0.8	1	1.25	1.6	2	2.5	3
b	GB/T 859	1.2	1.5	2	2.5	3	3.5	4.5	5.5	7	9

附录B　键、销及其连接

B.1　平键及其连接

普通平键的型式尺寸(GB/T 1096—1979)如图 B-1 所示；平键、键和键槽的断面尺寸(GB/T 1095—1979)(1990 年确认)如图 B-2 所示。

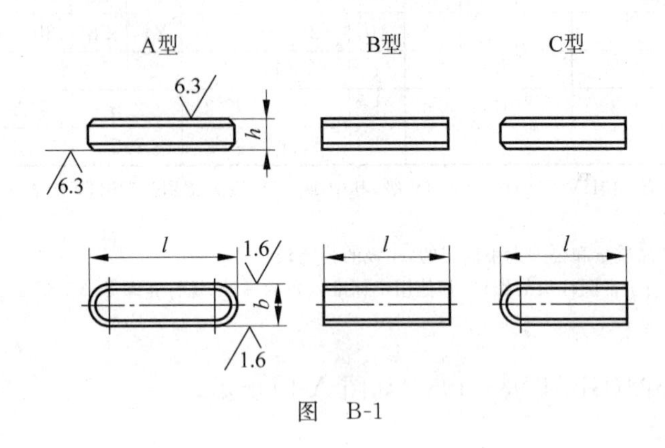

图　B-1

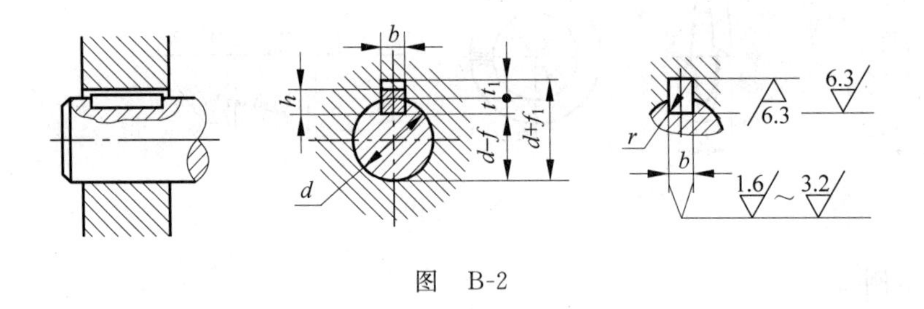

图　B-2

标记示例：

圆头普通平键(A 型)b=16mm、h=10mm、l=100mm,其标记为：键 A 16×100 GB/T 1096—1979。

平头普通平键(B 型)b=16mm、h=10mm、l=100mm,其标记为：键 B 16×100 GB/T 1096—1979。

单圆头普通平键(C 型)b=16mm、h=10mm、l=100mm,其标记为：键 C 16×100 GB/T 1096—1979。

表 B-1　键及键槽的尺寸　　(mm)

轴	键		键槽									
公称直径 d	$b\times h$	公称长度 l	宽度 b						深度			
			公称尺寸 b	极限偏差					轴 t		毂 t_1	
				较松键连接		一般键连接		较紧键连接				
				轴 H9	毂 D10	轴 N9	毂 Js9	轴和毂 P9	公称尺寸	极限偏差	公称尺寸	极限偏差
自 6～8	2×2	6～20	2	+0.0250	+0.060 +0.020	−0.004 −0.029	±0.0125	−0.006 −0.031	1.2	+0.10	1.0	+0.10
>8～10	3×3	6～36	3						1.8		1.4	
>10～12	4×4	8～45	4	+0.0300	+0.078 +0.030	0 −0.030	±0.015	−0.012 −0.042	2.5		1.8	
>12～17	5×5	10～56	5						3.0		2.3	
>17～22	6×6	14～70	6						3.5		2.8	
>22～30	8×7	18～90	8	+0.0360	+0.098 +0.040	0 −0.036	±0.018	−0.015 −0.051	4.0	+0.20	3.3	+0.20
>30～38	10×8	22～110	10						5.0		3.3	
>38～44	12×8	28～140	12	+0.0430	+0.120 +0.050	0 −0.043	±0.0215	−0.018 −0.061	5.0		3.3	
>44～50	14×9	36～160	14						5.5		3.8	
>50～58	16×10	45～180	16						6.0		4.3	
>58～65	18×11	50～200	18						7.0		4.4	
>65～75	20×12	56～220	20	+0.0520	+0.149 +0.065	0 −0.052	±0.026	−0.022 −0.074	7.5		4.9	
>75～85	22×14	63～250	22						9.0		5.4	
>85～95	25×14	70～280	25						9.0		5.4	
>95～110	28×16	80～320	28						10.0		6.4	
l 系列	6,8,10,12,14,16,18,20,22,25,28,32,36,40,45,50,56,63,70,80,90,100,110,125,140,160,180,200,220,250,280,320,360,400,450,500											

说明：在零件图中轴槽深 $d-t$ 标注，轮毂槽深用 $d+t_1$ 标注。键槽的极限偏差按 t(轴)和 t_1(毂)的极限偏差选取，但轴槽深($d-t$)的极限偏差应取负号(−)。

B.2　销

1. 圆柱销

不淬硬钢和奥氏体不锈钢圆柱销(GB/T 119.1—2000)和淬硬钢和马氏体不锈钢圆柱销(GB/T 119.2—2000)如图 B-3 所示。

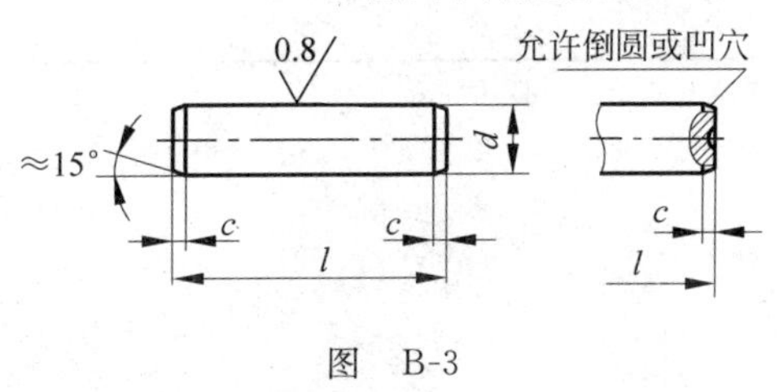

图　B-3

标记示例：

公称直径 d=6mm、其公差为 m6、公称长度 l=30mm、材料为钢、不经淬火、不经表面处理圆柱销，其标记为：销 GB/T 119.1 6m6×30。

表 B-2 圆柱销(GB/T 119.1—2000)各部分尺寸 (mm)

d		3	4	5	6	8	10	12	16	20	25	30
c≈		0.50	0.63	0.80	1.2	1.6	2.0	2.5	3.0	3.5	4.0	5.0
公称长度 l	GB/T 119.1	8～30	8～40	10～50	12～60	14～80	18～95	22～140	26～180	35～200	50～200	60～200
	GB/T 119.2	8～30	10～40	12～50	14～60	18～80	22～100	26～100	40～100	50～100	—	—
l系列		2,3,4,5,6～32(按 2mm 递增),35～100(按 5mm 递增),120～200(按 20mm 递增)										

说明：1. GB/ T 119.1—2000 规定圆柱销的公称直径 d=0.6～50mm,公称长度 l=2～200mm,公差有 m6 和 h8。GB/ T 119.2—2000 规定圆柱销的公称直径 d=1～20mm,公称长度 l=3～100mm,公差仅有 m6。

2. 圆柱销的公差为 h8 时,其表面粗糙度 $Ra \leqslant 1.6\mu m$。

3. 圆柱销的材料通常用 35 钢。

2. 圆锥销(GB/T 117—2000)

A 型(磨削,锥面表面粗糙度 0.8),B 型(切削或冷墩,锥面表面粗糙度 3.2),如图 B-4 所示。

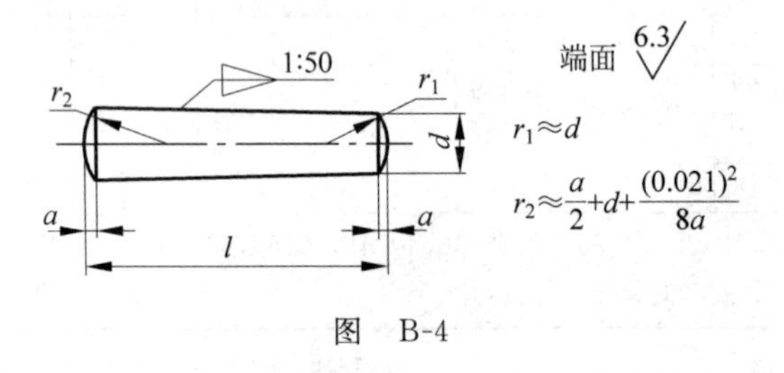

图 B-4

标记示例：

公称直径 d=6mm、长度 l=30mm、材料为 35 钢、热处理硬度 HRC28～38、表面氧化处理的 A 型圆锥销，其标记为：销 GB/T 117 A6×30。

表 B-3 圆锥销各部分尺寸 (mm)

d	3	4	5	6	8	10	12	16	20	25	30
a≈	0.4	0.5	0.63	0.8	1	1.2	1.6	2	2.5	3	4
l	12～45	14～55	18～60	22～90	22～120	26～160	32～180	40～200	45～200	50～200	55～200
l系列	12,14,16,18,20,22,24,26,28,30,32,35,40,45,50,55,60,65,70,75,80,85,90,95,100,120,140,160,180,200										

说明：1. 标准规定圆锥销的公称直径 d=0.6～50mm。

2. 公称长度大于 200mm,按 20mm 递增。

附录C　常用工程材料及其处理方法

C.1　常用工程材料及其应用

表 C-1　常用的黑色金属材料的名称、分类及牌号表示方法

品种		名称	代号	牌号表示方法说明	示　例
钢	铸钢	工程用铸钢	ZG	ZG“屈服强度”—“抗拉强度”	ZG270-500
		铸造碳钢		ZG“名义万分碳含量”	ZG25
		铸造合金钢		ZG“名义万分碳含量”“各主要合金元素的符号及其名义百分碳含量”	ZG40Mn2
	碳素钢	普通碳素结构钢	—	“屈服强度的字母(Q)”“屈服强度”—“质量等级符号(A、B、C、D)”·“脱氧方法符号(F 为沸腾钢，b 为半镇静钢，镇静钢和特殊镇静钢可不标注)”	Q235-A·F
		优质碳素结构钢	—	“平均万分含碳量” ①含锰量较高时，在牌号后应加注锰元素符号 Mn。 ②沸腾钢、半镇静钢的牌号尾部应分别加注符号 F、b。 ③高级优质碳素结构钢的牌号尾部应加注符号 A。	35、45 45Mn、70Mn 08F、10b 20A
	合金钢	合金结构钢	—	①含碳量表示方法：一般在牌号的头部用数字表示。合金结构钢、合金弹簧钢等用 2 位数字表示平均万分含碳量；不锈耐酸钢、耐热钢等一般用 1 位数字表示平均千分含碳量。 ②合金元素含量表示方法(铬轴承钢和低铬合金工具钢除外)：平均合金含量小于 1.5%时，牌号中仅标明元素符号，不标明含量；否则，应标明合金元素的平均百分含量。 ③高级合金结构钢、合金弹簧钢的牌号尾部应加注符号 A。 ④特殊合金钢的标注方法视具体钢种而定。	30CrMnSi
		合金弹簧钢	—		60Si2Mn
		特殊合金钢(不锈耐酸钢、耐热钢等)	—		1Cr13 2Cr13 1Cr18Ni9Ti
铁	铸铁	灰铸铁	HT	HT“抗拉强度”	HT200
		球墨铸铁	QT	QT“抗拉强度”—“伸长率”	QT450-10
		黑心可锻铸铁 白心可锻铸铁 珠光体可锻铸铁	KT	KTH“抗拉强度”—“伸长率” KTB“抗拉强度”—“伸长率” KTZ“抗拉强度”—“伸长率”	KTH330-08 KTB380-12 KTZ450-06
		耐磨铸铁	MT	MT“各主要合金元素的符号及其名义百分含量”—“抗拉强度”	MTCu1PTi-150
		耐蚀铸铁 耐蚀球墨铸铁	ST STQ	ST 或 STQ“各主要合金元素的符号及其名义百分含量”	STSi15R STQAl5Si5
		耐热铸铁 耐热球墨铸铁	QT RTQ	RT 或 RTQ“各主要合金元素的符号及其名义百分含量”	RTCr2 RTQAl6

说明：屈服强度、抗拉强度单位为 MPa，伸长率单位为“%”。

表 C-2　常用工程材料的主要特性及应用

类别	名称	牌号/代号	特性及应用举例
金属材料	灰铸铁	HT150	铸造性好,工艺简便;铸造应力小,不用人工时效处理;有一定的力学性能和良好的减振性,用于制作端盖、轴承座、手轮等
		HT200	强度高,耐磨性、耐热性良好,减振性也良好;铸造性能良好,需要人工时效处理,用于制作机架、液压缸、泵体、中压阀体、轴承盖等
	球墨铸铁	QT450-10	具有中等强度和韧度,用于制作齿轮、箱体、中低压阀体、阀门、盖等
		QT600-3	具有较高的强度、耐磨性和有一定的韧度,用于制作曲轴、缸体、车轮等
	铸钢	ZG200-400	韧度及塑性均好,导磁、导电性能良好,焊接性好,但强度和硬度较低,铸造性差,用于制作机座、变速箱等受力不大,但要求韧度高的零件
		ZG270-500	韧度及塑性适度,强度和硬度较高,切削性良好,有一定的焊接性,铸造性比低碳铸钢好,用于制作轴承座、机架、箱体、连杆、齿轮、飞轮等
	普通碳素结构钢	Q235	韧度较高,有一定的强度和伸长率,铸造性、冲压和焊接性均良好,用于制作一般的机械零件,如销、轴、连杆、螺栓、螺母、齿轮、支架等
		Q275	有较高的强度,一定的焊接性,切削加工性和塑性均较好,用于制作有较高强度要求的机械零件,如心轴、转轴、螺栓、键、齿轮等
	优质碳素结构钢	08F 10F	冷变形塑性好,深冲压等冷加工性和焊接性好,经时效处理后韧度下降较多,强度和硬度均很低,但生产成本低,用于制作汽车的车身、发动机罩、仪表板等,还可制作心部强度要求不高的渗碳、碳氮共渗零件,如套筒、支架、挡块等
		35	具有一定强度,良好的塑性,冷变形塑性高,可进行冷拉、冷镦及冷冲压,并具有良好的切削加工性能,用于制作受载荷较大但截面尺寸较小的各种机械零件,如曲轴、连杆、星轮、轮圈、垫圈、螺栓、螺母、螺钉等
		45	具有一定的塑性和韧度,较高的强度,切削加工性好,采用调质处理可获得良好的综合力学性能,淬透性较差,用于制作较高强度的运动零件,如齿轮、蜗杆、连杆等
		65Mn	耐磨性高,用于制作圆盘、衬套、齿轮、花键轴、弹簧等
	合金钢	15Cr	焊接性能良好,退火后切削性较好,用于制作表面耐磨、心部强度和韧度较高、工作速度较高、断面尺寸在 30mm 以下的零件,如曲柄销、衬套、螺钉、铆钉、小齿轮、联轴器等
		40Cr	经调质处理后,具有良好的综合力学性能、低温抗冲击性能,淬透性好,用于制作齿轮、蜗杆、轴、套筒、连杆等
		18 Cr2Ni4WA	用于制作承受很高载荷、强烈磨损、截面尺寸较大的重要零件,如重要的齿轮与轴

续表

类别	名称	牌号/代号	特性及应用举例
金属材料	青铜	QSn4-4-4	用于制作一般摩擦条件下的轴承、轴套、圆盘及衬套内垫
		QAl10-4-4	用于制作高强度耐磨零件及高温下工作的零件，如轴衬、轴套、齿轮、螺母、法兰盘、滑座等
	铸造铜合金	ZCuSn5Pb5Zn5	用于制作较高负荷、中等滑动速度下工作的耐磨、耐腐蚀零件，如轴瓦、衬套、油塞、蜗轮等
		ZCuSn10Zn2	用于制作中等负荷和小滑动速度下工作的管配件及阀、旋塞、泵体、齿轮、蜗轮、叶轮等
		ZCuAl10Fe3	用于制作强度高、耐磨、耐腐蚀零件，如蜗轮、轴承、衬套、管嘴、耐热管配件
	铸造铝合金	ZAlMg10	用于制作受大冲击负荷、高耐腐蚀的零件
		ZAlSi12	用于制作汽缸活塞及高温工作的复杂形状零件
非金属材料	聚酰胺（尼龙）	尼龙 66	疲劳强度、刚度较高，摩擦系数低，耐磨性好，但吸湿性大，尺寸稳定性不够，用于制作中等载荷、使用温度不大于120℃，无润滑或少润滑条件下工作的耐磨传动零件
		尼龙 1010	强度、刚度、耐热性均与尼龙 66 相似，成形工艺性较好，耐磨性亦好，用于制作轻载荷、温度不高、湿度变化较大，无润滑或少润滑条件下工作的零件
	普通橡胶板	1608 1708	有较高的硬度，可在压力不大、温度为－30℃～＋60℃的空气中工作，用于制作冲制各种密封圈、垫板及铺设工作台、地板
	耐油橡胶板	3707 3807	较高硬度，可在温度为－30℃～＋100℃的机油、汽油等介质中工作，适于冲制各种形状的垫圈
	耐热橡胶板	4708 4808	有较高硬度，耐热性好，可在压力不大、温度为－30℃～＋100℃条件下的蒸气、热空气等介质中工作，用于制作冲制各种垫圈和隔热垫板
	石棉橡胶板	XB450	用作温度为450℃、压力小于6Pa的水、水蒸气等介质的设备、管道法兰盘连接处的密封衬垫材料
		XB350	用作温度为350℃、压力小于4Pa的水、水蒸气等介质的设备、管道法兰盘连接处的密封衬垫材料
	工业用毛毡	细毛 T112-65 T112-32～44	1. 富有弹性，可作为密封、防振缓冲衬垫等的材料 2. 由于毡合性能好，不易松散，可冲切制成各种形状的零件 3. 保温性好，可作隔热保温材料 4. 组织紧密、孔隙小，可作为良好的过滤材料
		半粗毛 T122-30～38 122-30～38	
		粗毛 T132-32～36 132-32～36	
	软钢纸板		供飞机发动机、汽车、拖拉机的发动机及其他内燃机制作密封片及其他部件用

C.2　常用金属材料的热处理和表面处理

表 C-3　常用的金属材料热处理、表面处理方法及其应用

名　称	说　明	应用举例
退火	将钢件加热到临界温度以上，保持一段时间，然后随炉缓慢地冷却下来	用于改善铸、锻件和焊接件焊缝的组织不均匀性，消除内应力，降低硬度，增加韧度，提高切削性
正火	将钢件加热到临界温度以上，保持一段时间，然后在空气中冷却，冷却速度比退火快	用于低碳和中碳结构钢及渗碳零件，使其组织均匀、细化，增强韧度与强度，减小内应力，改善切削加工性
淬火	将钢件加热到临界温度以上，保持一段时间，然后在水、盐水或油中(个别材料在空气中)急冷下来	用于提高钢的硬度和强度。但淬火时会引起内应力使钢变脆，所以淬火后必须回火
回火	将淬硬的钢件加热到临界温度以下，保持一段时间，然后在空气中或油中冷却	用于消除或降低淬火后的内应力，提高零件的韧度，改善其综合力学性能
调质	淬火后，将钢件高温回火(即将钢件加热到500℃～650℃，保持一段时间，然后在空气中或油中冷却)	用于使钢获得高的韧度和足够的强度。很多重要的零件，如齿轮、轴及丝杠等常需要调质处理
表面淬火 高频感应加热淬火	用火焰或高频电流将零件表面迅速热到临界温度以上，随即进行淬火冷却，再进行低温回火	可使零件表面有高的硬度和耐磨性，而心(内)部保持原有的强度和韧度。常用来处理齿轮等零件
时效	低温回火后，精加工之前，加热到100℃～150℃保温较长时间(一般为5～20h)。对铸件可用天然时效方法(放在露天中一年以上)	可消除或减小工件的内应力，防止变形及开裂，稳定零件的形状和尺寸，用于处理量具、精密丝杠、机床导轨、床身等
发蓝、发黑	将金属零件放入很浓的碱和氧化剂溶液中加热氧化，使金属表面形成一层氧化铁所组成的保护性薄膜	防腐蚀、美观。 用于一般连接的标准件和其他电子类零件
热喷涂	利用热源将熔点很低的金属熔化为液态，再用外加的压缩空气流吹拂液态金属，使其雾化并喷射到零件表面，从而获得金属的喷涂层。有火焰喷涂、电弧喷涂等几种	可使零件表面有高的耐腐蚀性和耐磨性，可提高零件的使用寿命或进行零件表面磨损失效的修复
电镀	将零件放入含有欲镀金属的盐类溶液中，在直流电的作用下，通过电解作用，在零件表面获得一层结合牢固的金属膜	可改善零件的外观，并使零件表面获得良好的物理、化学性能，如耐腐蚀性、耐磨性和导电性
化学镀	在无外加电流的状态下，借助合适的还原剂，使镀液中的金属离子还原成金属，并沉积到零件表面。常见的有镀镍、镀铜等	镀镍可使零件具有表面硬度高、磁性好、耐腐蚀性强的特点，一般用于汽车、航空、电子、化工、精密仪器工业中 镀铜主要用于非导体材料的金属化处理，在电子工业中有着非常重要的地位
涂装	将有机涂料涂覆在物体表面并干燥成膜的过程。有机涂料又简称为“涂料”或“油漆”	可改善零件及其设备的外观，提高其耐腐蚀、隔热、防火、防污等性能

附录D 极限与配合

D.1 标准公差数值(摘自 GB/T 1800.3—1999)

表 D-1

基本尺寸/mm		标准公差等级																			
		IT01	IT0	IT1	IT2	IT3	IT4	IT5	IT6	IT7	IT8	IT9	IT10	IT11	IT12	IT13	IT14	IT15	IT16	IT17	IT18
大于	至	公差值/μm													公差值/mm						
—	3	0.3	0.5	0.8	1.2	2	3	4	6	10	14	25	40	60	0.1	0.14	0.25	0.4	0.6	1	1.4
3	6	0.4	0.6	1	1.5	2.5	4	5	8	12	18	30	48	75	0.12	0.18	0.3	0.48	0.75	1.2	1.8
6	10	0.4	0.6	1	1.5	2.5	4	6	9	15	22	36	58	90	0.15	0.22	0.36	0.58	0.9	1.5	2.2
10	18	0.5	0.8	1.2	2	3	5	8	11	18	27	43	70	110	0.18	0.27	0.43	0.7	1.1	1.8	2.7
18	30	0.6	1	1.5	2.5	4	6	9	13	21	33	52	84	130	0.21	0.33	0.52	0.84	1.3	2.1	3.3
30	50	0.6	1	1.5	2.5	4	7	11	16	25	39	62	100	160	0.25	0.39	0.62	1	1.6	2.5	3.9
50	80	0.8	1.2	2	3	5	8	13	19	30	46	74	120	190	0.3	0.46	0.74	1.2	1.9	3	4.6
80	120	1	1.5	2.5	4	6	10	15	22	35	54	87	140	220	0.35	0.54	0.87	1.4	2.2	3.5	5.4
120	180	1.2	2	3.5	5	8	12	18	25	40	63	100	160	250	0.4	0.63	1	1.6	2.5	4	6.3
180	250	2	3	4.5	7	10	14	20	29	46	72	115	185	290	0.46	0.72	1.15	1.85	2.9	4.6	7.2
250	315	2.5	4	6	8	12	16	23	32	52	81	130	210	320	0.52	0.81	1.3	2.1	3.2	5.2	8.1
315	400	3	5	7	9	13	18	25	36	57	89	140	230	360	0.57	0.89	1.4	2.3	3.6	5.7	8.9
400	500	4	6	8	10	15	20	27	40	63	97	155	250	400	0.63	0.97	1.55	2.5	4	6.3	9.7
500	630	4.5	6	9	11	16	22	32	44	70	110	175	280	440	0.7	1.1	1.75	2.8	4.4	7	11
630	800	5	7	10	13	18	25	36	50	80	125	200	320	500	0.8	1.25	2	3.2	5	8	12.5
800	1000	5.5	8	11	15	21	28	40	56	90	140	230	360	560	0.9	1.4	2.3	3.6	5.6	9	14
1000	1250	6.5	9	13	18	24	33	47	66	105	165	260	420	660	1.05	1.65	2.6	4.2	6.6	10.5	16.5
1250	1600	8	11	15	21	29	39	55	78	125	195	310	500	780	1.25	1.95	3.1	5	7.8	12.5	19.5
1600	2000	9	13	18	25	35	46	65	92	150	230	370	600	920	1.5	2.3	3.7	6	9.2	15	23

说明：基本尺寸＜1mm 时，无 IT14～IT18。

D.2 优先配合中轴的极限偏差(摘自 GB/T 1800.4—1999)

表 D-2

基本尺寸/mm		公差带/μm												
		c	d	f	g	h				k	n	p	s	u
大于	至	11	9	7	6	6	7	9	11	6	6	6	6	6
—	3	−60 −120	−20 −45	−6 −16	−2 −8	0 −6	0 −10	0 −25	0 −60	+6 0	+10 +4	+12 +6	+20 +14	+24 +18
3	6	−70 −145	−30 −60	−10 −22	−4 −12	0 −8	0 −12	0 −30	0 −75	+9 +1	+16 +8	+20 +12	+27 +19	+31 +23
6	10	−80 −170	−40 −76	−13 −28	−5 −14	0 −9	0 −15	0 −36	0 −90	+10 +1	+19 +10	+24 +15	+32 +23	+37 +28
10	14	−95	−50	−16	−6	0	0	0	0	+12	+23	+29	+39	+44
14	18	−205	−93	−34	−17	−11	−18	−43	−110	+1	+12	+18	+28	+33
18	24	−110	−65	−20	−7	0	0	0	0	+15	+28	+35	+48	+54 +41
24	30	−240	−117	−41	−20	−13	−21	−52	−130	+2	+15	+22	+35	+61 +48
30	40	−120 −280	−80	−25	−9	0	0	0	0	+18	+33	+42	+59	+76 +60
40	50	−130 −290	−142	−50	−25	−16	−25	−62	−160	+2	+17	+26	+43	+86 +70
50	65	−140 −330	−100	−30	−10	0	0	0	0	+21	+39	+51	+72 +53	+106 +87
65	80	−150 −340	−174	−60	−29	−19	−30	−74	−190	+2	+20	+32	+78 +59	+121 +102
80	100	−170 −399	−120	−36	−12	0	0	0	0	+25	+45	+59	+93 +71	
100	120	−180 −400	−207	−71	−34	−22	−35	−87	−220	+3	+23	+37	+101 +79	+166 +144
120	140	−200 −450											+117 +92	+195 +170
140	160	−210 −460	−145 −245	−43 −83	−14 −39	0 −25	0 −40	0 −100	0 −250	+28 +3	+52 +27	+68 +43	+125 +100	+215 +190
160	180	−230 −480											+133 +108	+235 +210
180	200	−240 −530											+151 +122	+265 +236
200	225	−260 −550	−170 −285	−50 −96	−15 −44	0 −29	0 −46	0 −115	0 −290	+33 +4	+60 +31	+79 +50	+159 +130	+287 +258
225	250	−280 −570											+169 +140	+313 +284

续表

基本尺寸/mm		公差带/μm												
		c	d	f	g	h				k	n	p	s	u
大于	至	11	9	7	6	6	7	9	11	6	6	6	6	6
250	280	−300 −620	−190 −320	−56 −108	−17 −49	0 −32	0 −52	0 −130	0 −320	+36 +4	+66 +34	+88 +56	+290 +158	+347 +315
280	315	−330 −650											+202 +170	+382 +350
315	355	−360 −720	−210 −350	−62 −119	−18 −54	0 −36	0 −57	0 −140	0 −360	+40 +4	+73 +37	+98 +62	+226 +190	+426 +390
355	400	−400 −760											+244 +208	+471 +435
400	450	−440 −840	−230 −385	−68 −131	−20 −60	0 −40	0 −63	0 −155	0 −400	+45 +5	+80 +40	+108 +68	+272 +232	+530 +490
450	500	−480 −880											+292 +252	+580 +540

D.3　优先配合中孔的极限偏差(摘自 GB/T 1800.4—1999)

表　D-3

基本尺寸/mm		公差带/μm												
		C	D	F	G	H				K	N	P	S	U
大于	至	11	9	8	7	7	8	9	11	7	7	7	7	7
—	3	+120 +60	+45 +20	+20 +6	+12 +2	+10 0	+14 0	+25 0	+60 0	0 −10	−4 −14	−6 −16	−14 −24	−18 −28
3	6	+145 +70	+60 +30	+28 +10	+16 +4	+12 0	+18 0	+30 0	+75 0	+3 −9	−4 −16	−8 −20	−15 −27	−19 −31
6	10	+170 +80	+76 +40	+35 +13	+20 +5	+15 0	+22 0	+36 0	+90 0	+5 −10	−4 −19	−9 −24	−17 −32	−22 −37
10	14	205 +95	+93 +50	+43 +16	+24 +6	+18 0	+27 0	+43 0	+110 0	+6 −12	−5 −23	−11 −29	−21 −39	−26 −44
14	18													
18	24	+240 +100	+117 +65	+53 +20	+28 +7	+21 0	+33 0	+52 0	+130 0	+6 −15	−7 −28	−14 −35	−27 −48	−33 −54
24	30													−40 −61
30	40	+280 +170	+142 +80	+64 +25	+34 +9	+25 0	+39 0	+62 0	+160 0	+7 −18	−8 −33	−17 −42	−34 −59	−51 −76
40	50	+290 +180												−61 −86

续表

基本尺寸/mm		公差带/μm												
		C	D	F	G	H				K	N	P	S	U
大于	至	11	9	8	7	7	8	9	11	7	7	7	7	7
50	65	+330 +140	+170 +100	+76 +30	+40 +10	+30 0	+46 0	+74 0	+190 0	+9 -21	-9 -39	-21 -51	-42 -72	-76 -106
65	80	+340 +150											-48 -78	-91 -121
80	100	+390 +170	+207 +120	+90 +36	+47 +12	+35 0	+54 0	+87 0	+220 0	+10 -25	-10 -45	-24 -59	-58 -93	-111 -146
100	120	+400 +180											-66 -101	-131 -166
120	140	+450 +200	+245 +145	+106 +43	+54 +14	+40 0	+63 0	+100 0	+250 0	+12 -28	-12 -52	-28 -68	-77 -117	-155 -195
140	160	+460 +210											-85 -125	-175 -215
160	180	+480 +230											-93 -133	-195 -235
180	200	+530 +240	+285 +170	+122 +50	+61 +15	+46 0	+72 0	+115 0	+290 0	+13 -33	-14 -60	-33 -79	-101 -155	-219 -265
200	225	+550 +260											-113 -159	-241 -287
225	250	+570 +280											-123 -169	-267 -313
250	280	+620 +300	+320 +190	+137 +56	+69 +17	+52 0	+81 0	+130 0	+320 0	+16 -36	-14 -66	-36 -88	-138 -190	-295 -347
280	315	+650 +330											-150 -202	-330 -382
315	355	+720 +360	+350 +210	+151 +62	+75 +18	+57 0	+89 0	+140 0	+360 0	+17 -40	-16 -73	-41 -98	-169 -226	-369 -426
355	400	+760 +400											-187 -244	-414 -471
400	450	+840 +440	+385 +230	+165 +68	+83 +20	+63 0	+97 0	+155 0	+400 0	+18 -45	-17 -80	-45 -108	-209 -272	-467 -530
450	500	+880 +480											-229 -292	-517 -580

附录 E　房屋建筑图制图图例

表 E-1　常用的建筑材料图例

序号	名　称	图　例	说　明
1	自然土壤		包括各种自然土壤
2	夯实土壤		
3	砂、灰土		靠近轮廓线绘较密的点
4	砂砾石、碎砖三合土		
5	石材		
6	毛石		
7	普通砖		包括实心砖、多孔砖、砌块等砌体。断面较窄不易绘出图例线时，可涂红
8	耐火砖		包括耐酸砖等砌体
9	空心砖		指非承重砖砌体
10	饰面砖		包括铺地砖、马赛克、陶瓷锦砖、人造大理石等
11	混凝土		1. 本图例指能承重的混凝土及钢筋混凝土 2. 包括各种强度等级、骨料、添加剂的混凝土 3. 在剖面图上画出钢筋时，不画图例线 4. 断面图形小，不易画出图例线时，可涂黑
12	钢筋混凝土		
13	木材		1. 上图为横断面，上左图为垫木、木砖或木龙骨 2. 下图为纵断面
14	胶合板		应注明为 X 层胶合板
15	石膏板		包括圆孔、方孔石膏板、防水石膏板等
16	金属		1. 包括各种金属 2. 图形小时，可涂黑

续表

序号	名　　称	图　　例	说　　明
17	玻璃		包括平板玻璃、磨砂玻璃、夹丝玻璃、钢化玻璃、中空玻璃、加层玻璃、镀膜玻璃等
18	防水材料		构造层次多或比例大时,采用上面图例
19	粉刷		本图例采用较稀的点

说明：序号1、2、5、7、8、13、18、20图例中的斜线、短斜线、交叉斜线等一律为45°。

表E-2　总平面图常用图例

序号	名　　称	图　　例	说　　明
1	新建建筑物	8 ▲	1. 需要时,可用▲表示出入口,可在图形内右上角用点数或数字表示层数 2. 建筑物外形(一般以±0.00高度处的外墙定位轴线或外墙面线为准)用粗实线表示。需要时,地面以上建筑用中粗实线表示,地面以下建筑用细虚线表示
2	原有建筑物		用细实线表示
3	计划扩建的预留地或建筑物		用中粗虚线表示
4	拆除的建筑物		用细实线表示
5	围墙及大门		上图为实体性质的围墙,下图为通透性质的围墙,若仅表示围墙时不画大门
6	挡土墙		被挡土在“突出”的一侧
7	挡土墙上设围墙		
8	台阶		箭头指向表示向下
9	坐标	X105.00 Y425.00 A105.00 B425.00	上图表示测量坐标 下图表示建筑坐标
10	填挖边坡		1. 边坡较长时,可在一端或两端局部表示 2. 下边线为虚线时表示填方
11	护坡		

续表

序号	名称	图例	说明
12	新建的道路	0.6 101.00 R9 150.00	R9表示道路转弯半径为9m,150.00为路面中心控制点标高,0.6表示为0.6%的纵向坡度,101.00表示变坡点间距离
13	原有道路		
14	计划扩建的道路		
15	拆除的道路		
16	人行道		
17	草坪		
18	花坛		
19	绿篱		
20	植草砖铺地		
21	常绿针叶树		
22	常绿阔叶灌木		
23	落叶阔叶灌木		
24	花卉		

表E-3 部分常用构、配件的图例

序号	名称	图例	说明
1	墙体		应加注文字或填充图例表示墙体材料,在项目设计图纸说明中列材料图例表给予说明
2	隔断		1. 包括板条抹灰、木制、石膏板、金属材料等隔断 2. 适用于到顶与不到顶的隔断

续表

序号	名　称	图　例	说　明
3	栏杆		
4	楼梯	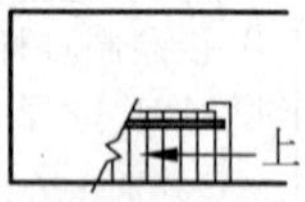 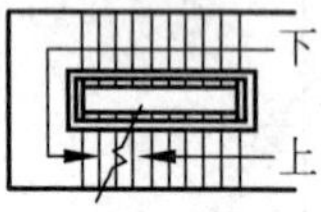 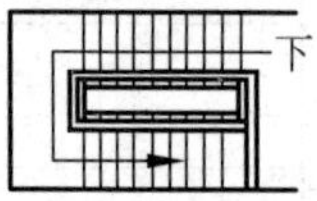 上 下 上 下	1. 上图为底层楼梯平面，中图为中间层楼梯平面，下图为顶层楼梯平面 2. 楼梯及栏杆扶手的形式和梯段踏步数应按实际情况绘制
5	单扇门（包括平开或单面弹簧）	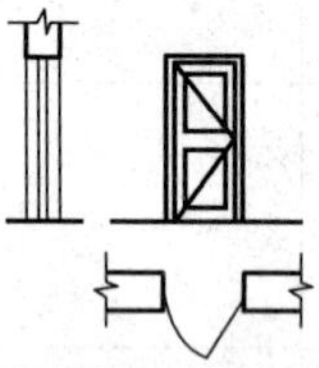	1. 门的名称代号用 M 2. 图例中剖面图左为外、右为内，平面图下为外、上为内 3. 立面形式应按实际情况绘制
6	推拉门	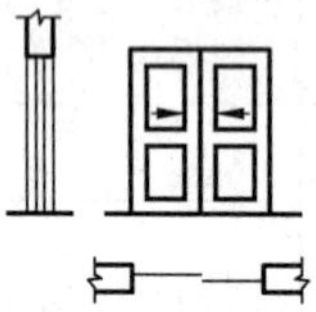	
7	单层固定窗	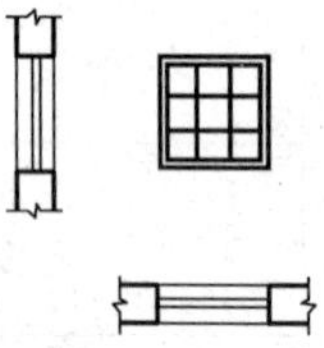	1. 窗的名称代号用 C 表示 2. 立面图中的斜线表示窗的开启方向，实线为外开，虚线为内开；开启方向线交角的一侧为安装合页的一侧，一般设计图中可不表示 3. 图例中，剖面图所示左为外，右为内，平面图所示下为外，上为内 4. 平面图和剖面图上的虚线仅说明开关方式，在设计图中不需表示 5. 窗的立面形式应按实际情况绘制 6. 小比例绘图时平、剖面的窗线可用单粗实线表示
8	推拉窗	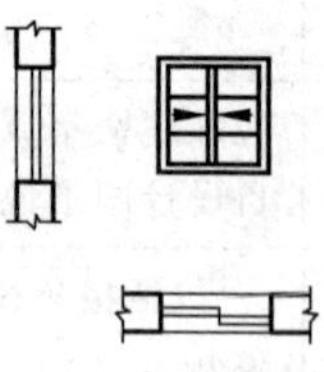	1. 窗的名称代号用 C 表示 2. 图例中，剖面图所示左为外，右为内，平面图所示下为外，上为内 3. 窗的立面形式应按实际情况绘制 4. 小比例绘图时平、剖面的窗线可用单粗实线表示

续表

序号	名　称	图　例	说　明
9	立式洗脸盆		
10	台式洗脸盆	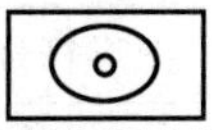	
11	浴盆	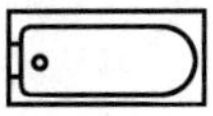	
12	污水池		
13	蹲式大便器	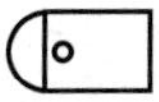	
14	坐式大便器		

表 E-4　常用构件代号

序　号	名　称	代　号	序　号	名　称	代　号
1	板	B	16	天窗架	CJ
2	屋面板	WB	17	框架	KJ
3	空心板	KB	18	刚架	GJ
4	楼梯板	TB	19	柱	Z
5	盖板或沟盖板	GB	20	设备基础	SJ
6	挡雨板或檐口板	YB	21	桩	ZH
7	墙板	QB	22	挡土墙	DQ
8	梁	L	23	地沟	DG
9	屋面梁	WL	24	梯	T
10	吊车梁	DL	25	雨篷	YP
11	基础梁	JL	26	阳台	YT
12	楼梯梁	TL	27	钢筋网	W
13	框架梁	KL	28	钢筋骨架	G
14	框支架	KZJ	29	基础	J
15	屋架	WJ	30	暗柱	AZ

说明：

1. 预制钢筋混凝土构件、现浇钢筋混凝土构件、钢构件和木构件，一般可直接采用表中的构件代号。在绘图中，当需要区别上述构件的材料种类时，可在构件代号前加注材料代号，并在图纸中加以说明。

2. 预应力钢筋混凝土构件的代号，应在构件代号前加注“Y_”，如 Y_DL 表示预应力钢筋混凝土吊车梁。

附录 F　常用电气图用图形符号

表 F-1　符号要素、限定符号和常用的其他符号(GB/T 4728.2—1998)

图形符号	说　明	图形符号	说　明
	元件 装置 功能单元 注：填入或加上适当的符号或代号于轮廓符号内以表示元件、装置或功能		外壳(容器)、管壳 注：1. 可使用其他形状的轮廓。 2. 若外壳具有特殊的防护性能可加注以引起注意。 3. 使用外壳符号是非强制性的，若不致引起混乱，外壳符号可省略。但若外壳于其他物件有连接，则必须示出外壳符号，必要时，外壳可以分开画出。
——·——	边界线 注：用于表示在边界线内的元件、装置等是实际地、机械地或功能地相互联系在一起		屏蔽(护罩) 注：屏蔽可画成任意方便的形状
⎓	直流 注：电压可标注在符号右边，系统类型可标注在左边。示例：2M ⎓ 220/110V，其含义为直流，带中间线的三线制 220V(两根导线)	～	交流 注：频率或频率范围以及电压的数值应标注在符号右边，系统类型应标注在左边。 示例：3N ～ 50Hz 380/220V
	低频(工频或亚音频) 中频(音频) 高频(超音频、载频或射频)		非内在可变性 非内在非线性可变性 内在可变性
	按箭头方向的直线运动或力		双向的直线运动或力
	能量、信号的单向传播(单向传输)		同时双向传播(同时双向传输)，同时发送和接收

续表

图形符号	说明	图形符号	说明
	发送		接收
	接地一般符号		动触点 注：如滑动动触点
形式1 形式2	接机壳或接底板		变换器一般符号 转换器一般符号

表 F-2 常用元、器件图形符号和文字符号(摘自 GB/T 4728)

名称	图形符号	文字符号	名称	图形符号	文字符号
电阻		R	电感或绕组		L
可变电阻		RP	带磁芯的电感器		
电容		C	晶体二极管		V
可调电容			晶体三极管(PNP 型)		
电解电容			晶体三极管(NPN 型)		
熔断器		FU	插头		XP
指示灯		H	插座		XS
电铃			开关		Q
扬声器		B	电池		GB

表 F-3 其他部分图形符号(摘自 GB/T 4728)

名称	图形符号	名称	图形符号	名称	图形符号
导线、导线组、电线、电缆、电路、线路、母线(总线)一般符号	3	柔软导线		电缆中的导线(示出三股)	形式1 形式2 3
		屏蔽导线			
		绞合导线(示出二股)		端子	∘

续表

名　称	图形符号	名　称	图形符号	名　称	图形符号
导线的多线连接	形式1 形式2 单线表示法 多线表示法	导线的跨越	单线表示法 多线表示法	导线的直接连接 导线接头	
				接通的连接片	
直流发电机	G	直流电动机	M	直线电动机一般符号	M
交流发电机	G	交流电动机	M	步进电动机一般符号	M
电能发生器一般符号	G	放大器一般符号 中继器一般符号	形式1 形式2	可调放大器	形式1 形式2
调制器、解调器等一般符号					

参考文献

1. 中华人民共和国国家质量监督检验检疫总局．中华人民共和国国家标准 机械制图．北京：中国标准出版社，2004
2. 国家质量技术监督局．中华人民共和国国家标准 技术制图．北京：中国标准出版社，1999
3. 中国标准出版社．电气制图国家标准汇编．北京：中国标准出版社，2001
4. 王槐德．机械制图新旧标准代换教程．北京：中国标准出版社，2004
5. 胡建生．工程制图画法指南．北京：化工工业出版社，2003
6. 许永年，覃小斌，王士虎，张卉．工程制图．北京：中央广播电视大学出版社，1999
7. 汪应凤，许永年，王颂平．机械制图．武汉：华中科技大学出版社，2000
8. 常明．画法几何及机械制图．武汉：华中科技大学出版社，2004
9. 胥北澜，阮春红．工程制图．武汉：华中科技大学出版社，2003
10. 戴时超，张国珠．工程制图．北京：北京理工大学出版社，2003
11. 童幸生．实用电子工程制图．北京：高等教育出版社，2003
12. 机械工业职业技能鉴定指导中心．电工识图．北京：机械工业出版社，2000
13. 何斌，陈锦昌，陈炽坤．建筑制图．第4版．北京：高等教育出版社，2001
14. 刘谊才．新编建筑识图与构造．合肥：安徽科学技术出版社，1999
15. 易幼平．土木工程制图．北京：中国建材工业出版社，2002
16. 卢传贤．土木工程制图．第4版．北京：中国建筑工业出版社，2002